LEHRBUCH DER
PHYSIOLOGIE

IN ZUSAMMENHÄNGENDEN EINZELDARSTELLUNGEN

UNTER MITARBEIT EINER
REIHE VON FACHMÄNNERN

HERAUSGEGEBEN VON

WILHELM TRENDELENBURG†

UND

ERICH SCHÜTZ

K. E. ROTHSCHUH

GESCHICHTE DER PHYSIOLOGIE

SPRINGER-VERLAG
BERLIN · GÖTTINGEN · HEIDELBERG
1953

GESCHICHTE DER PHYSIOLOGIE

VON

DR. MED. K. E. ROTHSCHUH

A. O. PROFESSOR AM PHYSIOLOGISCHEN INSTITUT
DER UNIVERSITÄT MÜNSTER

MIT 123 ABBILDUNGEN IM TEXT

SPRINGER-VERLAG

BERLIN · GÖTTINGEN · HEIDELBERG

1953

ISBN 978-3-642-51043-4   ISBN 978-3-642-51042-7 (eBook)
DOI 10.1007/978-3-642-51042-7

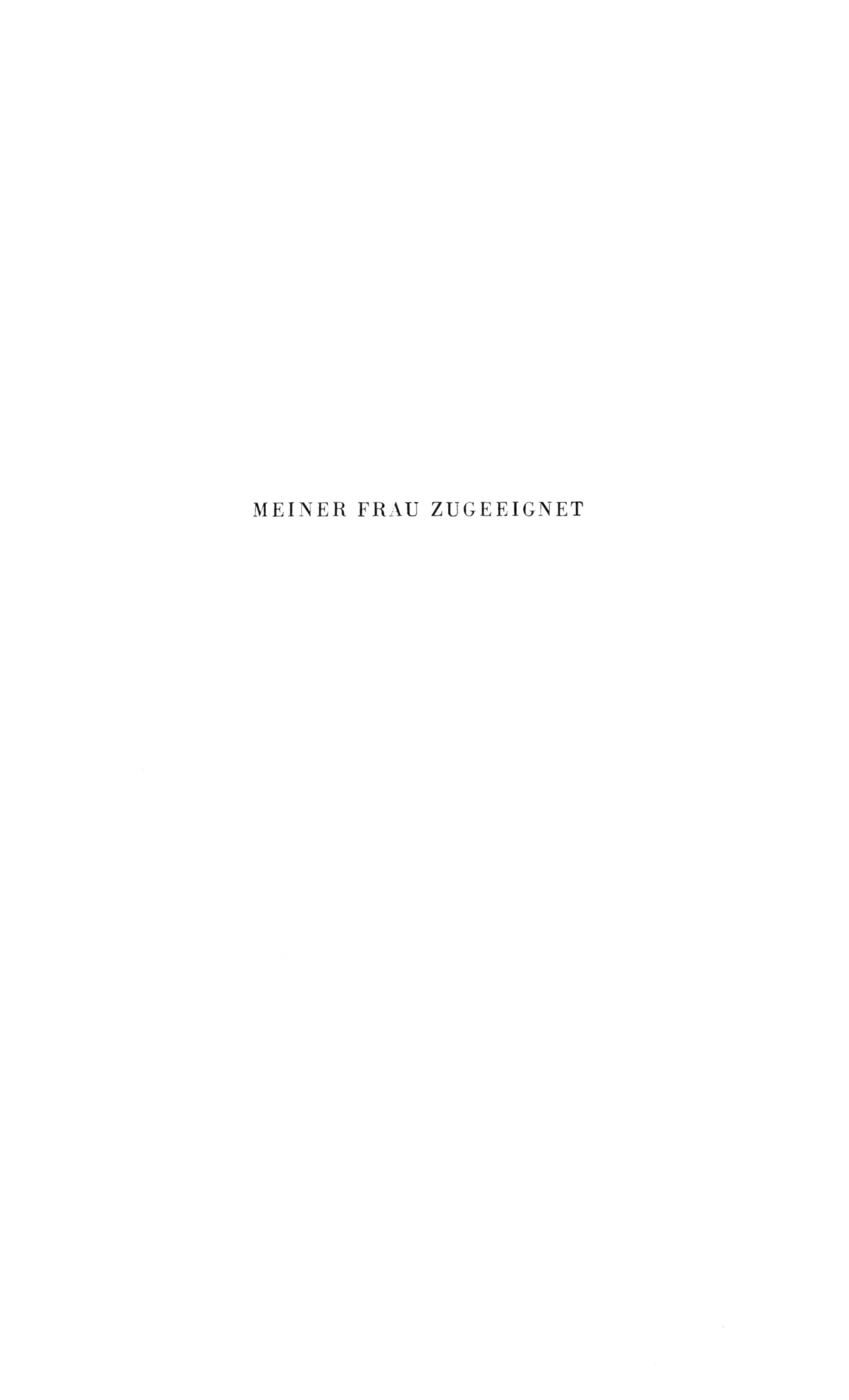

MEINER FRAU ZUGEEIGNET

Vorwort.

„Geschichte ist die geistige Form, in der sich eine Kultur über ihre Vergangenheit Rechenschaft gibt" (J. HUIZINGA [*208*]). In diesem Sinne berichtet diese Geschichte der Physiologie von den Wegen und Umwegen, Erkenntnissen und Irrtümern, welche in der historischen Entwicklung dieser Wissenschaft von wesentlicher Bedeutung gewesen sind. Für die Art der Darstellung waren teils äußere Momente, teils bestimmte Absichten des Verfassers maßgeblich. Auf dem knappen Raum, der zur Verfügung stand, konnten nur die großen Linien des geschichtlichen Werdegangs unter Verzicht auf viele Einzelheiten wiedergegeben werden. Deshalb entfiel auch die Möglichkeit, den Entwicklungsgang spezieller Einzelprobleme ausführlich zu schildern, wie es etwa F. LIEBEN [*244*] in seiner Geschichte der physiologischen Chemie getan hat. Ich konnte aber mit guten Gründen in diesem Buche darauf verzichten, da ich kürzlich eine „Entwicklungsgeschichte physiologischer Probleme in Tabellenform" [*342b*] veröffentlicht habe, in welcher die schrittweise wachsende Einsicht in die Ursachen und die Bedeutung spezieller physiologischer Vorgänge seit Beginn der Neuzeit nach Autor, Jahr, Gegenstand und Veröffentlichungsort dargestellt wurde.

In diesem Buche stellte ich mir vielmehr vor allem die Aufgabe, im Gang des geschichtlichen Werdens der Physiologie überall die Zusammenhänge zur allgemeinen Kultur- und Geistesgeschichte, zur Geschichte der Grundwissenschaften und der Medizin herauszuarbeiten. So liegt das Hauptgewicht auf der Darstellung der *Entwicklung des physiologischen Denkens* in seinen Beziehungen zu den großen Leitgedanken jeder Epoche. Nur so erschien es mir möglich, den Blick für die treibenden Faktoren der wissenschaftlichen Entwicklung zu schärfen und die Überzeugung zu vermitteln, daß jetzt wie früher das „Heute" einer geschichlichen Situation ein Durchgang zwischen „Gestern" und „Morgen" ist. Daher konnte ich mich auch nicht entschließen, die ältere Geschichte der Deutung und der Erforschung von Lebensvorgängen zugunsten des 19. Jahrhunderts so stark in den Hintergrund treten zu lassen, wie es etwa bei H. BORUTTAU [*55*] in der einzigen deutschsprachigen Darstellung einer Geschichte der Physiologie der Fall ist. Jede Veränderung in der geistigen Haltung zu Natur und Mensch bedeutet eine bestimmte Stufe des historischen Werdens, welche erst die folgende verständlich macht, auch in der Physiologie.

Die äußeren Verhältnisse im Nachkriegsdeutschland erschwerten sehr die Ausarbeitung derjenigen Kapitel, in denen die neuere Entwicklung in den außerdeutschen und außereuropäischen Ländern geschildert wird. Hier war das Schrifttum nur in kleinerem Umfange zugängig. Daher muß für manche Lücke um Nachsicht gebeten werden. Die deutschsprachige Physiologie der letzten 150 Jahre ist, ver-

lichen mit derjenigen anderer Länder, besonders ausführlich dargestellt. Das findet
seine Berechtigung sowohl in den Leistungen der deutschen Physiologie als auch
in der Tatsache, daß die Geschichte der Physiologie in England durch K. J.
FRANKLIN [*133*] und in den USA. durch C. J. REED und JOHN F. FULTON [*139*]
eine besondere Bearbeitung erfährt.

Die letzten hundert Jahre stellen durch die starke Veränderung der Forschungsziele, durch die gewaltige Ausweitung der Forschungsmethoden und durch die
schnelle Zunahme der Zahl bedeutender Forscherpersönlichkeiten und wichtiger
Ergebnisse für die Geschichtsschreibung ein fast undurchdringliches Dickicht dar.
Ich habe versucht, dieses Dickicht zu lichten, indem ich die Zusammenhänge innerhalb der großen Physiologenschulen gewissermaßen als Ariadnefäden benutzt habe.
Ich hoffe, daß das letzte Jahrhundert dadurch einige Gliederung und Strukturierung
bekommen hat. Dadurch treten auch die übernationalen Zusammenhänge in der
Geschichte der Physiologie gegenüber den äußeren nationalen Grenzlinien deutlicher
hervor; und das gestattete es wieder, einheitliche Sprachgebiete im Zusammenhang
zu behandeln.

Ich bin mir bewußt, daß, zumal innerhalb des rein Biographischen, Verbesserungen, Korrekturen, Ergänzungen und Veränderungen der Wertakzente mitunter
wünschenswert sein könnten. Ich bitte daher um Kritik, Verbesserungsvorschläge
und vor allem um Überlassung von Bildern und Materialien zur Geschichte des
Faches zur Berücksichtigung in einer späteren Auflage.

Es ist dem Verfasser schließlich ein Bedürfnis, allen denen herzlichst zu danken
welche durch die Überlassung von Literatur, Bildern und Angaben aller Art die Arbeit
erleichtert haben. Besonders wertvolle Unterstützung erfuhr meine Arbeit durch
die Übersendung amerikanischer Literatur durch Prof. J. F. FULTON. Herr Dr.
REUCKER, Vizedirektor der Ciba-A.G. Basel, gestattete mir liebenswürdigerweise
die Verwendung zahlreicher Bilder aus dem Archiv der Ciba-Zeitschrift. Viele
jüngere Mitarbeiter haben durch eigene Forschungsarbeiten wichtige Beiträge zur
Geschichte der Physiologie geliefert. Ihre Ergebnisse wurden mit verwertet.
Schließlich verdanke ich dem Entgegenkommen des Verlages die Möglichkeit, meine
Darstellung durch eine große Zahl von Bildern beleben zu können.

Münster i. Westf., im Dezember 1952.   **K. E. Rothschuh.**

Inhaltsverzeichnis.

Verzeichnis der Abbildungen.

Einleitung.

Wer die Geschichte eines Gegenstandes menschlichen Nachdenkens zu schreiben unternimmt, wird sich zunächst die Frage vorlegen, wie dieser Gegenstand zu umreißen und abzugrenzen ist. Angesichts der „Physiologie" könnten wir uns das Vorhaben leicht machen, wenn wir unter diesem Begriff einfach das verstehen würden, was das Forschungs- und Lehrfach der „Physiologie" heute umfaßt. Wir könnten dann unter „Geschichte der Physiologie" die historische Entwicklung ihres *Wissensstoffes* behandeln. So ist sie auch gelegentlich aufgefaßt worden. Dann ist der Gegenstand für diese historische Betrachtung leicht abzugrenzen. Allerdings wäre in diesem Falle die Physiologie eine sehr junge Wissenschaft, gemessen an der Geschichte des menschlichen Denkens, so jung, daß wir nur den letzten Jahrhunderten unsere Beachtung zu schenken hätten. Doch ist nicht nur der Wissensstoff selbst, sondern vor allem auch die heutige *Auffassung* von der *Physiologie* und ihren Aufgaben das Endergebnis einer langen Entwicklung. Die Geschichte der Physiologie umfaßt also nicht nur die Entwicklungsgeschichte physiologischer Kenntnisse, sondern auch die des *physiologischen Denkens* und der physiologischen Problemstellung. Gerade hierin haben sich große Wandlungen vollzogen seit jener Zeit, da das Lebensgeschehen zuerst zum Gegenstand des menschlichen Nachdenkens gemacht wurde, bis zu unserer Zeit, in der wir ganz präzise Vorstellungen darüber haben.

Die Fragen nach der allgemeinen Natur der Lebensvorgänge und nach den speziellen Leistungen der Organe sind so alt wie das menschliche Nachdenken überhaupt. Sie beschäftigten die Philosophen ebensosehr wie die Ärzte, denn die Antwort auf diese Fragen ist von der gleichen Tragweite sowohl für jedes philosophische Bild vom Menschen als auch für das praktische Denken und Handeln am Krankenbett. Der Gegenstand der Physiologie, das Lebendige, ist daher in allen Epochen der Kultur- und Geistesgeschichte anders gedeutet und mit anderen Hilfsmitteln bearbeitet worden. Unsere heutige Auffassung ist nur eine von vielen. So ist die Physiologie, gerade wenn wir sie geschichtlich darstellen, in ihren Zielen und in ihrem Denken am Anfang und am Ende von Philosophie und Theorie eingeschlossen. Und daher läßt sich auch die Entwicklung der Physiologie, also der wichtigsten theoretischen Grundlage der Medizin, nur im Zusammenhang mit dem Wechsel der geistesgeschichtlichen Epochen darstellen. Das geht schon aus der Verschiedenheit der Auffassungen hervor, welche über die Aufgaben der Physiologie in den verschiedenen Jahrhunderten in der Geschichte bestehen. Bei den Hippokratikern ist sie im wesentlichen die Lehre von der Stellung des Menschen im Kosmos, bei GALEN die Lehre vom „Nutzen der Teile". In der „Anatomia animata" des ALBRECHT VON HALLER ist sie die Darstellung der Vorgänge, die sich an den anatomischen Strukturen der Organe abspielen. Mit wachsender Erkenntnis physikalischer und chemischer Gesetzmäßigkeiten wird sie die Lehre von der physikalisch-chemischen Arbeitsweise der Teile des Körpers. Es wandelt sich also die Aufgabe der Physiologie mit den weltanschaulichen und philosophischen Lehren jeder Epoche. Daraus wird die bedeutende Rolle eines ARISTOTELES, DEMOKRIT, DESCARTES, BACON VON VERULAM, LEIBNIZ, SCHELLING in der

Entwicklung des physiologischen Denkens verständlich. Andererseits wird von der griechischen Medizin bis zur heutigen Zeit jede neue Erkenntnis auf dem Gebiete der Anatomie, der Physik und Chemie zum Anlaß, die erklärungsbedürftigen, rätselhaften Lebensphänomene auf bekannte Gesetze dieser Wissenschaften zurückzuführen. So wächst neben dem fortgesetzten Wandel der Vorstellungen über das Wesen des Organismus zunehmend eine Fülle gesicherten Materials von Erkenntnissen über den kausalen *Zusammenhang der Lebenserscheinungen* heran. Das philosophisch-theoretische Moment in der Erklärung der Lebenserscheinungen tritt um so mehr zurück, als dieses Tatsachenmaterial an Umfang gewinnt, und verbleibt dann schließlich nur in der Rolle eines Urgrundes und theoretischen Hintergrundes, der einer Auflösung nach wissenschaftlichen Prinzipien schwer zugängig ist. Das fortgesetzte Bemühen des menschlichen Geistes, neue Tatsachen über den Ablauf und die Bedeutung der Organverrichtungen zu finden und von ihnen aus den Gesamtzusammenhang der Lebensvorgänge im menschlichen und tierischen Organismus immer neu und anders zu deuten, das ist die reizvolle Seite, die uns die Geschichte der Physiologie in allen Epochen enthüllen läßt.

Mit diesen Bemerkungen wollte ich zeigen, wieso der *Gegenstand* der Physiologie, das Lebensgeschehen, stets und immer anders aufgefaßt werden mußte. Eine ganz andere Frage ist die nach der Entstehung und dem Bedeutungswandel des *Wortes:* Physiologie.

Es stammt aus der griechischen Antike. Schon ARISTOTELES verwendet es, aber nicht im heutigen Sinne, sondern etwa als „Naturlehre" im weitesten Sinne, ohne Begrenzung auf das Organische. Das griechische Wort „Physis" bedeutete ebenfalls die geordnete Gesamtnatur bzw. eingeengt in der Medizin der Hippokratiker etwa die „Heilkraft" der Natur. Das Buch „Physiologos" [*312*], welches im Mittelalter weite Verbreitung genoß, ist ein aus der Antike überliefertes Sammelwerk von Erzählungen, vor allem von Tiergeschichten. Dann taucht das Wort wieder am Beginn der Neuzeit auf. WILLIAM GILBERT veröffentlichte im Jahre 1600 ein Buch: De magnete magnetisque corporibus et de magneto magnete telluri. Physiologia nova, plurimis et argumentis et experimentis demonstrata. Londini 1600. Hier ist die Physiologie ganz im alten Sinn von Naturlehre im weitesten Umf ng gebraucht. Doch deutet sich die Einengung des Begriffes auf das Lebendige schon in diesen Jahrzehnten an, und zwar in der Schrift des JEAN FERNEL (1497—1558) „Universa Medicina" Paris 1544. Hier wird das Thema in 3 Teilen behandelt, wovon sich der erste unter dem Titel „Physiologia" mit der Struktur und der Funktion des Körpers beschäftigt (C. METTLER *262*]). Etwas später veröffentlicht der Baseler Anatom THEODOR ZWINGER (1533—1588) ein Buch mit dem Titel „Physiologia medica"; auch hier wird die zunehmende begriffliche Einengung auf das Lebendige als medizinischen Gegenstand deutlich. Das geht weiter auch aus einem Satz hervor, der sich in JOHANNES KEPLERS großem optischem Werk „Dioptrice" [*222*] aus dem Jahre 1610 unmittelbar unter dem 64. Lehrsatz findet, welcher von der Alterssichtigkeit und der Kurzsichtigkeit handelt: „Dieser Lehrsatz gehört in die Physiologie und fast in die Medizin." Etwas später erscheint das Wort auch in den Vorlesungsankündigungen der Universitäten. K. BÜRKER [*69*] fand das Wort „Physiologie" zuerst in der Vorlesungsankündigung eines medizinischen Professors der Universität Gießen, des Prof. HIERONIMUS RÖTEL für das W. S. 1664/65, „D. Deo Opt. Max. fav. absolutis, quae in Physiologia tractanda restant, Pathologiae operam dabit publice". Aus dieser Zeit stammen auch die Schriften des JOHANNES BOHN (1640—1718), die in ihrem Titel das Wort Physiologie führen, die „Exercitationes physiologicae" (Lipsiae 1668 bis 1677) und der „Circulus anatomico-physiologicus" (Leipzig 1686). Nach M. FOSTER [*128*] hat G. A. BORELLI in der Einleitung zu seiner Schrift „De motu animalium" (Roma 1680/81) von der Physiologie als von einem Teil der Physik gesprochen. Einige Jahrzehnte später, im W. S. 1701/02, kündigt wieder in Gießen der Prof. J. F. DILLENIUS an: „. . . oculorum illorum Naturae miraculorum, Physiologiam publicis praelectionibus absolverit."

Die endgültige Einengung der Physiologie auf die Wissenschaft von den Lebens- und Organfunktionen etwa im heutigen Sinne vollzieht sich aber erst im 18. Jahrhundert, vor allem unter dem Einfluß von H. BOERHAAVE (1668—1738). Die Beschäftigung mit der Frage nach der Arbeitsweise der Organe war bis dahin im Gegensatz zur Anatomie kein planmäßiger Gegenstand des medizinischen

Unterrichts. Doch war seit dem Beginn des 17. Jahrhunderts eine Menge von neuen Kenntnissen gewonnen worden, die unmittelbar medizinische Bedeutung hatten, ohne in der Anatomie untergebracht werden zu können, z. B. die Kenntnis vom Blutkreislauf, von der Bildung und Verteilung der Lymphe, von der Rolle des Blutes bei der Atmung, von der Mechanik der Muskelwirkung. Bedeutende Fortschritte für die Medizin versprachen auch die neuen Kenntnisse der Chemiker, etwa die Chemie der Körpersäfte, der Alkalien, Säuren, Salze und Metalle. Wichtig erschien auch STAHLS Phlogistonlehre, KEPLERS Dioptrik und vieles andere mehr. Solche und andere Fragen suchte HERMANN BOERHAAVE seinen Leydener Studenten in besonderen Vorlesungen nahezubringen. Er veröffentlichte den Inhalt dieser Vorlesungen im Jahre 1708 unter dem Titel „Institutiones medicae, in usus annuae exercitationes domesticos" in Leyden. Dieses Buch wurde das erste „Physiologiebuch" für Studenten und Vorbild für den Unterricht an vielen Universitäten Europas. In England wurden bald darauf Lehrstühle mit der Bezeichnung „Institutiones medicae" (Abb. 34) errichtet. In dem obengenannten Jahre 1708 wurde auch ALBRECHT VON HALLER geboren, der als Schüler BOERHAAVES dieses Buch nach dessen Tode wieder mehrfach (1746, 1751, 1755) herausgegeben hat. Es wurde auch 1714 ins Englische, 1740 ins Französische übersetzt (J. F. FULTON [144]). Ins Deutsche wurde es übertragen von JOHANN PETER EBERHARD unter dem Titel: HERMANN BOERHAAVES „Phisiologia", Halle 1754. Hier erscheint zum ersten Male das Wort Physiologie als Titel eines studentischen Lehrbuches über Aufgaben und Arbeitsweise der Organe. Die zahlreichen Schüler BOERHAAVES haben vielfach ähnliche Vorlesungen nach diesem Vorbilde und unter diesem Titel abgehalten und ferner seitdem der funktionellen Seite des Lebensgeschehens größeres Interesse entgegengebracht als bisher. Unter ihnen war nicht nur der berühmte HALLER in Göttingen, sondern auch ANDREW SINCLAIR, ROBERT WHYTT und WILLIAM CULLEN in Edinburgh, LAMETTRIE in Frankreich und viele andere. Dann erschienen in Göttingen im Jahre 1751 die berühmten „Primae lineae physiologicae" des ALBRECHT VON HALLER, ein Buch, welches zusammen mit dem achtbändigen Werk „Elementa physiologiae" Lausanne, Bern 1757/66, das Fach der Physiologie in den Rang einer selbständigen Wissenschaft erhob und zugleich den Gegenstand dieser Wissenschaft unter der Bezeichnung „Physiologie" abgrenzte. Allerdings enthält HALLERS Physiologie noch so viel Anatomie, daß sie sich mit dem Inhalt der heutigen Physiologie noch nicht deckt, sie ist noch „Anatomia animata". Erst im 19. Jahrhundert löst sich die Physiologie weitgehend von der Anatomie und wird in den Händen vieler Physiologen, besonders der MÜLLER- und LUDWIG-Schüler eine Physik und Chemie der Körperfunktionen. So ist schon der Sinnwandel des Wortes „Physiologie" das Ergebnis einer geistesgeschichtlichen Entwicklung. Erst recht gilt das natürlich von ihrem Gegenstand, der Lehre vom lebendigen Organismus und von den Leistungen seiner Teile.

I. Die Physiologie der Antike.

1. Die Anfänge physiologischen Denkens
bei den griechischen Naturphilosophen und bei den Hippokratikern.

Wenn wir unseren Blick rückwärts wenden und den Weg verfolgen, den unsere
Wissenschaft seit ihrem Beginn zurückgelegt hat, so gelangen wir zu den Ufern der
Ägäis, jenes Meeres, das ebenso die Ränder Kleinasiens wie diejenigen des griechi-
schen Festlandes umspült. An seinen Küsten (Abb. 1) entstand in den griechischen
Siedlungen zum erstenmal und nachdrücklichst das Bestreben, die Erscheinungen
der Natur aus *natürlichen Ursachen* zu erklären. Das aber ist ein ganz wesentlicher
Zug des abendländischen Denkens, das ausgehend vom östlichen Mittelmeer im
Laufe der Jahrtausende die ganze Welt erobert hat. Es wäre allerdings falsch,
anzunehmen, daß es vor den Griechen keine hochentwickelte Heilkunde und keine
Wissenschaften gegeben hätte. Jahrhunderte und Jahrtausende vor den Griechen
haben andere Völker, besonders im Zweistromland, in Ägypten und Indien Erfahrungen und Beobachtungen gesammelt und nutzbar gemacht. Aber den Griechen
war am stärksten die Gabe verliehen, das Beobachtete systematisch zu ordnen, zu
durchdenken, in ein System zu bringen und diese Ordnung in der Natur als Ausfluß und notwendige Folge allgemeiner Naturgesetze aufzufassen. Diese Gabe ließ
Hellas, das schon in der Frühzeit der abendländischen Kultur die Entwicklung
vom „Mythos zum Logos" (W. NESTLE [*289*]) durchmessen hat, zum Ursprungsland oder zur Pflegestätte der wissenschaftlichen, rationellen Medizin und zahlreicher anderer Disziplinen der Naturwissenschaften, der Mathematik, Astrono-

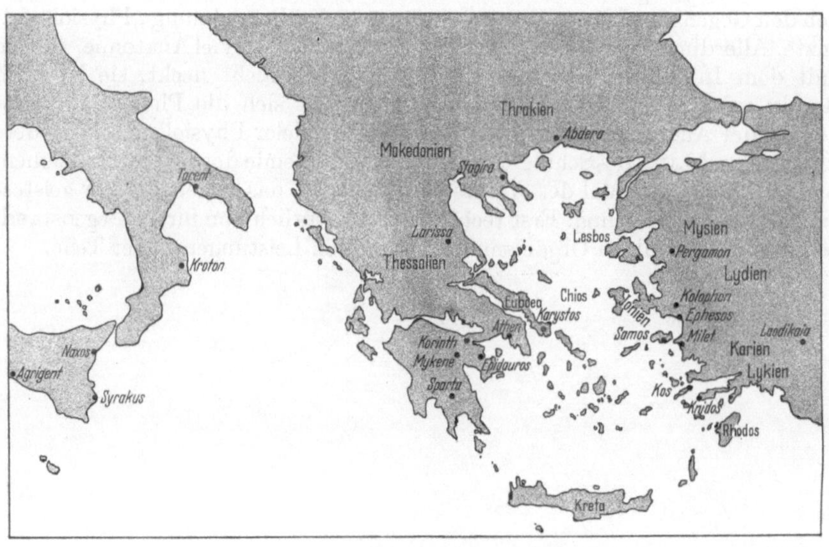

Abb. 1. Der östliche Mittelmeerraum.

mie, Physik usw. werden. Da aber die griechische Medizin und das griechische Denken über Rom, Byzanz und die Araber die Entwicklung der mittelalterlichen und neuzeitlichen medizinischen und naturwissenschaftlichen Vorstellungen in Europa maßgeblich mitbestimmt hat und indem von Europa ausgehend diese abendländische Art der Naturbetrachtung in allen Erdteilen gleicherweise zur Anerkennung gelangt ist, dürfen wir mit Recht das griechische Inselland als die Wiege der abendländischen Kultur, als das Ursprungsland der Weltmedizin und der modernen Physiologie betrachten und seine Leistungen an den Anfang unserer Betrachtung stellen. Wir wollen jedoch keinesfalls übersehen, daß die Ergebnisse des Nachdenkens jener hochkultivierten Völker im alten Orient, z. B. der Mesopotamier, Ägypter und Inder, starken Einfluß auf das griechische Denken ausgeübt haben, standen doch jene Völker in engem Austausch von Waren und Ideen miteinander. Der Gedanke von der Herrschaft der Sterne, der Macht der Zahlen, von der Gesetzmäßigkeit allen Geschehens hat die griechischen Naturphilosophen stark beeinflußt. Auch die Vorstellungen über die Bedeutung der Säfte in der mesopotamischen Medizin und die Lehre von der Luft in der ägyptischen Medizin waren in den griechischen Kolonien keineswegs unbekannt (vgl. P. DIEPGEN [*91*], ALB. ESSER [*120*]).

Bei den älteren griechischen Naturphilosophen vollzieht sich zuerst die Ablösung des rationalen kritischen Denkens vom mythischen Denken, also von einer Naturauffassung, welche sich damit zufrieden gibt, das Geschehen der Welt auf das Wirken dämonischer und göttlicher Gewalten zurückzuführen. Diese Ablösung ist zunächst noch unsicher und tastend. Wir sehen zahlreiche Versuche, die Grenzen zwischen dem Erforschbaren, Natürlichen und jenem Unerklärlichen und Unerforschlichen zu erkennen, welches dem menschlichen Verstand schlechthin unzugänglich ist und bleiben wird. Unter den jonischen Naturphilosophen sucht THALES VON MILET (640–548 v. Chr.[1]) die Wurzeln für die Mannigfaltigkeit der Erscheinungen in einem Einfachen, in dem Urprinzip des Wassers. Nach ANAXIMENES (geb. etwa 528 v. Chr.), ebenfalls aus Milet, ist dieses Urprinzip die Luft, sie ist zugleich der belebende Hauch. Ein dritter Weg wird von ANAXIMANDROS aus Milet (um 638–547 v. Chr.) beschritten. Bei ihm wird die Abkehr vom mythischen Denken vielleicht am deutlichsten daraus ersichtlich, daß er das Erdbeben anstatt auf das Wirken des Poseidon auf Spannungen in den Hohlräumen der Erde zurückführt. Er sieht im „Apeiron", im Unbegrenzten, das Urprinzip der Welt, aus dem dank seiner qualitativen Bestimmungslosigkeit alles andere hervorgeht. Für HERAKLIT VON EPHESOS (etwa 535–475 v. Chr.) ist das Feuer das Symbol für das Wesen der Dinge. Es ist wie die Flamme ein ständiges Werden und Vergehen. Alles Beharren ist Schein, nur das Gesetz im Wechsel ist unveränderlich. Etwa gleichzeitig lehrte in Kroton in Unteritalien PYTHAGORAS AUS SAMOS (etwa 580–489 v. Chr.), in dessen Schule Philosophie, Mathematik und Musik getrieben wurde. Nach diesem Denker ist die Zahl Ursprung und Wesen der Dinge. Er entdeckte u. a., daß die Höhe der Töne von der Länge der gestrichenen Saiten abhängt. Die Welt ist ein Kosmos, dessen Ordnung die Zahl beherrscht. Und die gleichen Gesetze beherrschen den Mikrokosmos und den Makrokosmos. Zu seinen Schülern rechnet man den Arzt ALKMAION VON KROTON (um 500 v. Chr.) (vgl. HUB. ERHARD [*119*]). Er wendet erstmalig die Lehre von den Gegensätzen auf die Frage nach den Bedingungen von Gesundheit und Krankheit an. Das Gleichgewicht gegensätzlicher Qualitäten, wie feucht, trocken, kalt, warm, bitter, süß, bedingt die Gesundheit. Die Störung dieses Gleichgewichtes ruft Krankheit hervor. Es scheint, daß Alkmaion als erster am lebenden Tier vivisektorische Untersuchungen ge-

---

[1] Die Lebensdaten der griechischen Naturphilosophen sind nur in wenigen Fällen genau bekannt. Die Angaben sind als ungefähre Hinweise zu betrachten [*288*].

macht hat. Er sieht im Gehirn das Zentralfeuer des Mikrokosmos Mensch und
stellt fest, das Gehirn hänge mit den Sinnesorganen zusammen. Wahrscheinlich
hat er auch den Sehnerven als erster gesehen (aber vgl. J. SCHUMACHER [*359*]).
Das Gehör ist ein Hohlraumsystem, das Trommelfell und das innere Ohr sind
noch unbekannt. Wie man annimmt, hat ALKMAION zuerst den unheilvollen Unterschied zwischen blutgefüllten und blutleeren Gefäßen gemacht. W. NESTLE [*287*]
nennt ihn den ersten griechischen Physiologen, da er als erster Tierversuche und
Tiersektionen zur Lösung biologischer und medizinischer Fragen ausgeführt hat.

Bedeutungsvoll für die weitere Fortentwicklung des medizinischen und physiologischen Denkens wurden vor allem die Lehren des EMPEDOKLES VON AGRIGENT
(etwa 495—435 v. Chr.). Er erklärt die Mannigfaltigkeit der Einzeldinge nicht aus
einem Urprinzip, sondern aus einer fortwährenden Trennung und Vereinigung un-
veränderlicher Grundstoffe, unzerstörbarer Elemente. Und zwar sind es vier solcher
Elemente, nämlich Feuer, Wasser, Luft und Erde. Die bewegenden Kräfte für die
Vereinigung und Trennung dieser Elemente sind die das Gleichartige vereinigende
Liebe und der das Ungleichartige trennende Haß. Man ahnt das Bemühen, die
unbekannten, aber denknotwendigen Kräfte der Natur mit bekannten Kräften
der Seele zu veranschaulichen. Alles vollzieht sich nach streng mechanischer Kau-
salität. Das Blut ist der Sitz der Seele; Sitz der Denkkraft ist das Herz. Die
Gesundheit beruht auf dem Gleichgewicht der vier Elemente. Diese Lehre wird
später in den Hippokratischen Schriften erweitert zu der Lehre von den vier
Säften und ihren vier Qualitäten (vgl. S. 7) und hat als solche die Lehre vom
Leben für zwei Jahrtausende beherrscht. Die Grundgedanken dieser Lehre berühren sich mit ähnlichen in der ägyptischen Philosophie [*120*]. ANAXAGORAS
AUS KLAZOMENAE (um 500—428 v. Chr.), welcher dreißig Jahre in Athen als
Freund des PERIKLES lebte und lehrte, soll unter anderem das Gehirn zergliedert
und dabei die Seitenventrikel beobachtet haben. Kurz vor dem Tode des PERIKLES
(429 v. Chr.) kam der Arzt DIOGENES VON APOLLONIA nach Athen. Ihm verdanken
wir ein Bruchstück über das Adersystem des menschlichen Körpers und eine
Schrift „Über die Natur des Menschen“. Er erneuerte die Lehre des ANAXIMENES
von der Luft, dem *Pneuma*, als dem Grundstoff der Welt. Dieses ist zugleich die
Ursache des Lebens und mit Denkkraft begabt. Es gelangt durch den Atem in die
Lunge, von dort mit dem Blute in den ganzen Körper und auch in das Gehirn.
Verminderung und Veränderung des Pneumas im Körper bedeuten Krankheit.
Wenn alle Luft aus den Adern verschwindet, tritt der Tod ein. So vollzieht sich allmählich eine Vereinigung naturphilosophischer Lehren mit der Medizin und entwickelt sich das wissenschaftliche Denken aus der philosophischen Bemühung
um die Deutung der Natur. Dazu hat auch DEMOKRIT AUS ABDERA (etwa 460—362
v. Chr.) Wesentliches beigetragen, welcher zahlreiche Schriften mathematischen,
erkenntnistheoretischen, medizinischen und physikalischen Inhalts verfaßt hat.
Er ist der Begründer der Atomistik. „Nichts geschieht zufällig, sondern alles geschieht aus einem Grund (Logos) und mit Notwendigkeit.“

Die griechischen Naturphilosophen deuteten die Natur rational, aber spekulativ, das heißt ohne strenge Bindung an die Naturerfahrung. In diesem Vorgehen
wurzeln die späteren Naturwissenschaften. Eine zweite Wurzel der Naturwissenschaften finden wir in rein empirischen Verfahren und Praktiken. Aus der Ver-
schmelzung dieser Empirie und dem rationalen Denken der griechischen Naturphilosophen entstanden die Anfänge der abendländischen Wissenschaften. Die
erste Disziplin, welche sich auf eigene Füße stellte, war die Medizin. Die Medizin
und mit ihr die Physiologie sind also Erben der griechischen Naturphilosophie.
Aus dieser Vereinigung entstand zwischen 450 und 350 v. Chr. jene rational-
empirische Art der Heilkunde, die wir als die *hippokratische Medizin* bezeichnen.

Zur Zeit des PERIKLES und des griechischen Bruderkrieges zwischen Athen und Sparta lebte in Kos an der kleinasiatischen Küste HIPPOKRATES (geb. um 460, gest. 377 v. Chr. in Larissa). Wir pflegen ihn als den Begründer der abendländischen wissenschaftlichen Medizin zu bezeichnen. Er ist ein Zeitgenosse von SOKRATES, THUKYDIDES, AISCHYLOS, SOPHOKLES, EURIPIDES, ferner des DEMOKRIT und des DIOGENES VON APOLLONIA. Er wurde auf der Insel Kos als Sproß eines Asklepiadengeschlechtes geboren. Wie wir wissen, führten ihn zahlreiche Reisen in die Ägäis. Man vermutet, daß er einige Zeit in Athen seine Ausbildung vervollständigt hat, jedenfalls kam er in Berührung mit den Schriften und Lehren der griechischen Naturphilosophen. Viele Gedanken und Kenntnisse des ALKMAION, DIOGENES u. a. haben in den Schriften des HIPPOKRATES, besser der „Hippokratiker", ihren sichtbaren Niederschlag gefunden. Wir bezeichnen als *„Hippokratiker"* die Vertreter der hippokratischen Medizin, deren Auffassung in den zahlreichen Schriften des „Corpus Hippocraticum" ihren Niederschlag gefunden hat. Es handelt sich um etwa 53 Schriften, die zu verschiedener Zeit, meist vor 350 v. Chr., entstanden sind. Nur wenige von ihnen stammen von HIPPOKRATES selbst, z. B. diejenige „Über Luft, Wasser und Örtlichkeit" und die „Über die heilige Krankheit", (vgl. M. POHLENZ [*318*]). Die meisten stammen von seinen Zeitgenossen und Schülern. Von ihrem Inhalt sollen uns weder die praktische Medizin noch die hohe ethische Haltung beschäftigen, sondern ausschließlich ihre Vorstellungen von den physiologischen Funktionen der Organe. Da die hippokratischen Schriften weder von einem Verfasser noch zu gleicher Zeit verfaßt sind, sind die Meinungen nicht in allen Büchern ganz übereinstimmend. Immerhin lassen sich gewisse gleichbleibende oder ähnliche Vorstellungen daraus entnehmen (vgl. JOH. BERNS [*27*]).

Wie DEMOKRIT fassen auch die Hippokratiker den Menschen als Mikrokosmos im Makrokosmos auf. Die Materie des menschlichen Leibes besteht aus den Elementen Feuer, Wasser, Luft und Erde. Ihnen entsprechen bestimmte Qualitäten gegensätzlicher Art. Die Vielzahl der Gegensätze des ALKMAION ist auf die folgenden Vier reduziert, auf das Warme, das Kalte, das Trockene und Feuchte. Diese Gegensätzlichkeiten fügen sich bei richtiger Mischung zu völliger Harmonie zusammen und bedingen so die Gesundheit. Ähnliche Ideen sind schon bei PYTHAGORAS und ALKMAION zu finden. Nach der Schrift „Über die Diät" bestehen die Lebewesen nur aus zwei Elementen, dem Feuer und dem Wasser. POLYBOS, der Schwiegersohn des HIPPOKRATES, hat die Elemente und Qualitäten in der Schrift „Über die Natur des Menschen" zu den Säften des Körpers in Beziehung gesetzt. Und zwar ist das Blut warm und feucht, der Schleim feucht und kalt, die schwarze Galle kalt und trocken, die gelbe Galle warm und trocken. Das abgebildete Schema (Abb. 2) soll diese Zuordnung von Elementen, Qualitäten und Säften veranschaulichen. Das Gleichmaß

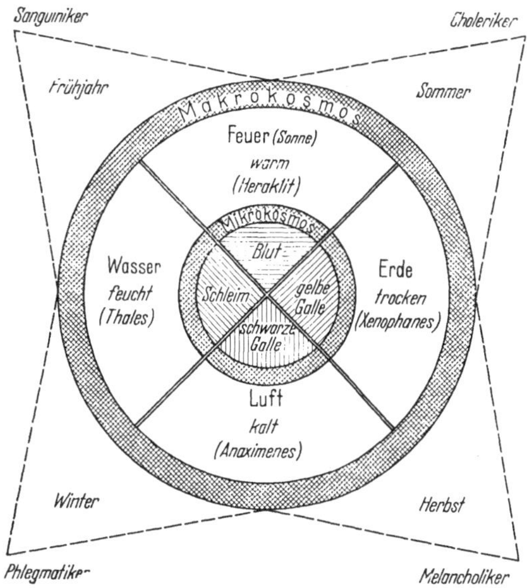

Abb. 2. Die Zuordnung von Elementen, Qualitäten und Körpersäften und die Makrokosmos-Mikrokosmos-Idee in der antiken Heilkunde.

der Säfte und Qualitäten, ihre Eukrasie, bedeutet Gesundheit, ihre Dyskrasie Krankheit. Mit dieser Theorie der Säftemischung beginnt die abendländische Theorie der Lebensvorgänge. Die gesunde Mischung wird aufrechterhalten durch die dem Körper *eingepflanzte* Wärme; sie beruht auf einem inneren Feuer, welches seinen Sitz in der linken blutleeren Herzkammer hat. Es bedarf zu seiner Existenz der Zufuhr von Luft oder *Pneuma,* sowie der *Nahrung* in Form von Speisen und Getränken. Innerhalb des Körpers waltet die *Physis [89; 138].* Sie erscheint als die allumfassende, nur ihren eigenen unverbrüchlichen Gesetzen folgende Natur oder im engeren Sinne als Heilkraft des Körpers, welche mit Zweckmäßigkeit die Körpervorgänge lenkt. „Die Natur ist ohne Unterricht geblieben und hat nichts gelernt und tut trotzdem ihre Schuldigkeit." Sie stellt im erkrankten Organismus die Harmonie her und handelt dabei unbewußt und zielstrebig. Ihre Leistung ist begrenzt, daher bedarf sie der Unterstützung des Arztes (vgl. A. BIER [*38*]).

Die hippokratische Physiologie ist ihrem Wesen nach dynamisch und ohne wesentlichen Bezug auf den anatomischen Bau. Denn die anatomischen Kenntnisse vom Bau des menschlichen Körpers sind bis auf Skelett und Adersystem dürftig. Die meisten anatomischen Vorstellungen dürften auch aus der Tieranatomie stammen. Einfache Tierexperimente werden gelegentlich erwähnt (vgl. G. SENN [*363*], TH. MEYER-STEINEG [*266*]), aber ihre erkenntnisschaffende Bedeutung wurde nicht voll erkannt. Alle Organe, welche Hohlräume besitzen, z. B. Herz, Uterus, Blase, Nieren, üben eine *Anziehungskraft* aus. Lockere, schwammige Organe wie Milz, Lungen, Brüste saugen daher das in ihrer Umgebung Befindliche auf. Das *Blut,* das wir in allen Blutgefäßen finden, stammt aus der Nahrung, denn in allen Speisen und Getränken ist Galliges, Wässeriges, Blutiges und Schleimiges enthalten. Aus dem Blute entstehen durch eine Art von Gerinnungsvorgang die Organe. Es enthält stets neben den Bestandteilen der Nahrung das Pneuma, welches durch die Lungen angesaugt wird, und die Wärme, welche es im linken Ventrikel bekommt. Trotz widersprechender Meinungen neuerer Autoren (vgl. P. DIEPGEN [*92—94*], G. STICKER [*374*], R. KAPFERER [*217*], H. DILLER [*103*], L. ASCHOFF [*4*] u. a.) dürfen wir wohl heute annehmen, daß die Hippokratiker den *Blutkreislauf* nicht gekannt haben. Vielmehr befindet sich das Blut in einer gleich Ebbe und Flut hin und her wogenden Bewegung. Das *Herz* besteht aus 2 Kammern und besitzt 2 Ohren [*280*]. Zahlreiche Gefäße, darunter die Aorta, gehen vom Herzen ab. Die Semilunarklappen mit ihrer Wirkung sind bekannt. Die linke Kammer ist blutleer, sie ist Sitz der Wärme. Sie erhält durch die Atmung über die Lungenvenen Pneuma als Nahrung für ihr Feuer und gleichzeitig zur Kühlung des Blutes. Die eingepflanzte Wärme ist auch die Ursache für die Herzbewegung. Im Buche „Die Lebensordnung" ist eine Art *Stoffwechsellehre* entwickelt, die einen Aufbau des Körpers aus den Kräften der Nahrung und einen Abbau durch das Feuer, also eine Art von Verbrennung unterscheidet. Das *Gehirn* ist Sitz und Vermittler der Seele. Es ist gebaut wie eine Drüse und erhält durch 2 Adern über Leber und Milz Blut und Luft. Verletzungen des Gehirns haben oft eine Lähmung auf der entgegengesetzten Seite zur Folge. Das Rückenmark ist die Fortsetzung des Gehirns. Nach Verletzungen des *Rückenmarkes* treten Lähmungen, Gefühlsstörungen und Störungen der Harn- und Kotausscheidung auf. *Nerven* und Sehnen werden noch nicht klar unterschieden. Über die Nasengänge zieht das feuchte Gehirn, welches bis in die Nase reicht, die trockene Luft und den trockenen Geruch ein und vermittelt so das *Riechen.* Die Hippokratiker haben als erste das Trommelfell beschrieben; es wird als eine Hirnhaut bezeichnet. Das eigentliche Gehörorgan ist noch nicht bekannt (vgl. H. WERNER [*421*]). Die Vorstellungen über den *Hörvorgang* lehnen sich an die Theorien von EMPEDOKLES und ALKMAION an. Nach DIOGENES VON APOLLONIA vollzieht sich der *Sehvorgang,* indem sich der Gegenstand im Auge spiegelt. Nach den Hippokratikern steht das Gehirn mit dem Auge durch einen Gang in Verbindung. Vorn im Auge befindet sich eine durchsichtige Haut, von der das Licht reflektiert wird bzw. auf der sich die Dinge spiegeln. Die Wahrnehmung selbst erfolgt durch das Gehirn.

Wir wollen hiermit unsere Bestandsaufnahme der hippokratischen „Physiologie" abschließen. Sie ist eine von der Erfahrung ausgehende, an ihr kontrollierte, rational durchdachte und ausschließlich mit natürlichen Kräften arbeitende Theorie der Lebensvorgänge. Das Übermaß hypothetischer Elemente resultiert vor allem aus dem Mangel an anatomischen Kenntnissen. Ein analytisches experimentelles Vorgehen und Denken ist den Griechen noch weitgehend fremd. Von diesem System physiologischer Vorstellungen nimmt die weitere Entwicklung der Physiologie ihren Ausgang.

2. Die Physiologie des Aristoteles und der Schule von Alexandria.

Aristoteles. Nach vielen Jahren höchster politischer, wirtschaftlicher und kultureller Blüte, besonders unter der Herrschaft des großen Staatsmannes PERIKLES (443–429), bricht nach dem unglückseligen Kriege zwischen Athen und Sparta das Attische Reich auseinander. Von nun an greifen die von den kämpfenden Parteien zu Hilfe gerufenen Perser und Makedonier bestimmend in den weiteren Verlauf der politischen Entwicklung ein, während die Griechen ihre Kräfte in sozialen Kämpfen und Auseinandersetzungen über die Staatsform verbrauchen. Im Jahre 399 wird SOKRATES (469–399) als Atheist und Volksfeind von einem Gericht der Polis zum Tode durch den Schierlingsbecher verurteilt.

Sein Schüler PLATON (427–347) gründete abseits vom politischen Leben seine Akademie, um in wissenschaftlicher und philosophischer Arbeit die neue Form einer vom hohen sittlichen Ernst getragenen staatlichen Gemeinschaft zu finden. Nach PLATON ist die sinnlich erkennbare Welt nur ein getrübtes Bild der allein im Akte des Denkens erfaßbaren Welt der reinen Ideen. Daher beschäftigt ihn die Erforschung der sichtbaren Welt und der Natur nur am Rande seines Nachdenkens. Das reife Spätwerk „Timaios" enthält seine Lehre von der Gesamtnatur und der Stellung des Menschen in ihr. Er schildert das Universum als eine allmähliche Selbstentfaltung der höchsten Vernunft in den sichtbaren Erscheinungen. Die Ordnung der Natur ist ein Abglanz der Ewigkeit und wird nach ihren Zwecken, nicht nach ihren Ursachen beurteilt. Das Biologisch-Physiologische wird auch vornehmlich teleologisch, d. h. unter dem Gesichtspunkt des Zwecks bewertet. Die speziellen Kenntnisse gehen nicht über die der Hippokratiker hinaus. Die menschliche Seele erfährt bei Platon eine Gliederung in die „Begierdenseele" mit dem Sitz im Unterleib, in das „Gemüt" mit dem Sitz in der Brust und in die unsterbliche „Vernunftseele" mit dem Sitz im Gehirn. Diese Unterteilung wurde für die spätere theoretische Physiologie, besonders bei GALEN bedeutsam, dessen Dreiteilung der Kräfte in Pneuma psychikon, Pneuma zotikon und Pneuma physikon stark durch PLATONs Lehren angeregt sein dürfte. Die PLATONsche Akademie gewann eine direkte Berührung mit der Medizin durch den sizilianischen Arzt PHILISTION VON LOKROI, der sich etwa 367–363 in Athen aufhielt. Er wird es gewesen sein, der der empedokleischen Lehre von den vier Elementen und der Lehre vom Pneuma als der in dem Organismus wirkenden belebenden Kraft in der Akademie Eingang verschaffte. Wesentlich später, also lange Zeit nach dem Tode PLATONs, trat ein weiterer bedeutender Arzt in Beziehung zur Akademie bzw. zum Lykaion, dem jetzt ARISTOTELES und THEOPHRAST vorstanden. Das war DIOKLES VON KARYSTOS (vgl. WERNER JAEGER [*215*]). Durch ihn ist vieles von der Medizin der sizilischen Schule, z. B. die Lehre von der zentralen Stellung des Herzens und seiner Rolle als blutbildendes Organ, in die Biologie des ARISTOTELES übergegangen [*216*]. Seine Lebenszeit fällt zwischen 340 und 260 v. Chr. Pneuma, Lebenswärme und Elementenlehre stehen im Vordergrund physiologischer Erklärungen. Andererseits stand Diokles ganz im Banne der teleologischen Naturbetrachtung der aristotelischen Schule. Übrigens soll er ein anatomisches Werk verfaßt haben, welches leider verlorengegangen ist.

ARISTOTELES (384–322 v. Chr.), „der Forscher, Sammler, Beobachter und Systematiker größten Stiles, verkörpert in vollkommenster Weise jenen eigentlichen Gelehrtentyp, der seit ANAXAGORAS und DEMOKRIT in der Welt des griechischen Geisteslebens seinen Einzug gehalten hatte" (E. v. ASTER [*5a*]). Er gehörte bis zum Tode PLATONs dessen Akademie an. Seit 343 war er Erzieher und Begleiter ALEXANDERS DES GROSSEN. Im Jahre 325 begründete er in Athen das „Lykaion", die Akademie der Peripatetiker. Die aristotelische allgemeine Wissenschaftslehre

und spezielle Naturlehre hat nicht nur in der Antike, sondern vor allem im späten
Mittelalter größten Einfluß auf die Entwicklung der Vorstellungen vom Leben
ausgeübt. So wollen wir auch hier eine kurze Würdigung seiner physiologischen
Vorstellungen vornehmen (vgl. W. JAEGER [*216*], A. VOLPRECHT [*412*]). Seine wichtigsten Schriften zur Biologie sind „De anima", „Parva naturalia", „De partibus
animalium", „De generatione animalium" und „Historia animalium". Er hat in
diesen Werken in systematischer Weise die ihm bekannten anatomischen, physiologischen, zoologischen usw. Tatsachen in sein naturphilosophisches System
hineingearbeitet. Die beste Darstellung seiner physiologischen Anschauungen
findet sich bei C. SIEVERT [*366*].

Allem Werden und Sein liegen zwei ewige Dinge zugrunde, der Stoff und die Form. Der
Stoff ist das passive Substrat des Geschehens, die Form der aktive bildende Anteil. Die Form
ist Aktualität, Kraft und Wesen jeden Dinges, der Stoff aber ist unbewegt, ist Potentialität.
Er birgt alle Möglichkeiten in sich. Das Verhältnis von Stoff und Form bestimmt die spezielle
Erscheinungsform des Seienden. Durch die Berührung mit der Form erhält der Stoff seinen
Antrieb, seine ferneren Möglichkeiten und seinen Zweck. Die Organismen sind aufzufassen als
beseelter Stoff. Der Stoff ist der materielle Leib, die Form ist die Seele. Der Zweck des Leibes
und die Kraft, welche ihn prägt und durchwaltet, ist seine „Entelechie", die ihr Ziel in sich
trägt. Diese Entelechie ist je nach der Art der Lebewesen verschieden. Das Pflanzenreich
ist beherrscht von der ernährenden-vegetativen, das Tierreich außerdem von der wahrnehmen-
den-animalischen Seele. Dazu tritt beim Menschen noch die denkende Seele. Die Entelechie
ist also ein übermechanistisches Lebensprinzip, welches erst das Leben ermöglicht und bewirkt.
Nach Aristoteles ist das Herz das Zentralorgan des Organismus. Nicht das Gehirn, sondern das
Herz ist Sitz der Seele. Es ist ferner Ort der Blutbildung, der Ursprung des Gefäßsystems und
der Sitz der Wärme. Herzklopfen, Pulsschlag und Atembewegung haben ihre gemeinsame Ursache in der bei der Blutbildung mitwirkenden Wärme. Das Herzklopfen ist eine Zusammen-
drängung des im Herzen befindlichen warmen Blutes infolge der Abkühlung durch die Atmung.
Wächst dann durch neu zugeführte Wärme wieder die Menge des Blutes im Herzen, so entsteht
der Pulsschlag, der das Blut in die Adern treibt. Diese leiten das Blut durch den ganzen Körper,
etwa wie Wasser im Garten in immer kleinere Kanäle geführt wird. Die kleinsten Kanäle und
das in ihnen geleitete Blut werden aktuell zu Fleisch und Gewebe. Fett, Mark, Rückenmark,
Milch, Schweiß, Sperma und Urin sind Abscheidungen des Blutes. Die *Lungen* dienen der
Abkühlung des Herzens. Je ein Gang führt Luft zur linken und rechten Kammer. Die Ein-
atmungsbewegung erfolgt durch die aus dem Herzen stammende, in der Lunge sich aus-
dehnende Wärme. Infolge der Hebung des Brustkorbes dringt Luft in die Lungen ein. Die
dadurch bewirkte Abkühlung läßt den Brustkorb wieder sinken. Im *Magen* wird durch die
Wärme die Speise in Brauchbares und Unbrauchbares zerlegt und verflüssigt. Von dort fließt
sie dem Herzen als Material zur Blutbereitung zu. Leber und Milz unterstützen die Blutbildung. Ein zusammenhängendes *Gehirn-Rückenmark-Nervensystem* ist ARISTOTELES unbekannt. Die Nerven werden nicht von den Sehnen unterschieden. Ein nervöser Leitungs-
vorgang ist unbekannt. Das Rückenmark entspricht dem Knochenmark der Wirbelsäule.
Das Gehirn, geschieden in Großhirn und Kleinhirn, ist empfindungslos und blutlos. Es führt
keine Adern und ist daher kalt. Es hat keine Beziehung zu den Sinnesorganen. Vielmehr
ist es der Ort, zu dem die gesamte Wärme aufsteigt, um dort abgekühlt zu werden. Bei dieser
Abkühlung entstehen Ausscheidungen, die z. B. als Schleim aus der Nase abfließen. Zugleich
wird hier das Blut besonders rein und fein, was der Arbeit der Sinnesorgane zugute kommt,
die daher ihre Lage im Kopf haben. Das Gehirn regelt weiter das Ausmaß seiner kühlenden
Wirkung. Macht sich die Abkühlung am Herzen, dem Organ der Wahrnehmung und des Denkens bemerkbar, so tritt Schlaf ein. Das *Sehen* entsteht nicht durch eine Ausströmung
der Objekte, sondern durch den Anstoß einer Bewegung, die auf das passive Sehorgan wirkt.
Die farbigen Nachbilder werden schon beschrieben. Das *Hören* entsteht, indem die Bewegung
der Luft auf die im Ohr eingeschlossene Luft übertragen wird. Gehörgang, Trommelfell, Innen-
ohr und die Tuba werden beschrieben. Vom Ohr führt kein Gang zum Gehirn. Die Deutung
des *Bewegungsvorganges* ist bei ARISTOTELES sehr unzureichend. Als Ursache gilt das Herz,
es wirkt durch seine Sehnen, durch Anziehen und Nachlassen. Die Muskulatur und ihre Fähigkeit der Verkürzung ist unbekannt, sie gilt nur als Organ des Tastsinnes.

Zusammenfassend kann man sagen, daß die physiologischen Lehren des
ARISTOTELES keinen merklichen Fortschritt gegenüber denjenigen der Hippokratiker bedeuten. Zwar läßt das deduktive Vorgehen eine bisher unerreichte Syste-
matisierung der Erscheinungen zu, aber zugleich entsteht manche folgenschwere

Fehldeutung, z. B. hinsichtlich der Stellung von Herz und Gehirn. Seine Lehre von der ,,Entelechie" bedeutet eine Art Personifizierung der hippokratischen Physis. Sie findet eine tiefe Nachwirkung in GALENS teleologischer Physiologie und in der ganzen abendländischen Biologie bis zu H. DRIESCHS Vitalismus (vgl. M. NEUBURGER [290]).

Die Physiologie der Schule von Alexandria. Im Jahre 334 v. Chr. überschritt ALEXANDER DER GROSSE mit seinen Heeren den Hellespont zum Kampfe gegen die Perser. In kurzer Zeit nahm er die kleinasiatische Küste in Besitz. Von dort aus stieß er nach Ägypten vor, das mühelos besetzt wurde. Um dieses Land leichter der geplanten Wirtschaftseinheit seines Reiches einzugliedern, gründete er 332 an der Küste des Nildeltas die Stadt *Alexandria*, die in kurzer Zeit zu einem bedeutenden Zentrum der damaligen Welt heranwuchs. Sie soll zur Zeit ihrer größten Entfaltung 900000 Einwohner gehabt haben. Unter der Herrschaft der Ptolemäer wurde sie eine Pflegestätte hellenistischer Kunst und eine Hochburg antiker Wissenschaft. Eine umfangreiche Bibliothek mit angeblich mehreren hunderttausend Schriftrollen bot die besten Voraussetzungen zu umfangreicher wissenschaftlicher Arbeit. Das Musaion, eine Kombination von Hochschule, Forschungsakademie und Wohnheim für die Gelehrten, vereinigte unter seinem Dach eine große Zahl bedeutender Männer. Hier wirkten unter anderem der große Mathematiker EUKLID, ARISTARCH VON SAMOS, der schon anderthalb Jahrtausend vor KOPERNIKUS ein heliozentrisches Weltbild lehrte, ferner der Botaniker THEOPHRAST VON ERESOS, die Physiker STRATON VON LAMPSAKOS und ARCHIMEDES und schließlich die Begründer der großen medizinischen Tradition in Alexandria, HEROPHILOS und ERASISTRATOS.

HEROPHILOS, der um 335 v. Chr. auf Chalcedon in Bithynien geboren wurde, begann sein medizinisches Studium in Kos unter PRAXAGORAS. Dieser hatte aus Beobachtungen an (tierischen) Leichen den verhängnisvollen Schluß gezogen, daß die Arterien gar kein Blut, sondern nur Luft bzw. nur Pneuma führen. Auch eine differenzierte Pulslehre ist von ihm aufgestellt worden. Sein Schüler HEROPHILOS wurde um 300 v. Chr. als Leibarzt des PTOLEMAIOS I. nach Alexandrien berufen, wo er neben der praktisch ärztlichen Tätigkeit eine umfangreiche, vor allem anatomische Forschung ausübte. Von wenigen Ausnahmen abgesehen, hat er als erster und fast einziger Arzt der Antike zahlreiche Sektionen an menschlichen Leichen ausgeführt [88; 148]. Auch Vivisektionen an zum Tode verurteilten Verbrechern werden erwähnt. Nach Angaben TERTULLIANS soll HEROPHILOS nicht weniger als 600 Leichen zergliedert haben. Seine Schriften sind großenteils verlorengegangen, doch kann man sich aus den umfangreichen Zitaten späterer Schriftsteller ungefähr ein Bild seiner Kenntnisse und Vorstellungen machen. Wesentlich war seine Lehre vom Nervensystem. Er beschrieb die Hirnhöhlen, Großhirn und Kleinhirn, die Plexus choreoidei, die Blutleiter der Hirnhaut und trennte erstmalig klar die Nerven von den Sehnen. Er erkannte auch den Zusammenhang der Nerven mit dem Gehirn. Die Herzohren faßte er als selbständige Herzhöhlen auf. Arterien und Venen wurden auf Grund ihres anatomischen Baues genau unterschieden. Die Arterien führen Luft und Pneuma (E. MÜHSAM [280]). Vier zweckmäßige Kräfte sollten die Vorgänge im Körper regeln, die ernährende Kraft in der Leber, die wärmende Kraft im Herzen, die empfindende Kraft der Nerven und die denkende Kraft des Gehirns. Hier sind aristotelische Gedankengänge wirksam gewesen. HEROPHILOS war übrigens der erste Arzt, der in der Form der Wasseruhr ein messendes Gerät zur Zählung des Pulses in der Medizin eingeführt hat. Durch die Verwendung bei Fieber wurde es gleichsam das erste medizinische Thermometer. Viele weitere anatomische Einzelbefunde (Glaskörper, Speicheldrüsen, Zwölffingerdarm) werden ihm zugeschrieben. HEROPHILOS starb um das Jahr 280 v. Chr.

Weniger Anatom als Physiologe war der jüngere ERASISTRATOS (etwa 310 bis 250 v. Chr.), geboren auf der Kykladeninsel Chios. Seine Studien, die er in Athen begann, brachten ihn in Berührung mit den Lehren DEMOKRITS, mit dem Physiker STRATON und mit der Stoa. Wenn ERASISTRATOS in Alexandria auch manche anatomische Untersuchung durchgeführt hat — genaue Beschreibung des Herzens, der Gehirnoberfläche, des Kehldeckels, der Prostata —, so lag sein Schwergewicht doch auf dem Gebiete der Physiologie. Er lehrte etwa folgendes:

Der Körper besteht aus Atomen, welche von der Wärme belebt und bewegt werden. Die Gewebe des Körpers setzen sich mit Ausnahme des Gehirns aus drei Elementen zusammen, und zwar aus drei *Geflechten*, nämlich Arterien, Venen und Nerven. Die Arterien haben die Aufgabe, das Pneuma fortzuleiten, die Venen, das ernährende Blut zu verteilen, die Nerven, die Glieder zu bewegen und die Sinnesempfindungen zu bewirken. Das *Blut* entsteht aus den verdauten Speisen unter Mithilfe der Leber und wird vom Magen in den rechten Ventrikel gepreßt. Das *Herz* besitzt zwei Höhlen (die Vorhöfe werden zu den Gefäßen gerechnet). Aus dem rechten Ventrikel gehen die arterienähnlichen Venen (Lungenarterie) und die Vena cava hervor, aus der linken Kammer die Lungenvenen (venenähnliche Arterie) und die Aorta. In der linken Herzkammer (pneumatische Kammer) finden wir nur Pneuma, welches als Pneuma zotikon in die ebenfalls blutleeren (!) Arterien strömt. Dieses Pneuma steuert die vegetativen Vorgänge des Körpers. Ferner geht das Pneuma psychikon aus der linken Herzkammer durch Arterien zur Dura mater und vermittelt über die hohlgedachten Nerven die Bewegung und Empfindung. Die Venen führen das Blut einerseits zum Herzen und durch die Arteria pulmonalis zur Lunge, andererseits zur Peripherie zur Bildung und Ernährung der Organe. Arterien und Venen stehen durch „Synanastomosen“ miteinander in Verbindung, die normalerweise geschlossen sind. Erst bei der Eröffnung von Arterien strömt infolge des „Horror vacui“ — der Begriff stammt von STRATON — das Blut aus den Venen in die Arterien herüber. Woher stammt nun das Pneuma? Durch die Bewegungen des atmenden Thorax, die durch Muskelkräfte erfolgen, strömt die Luft durch die Luftröhrenäste in die *Lungen*. Sie geht von hier durch Synanastomosen in die Gefäße der Lungenvenen und gelangt in die linke Herzkammer. Hier trennt sich die Luft in das Pneuma zotikon und das Pneuma psychikon und nimmt den Weg durch die Arterien einerseits zum Gehirn und andererseits zu den übrigen Organen. Das Blut fließt bei der Kontraktion des Herzens aus der rechten Kammer in die Lunge, aus der es infolge der Semilunarklappen nicht zurückfließen kann. Bei der Erschlaffung öffnen sich die Tricuspidalklappen und lassen Blut aus der Vena cava in die rechte Kammer gelangen. Der Klappenmechanismus war also ERASISTRATOS wohl bekannt. Die Blutversorgung aller übrigen Organe erfolgt vom Magen und der Leber aus über die Venen peripherwärts. In seinen späteren Jahren hat er die Lehre revidiert, daß die hohlgedachten Nervenfasern das Seelenpneuma leiten und daß sie ihren Ursprung von der Dura nehmen. Er soll sogar den Unterschied zwischen motorischen und sensiblen Nerven gekannt haben. Die *Muskelverkürzung* erklärte er durch den Zustrom von Pneuma, welches die Muskeln gleichsam aufbläht, sie dabei verkürzt und in Spannung versetzt (vgl. TH. MEYER-STEINEG [*266; 267*]).

ERASISTRATOS machte im Alter (um 250 v. Chr.) wegen eines schweren Leidens seinem Leben selbst ein Ende, indem er den Schierlingsbecher trank. Die beiden großen alexandrinischen Ärzte, HEROPHILOS und ERASISTRATOS, sind die Begründer einer der berühmtesten Ärzteschulen gewesen, die die Antike gekannt hat. Viele gute Anatomen haben die Tradition ihrer Lehrer über Jahrhunderte gepflegt. Der letzte bedeutende Anatom der alexandrinischen Schule ist MARINOS, der eine systematische, leider verlorene Anatomie in 20 Büchern schrieb, welche von GALEN weitgehend benutzt worden ist. MARINOS soll um 130 nach Chr. in Rom gelebt haben. Er beobachtete die Drüsen des Darmes, bereicherte die Muskellehre, unterschied 7 Hirnnerven und beschrieb die Art. centralis retinae. So führte er das von den alten Alexandrinern begonnene Werk fort. Die Anatomie macht also schon beachtliche Fortschritte, die Physiologie ist noch vornehmlich spekulativ, teils in Ermangelung des Experiments [*358*], teils infolge des Mangels an physikalischen und chemischen Kenntnissen.

3. Galenos von Pergamon und die römische Physiologie.

Im ersten und zweiten Punischen Krieg vernichtete Rom die Macht Karthagos und stieg durch den Frieden vom Jahre 201 v. Chr. zur Vormacht im westlichen Mittelmeer auf. Die Eroberung der griechischen Siedlungsgebiete in Süditalien und Sizilien führte zu einer wachsenden Berührung mit griechischer Sprache, Literatur und Wissenschaft. Im Jahre 146 v. Chr. wurde Korinth zerstört und Griechenland der Provinz Makedonien und dem römischen Weltreich eingefügt. Etwas später wurde das Pergamenische Reich zur römischen Provinz Asien gemacht. Somit war Rom der neue Herr im Weltreich ALEXANDERS DES GROSSEN und zugleich der Erbe der hellenistischen Kultur.

Die ältere römische Medizin hat sowohl praktisch wie theoretisch keine originellen Leistungen aufzuweisen. Die ersten griechischen Ärzte, die in Rom ihr Glück zu machen suchten, scheinen keinen wesentlichen Einfluß auf die Entwicklung genommen zu haben. Erst seit dem Jahre 46 v. Chr., in dem CAESAR den niedergelassenen freien griechischen Ärzten das römische Bürgerrecht verlieh, gelangte die griechische Medizin zu allgemeiner Anerkennung und Wirkung. Der erste bedeutende griechische Arzt auf römischem Boden ist ASKLEPIADES aus Prusa in Bithynien. Die Medizingeschichte hat ihn bis vor kurzem nur als einen reklametüchtigen Scharlatan gesehen. Doch hat nach M. WELLMANN [*420*] ASKLEPIADES seit etwa 91 v. Chr. als Philosoph und Arzt in Rom eine glänzende Tätigkeit entfaltet und soll CICERO, CRASSUS, MARC ANTON und andere behandelt haben. Er steht auf dem Boden der demokritisch-epikureischen Atomistik. Danach sind die Molekeln und das Leere die Urformen der Wirklichkeit. Aus ihnen besteht auch der Körper. Zwischen den kleinsten Teilchen bestehen Poren und Gänge, in denen sich Flüssigkeit und Pneuma bewegen. Die Gesundheit beruht auf der Normalität dieser Verhältnisse. Die Säfte spielen keine wesentliche Rolle. Mit dieser Lehre wurde ASKLEPIADES der Begründer der Solidarpathologie, die viele Anhänger fand, z. B. THEMISON VON LAODIKEIA, THESSALOS VON TRALLES, SORANOS VON EPHESOS usw. Zur Entwicklung der Physiologie hat diese Richtung ebensowenig beigetragen wie die Schule der Pneumatiker. Nach dieser ist das belebende Element das Pneuma. Es durchwaltet den Organimus als zielstrebiges Prinzip.

Im zweiten nachchristlichen Jahrhundert entwickelt die Antike noch einmal und zugleich zum letztenmal eine breit angelegte, wissenschaftlich begründete, medizinische Lehre von der Natur des Menschen und der Tätigkeit seiner Organe, also eine Physiologie. Diese hat fast unangefochten bis zum Ende des Mittelalters die abendländische Medizin beherrscht. Das ist die Lehre des GALENOS VON PERGAMON.

Auf den Höhen des kleinasiatischen Festlandes lag einstmals die Stadt Pergamon. Wie die Überreste glänzender Bauten beweisen, welche durch neue Ausgrabungen bloßgelegt wurden, war es eine große Stadt mit einem bedeutenden Asklepios-Heiligtum. Hier wurde CLAUDIUS GALENOS im Jahre 129 n. Chr. (vgl. J. ILBERG [*211*]) als Sohn des Architekten und Mathematikers NIKON geboren. Nach anfänglichen Studien in seiner Heimatstadt erwirbt er sich eine vielseitige philosophische und medizinische Ausbildung in Smyrna, Korinth und Alexandria. Bei den Ärzten Alexandriens, besonders bei MARINOS, verschafft er sich gründliche anatomische Kenntnisse, es handelt sich aber mit Ausnahme des menschlichen Knochensystems vorwiegend um Tieranatomie. Seit 157 n. Chr. ist er dann für einige Jahre Gladiatorenarzt in seiner Heimatstadt. Das Jahr 162 n. Chr. sieht ihn in Rom. Innerhalb von wenigen Jahren und unter schweren Kämpfen gegen seine ärztlichen Konkurrenten, die von GALEN nicht ohne Polemik, eitle Prahlsucht und Rücksichtslosigkeit geführt wurden, steigt er zum vielgesuchten be-

rühmten Arzt und Gelehrten auf. Nach vorübergehender Abwesenheit finden wir
ihn seit 168 n. Chr. wieder in Rom als Leibarzt des Kaisers MARC AUREL und
seines Sohnes COMMODUS. Um das Jahr 201 n. Chr. ist er gestorben.

Das Lebenswerk GALENS umfaßt nach seiner eigenen Darstellung etwa
400 Schriften medizinischen, philosophischen und sonstigen Inhaltes. Etwa 180
davon sind erhalten. Ihr Stil zeugt von großem Selbstbewußtsein, nicht selten
von Eitelkeit. Wie weit das angebracht war, werden wir sehen. Ein Teil der medizinischen Schriften sind Kommentare zu HIPPOKRATES, den er über alles hoch-
schätzte und von dem er vieles, wie die Säftelehre, die Qualitätenlehre, die Lehre
von der Heilkraft der Natur, übernahm. Die Philosophie PLATONS und des ARISTO-
TELES waren ihm wohlbekannt. Die Neigung zur teleologischen Deutung der
Lebenserscheinungen dankt er wohl vornehmlich dem ARISTOTELES. Die Annahme
von den drei verschiedenen Formen der Seele und des Pneumas ist von PLATON
angeregt (vgl. E. HAUKE [169]). Auch die stoische Philosophie des ersten nachchristlichen Jahrhunderts ist nicht ohne Wirkung auf sein Denken gewesen.
Ohne eine außerordentliche Vitalität, Arbeitskraft und Assimilationsfähigkeit
hätte GALEN seine ungeheure literarische, experimentelle, ärztliche und unter-
richtliche Arbeit nie bewältigen können (vgl. TH. MEYER-STEINEG [266; 268]). Von
jenen Schriften, die uns hier besonders interessieren, seien folgende genannt:
„De anatomicis administrationibus" (Über anatomische Hantierungen, eine anatomische Präparieranweisung), ferner „De usu partium corporis humani" in
17 Büchern (Über den Nutzen der Teile des menschlichen Körpers) und „Über die
natürlichen Kräfte" [18; 19]. Es ist das unbestreitbare Verdienst GALENS, eine
umfassende medizinische Theorie auf dem Boden der Anatomie und Physiologie
entwickelt zu haben, von der aus er die Lehre von den Krankheiten und die Indi-
kation für die ärztliche Praxis begründete.

Die *anatomischen Kenntnisse* GALENS überragen beträchtlich die seiner Vorgänger (vgl. E. HINTZSCHE [183]). Allerdings beruhen sie zum größten Teil auf Sek-
tionsergebnissen an Affen, Schweinen, Bären, Rindern und Hunden [393]. Es war
sein Fehler, dieses in seinen Schriften nicht ausdrücklich gesagt zu haben. Aber
er wird wohl der Meinung gewesen sein, daß Menschen und Tiere im anatomischen
Bau übereinstimmen. Mancher verhängnisvolle Irrtum rührt davon her. Die
anatomische Beschreibung des Skeletts ist durchweg richtig bis auf den zwei-
teiligen Unterkiefer und das siebenteilige Brustbein (Affen). Die Bezeichnungen
Epiphyse und Symphyse sind von GALEN geprägt. Die Anatomie des Nervensystems verrät eine gute Kenntnis; er trennt klar zwischen Nerv, Sehne und
Band. Die Nerven sind, außer den Sehnerven, nicht hohl, enthalten aber unsichtbare Kanäle. Die Gehirnnerven (7 Paare) sind gut beschrieben. Die Anatomie der
Muskeln enthält manch neue Entdeckung (M. interossei, M. popliteus, M. plan-
taris, Platysma). Das Auge mit seinen 6 Muskeln, das Septum orbitale, der
Tränenapparat erfahren eine gute Darstellung. So viele Lücken auch blieben, es
war doch ein solides Fundament gelegt. Leider blieb GALEN der letzte große Anatom für über 1000 Jahre.

Seine *physiologischen Lehren* lassen sich in eine allgemeine Lebenslehre und in
eine spezielle Organphysiologie trennen. Wir legen dabei vor allem die Schrift
„De usu partium" zugrunde, welche eine sorgfältige Auswertung für die Geschichte
der Physiologie von TH. MEYER-STEINEG [266], sowie von J. ROSCHINSKY [335]
erfahren hat. Dort sind auch die folgenden Angaben im einzelnen belegt. Die
Schriften „Über den Nutzen der Teile" und „Über die natürlichen Kräfte" liegen
erst neuestens in einer deutschen Übersetzung von E. BEINTKER [18; 19] vor.

Die Substanz des Lebendigen besteht aus verschiedenen Mengenanteilen der 4 Urstoffe
Feuer, Wasser, Luft und Erde, denen die Qualitäten Warm, Feucht, Kalt und Trocken

zugeordnet sind. Gesundheit verlangt eine ausgeglichene Mischung. Die Materie wird erst lebendig durch organisierende Prinzipien, die seelischer Natur sind. Die Seele des Menschen wird an manchen Stellen als ein immaterielles Prinzip, an anderen als etwas Körperliches aufgefaßt und wird mit dem Pneuma identifiziert. GALEN unterscheidet wohl in Anlehnung an PLATON drei Arten des Pneumas: erstens die empfindende, bewegende und denkende Seele, das π εῦμα ψυχικόν (= *Spiritus animalis*) mit dem Sitz im Gehirn, zweitens die Lebenskräfte für Pulsschlag, Blutbewegung und Wärmeverteilung, das π εῦμα ζωτικόν (= *Spiritus vitalis*) mit dem Sitz im Herzen und drittens schließlich die natürlichen Kräfte bzw. die ernährende Seele für Ernährung, Blutbereitung und Stoffwechsel, das πνευμα φυσικόι (= *Spiritus naturalis*) mit dem Sitz in der Leber. Dieses letztere spielt allerdings eine sehr untergeordnete Rolle (O. TEMKIN [*389a*]). Die Spiritus haben wieder spezielle Wirkungsformen als entleerende, ansaugende, abstoßende Kräfte. Alle Lebensvorgänge laufen nach strengen Gesetzen ab, aber zugleich sind sie im höchsten Maße zweckmäßig und zielstrebig. Es steht für ihn fest, „daß die Natur nichts mit übertriebener Sorgfalt macht, wie sie gleichermaßen besorgt ist, nichts mangelhaft und nichts überflüssig zu schaffen". Das *Blut* besteht aus den vier Kardinalsäften, sie sind rotes Blut, gelbe Galle, schwarze Galle und Schleim. Das Vorherrschen des einen oder anderen Anteils bestimmt die Temperamente (Sanguiniker, Choleriker, Melancholiker, Phlegmatiker). Das Blut füllt sowohl Arterien wie Venen! Durch eine Punktion des freigelegten *Herzens* am lebenden Tier beweist er, daß auch die linke Kammer Blut enthält. Die Blutbereitung erfolgt mit Hilfe der eingepflanzten Wärme in der Leber aus Materialien, die durch die Lebervenen aus dem Mageninhalt angezogen werden. Die dabei auftretenden Überschußstoffe werden als gelbe Galle von der Gallenblase, als schwarze Galle von der Milz angezogen. Nur dünnflüssiges reines Blut gelangt durch die Vena cava in das Herz. Venen sind die Gefäße, die mit dem rechten Herzen, Arterien solche, die mit dem linken Herzen in Verbindung stehen. Die beiden Herzkammern mit ihrem Klappenmechanismus werden genau beschrieben. Die nicht besonders erwähnten Vorhöfe werden augenscheinlich zu den Venen gerechnet. Die Herzscheidewand ist durchlöchert, und die Ventrikel sind durch eine Öffnung miteinander verbunden. GALEN hat die Automatie des schlagenden Herzens im Experiment selbst beobachtet und beschrieben. Er rechnet das Herz zu den muskelähnlichen Organen. Die *Blutbewegung* geht aber keinesfalls nur vom Herzen aus. Die Aufgabe des linken Herzens ist die Weitergabe der pulsatorischen Kraft an die Arterien, dann das Ansaugen von Pneuma aus den Lungen über die Venae pulmonales, ferner wird in der linken Kammer das Blut mit dem Pneuma vermischt und durch die eingepflanzte Wärme, die hier ihren Sitz hat, erhitzt. Das so bereitete Blut wird bei der Systole in die Arterien getrieben, während gleichzeitig das Rauchige und Qualmige, das ist der Überschußstoff bei dem Erwärmungsprozeß, durch die Lungenvenen zur Lunge abgeführt wird (Abb. 3). Die rechte Herzkammer zieht das Blut über die Vena cava an und führt davon einen Anteil durch die Vena arteriosa (= Art. pulmonalis) der Lunge zu. Ein anderer Anteil fließt durch die Löcher der Herzscheidewand in die linke Kammer, von der er nach der Vermischung mit Pneuma und nach ausreichender Erwärmung in die Arterien getrieben wird. Die Blutbewegung geht in fast allen Gefäßen peripherwärts, auch in den Venen. Nur das in der Leber bereitete Blut fließt zu einem Teil in den Venen peripherwärts zur Ernährung der Organe, zum anderen Teil in der Vena cava in die rechte Herzkammer. Die Blutbewegung kann sich in den Gefäßen aber auch nach Bedarf umkehren. Ein Übergang des Blutes von der arteriellen auf die venöse Seite ist weder in der Lunge noch in der Körperperipherie in nennenswertem Umfange vorhanden. Aber die Venen erhalten etwas Pneuma aus den Arterien, die Arterien etwas Blut aus den Venen durch Anastomosen. Es ist also keineswegs der Fall, daß GALEN den Kreisweg des Blutes gekannt hätte. GALEN beschrieb genauer als seine Vorgänger die Herzgefäße, die Einmündung der rechten Coronarvene in das rechte Atrium (Foramen Galeni), ferner den Ductus arteriosus. Der Zweck der *Atmung* ist es, die notwendige Luft zur Unterhaltung des Lebens heranzuführen und andererseits die kochende Wärme des linken Herzens abzukühlen. Die Atemmechanik durch Zwerchfell und Interkostalmuskeln sowie ihre Innervation sind bekannt. Die Hippokratiker nahmen im Magen einen Zersetzungsvorgang für die eingenommene Nahrung an. ERASISTRATOS, ASKLEPIADES und andere sprechen von einem Vorgang mechanischer Zerteilung und Zerkleinerung durch die Kontraktion des Magens. GALEN nimmt beide Vorgänge an, allerdings unter Hilfe des Pneuma physikon und der tierischen Wärme. Er hat auch erkannt, daß die *Verdauung* schon im Munde beginnt. Der Schlingakt erfolgt durch die Muskelwand des Ösophagus — GALEN hat hierzu vivisektorische Versuche angestellt —, außerdem durch eine anziehende Kraft des Magens. Die dort zersetzte Nahrung wird durch die anziehende Kraft der Venen und der Leber aufgesogen. Die Ernährung dient dem Ersatz der lebenden Substanz, von der stets Anteile verlorengehen. Die *Nieren* scheiden neben dem Wasser auch andere Überschußstoffe aus, die sie dem Arterienblut entnehmen. Im Gegensatz zu den Ansichten des ASKLEPIADES, der in den Ureteren Samenleiter sah, stellt GALEN durch experimentelle Unterbindung der Harnleiter fest, daß sich dann kein Harn mehr in der Blase sammelt (E. BEINTKER [*20*]). Vor GALEN scheinen nur der Alexandriner MARINOS und der Makedonier LYKOS erfolgreiche Untersuchungen über die *Muskeln* angestellt zu haben.

GALEN aber wendet diesem Gebiet in 2 Büchern „Über die Bewegung der Muskeln" sein besonderes Interesse zu. Er rechnet zu den eigentlichen Muskeln nur die willkürlichen Muskeln, alle übrigen muskulären Strukturen am Herzen, an Darm, Uterus und Blase aber zu den muskelähnlichen Gebilden mit autonomer Bewegungsfähigkeit. Die Muskeln des Skeletts bestehen aus sehnigen Fasern und aus fleischiger, gefühlloser Substanz. Nerven, die in das Fleisch eindringen, verursachen seine Tätigkeit. Muskeln greifen in der Regel als Antagonisten am Skelett an. Die Fähigkeit zur Verkürzung wohnt dem Muskel selbst inne. Sie wird aber ausgelöst durch das Pneuma psychikon, welches vom Gehirn durch die Nerven dem Muskel zufließt. Wir sahen schon, daß eine nennenswerte Kenntnis des *Nervensystems* erst bei den Alexandrinern beginnt. GALEN betont zum ersten Male klar den einheitlichen Zusammenhang von Gehirn, Rückenmark und Nervensystem (vgl. TH. MEYER-STEINEG [267]). Das Gehirn ist der Ursprungsort der Nerven, der Entstehungsort der Sinnesempfindungen, die Quelle der willkürlichen Bewegung und der Sitz des Denkens. Das Rückenmark entspringt aus dem Gehirn und verzweigt sich in die Nerven. Die Bewegungsnerven entspringen aus den äußeren, die Empfindungsnerven aus den inneren weichen Gehirnteilen. Die Hirn- und Rückenmarkshäute weist

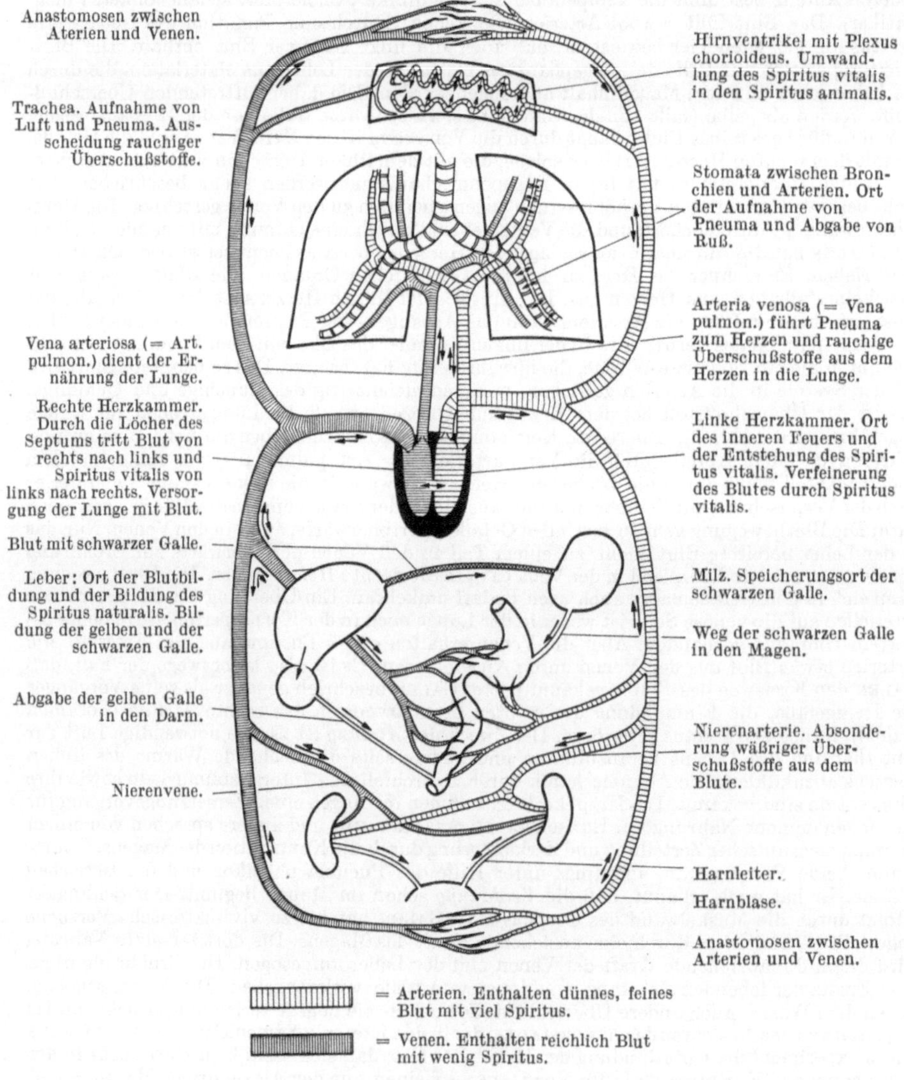

Abb. 3. Versuch einer schematischen Darstellung wichtiger physiologischer Vorstellungen des GALENOS [338].

GALEN durch Experimente als funktionell bedeutungslos nach. Durch zahlreiche Durchschneidungsversuche hat er die Bedeutung einzelner Rückenmarksabschnitte zu klären versucht. Die Wirksamkeit des Gehirns wird durch das Pneuma psychikon vermittelt. Die Frage, ob es immateriell oder materiell ist, wird offengelassen. Es entsteht aus der durch die Nase in das Gehirn eingesogenen Luft und aus dem vom Herzen kommenden Pneuma zotikon durch die Tätigkeit des Plexus chorioideus in den vorderen Gehirnventrikeln. Diese saugen die Luft durch eine Art von Atmung ein und dienen zugleich als Behälter für das Pneuma. Die Substanz der Nerven enthält unsichtbare Gänge, welche die Sinnesempfindungen vermitteln und das Pneuma psychikon den Muskeln zuführen. Das Hauptorgan des *Sehens* ist die kristallene Feuchtigkeit (Linse). Dahinter liegen Glaskörper und Netzhaut. Letztere dient zur Ernährung des Glaskörpers und hat die Veränderungen der Linse wahrzunehmen. Die Sklera setzt sich in die Cornea fort, die das Licht zur Linse durchläßt. Die Sehnerven sind durchbohrt und kommunizieren miteinander im Chiasma. Dadurch wird die konsensuelle Pupillenreaktion erklärt. Die Brechungsverhältnisse im Auge waren der Antike noch unbekannt. Die Fehlsichtigkeiten erklärt GALEN durch Anomalien des Pneumas. Wie seine Vorgänger, läßt er die Strahlen einmal aus dem Auge austreten und ein anderes Mal vom Gegenstand ins Auge eintreten. Beide Augen empfangen auch ein etwas verschiedenes Bild, das jedoch zu einem neuen Gesamtbild verschmilzt. Durch Verschieben eines Bulbus entstehen Doppelbilder. Die Strahlen bilden einen Kegel, dessen Spitze auf der Linse gelegen ist (vgl. J. HIRSCHBERG [*187*]). Die Lehre vom *Hören* [*421*] ist infolge der unzureichenden anatomischen Kenntnisse relativ unvollkommen. Der Gehörgang und der Gehörnerv, welch letzteren MARINOS wohl erstmalig präparierte, sind GALEN bekannt. Das Trommelfell wird von ihm nicht anerkannt.

Wir stehen am Ende einer langen, ins einzelne gehenden Beschreibung der physiologischen Auffassungen des GALEN. Sie wurden eingehend dargestellt, einmal, weil wir hier eine Zusammenfassung des physiologischen Wissens am Ausgang der Antike vor uns haben, zweitens aber, weil diese Lehren mit geringen Variationen bis zum Beginn der Neuzeit eine unangefochtene Anerkennung gefunden haben. Es bleibt uns abschließend übrig, ein wertendes Urteil über die Stellung GALENs in der Geschichte der Physiologie abzugeben. Im Gegensatz zu anderen Auffassungen sehe ich in GALENs Physiologie die bedeutendste Leistung, die die gesamte Antike auf diesem Gebiet hervorgebracht hat. Er hat nachweislich zahlreiche sinnvoll erdachte Tierexperimente am Herzen, Nervensystem, Harnleiter usw. ausgeführt. Er beseitigt den Irrtum von der Lufthaltigkeit und Blutleere des linken Ventrikels und der Arterien. Er beweist experimentell den funktionellen Zusammenhang zwischen Gehirn, Rückenmark und peripheren Nerven. GALEN erkennt nicht nur richtig die Funktion des Muskelfleisches, er trennt auch richtig die willkürlichen von den unwillkürlichen Muskeln. Die Atembewegungen des Thorax werden durch die Muskelkraft bewirkt und nicht wie bei ARISTOTELES durch die Wirkung der Wärme. Die Lehre vom drüsigen Bau des Gehirnes wird verlassen. Beim Sehvorgang macht GALEN immerhin vernünftige Überlegungen über Strahlengang und Doppeltsehen.

Man hat GALEN vielfach wegen seiner teleologischen Deutungen als spekulativen Denker gebrandmarkt. Doch ist man meines Erachtens darin viel zu weit gegangen. Die Frage nach der Bedeutung eines biologischen Sachverhaltes bleibt immer ein fruchtbares heuristisches, ja mehr als das, dem Wesen des Organischen angemessenes Vorgehen. GALEN war in seiner Deutung der Lebensvorgänge als kausale und zugleich sinnvoll geordnete Vorgänge auf einem durchaus, ja erstaunlich richtigen Wege. Daß die Erklärung der Zweckmäßigkeit keine *vollständige* Erklärung bedeutet, war ihm noch nicht klar. Es wäre auch zuviel, diese Einsicht schon zu erwarten. So glaube ich mich mit anderen, z. B. TH. MEYER-STEINEG [*266—268*], E. BEINTKER [*20*] und J. ROSCHINSKY [*335*], berechtigt, eine Ehrenrettung GALENs vorzunehmen. Er war nicht nur der erste planvoll vorgehende Experimentalphysiologe der Antike, sondern auch für mehr als 1000 Jahre der letzte, der dieses Gebiet mit selbständigen Gedanken und Ergebnissen bereichert hat. Die spekulativen Elemente der Pneumalehre, die aus dem grauen Altertum stammen und belebt durch die Philosophie der Stoa in seiner Lehre einen breiten Raum einnehmen, waren

für ihn eine brauchbare, wenn auch manchen Sachverhalt verschleiernde Theorie.
Einige verhängnisvolle Irrtümer haben noch lange nachgewirkt, z. B. die Lehre
von den Löchern in der Herzscheidewand sowie manche Vorstellungen aus der
Tieranatomie, die er unberechtigt auf den Menschen übertrug. Doch überwiegt
alles in allem ganz wesentlich das Gute und Richtige unter dem, was GALEN für
die Physiologie geleistet hat. Ich glaube, er hat nicht übertrieben, wenn er von sich
selbst sagte: „HIPPOKRATES habe zwar einiges geleistet und vor allem die Bahn
gebrochen, ich aber habe sie geebnet und gangbar gemacht wie Kaiser TRAJAN
die Heerstraßen im Römischen Reich!" (Zit. nach E. HOLLÄNDER [202].)

II. Die Physiologie des Mittelalters.

1. Frühes Mittelalter, Arabische Physiologie, Salerno.

In der Person GALENs haben antike Medizin und antike Physiologie ihren
Höhepunkt und zugleich ihren Abschluß gefunden. Das hat seinen wesentlichen
Grund in dem wachsenden *Verfall der antiken Kultur.* Äußere und innere Momente
haben dazu beigetragen: Kriege, hohe Steuern, Rückgang des Handels, Arbeits-
losigkeit, Entvölkerung des Landes, Verlust der Staatsgesinnung. Auch die
geistige Entwicklung jener Jahrhunderte war der Medizin und den Wissenschaften
wenig günstig. Nach der Entthronung der antiken Götterwelt dringen orienta-
lische Strömungen, Sonnengottkult, Mithraskult, Astrologie und Magie in das
weltanschauliche Vakuum ein. Sowohl der Neuplatonismus als auch das Christen-
tum waren nicht dazu angetan, das Interesse den natürlichen und diesseitigen
Erscheinungen zuzuwenden. So war Stillstand und Zerfall die notwendige Folge.
In den politischen Wirren und Existenzkämpfen des 4. bis 8. nachchristlichen Jahrhunderts gehen zahlreiche Handschriften, aber auch die wissenschaftliche Tradition auf italienischem Boden verloren.

Etwas günstiger waren die Geschicke in Byzanz, welches nach der Teilung
des Römischen Reiches im Jahre 395 n. Chr. die Hauptstadt des Oströmischen
Reiches wurde. Es wurde nicht nur von der Völkerwanderung verschont, sondern
erlebte auch eine hohe kulturelle Blütezeit, besonders unter der Regierung von
Kaiser Justinian (527–565). Unter den byzantinischen Ärzten ragen OREIBASIOS
(geb. 325), AETIOS VON AMIDA (geb. um 520) und ALEXANDER VON TRALLES
(geb. 525) hervor. Sie haben keine neuen physiologischen Kenntnisse gewonnen,
aber wichtige Teile des antiken Schrifttums der Nachwelt übermittelt [322]. In der
Zeit, da die Stadt Alexandria von den Arabern erobert (641 n. Chr.) wurde, lebte
dort PAULUS VON AEGINA (625–690). Seine Schriften (J. BERENDES [308]) ver-
mittelten antikes Geistesgut in den arabischen Kulturkreis.

Die Überlieferung antiken medizinischen Wissensgutes hat noch einen zweiten
und geradezu abenteuerlichen Weg genommen. In Syrien entstanden unter dem
Einfluß des Christentums gegen Ende des 3. Jahrhunderts die Schulen von Edessa
und Nisibis, an denen neben der Theologie auch die Tradition der Heilkunde und die
Übersetzung aus dem Griechischen gepflegt wurde. Edessa gelangte bald unter den
Einfluß der Nestorianer. Nachdem aber auf dem Konzil von Ephesos (431) ihre Religion als Ketzerei verboten worden war, vertrieb man sie auf Grund eines Befehls des
oströmischen Kaisers ZENO im Jahre 489 mit großer Grausamkeit aus Edessa. Sie
flüchteten nach Persien, wobei sie griechisches Kulturgut und griechische Schriften
medizinischen Inhaltes mit sich nahmen. In Gondêschâpùr oder Dschondeschapur
gründeten sie eine von den Sassaniden geförderte berühmte Medizinschule. Hier
wurden zahlreiche Schriften aus der griechischen und syrischen Sprache ins Per-

sische übersetzt, darunter GALEN, die Hippokratiker, DIOSKURIDES, RUPHOS, OREIBASIOS und andere. Als dann im 7. Jahrhundert die Araber Persien eroberten, kamen alle diese Schriften zu ihrer Kenntnis, wurden von ihnen gepflegt, kommentiert und der islamischen Heilkunde einverleibt. So entstand eine beachtliche

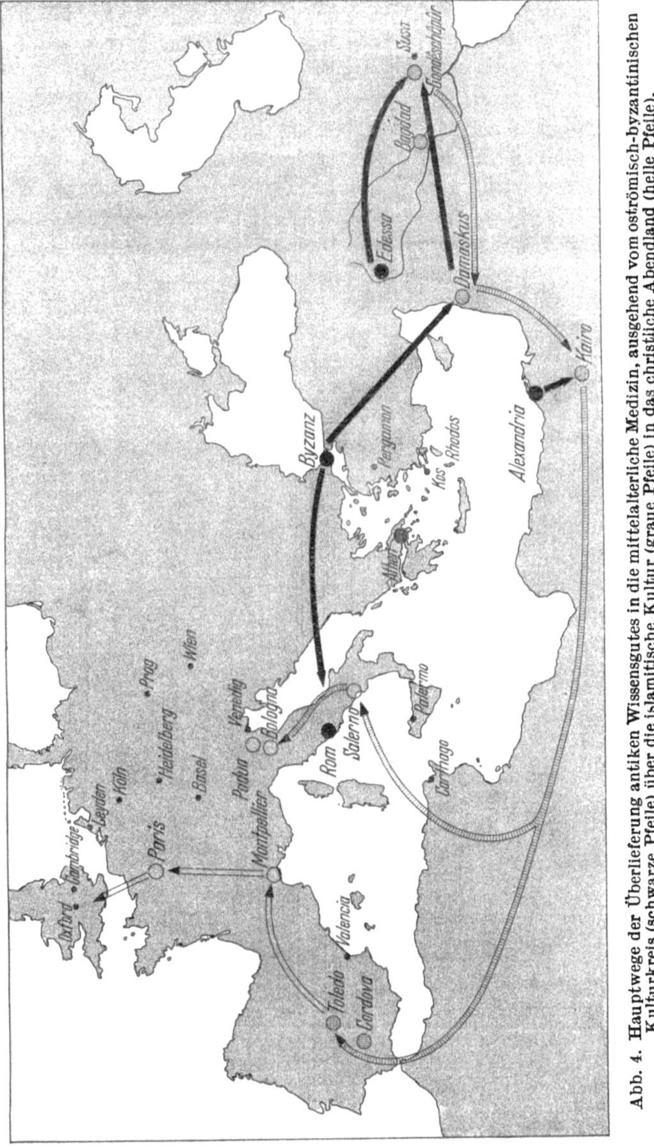

Abb. 4. Hauptwege der Überlieferung antiken Wissensgutes in die mittelalterliche Medizin, ausgehend vom oströmisch-byzantinischen Kulturkreis (schwarze Pfeile) über die islamitische Kultur (graue Pfeile) in das christliche Abendland (helle Pfeile).

griechisch-arabische Heilkunde, besonders in Mesopotamien und Persien, die ihren Höhepunkt vom 9.–11. Jahrhundert erreichte. Um 900 besaß die arabische Welt fast die ganze wissenschaftliche Literatur der Griechen in brauchbaren arabischen Übersetzungen. Das abendländische mittelalterliche Europa, dem dieses Wissen großenteils verlorengegangen war, erhielt vielfach erst über diese arabischen

Schriften wieder jene Kenntnisse zurück, welche einst von ihm selbst gewonnen wurden (Abb. 4). Wir müssen hier ferner daran erinnern, daß die Araber nach dem Tode MOHAMMEDS (632) ihren Glauben und ihre Macht in jahrelangen Kriegen über Syrien, Mesopotamien, Persien, Ägypten und Nordafrika ausdehnen konnten. Im Jahre 641 fiel das alte Kulturzentrum Alexandria in ihre Hand. Zwischen 710 und 712 besetzten sie fast die ganze Pyrenäenhalbinsel, wo der Staat der Mauren und das Kalifat von Cordova (in Granada) bis zum Jahre 1492 bestanden haben. Die Araber verdienen die höchste Achtung der Nachwelt, weil sie die Kulturen, mit denen sie in Berührung traten, nicht unduldsam vernichteten, sondern sie in bewußter Pflege ihrer eigenen Kultur einverleibten. Die hohen Leistungen aus der goldenen Zeit der arabischen Kultur in Cordova, Granada, Sevilla und Toledo sind heute noch in ihren Bauwerken lebendig. Der islamische Kulturkreis brachte auch einige sehr bedeutende Ärzte hervor (vgl. E. G. BROWNE [64], D. CAMPBELL [74], F. WÜSTENFELD [428], M. MEYERHOF [269, 270] u. a.). HUNAIN IBN ISHÂK (809 bis etwa 873), einer der ältesten unter ihnen, war Nestorianer und übertrug viele griechische Werke ins Arabische. Die Christen nannten ihn JOHANNITZIUS. Ein anderer großer Arzt der morgenländischen mittelalterlichen Welt war ABU BEKR MOHAMMED IBN ZAKARIAH AR RÂSÎ oder RHAZES (etwa 850—923), ein Perser. Er lebte längere Zeit als Arzt und Lehrer der Medizin in Bagdad. Seine gewaltige Sammlung griechisch-arabischer Heilkunde, eine Enzyklopädie, genannt Al-Hâvî oder „Continens medicinae", ist noch im beginnenden 16. Jahrhundert mehrfach lateinisch gedruckt worden. Etwa ein halbes Jahrhundert nach RHAZES Tode wurde der Perser ABU ALI AL HUSSEIN IBN ABDALLAH IBN SÎNÂ geboren, kurz IBN SINA oder AVICENNA genannt (980 bis 1037), ein Mann von universaler Begabung und höchster Vitalität. Er war ein intellektuelles Phänomen ersten Ranges. Seine große medizinische Kompilation, el Qanûn, „Canon medicinae" oder ärztliches Gesetzbuch, war eine systematisierte Summe antiken Wissens, bestechend durch Logik, Klarheit und Inhaltsfülle. Diese Schrift hat nach ihrem Bekanntwerden das mittelalterliche Abendland außerordentlich beeindruckt. So ist es verständlich, daß AVICENNA besonders in der Zeit der Scholastik als unbestrittene medizinische Autorität gegolten hat. Von den Mauroarabern seien noch AVENZOAR († 1162) und AVERROES (1126 bis 1198), letzterer ein Philosoph aristotelischer Prägung, genannt.

Die arabische Physiologie und Medizin „waren in der Hauptsache griechische Medizin, modifiziert durch religiöse Dogmen, das Klima und rassische Unterschiede, wiedergegeben in arabischer Schrift" (D. CAMPBELL [74]).

Weder in der Anatomie noch in der Physiologie sind die Araber wesentlich über die alte Medizin hinausgelangt, in der Anatomie vor allem deshalb nicht, weil ihre Religion die Sektion und die Abbildung menschlicher Körperteile verbot (G. RATH [323]). Elementenlehre, Qualitätenlehre und Pneumalehre beherrschen die allgemeine Lebensvorstellung. Die spezielle Organphysiologie (W. KAYSER [220]) gründet sich teils auf aristotelische und teils galenische Lehren. JOHANNITZIUS bezeichnet wie Aristoteles das Herz als Organ der Empfindung und das Gehirn als Organ der Abkühlung. Dem arabischen Arzt IBN AN-NAFÎS (1210—1290) kommt das Verdienst zu, den Übergang des Blutes vom rechten zum linken Herzen, also den *kleinen Kreislauf*, als erster in der Geschichte der Menschheit klar erkannt zu haben. Wir kommen später (S. 50) darauf zurück. Die Lehre von der Blutbildung, Atmung, Verdauung und Muskelfunktion ist ganz unoriginell. Das Gehirn, die Quelle der Empfindung und Bewegung, enthält entgegen GALEN drei Kammern, die als Sitz besonderer Seelenvermögen betrachtet werden (vgl. W. SUDHOFF [381]). Meistens sind es Imaginatio, Cogitatio und Memoria, wobei die Lokalisation nicht immer gleich angegeben wird. In der Regel dient die erste Kammer der Einbildung und Phantasie, die zweite dem Denk- und Urteilsvermögen und die dritte dem Erinnerungsvermögen. RHAZES erwähnt vier Ventrikel. Zur Phantasia gehören bei ihm die beiden vorderen Ventrikel, zur Cogitatio der mittlere und zur Memoria der hintere Ventrikel. Über die Physiologie der Sinne wird bei vielen arabischen Schriftstellern berichtet, doch findet sich außer auf dem Gebiete des Gesichtssinnes nichts wesentlich Neues (vgl. W. KAYSER [220]).

In den arabischen Werken über Augenheilkunde, in denen beachtliche Fortschritte gegenüber der Antike erzielt worden sind (vgl. besonders J. HIRSCHBERG [*188*]), wird auch die *Physiologie des Sehens* behandelt. Es finden sich bei den Arabern wieder die drei Sehtheorien des Altertums, nämlich erstens, daß vom Auge ausgehende Strahlen den Gegenstand erreichen (PYTHAGORAS), zweitens, daß sich eine vom Auge kommende und eine vom Gegenstand ausgehende Bewegung treffen (PLATO), und drittens, daß eine Bewegung vom Gegenstand ausgehend auf das Auge trifft (ARISTOTELES). Eine ausführliche Begründung der Aristotelischen Lehre mit wirklich neuen, über die Antike hinausgehenden Vorstellungen über Spiegelung, Lichtbrechung und Vergrößerung hat IBN AL-HAITAM oder ALHAZEN († 1038 zu Kairo) in der Schrift „Opticae thesaurus Alhazeni" gegeben. Dieses Buch hat in der Gestalt, die ihm der „Thuringo-Polonius" VITELLO im 13. Jahrhundert gab, jahrhundertelang das gleiche Ansehen genossen wie die Optik EUKLIDS. Bekanntlich nannte noch JOHANNES KEPLER seine Dioptrik aus dem Jahre 1604 „Ad Vitellionem paralipomena". Die vom Gegenstand konvergent ausgehenden Strahlen treffen geradlinig auf das Auge auf. Sie werden nicht gebrochen, vereinigen sich aber in einer Sehpyramide auf der Vorderfläche der Kristallinse. Diese ist der Ort des Sehens. Jedem Punkt des Gegenstandes entspricht ein Punkt der Linse. Die Linse vertritt also gewissermaßen die Netzhaut. Die Einheit der Bilder ist eine Folge der Sehnervenkreuzung. Die Linien, die nach ALHAZEN vom Gegenstand in das Auge einfallen, entsprechen unseren Richtungslinien, und ihr Vereinigungspunkt entspricht etwa dem Kreuzungspunkt der Richtungsstrahlen im reduzierten Auge. Die Richtungsstrahlen schneiden jede um das Auge gedachte Kugelschale in bestimmter Weise. Es wird damit verständlich, daß wir einen Gegenstand nur dann klar und einfach sehen können, wenn beide Augenachsen auf ihn gerichtet werden. In der Physik der Brechung und Reflexion geht ALHAZEN erheblich über EUKLID hinaus (vgl. E. WIEDEMANN [*422*]). IBN AL-HAITAM spricht auch entgegen ARISTOTELES die Meinung aus, daß das Licht zu seiner Fortpflanzung Zeit gebrauche. Er schließt das aus Betrachtungen am Farbenkreisel. Eine gute Zusammenstellung der Lehre vom Sehen bei den arabischen Ärzten findet sich bei W. HUMMEL [*209*]. In einem späteren Werk, etwa aus dem Jahre 1296, hat SALAH AD-DIN zum erstenmal in einer arabischen Handschrift eine Theorie des Sehens geometrisch dargestellt. Er bringt darin weitere Beweise für die Kegelform des Sehstrahlenbündels. Übrigens wird auch bei den arabischen Ärzten zum erstenmal die Pupillenverengung bei Belichtung erwähnt, während GALEN nur die konsensuelle Pupillenreaktion beschreibt. Die Vermittlung zwischen Sehvorgang im Auge und der Empfindung geschieht durch den „Sehgeist", eine ganz besonders feine, dem Pneuma psychikon verwandte Substanz. Sehstörungen beruhen auf einer Veränderung des Sehgeistes (vgl. J. HIRSCHBERG [*188*]).

Die Ärzteschule von Salerno. Während sich im islamischen Kulturkreis auf dem Boden der Griechenmedizin eine neue Blüte der Heilkunst entfaltete, war die Medizin im Abendland, z. B. in Deutschland und Italien, auf ein tiefes Niveau gesunken. Immerhin waren gewisse Reste hippokratischer, galenischer und soranischer Medizin durch die christlichen Mönchsorden gerettet worden. Im Jahre 529 hatte BENEDICT VON NURSIA den Benediktinerorden und das Kloster Monte Cassino südlich von Rom gegründet. Nach dem Vorbild des wissenschaftsfreundlichen Staatsmannes CASSIODORUS machte der Orden seinen Mitgliedern die Pflege der Heilkunst zur Pflicht. Wertvolle Handschriften wurden dort erhalten. Von hier aus sind zur Christianisierung Deutschlands heilkundige Mönche nordwärts gelangt und haben in den vielenorts gegründeten Benediktinerabteien ihre Kunst ausgeübt. Außerdem scheint vom Kloster Monte Cassino der Anstoß zur Gründung der ältesten mittelalterlichen Ärzteschule des Abendlandes in *Salerno* (um 900), einem Städtchen südlich von Neapel, ausgegangen zu sein. Hier übersetzte der Kleriker und Arzt ALFANUS (um 1015–1085) die Schrift des Bischofs NEMESIUS (um 500) „Über die Natur des Menschen" ins Lateinische. Die Schrift enthält u. a. einiges über die Physiologie der Bewegung, der Atmung, der Ernährung, der Zeugung und des Blutumlaufs (nach R. CREUTZ [*84, 85*]). Größte Verdienste um die Vermittlung antiken Wissens aus dem arabischen Kulturkreis in das Abendland erwarb sich der Araber CONSTANTINUS AFRICANUS (etwa 1010–1087), der im Kloster Monte Cassino zahlreiche arabische Werke ins Lateinische übertrug und sie damit dem lateinischen Abendland zur Kenntnis brachte. Auch durch andere Ärzte wurde Salerno eine Blütestätte der Medizin (K. SUDHOFF [*382–384*], A. G. CHEVALIER [*80*]). Noch ein weiterer glücklicher Umstand vertiefte die Berührung zwischen dem orientalisch-arabischen und dem abendländischen Kulturkreis. Im Jahre 1085 hatte ALFONS VI. VON KASTILIEN Toledo erobert. Ein großer Schatz wertvollster Handschriften von arabischen und antiken Autoren fiel in die Hand der Sieger. Viele dieser Schriften wurden von GERHARD VON CREMONA (1114 bis 1187) und anderen ins Lateinische übersetzt und der abendländischen Welt bekanntgemacht. Es beginnt ein gewaltiger Einstrom antiken Wissens, das auf die Entwicklung der Medizin von beträchtlichem Einfluß wurde (Abb. 4).

Im 12. Jahrhundert entstand an der Küste Südfrankreichs die zweite bedeutende Ärzteschule in *Montpellier*. Begünstigt durch die kulturellen Beziehungen zu den arabisch-jüdisch-spanischen Ärzteschulen Spaniens gelangte arabisches und griechisches Wissensgut frühzeitig nach Südfrankreich und zu der Stadt Montpellier, deren Medizinschule im Jahre 1220 durch den Papst HONORIUS III. die Rechte einer Fakultät mit Statuten und Prüfungsvorschriften erhielt. Die Glanzzeit dieser Schule beginnt mit BERNHARD VON GORDON († 1318) und ARNALD VON VILLANOVA (* um 1235, † 1311, lehrte 1289–1299 in Montpellier). ARNALD verfügte über ein umfassendes naturwissenschaftliches, medizinisches und philosophisches Wissen (vgl. P. DIEPGEN [*95, 96*]). Von HENRY DE MONDEVILLES Verdiensten um die Anatomie wird noch zu sprechen sein.

Inzwischen war die Kenntnis der arabisch-griechischen Medizin auch nordwärts über die Alpen gedrungen. Der Bischof BRUNO VON HILDESHEIM († 1161) besaß schon um die Mitte des 12. Jahrhunderts nachweislich 18 Schriften des CONSTANTINUS AFRICANUS. Vielleicht sind Kenntnisse daraus in das Benediktinerkloster Ruppertsberg bei Bingen gelangt, in dem die gelehrte HILDEGARD VON BINGEN (1098–1179) um diese Zeit zwei historisch wertvolle Werke verfaßte, die unter dem Namen „Physica" und „Causae et curae" das medizinische Wissen jener Zeit widerspiegeln (vgl. R. CREUTZ und J. STEUDEL [*85*], sowie die Übersetzungen [*39–41*]). Die anatomischen Kenntnisse sind sehr dürftig, ebenso die Physiologie, die R. CREUTZ nach ihren Schriften zusammengestellt hat. Es geht daraus hervor, daß bei Hildegard bei weitem noch nicht wieder die Reife und Klarheit galenischer Vorstellungen erreicht werden. Ich muß mir aus Platzmangel versagen, einige Proben davon zu geben.

2. Scholastik, Renaissance, Humanismus und Ausklang des Mittelalters.

Scholastik. Antikes Staatsgefühl und antike Geisteshaltung fanden mit dem Untergang Westroms kein plötzliches, mit einer Jahreszahl zu datierendes Ende. Im Gegenteil, das frühe Mittelalter fühlte sich durchaus als Fortsetzung der Antike. Diese Jahrhunderte sind konservativ und außer im Religiösen wenig schöpferisch. Die berühmten Werke des BOËTHIUS († 525) überliefern weltliche Wissenschaft und Weisheit der Antike dem Abendland. Vor allem übersetzte er

Bruchstücke des ARISTOTELES, die er mit Kommentaren herausgab. Die tragende Kulturschicht ist im frühen Mittelalter, selbst zu Zeit der Karolinger, noch sehr dünn. Der Adel, die Grundherren, die Aristokratie haben alle Ämter in Staat, Kirche und Gesellschaft inne. Die Haltung dieser Schicht ist konservativ in Geist und Lebensauffassung. Der Kleriker ist der Träger der Kultur. Das ändert sich nicht sonderlich bis zur Zeit der Hohenstaufen. Seit dem 12. Jahrhundert führt die staatliche Entwicklung allmählich zur wachsenden Macht und Bedeutung einer anderen Schicht, des niederen Adels. Er ist erfüllt von den neuen Idealen des Rittertums. In der Begeisterung der Kreuzzüge dokumentiert sich ein neues Lebensgefühl, eine starke Hingabe an das religiöse Gefühl und das christliche Ideal. Es ist das Zeitalter der frühen Gotik, zugleich die Epoche eines FRANZ VON ASSISI († 1226), eines THOMAS VON AQUIN († 1274), eines DANTE († 1321) und ALBERTUS MAGNUS († 1280), also die Zeit, die wir wissenschaftsgeschichtlich als *Scholastik* bezeichnen.

Scholastik bedeutet „Schullehre" und beinhaltet ursprünglich zum Lehren und Lernen systematisierte Theologie. Die Scholastiker waren die Lehrer der aus dem antiken Schulbetrieb übernommenen sieben freien Künste, nämlich der Grammatik, Dialektik, Rhetorik, Arithmetik, Geometrie, Musik und Astronomie, aber auch die Lehrer der Theologie und der Heilkunde an den frühmittelalterlichen „Scolae". Die Kirche regelte und überwachte diesen Unterricht. Die meisten Hochschulen und Universitäten erhielten ihre Privilegien direkt vom Papst. Die *Frühscholastik* des 11. und 12. Jahrhunderts entwickelt ihre scholastische, dialektische Methode zunächst mit dem Ziel, die Aussprüche der Kirchenväter und der Philosophen zur „Konkordanz" zu bringen. Kein Wunder, daß die Naturwissenschaften dabei keine wesentlichen Fortschritte machen konnten. Die *Hochscholastik*, welche zeitlich etwa in das 13. Jahrhundert fällt, hebt sich von der vorangehenden Epoche deutlich durch eine stärkere Zuwendung zu den nichttheologischen Wissenschaften ab. Das hat vor allem den Grund, daß in dieser Zeit durch zahlreiche Übersetzungen der ganze ARISTOTELES und die medizinischen, physikalischen, mathematischen Schriften der Antike bekannt wurden.
Hier wurde der scholastischen Methode ein reiches, fruchtbares und notwendiges Arbeitsfeld eröffnet, die Texte zu reinigen und in Übereinstimmung zu bringen. Wir datieren die Hochscholastik etwa von jener Zeit, da an den überall nach und nach entstehenden Universitäten (Montpellier 1120, Bologna etwa 1119, Padua 1222, Paris um 1200, Oxford 1249, Cambridge 1284, Prag 1348, Wien 1365, Heidelberg 1386, Köln 1388) die philosophische Artistenfakultät von der theologischen getrennt wurde. Jetzt wandte man sich, angeregt durch das neue Wissen, mit größtem Eifer allen Sphären der Wirklichkeit zu. Das Interesse an der Welt der natürlichen Dinge nimmt stark zu. Die Naturwissenschaften blühen wieder auf, die Medizin erhält reiche Anregung. Allerdings hat diese Zuwendung zur Natur ihren Antrieb mehr in dem Wunsche, in den Werken der Schöpfung die Größe und Herrlichkeit des göttlichen Schöpfers zu erkennen, als in dem Bedürfnis, neue Wahrheiten und unbekannte Zusammenhänge zu entdecken. Ein solcher Gedanke war der Scholastik noch weitgehend fremd. Denn man war der begründeten Meinung, daß GALEN, HIPPOKRATES, AVICENNA, EUKLID usw. alles Wissenswerte ebenso vollständig enthielten, wie die Bibel und die Schriften der Kirchenväter die Glaubenslehren. Unter diesem Gesichtspunkte allein werden wir der Scholastik gerecht. Wir müssen sie als notwendige Durchgangsstufe in der Entwicklung der abendländischen Wissenschaften betrachten.

Das Zeitalter der Hochscholastik hat nun einige Werke hervorgebracht, welche für eine Geschichte der Physiologie nicht ohne Belang sind. An der berühmten Universität Paris finden wir im 13. Jahrhundert als Lehrer drei bedeutende Männer, ROGER BACON (1214–1294), den englischen Franziskaner und „doctor mirabilis", dann ALBERTUS MAGNUS (etwa 1193–1280), den deutschen Dominikaner und „doctor universalis", und schließlich THOMAS VON AQUIN (1225–1274), den „doctor angelicus". Außer ihnen sind noch VITELLO (1230 bis etwa 1270), BARTHOLOMÄUS ANGLICUS (geb. etwa 1225) [*349*], VINCENZ VON BEAUVAIS († 1254) [*351*] und THOMAS VON CANTIMPRÉ (etwa 1204–1280) [*219*] zu nennen, die das naturwissenschaftliche Wissen ihrer Zeit in ihren Werken zusammenfaßten. Die Scholastiker entnehmen meist, aber durchaus nicht sklavisch, ihre Kenntnisse den alten Autoritäten. Was sie uns über die Physiologie und die Lebensvorgänge berichten, ist

durchweg dem ARISTOTELES, PLINIUS, HIPPOKRATES, GALEN, NEMESIUS († 400),
ISIDOR VON SEVILLA († 636) und den arabischen Schriften des RHAZES, AVICENNA,
ALHAZEN usw. entnommen. Bei ROGER BACON, VITELLO und ALBERTUS MAGNUS
finden sich aber durchaus eigene Beobachtungen und Gedanken, ja Anfänge einfachsten und experimentellen Vorgehens. Die physiologischen Lehren der Scholastiker sind ausführlich und sorgfältig von H. J. BERNS [28] zusammengestellt
worden. Das Schrifttum über ALBERTUS MAGNUS ist ungeheuer groß [12, 13].

THOMAS VON CANTIMPRÉ hat im ersten Buch seiner Enzyklopädie „De natura
rerum" — sie hat einen Umfang von 20 Büchern — eine im wesentlichen auf
ARISTOTELES und GALEN fußende Darstellung der Anatomie und Physiologie
gegeben. Dieses Werk hat KONRAD VON MEGENBERG (1309—1374) unter dem Titel
„Buch der Natur" ins Deutsche übertragen [258]. ALBERTUS MAGNUS, Graf von
Bollstädt aus Schwaben (Abb. 5), hat das große Verdienst, zahlreiche bisher unbekannte Schriften des ARISTOTELES dem Abendland neu erschlossen zu haben,
darunter vor allem auch die naturwissenschaftlichen Schriften. Doch trotz größter
Hochachtung hält er aber ARISTOTELES nicht für frei von Irrtümern: „Aristoteles
multum erravit in ista regione." Seine Schriften sind aber auch reich an eigenen
Beobachtungen. An einer Stelle sagt er wörtlich: „Der Weg des Syllogismus ist
in der naturwissenschaftlichen Spezialuntersuchung nicht gangbar", an anderer
Stelle: „Die Naturwissenschaft hat nicht das Ziel, das Tatsächliche zu berichten,
sondern vielmehr die Ursachen im Naturgeschehen zu ergründen." Hier ist das
Prinzip des echten naturwissenschaftlichen Vorgehens schon deutlich ausgesprochen. Als wichtigste Quellen für die
Physiologie des ALBERTUS kommen sein
Kommentar zu den „Parva naturalia" und
die Schrift „De animalibus libri XXVI"
in Frage.

Der Naturlehre des Menschen liegt sowohl
bei ALBERTUS wie bei THOMAS VON CANTIMPRÉ
die antike Lehre von den Elementen, Qualitäten
und Säften zugrunde. Die Gesundheit ist von
der Ernährung, von klimatischen und kosmi-
schen Einflüssen abhängig. Die spezielle Organphysiologie ist aristotelisch oder galenisch. Bei
ALBERTUS sind die Kenntnisse gründlicher als
bei den anderen Scholastikern. Denn während
wir z. B. bei ALBERTUS eine genaue Kenntnis
des Nervensystems vorfinden, kennt THOMAS
noch keine klare Unterscheidung von Sehnen
und Nerven, die er als „pantâdern" bezeichnet.
Als Ort der Blutbildung bezeichnet ALBERTUS
mit ARISTOTELES das Herz und nicht mit GALE-
NOS die Leber. In der Physiologie des *Gehirns*
behauptet ALBERT als echter Aristoteliker, daß
das Gehirn zwar das Organ der Empfindung
und der Bewegung sei, jedoch nur durch seine
Beziehungen, die es zum Herzen habe, da es
von diesem die Kraft des Lebens, der Wärme
und den Spiritus erhält. Das Gehirn ist (nach
ARISTOTELES) von kalter Natur. Es besitzt drei
Höhlen. Die erste birgt das Riechorgan in sich.
In der zweiten befinden sich die „virtus cogita-
tiva" und „imaginativa", in der hinteren die
Organe der „memoria" und „reminiscentia". Das
Gehirn ist unempfindlich und blutleer, da es
keine Blutgefäße besitzt. Im Gegensatz zu THO-
MAS VON CANTIMPRÉ finden wir bei ALBERT
eine erstaunliche Kenntnis der *Hirnnerven* sowie

Abb. 5. ALBERTUS MAGNUS (1193—1280).
Au. H. BALSS [13].

der *Rückenmarksnerven*, sowohl hinsichtlich ihres Verlaufs als auch ihrer Funktion (vgl. H. BALSS [*12, 13*]).

Die physikalische Optik und die Lehre vom Sehen haben im Zeitalter der Hochscholastik sowohl von VITELLO wie von ROGER BACON eine teils auf ALHAZEN fußende, aber zum Teil auch originelle Bearbeitung gefunden. ROGER BACON [*8, 353*] gehört zu den bedeutendsten Physikern des Mittelalters. Nach seiner Übersiedlung von Oxford nach Paris (1240) lernte er hier die Schriften des ARISTOTELES und der arabischen Ärzte kennen. Sein eigenwilliges Denken und Experimentieren brachte ihn in Konflikt mit seinen Ordensoberen, so daß er lange Jahre hindurch Isolierung und Gefangenschaft erdulden mußte. In seiner Einstellung zur Naturforschung war er seiner Zeit weit voraus: ,,Die Naturwissenschaft ist eine Experimentalwissenschaft", ,,Alle Forschung beruht auf dem Studium der Natur. Das soll aber nicht theoretisch als These gemeint sein, sondern als wirkliche Tat, wirkliche Beobachtung mit wirklichem Vergleich. Nur am Naturobjekt kann man Naturwissenschaft studieren und nicht durch philosophische Debatten über naturwissenschaftliche Schriften alter Autoren." Inhaltlich ist ROGER BACON nicht wesentlich über die Araber hinausgelangt. Die Lehre vom Strahlengang entspricht der des ALHAZEN. Die Linse ist der Vereinigungspunkt der Strahlenpyramide. Der Sehgeist vermittelt die Empfindung. Zum deutlichen Sehen müssen sich beide Sehachsen in dem angeblickten Objekt treffen. Farbige Nachbilder sind ihm wohlbekannt. VITELLO (CL. BAEUMKER [*9*]), der sich selbst wegen seiner Abstammung von einer polnischen Mutter und einem aus Thüringen stammenden Vater ,,Thuringopolonius" nannte, verfaßte um 1270 das Buch ,,Perspectiva". Es stellt im wesentlichen eine systematische Wiedergabe des Wissens von ALHAZEN dar. Die Linse ist der Ort der Sehempfindung, die sich im Chiasma vollendet. Die Doppelbilder von Objekten, die vor und hinter dem Fixationspunkt liegen, sind ihm bekannt. Das Sehen erfolgt wie bei ARISTOTELES durch Strahlen, die von den Objekten ins Auge gelangen.

Die Leistungen der Hochscholastik enthalten für die Physiologie keine nennenswerten Neuentdeckungen gegenüber der Antike und den Arabern. Immerhin verhelfen sie dem lateinischen Abendland zu einem Stand des Wissens, der erstmalig wieder annähernd die Höhe der Antike erreichte. Darin liegt ihre eigentliche Bedeutung für die Geschichte unserer Wissenschaft. Innerhalb der praktischen Medizin hat die scholastische Methode ebensowenig etwas Neues schaffen können wie in den theoretischen Grundlagen.

Als Begründer der scholastischen Lehrmethode in der Medizin mit ihren Lectiones und Disputationes gilt THADDEO ALDEROTTI (etwa 1223–1303) von der Universität Bologna. Übrigens sind hier in Oberitalien in dieser Zeit nach mehr als 1000 Jahren wieder die ersten Leichenöffnungen vorgenommen worden, zunächst vereinzelt, z. B. 1286 in Cremona, dann vor allem in Bologna, wo BARTHOLOMEO DA VARIGNANA im Jahre 1302 die erste Sektion eines Menschen vornahm. Der Bologneser Anatom MONDINO DE'LUZZI (etwa 1275–1326), genannt MUNDINUS, konnte seine 1316 verfaßte ,,Anathomia" auf eigene Sektionen stützen (vgl. E. HINTZSCHE [*184*]). Diese Leichenöffnungen haben aber die Anatomie weniger gefördert, als man vielleicht erwarten möchte. Der Grund dafür liegt in der Art, wie die Sektionen ausgeführt wurden. Nach scholastischer Art beschränkte man sich darauf, die anatomischen Befunde der alten Autoren an der Leiche aufzuweisen. Immerhin zeigt sich auch auf diesem Gebiete eine neue Wendung zur Wirklichkeit, zur Natur und zur Beobachtung, wie sie in der Hochscholastik erwacht und dann allmählich und ohne scharfe Grenze in die Renaissance hinüberführt.

Renaissance und Humanismus. Die Ideen und Ideale, das Lebensgefühl und Selbstbewußtsein einer geschichtlichen Epoche sind der Niederschlag und das

Ergebnis der Erfahrungen, die die Menschen dieser Epoche am stärksten beeindrucken. Die Entdeckung des Kompasses im Anfang des 14. Jahrhunderts ermöglichte den unternehmungslustigen Seefahrern, sich weit aus der Sicherheitszone der bekannten Küstengewässer zu wagen. Der rege Handel, der um diese Zeit, besonders seit den Kreuzzügen und seit der Gründung der Tyrannis auf italienischem Boden unter Friedrich II. Orient und Okzident umspannte, erobert sich neue erfolgversprechende Plätze. Neue Seewege werden entdeckt, neue Handelsniederlassungen gegründet. Allmählich verdrängt die Geldwirtschaft das System des Tauschhandels. Reiche Handelsstädte blühen auf, wie das machtvolle Venedig, das schon im Jahre 1422 190000 Seelen zählte. Aber nicht nur in Italien, sondern auch im nördlichen Europa entstehen und wachsen die Städte. Mit ihnen entsteht eine neue kulturtragende Schicht, das Bürgertum. Der Reichtum der städtischen Bevölkerung gestattet manchen neuen Luxus. Es entwickelt sich ein neues Selbstgefühl, das seine höchste Ausprägung in den großen italienischen Tyrannen, den Condottieri und Landesherren des 14. und 15. Jahrhunderts findet, etwa in einem FRANCESCO SFORZA, LODOVICO MORO, CESARE BORGIA. Dieses Selbstgefühl geht einher mit dem Bewußtsein des hohen individuellen Wertes. Eine starke Lebensfreude, eine Zuwendung zum Diesseits, eine Lösung von der Bevormundung durch die kirchlichen und die wissenschaftlichen Autoritäten der Scholastik, ja ein fröhliches Heidentum macht sich vom Bürger bis zum Landesherren und zum höchsten kirchlichen Würdenträger bemerkbar. Diese *Lösung von der Tradition*, das Verlassen der alten Ordnungen beginnt zuerst in Italien. Zeitlich fällt diese Entwicklung zusammen mit einer neuen bewußten Zuwendung zur Antike, ihrer Kunst und Dichtung. VERGIL, CICERO, LIVIUS, PLUTARCH, HOMER erfahren höchste Verehrung und Nachahmung. Ausgrabungen fördern aus dem Schutt einen APOLL VON BELVEDERE und einen LAOKOON zutage. Man schimpft auf ARISTOTELES und schwört auf PLATO. Unter COSIMO entsteht 1440 eine Platonische Akademie. Diese neue *Hinwendung zur Antike* empfand sich aber nicht, wie in der Scholastik, als Fortsetzung und Vollendung der Antike, sondern als eine Neuentdeckung des wahren Altertums, als eine *Renaissance* und Wiedergeburt der griechisch-lateinischen Tradition. Auch der kunstliebende und gelehrte *Humanismus* entsteht zuerst in Italien und knüpft sich an die Namen eines DANTE, PETRARCA und BOCCACCIO. Im Jahre 1352 verfaßt PETRARCA sein berühmtes Spottgedicht auf die arabisierte scholastische Medizin. Als um 1450 vor den herannahenden Türken aus Konstantinopel viele Kaufleute und Gelehrte nach Italien flüchten, bringen sie einen reichen Schatz griechischer Handschriften herüber. Ein gutes Griechisch zu sprechen oder gar Verse in dieser Sprache zu schreiben, ist das erstrebenswerte Ziel des Humanisten.

Mit der Lösung von der scholastischen Tradition, mit einer bewußten Zuwendung zur Welt geht Hand in Hand eine *veränderte Stellung zur Natur*. PETRARCA besteigt als erster einen hohen Berg einzig um seiner Naturschönheit willen. Man legt die ersten Pflanzengärten und Tiersammlungen an. Die Naturwissenschaften beginnen sich aus den Bindungen an den Aristotelismus zu lösen. Bedeutende Mathematiker, Physiker und Techniker stellen ihre Arbeit in den Dienst der SFORZA, BORGIA, MEDICI usw. und werden hoch geehrt. Große Künstlerpersönlichkeiten, ein BRAMANTE, MICHELANGELO, LEONARDO DA VINCI geben dem Zeitgefühl der Renaissance einen neuen Stil. Endlich ermöglicht die Erfindung des Buchdruckes mit losen gegossenen Lettern durch JOH. GUTENBERG (etwa seit 1450) in Mainz die Möglichkeit, klassische Bildung und klassisches Wissen in bisher unbekanntem Maße zu verbreiten. Die Grenze zwischen Scholastik und Renaissance ist durchaus fließend. ROGER BACON gehört zeitlich zur Hochscholastik, kann aber in seiner Loslösung von der Tradition ebensogut zur frühen Renaissance gerechnet werden. Ebenso steht WILHELM VON OCCAM († 1349), nach dem die innere und äußere Erfahrung die Grundlage aller Erkenntnis bildet, an der Grenze dieser Zeiten. NIKOLAUS VON KUES [260] (um 1401–1464) verbindet die metaphysisch-theologische Spekulation mit dem mathematischen Unendlichkeitsbegriff und bedeutet den Übergang von einer statischen Betrachtung (Geometrie und Arithmetik) zu einer dynamischen Begriffsbildung. Er bahnt somit den Weg zu KEPLER, NEWTON und LEIBNIZ. Die Medizin bleibt noch relativ stark im Banne der Überlieferung. Immerhin wächst auch hier der Zweifel an der Endgültigkeit und Vollständigkeit der alten medizinischen Lehren. So macht sich um 1495 eine bisher unbekannte oder wenig beachtete Krankheit, die Lustseuche, stark bemerkbar. Noch eine andere, von den antiken Ärzten nicht erwähnte Krankheit, der englische Schweiß, zieht in den Jahren um 1529 durch Europa. Man erkennt auch, daß Fieber nicht gleich Fieber ist. GIROLAMO FRACASTORO (1478–1553), der gelehrte Humanist unter den Ärzten, der seinen PLUTARCH über alles schätzte, grenzt das Fleckfieber als eine wesenhaft eigentümliche Krankheit von den übrigen Fieberarten ab. Gleichzeitig kommt er zu der klar ausgesprochenen Erkenntnis, daß viele Krankheiten durch Kontagien, durch einen Ansteckungsstoff, übertragen werden.

Trotz der Lösung von Autorität und Tradition hat die *Physiologie* dem Zeitalter der Renaissance nicht viele neue Erkenntnisse zu danken. Kein Wunder, denn dazu gehört als Vorbedingung erstens eine gründlichere Kenntnis der menschlichen Anatomie und zweitens eine wesentliche Vertiefung der physikalischen und chemischen Einsichten. So ist es bezeichnend, daß der Mann, der zur Zeit der Renaissance eine ungewöhnliche und zum Teil originelle Kenntnis der Physiologie besaß, zugleich ein besonders umfangreiches, selbsterarbeitetes anatomisches Wissen und ein beträchtliches Verständnis physikalischer Zusammenhänge besaß. Das war LEONARDO DA VINCI (1452–1519). In einem Ausmaß, wie wenige neben ihm, verkörpert LEONARDO das Ideal des „uomo universale", des Universalmenschen der Renaissance. Er war zugleich Maler, Plastiker, Musiker, Dichter, Techniker und Wissenschaftler in einer Person und stets von größter Vollendung. Ein tiefes Wissensbedürfnis drängte ihn, den Bau des menschlichen Körpers durch eigene Sektionen und Untersuchungen kennenzulernen. Wir datieren diese Studien in die Jahre 1490, 1502–1507 und 1510–1515. Er hatte den Plan, zusammen mit MARC ANTONIO DELLA TORRE (1473–1506), dem Anatomen aus Pavia, eine vollständige Anatomie des Menschen zu verfassen. Da ANTONIO frühzeitig starb, blieb der Plan unausgeführt. Aber die Skizzen LEONARDOs blieben großenteils erhalten. Ihr Inhalt erstreckt sich über das gesamte Gebiet der Anatomie. Zugleich enthalten sowohl die Zeichnungen als auch der Begleittext und auch die Tagebuchnotizen zahlreiche Äußerungen über LEONARDOs Vorstellungen von der Funktion der Organe, die in vielen Punkten wesentlich über die antike Physiologie hinausgehen. Da diese Skizzen und Notizen erst in neuerer Zeit (vgl. [*402–404*]) der Nachwelt erschlossen worden sind, haben LEONARDOs Erkenntnisse den Entwicklungsgang der Physiologie nicht beeinflussen können. Doch sind sie als Dokumente jener neuen, der Renaissance eigenen Naturbetrachtung von höchstem Wert. Nachdem die anatomischen Leistungen LEONARDOs von vielen Seiten, besonders von M. HOLL [*199–201*] ausführlich gewürdigt worden sind, ist außer durch die schwer zugänglichen Arbeiten von F. BOTTAZZI [*59*] erst neuerdings das physiologische Denken dieses Mannes einer eingehenden Untersuchung unterzogen worden (M. LUTZ [*250*]). Ich kann aus Raumgründen nur einige physiologische Vorstellungen LEONARDOs erwähnen, die für seine Denkungsweise besonders bezeichnend sind.

Im Herzen erzwingt die *kraftvolle Zusammenziehung* Wirbel der Blutströmung. Dadurch entsteht Reibung an der unregelmäßig gebauten Wandung und erfolgt die Erwärmung des Blutes im Herzen. Durch diese Wärme entsteht ferner der Spiritus vitalis. Die halbmondförmigen Klappen und die Hautklappen (Segelklappen) werden durch die schneckenförmigen Wirbel des Blutes und durch eine Rückstoßbewegung geschlossen (Abb. 6). Wenn das Blut auf die Klappen prallt und sie schließt, so wird ein Ton erzeugt, der jede Arterie durchläuft. Alle Venen und Arterien gehen vom Herzen aus und nicht von der Leber. Die *Lungen* sind von schwammiger Konsistenz. Die letzten Endigungen der Bronchien sind blind. Die Luft tritt nicht aus den Lungen in die Gefäße und das Herz über, denn wenn man die isolierte Lunge aufbläst, entweicht keinerlei Luft. Die Lunge folgt passiv den Bewegungen des Thorax, die Rippenmuskeln bewegen ihn. Die Thorax- und Zwerchfellwirkungen werden mit einem Blasebalg verglichen. Die Bauchmuskeln können das Zwerchfell verschieben und die Lunge veranlassen, Luft auszustoßen. Es geht also keine Luft, aber wohl die Frische und Kühle der Luft aus den Bronchien in die feinen Verästelungen der Lungengefäße über. Der *Muskel* besteht aus feinen Fasern, an die der Nerv herantritt. Durch ihre Höhlung tritt der Empfindungsreiz an den Muskel heran. Sicherlich ist es keine Luft, die den Muskel bei der Verkürzung anschwellen läßt. Der Muskel zieht bei der Kontraktion die Sehne und den Knochen an. Die Bewegung erfolgt stets in der Faserrichtung. Der Bau des *Nervensystems*, die Verbindung von Gehirn, Rückenmark und Nerv sind wohl bekannt. Beim *Sehvorgang* gehen keine Strahlen vom Auge aus, sondern sie kommen von außen in das Auge hinein (wie bei ALHAZEN u. a.). Die Lichtstrahlen verlaufen geradlinig. Beim Durchgang durch den Spalt der Pupille kreuzen sich die Strahlen. Trotzdem sehen wir die Gegenstände aufrecht, denn in der Linse werden die Strahlen erneut durch Brechung gekreuzt und aufgerichtet. Die Brechung gleicht dem Vorgang beim Übergang von Luft in Wasser. Die Pupille verengert sich auf Licht. Eine Nadelspitze, die feiner ist als der Pupillendurchmesser, wird nicht wahrgenommen. Die Größe heller Gegenstände nimmt auf dunklem Grunde zu (Simultankontrast). Auch Nachbilderscheinungen werden be-

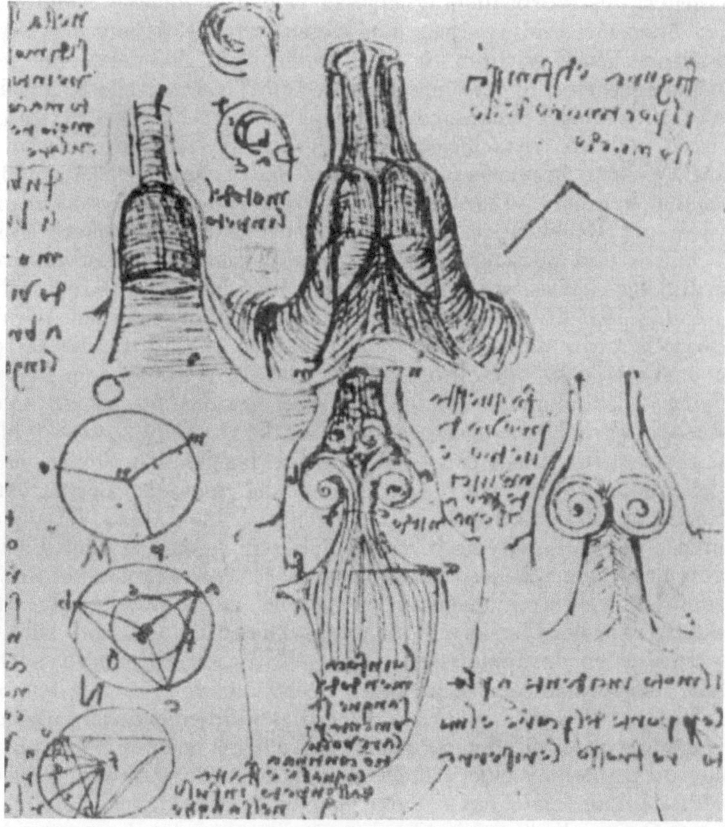

Abb. 6. Handzeichnungen von LEONARDO DA VINCI (1452—1519) zur Mechanik der Taschenklappen. „Wenn die Kammer sich zusammenzieht, strömt das Blut in die große Schlagader. Dabei entstehen schneckenförmige Wirbel, das Blut erweitert die Häutchen der Klappen, wobei es mit der gegenüberliegenden (Seite) in Berührung kommt. So schließen sich die Häutchen der Klappen, bis der schneckenförmige Wirbel des Blutes aufgehört hat zu wirken.“ (Aus Quaderni d'Anatomia IV fol. 11 v.)

schrieben. Die *Stimmbildung* im Kehlkopf wird aus dem anatomischen Bau und den physikalischen Bedingungen gedeutet. Die Stimmritze wird dabei erweitert und verengert. Die Rolle der Mundhöhle, der Zunge und des Gaumensegels beim Sprechen hat LEONARDO ebenfalls erkannt und gedeutet. Diese kurze Auswahl aus LEONARDOS Versuchen, physiologische Vorgänge zu erklären, läßt ganz klar erkennen, daß bei ihm die teleologische Zweckfrage weitgehend zurücktritt hinter die Frage, durch welche *Ursachen* die einzelnen Vorgänge bedingt werden. Er verwendet dabei mit Vorliebe und Erfolg mechanisch-physikalische Vorstellungen, z. B. wenn er den physikalischen Mechanismus der Klappenbewegung oder die Blasebalgwirkung des Thorax betrachtet. Bemerkenswert ist auch das Bestreben, die Wärmebildung im Herzen, die er in Anlehnung an die alte Physiologie beibehält, durch Reibung an den Wandungen zu erklären. Die Lehre von der *Blutbewegung* bleibt unklar (vgl. H. BORUTTAU [*56*]). Es ist ganz unwahrscheinlich, daß LEONARDO den kleinen Kreislauf gekannt hat, und ganz sicher, daß er den großen Kreislauf nicht erfaßt hat, wenn auch manche Stellen eine solche Auslegung angeregt haben. Das Hören und Sehen wird ganz physikalisch erklärt, wenngleich gerade auf dem Gebiet der Optik vieles vor ihm schon ähnlich gedeutet wurde. Aber alles in allem ist doch in LEONARDOS biologischen Vorstellungen erstmalig der Geist der Neuzeit spürbar. Hier wird es ganz bewußt versucht, die Lebensprozesse auf natürliche, besonders auf *physikalische Kräfte* zurückzuführen. Daß es vorwiegend mechanische Erklärungen sind, ist verständlich, da die Mechanik in dieser Zeit besonders gepflegt wurde und in der Kriegstechnik, Bewässerungstechnik usw. schon bedeutende praktische Anwendungen — gerade wieder durch LEONARDO — aufzuweisen hatte. Das unglückselige Schicksal, das LEONARDOS Schriften und Zeichnungen verlorengehen und erst Jahrhunderte später wieder auftauchen[1] ließ, hat eine nachwirkende Bedeutung seiner Erkenntnisse verhindert. Aber der von ihm beschrittene Weg der Anwendung physikalischer Prinzipien und experimenteller Analysen wurde bald auch in anderen Händen bahnbrechend und von großer Fruchtbarkeit.

III. Der Ausbau der Grundlagen und die Fortschritte der Physiologie im 16. und 17. Jahrhundert.

1. Die Erneuerung der Anatomie im 16. Jahrhundert.

Das 16. Jahrhundert erscheint uns von großer innerer Unruhe erfüllt. Deutlicher als in anderen Zeitaltern bestehen hier zwei große Strömungen nebeneinander, sich überschichtend, sich bekämpfend. Bald erringt die eine, bald die andere die Überlegenheit. *Tradition* und *Reformation* kämpfen nicht nur auf dem Gebiet des Glaubens miteinander. Nicht nur im Religiösen, sondern auch in den Wissenschaften, in der Kunst, im wirtschaftlichen Leben treten kühne Neuerer auf. Auch das Gesicht des alltäglichen Lebens hat sich stark gewandelt. Ein blühender Handel umspannt das südliche und mittlere Europa. Die Städte wachsen, ein breites selbstbewußtes *Bürgertum* entsteht. Gelehrte Bildung ist dank der Buchdruckerkunst nicht mehr das Privileg der Kleriker. Auch der Laie nimmt an den geistigen Auseinandersetzungen lebhaften Anteil. Es ist die Zeit des erwachenden und sich frei regenden *Individuums*, als Unternehmer, als Kaufmann, Künstler und Wissenschaftler. In dem Jahre, da PARACELSUS geboren wird (1493), entsteht das erste Selbstporträt (DÜRER) in der europäischen Malerei. Der Mensch entdeckt seine Eigenart. Der Blick, der im theozentrischen Weltbild des Mittelalters himmelwärts gerichtet ist, wendet sich in neuer Freude und Teilnahme dem Irdischen zu. Die große und kleine Natur finden liebevolle Beachtung beim Künstler und neue Interpretation beim Gelehrten und Wissenschaftler. ALTDORFER wählt den rauschenden Wald, DÜRER das Veilchen zum Gegenstand seiner Kunst. Das *Diesseitsideal* der Renaissance bricht überall durch. Doch findet das neue Drängen scharfen Widerspruch. In dem gleichen Jahr, in dem der Reformator MARTIN LUTHER das Licht der Welt erblickt (1483), tritt in Spanien TORQUEMADA an die Spitze der Inquisition. Die Kirche sucht natürlich die von innen und außen einsetzende Kritik an ihrem Wirken und ihren Glaubenslehren zu unterdrücken. MIGUEL

---

[1] Die meisten seiner über 750 anatomischen Zeichnungen wurden erst seit 1898 wieder allgemein zugänglich (vgl. R. HERRLINGER [*175*]).

SERVETO, der Wiederentdecker des kleinen Kreislaufs, muß im Jahre 1553 in Genf den Scheiterhaufen besteigen. In Italien verlieren die Humanisten zunehmend an Einfluß und Anerkennung. Die einsetzende *Gegenreformation* bekämpft sie wegen ihres allzu frei geäußerten Unglaubens. Doch im nördlichen Abendland strahlen um diese Zeit noch die Namen der großen Humanisten, eines JOHANN REUCHLIN (1455—1522), ULRICH VON HUTTEN (1488—1523) und ERASMUS VON ROTTERDAM (etwa 1456—1536). An den Universitäten haben immer noch die Vertreter des GALEN und HIPPOKRATES den größten Einfluß. Philologisch sorgfältig bearbeitete Ausgaben von GALEN, AVICENNA, ARISTOTELES und anderen sind Zeugnis eines weithin unerschütterten Konservativismus unter den Gelehrten.

Das Jahr 1543 bedeutet für die Geschichte der abendländischen Geistesentwicklung eine Cäsur. NIKOLAUS KOPERNIKUS, Domherr zu Frauenburg, schließt in diesem Jahre die Augen. Sogleich nach seinem Tode erscheint sein großes Werk „Opus de revolutionibus coelestibus", in welchem auf Grund sorgfältiger astronomischer Messungen und Berechnungen erwiesen wird, daß die Erde nicht stille steht, sondern sich um die Sonne bewegt. Und im gleichen Jahr erscheint noch ein zweites Werk, welches für ein anderes Gebiet, die Anatomie, eine revolutionäre Tat bedeutete: des ANDREAS VESALIUS große Schrift über den Bau des menschlichen Körpers „De humani corporis fabrica". Hier wird auf Grund sorgfältiger Präparationen und Sektionen genau beschrieben und in Zeichnungen wiedergegeben, was VESAL selbst sah und nicht nur das, was er bei GALEN über den Bau der Organe gelesen hatte. VESALS Werk war nicht ohne Vorläufer und fand bedeutende Nachfolger. Nach und nach entsteht im 16. und 17. Jahrhundert eine wachsende Kenntnis vom anatomischen Bau des menschlichen Körpers; das war die erste unerläßliche Vorbedingung für den Fortschritt der Physiologie. Hier haben wir noch kurz zu verweilen.

Die *Salernitaner Sektionsvorschrift,* die um 1150 entstand, beweist das um diese Zeit einsetzende Bedürfnis, die Medizin durch anatomische Untersuchungen zu vertiefen. Allerdings handelte es sich nur um eine Anatomie des Schweines und nicht des Menschen. Von den ersten Sektionen in Cremona und Bologna war oben schon die Rede. Das Interesse an anatomischen Studien ist neu erwacht. Aber noch im Jahre 1318 wird in Bologna gegen 4 Magister ein Prozeß geführt, die nachts eine Leiche zu anatomischen Untersuchungen ausgegraben hatten. Der anatomische Unterricht bediente sich damals einiger Tafeln, die nach den Forschungen K. SUDHOFFS [385—387] auf die alexandrinische Lehre zurückgehen und teils über die abendländische Mönchsmedizin, teils über persische Handschriften überliefert worden sind. Die schon erwähnte „Anathomia"

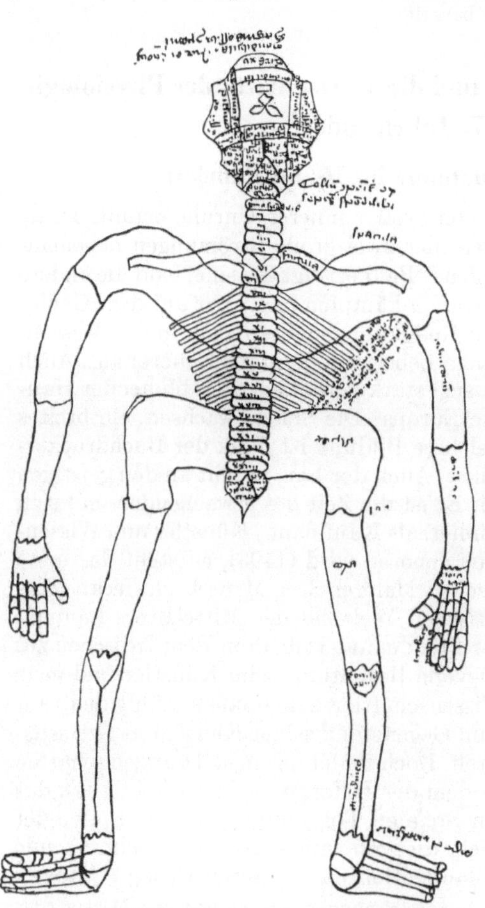

Abb. 7. Skelettdarstellung aus dem 14. Jahrhundert.
(Aus W. v. BRUNN: Gesch. d. Chirurgie, Berlin 1928.)

des Mondino de'Luzzi (etwa 1275—1326), genannt Mundinus, wurde das meist benutzte Lehrbuch der Anatomie bis ins 16. Jahrhundert. Alessandro Achillini aus Bologna (1463—1512) verfaßte dazu Ergänzungen, in denen er u. a. erstmalig Hammer und Amboß beschreibt. Auch die Anatomie des Gehirnes (Gehirnventrikel, Infundibulum, Fornix) wird bereichert. Ebenso gibt Berengar da Carpi (1470—1530) noch im Jahre 1521 einen Kommentar zu Mundinus heraus. Er vertritt darin im wesentlichen galenische und aristotelische Anschauungen. Immerhin fehlen auch kritische Anmerkungen nicht. In diese Zeit fallen dann die schon erwähnten anatomischen Untersuchungen von Leonardo da Vinci. Jenseits der Alpen war die Anatomie noch stärker traditionsgebunden als in Italien und in Montpellier. In Wien fand erst 1404, in Basel erst 1531 die erste öffentliche Sektion statt. Die Anatomen waren hier wie in Paris meist *Galenisten,* die in ihrem Glauben an die Autorität und die Lehren Galens noch zu keinem Zweifel geneigt waren.

Um so größer ist die Leistung des jungen Andreas Vesalius zu bewerten, der bei den Galenisten Günther von Andernach (1487—1574) und Jakobus Sylvius (1478—1555) in Paris in die Lehre ging und sich dennoch bald danach von den Fesseln der Tradition zu lösen vermochte. Andreas Vesalius (vgl. H. Cushing [*86*], M. Roth [*339*]) wurde 1514 in Brüssel geboren[1]. Schon während seiner Studienzeit in Paris überragte er an empirischen Kenntnissen alle Mitstudenten und bald auch seine obengenannten Lehrer, weil er keine Gelegenheit versäumte, Tiere zu sezieren oder die Knochen von Erhängten und Hingerichteten zu untersuchen. Nach weiteren Studien in Löwen und Italien wird er in Padua Professor der Anatomie. Dort entfaltet er einen außerordentlichen Eifer in der Sektion menschlicher Leichen und in der Präparation ihrer Organe. Als erster Niederschlag dieser Arbeit erschienen 1538 die „Tabulae anatomicae sex". Diese Tafeln enthalten noch viele unkorrigierte Entlehnungen aus der galenischen Anatomie, z. B. die fünflappige Leber. Doch werden in ihm in diesen Jahren mehr und mehr Zweifel an der überlieferten Anatomie wach. Vesal erkennt vor allen Dingen klar, daß Galens Beschreibungen vielfach auf Sektionen an Tieren beruhen. Das Ergebnis weiterer emsiger Arbeit ist dann das 1543 in Basel gedruckte Hauptwerk „De humani corporis fabrica libri septem". Glänzende Abbildungen nach Zeichnungen des Joh. Stephan van Calcar (1499—1546) und ein

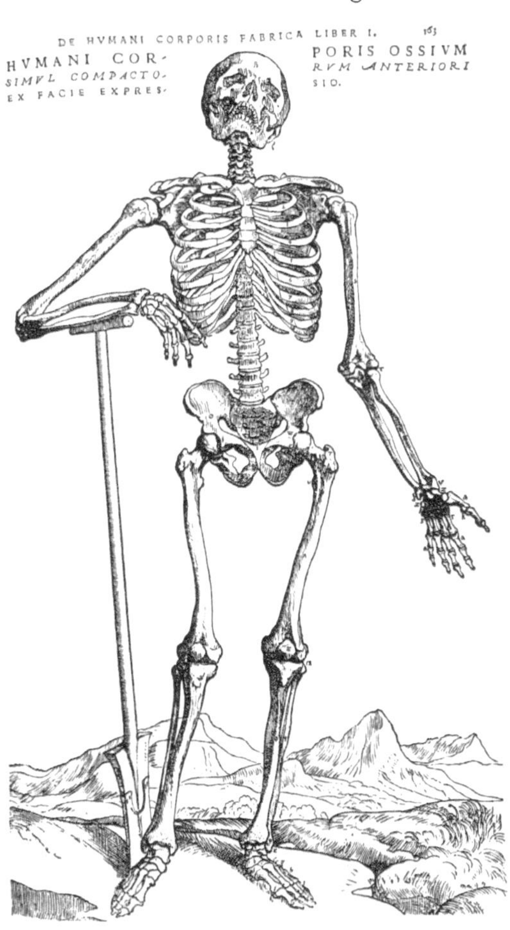

Abb. 8. Skelettdarstellung aus Andreas Vesalius „De humani corporis fabrica". Basel 1543.

[1] Die Familie stammte ursprünglich aus Wesel. Einer der Vorfahren nahm in Erinnerung an die Heimat den Geschlechtsnamen „Wesalius" an.

Text, der auf eigener Anschauung fußt und dabei mehrere hundert Abweichungen von GALEN enthält, machen das Buch zu einem Markstein der Entwicklung. Es machte die Anatomie zum Fundament der Medizin und begründete die anatomische Methode (C. ELZE [*115*]). Der Fortschritt sei an der Gegenüberstellung eines Skelettbildes aus dem 14. Jahrhundert und aus der „Fabrica" veranschaulicht (Abb. 7 u. 8).

Die Reaktion auf die Neuerung blieb nicht aus. Sie war zunächst negativ. REALDO COLOMBO (1516–1559), sein Schüler und Nachfolger in Padua, schleudert die ersten Angriffe gegen ihn. Die Pariser Anatomen folgen. Nicht ganz mit Unrecht, denn VESALIUS hatte neben vielem Richtigen auch manche Irrtümer beibehalten, die bei genauerer anatomischer Untersuchung bald an den Tag kamen. VESALS alter Lehrer SYLVIUS verfaßte 1551 eine Schmähschrift, welche VESAL auf das wüsteste beschimpft: „als den in der Gelehrsamkeit Unwissenden, lügenhaftesten Verleumder, den Unerfahrensten in allen Dingen, den Gottlosen und Undankbaren, das Ungeheuer von Ignoranz, welches mit seinem pestilenzialischen Hauch Europa vergiftet und dessen Irrtümer einzeln aufzuzählen eine Arbeit ohne Ende sein würde" usw. Ebenso wies ihm der tüchtige Anatom GABRIELE FALLOPPIO (1523–1562) einige Fehler nach. FALLOPPIO beschrieb übrigens erstmalig den Aquaeductus vestibuli, die knöcherne Schnecke, die Chorda tympani und anderes mehr. VESAL ist im Jahre 1544 als Leibarzt in den Dienst KARLS V. getreten und hat seitdem das Sektionsmesser nicht mehr in die Hand genommen. Im Jahre 1564 ist er auf einer Reise nach Jerusalem gestorben.

Das 16. Jahrhundert sah noch eine ganze Reihe bedeutender Anatomen, z. B. BARTHOLOMEO EUSTACHIO († 1574). Dieser entdeckte u. a. die nach ihm benannte Tuba pharyngo-tympanica und weitere Einzelheiten des Gehörganges. Wir können auf die anatomischen Entdeckungen der Folgezeit nicht im einzelnen eingehen. Immerhin seien noch GUIDO GUIDI in Paris, FELIX PLATER (1536–1614) und CASPAR BAUHIN (1560–1624) in Basel, GIROLAMO FABRICIO d'AQUAPENDENTE (1537–1619) in Padua, ein Schüler FALLOPPIOS, ferner CHARLES ESTIENNE († 1564) in Paris und ANDRIAEN VAN DEN SPIEGHEL (1578–1625) in Padua erwähnt. Die sorgfältige und mühsame Kleinarbeit zahlreicher Anatomen (vgl. die nebenstehende Tabelle) hat die Grundlagen für die Fortschritte der Physiologie in den folgenden Jahrhunderten geschaffen (vgl. R. v. TÖPLY [*393, 394*], E. HINTZSCHE [*184–186*]). Doch bedeutet die Kenntnis der Morphologie nur selten die unmittelbare Lösung einer physiologischen Frage. So ist es nicht verwunderlich, daß die physiologischen Auffassungen im 16. Jahrhundert noch nicht weit über GALENsche Lehren hinausgelangten. Bemerkenswert ist in dieser Hinsicht folgende Stelle aus VESALS „Fabrica", aus der hervorgeht, wie sehr auch dieser eigenwillige Anatom noch zeitgebunden ist:

„Die Scheidewand der Herzkammer, die aus der dicksten Herzsubstanz aufgebaut ist, ist an beiden Seiten überreich mit kleinen Vertiefungen versehen. Soweit wir mit unseren Sinnen erfassen können, führt keine von diesen Gruben von der rechten in die linke Kammer. So müssen wir das Werk des Allmächtigen bewundern, daß das Blut vom rechten in den linken Ventrikel dringt auf Wegen, die sich der menschlichen Sicht entziehen" (nach M. FOSTER [*128*]).

Im letzten Kapitel der Fabrica schildert VESAL noch einige bedeutsame physiologische Beobachtungen: Die Lungen schrumpfen, wenn die Brust durchstochen wird, die Stimme geht verloren, wenn der Rekurrensnerv durchtrennt wird. Mit einem Blasebalg kann man bei geöffnetem Thorax ein Tier am Leben und sein Herz schlagend erhalten (G. VAN RIJNBERK [*331*]). Vom Boden sorgfältiger anatomischer Studien in Verbindung mit der Beobachtung der Organtätigkeit an lebenden Tieren ergaben sich aber erst im folgenden 17. Jahrhundert wesentliche Fortschritte für die Physiologie. Dabei führte weniger das Experiment als die Deutung der morphologischen Beobachtungen zu neuen Erkenntnissen. Die experimentelle Methode wird vorerst noch sehr zögernd angewendet.

Tabelle 1. *Wichtige anatomische Entdeckungen des 16. und 17. Jahrhunderts.*

1286	Erste mittelalterliche Sektion am Menschen in Cremona.
MONDINO DE'LUZZI (MUNDINUS) (etwa 1275—1326)	„Anathomia." Vielbenutztes Lehrbuch (1316).
LEONARDO DA VINCI (1452—1519)	Anatomische Zeichnungen nach eigenen Präparationen an der Leiche (um 1500).
J. BERENGARIO DA CARPI (gest. 1530)	verfaßt einen Kommentar zu MUNDINUS (1521) Isagogae breves . . . (Bologna 1514), Wurmfortsatz, Gehirnnerven.
ALESSANDRO ACHILLINI (1463—1512)	„Annotationes anatomicae in Mundinum" (1524). Entdecker von Hammer und Amboß, Ductus submandibularis, Mündung des Gallenganges ins Duodenum, Bau des Gehirns.
ANDREAS VESALIUS (1514—1564)	„Tabulae anatomicae sex" (1538). Enthält noch wesentliche Teile galenischer Anatomie.
Derselbe	„De humani corporis fabrica" (1543). Grundlegendes Werk. Dreiteiliges Brustbein, einkammeriger Uterus, trennt graue und weiße Substanz des Gehirns. Viele Berichtigungen GALENS, aber noch viele Lücken und Irrtümer. Anatomische Nomenklatur.
GABRIELE FALLOPPIO (1523—1562)	„Observationes anatomicae" (1561). Beziehungen zwischen Trommelfell und Gehörknöchelchen, Aquaeductus vestibuli, knöcherne Schnecke, Bogengänge, Chorda tympani, Tuba uterina, Samenblasen, Clitoris, Hymen.
BARTHOLOMEO EUSTACHIO (1520—1574)	„Opuscula anatomica" (1564). Tuba auditiva, M. tensor tympani, Nebennieren, Schneckenspindel, Steigbügel, Ductus thoracicus beim Pferd, Gebiß.
JACOBUS SYLVIUS (1478—1555)	Streitschrift gegen VESAL (1551). Venenklappen, Myologie, Anatomische Terminologie.
REALDO COLOMBO (1516—1559)	„De re anatomica libri XV" (1559).
CASPAR BAUHIN (1560—1624)	„Theatrum anatomicum" (1605). Valvula ileocoecalis.
G. C. ARANZIO (1530—1589)	„De humano foetu liber" (1546). Entdeckte vor BOTALLO den Verbindungsweg der foetalen A. pulmonalis und Aorta.
GIROLAMO FABRICI D'AQUAPENDENTE (1537—1619)	„De ostiolis" (1574). Beschreibung der Venenklappen.
GASPARO ASELLI (1581—1626)	Nachweis der Chylusgefäße beim Hund. „De lactibus sive de lactibus venis . . ." (1622).
FRANCIS GLISSON (1597—1677)	Untersuchungen über den Bau der Leber (1654).
JOH. GEORG WIRSUNG (1600—1643)	Beschreibung des Ductus pancreaticus beim Menschen (1642).
JEAN PECQUET (1622—1674)	Entdeckung des Ductus thoracicus (1647).
OLAF RUDBECK D. Ä. (1630—1702)	Beschreibung der Saugadern (1651).
FREDERIK RUYSCH (1638—1731)	Technik der Gefäßinjektion. Bronchialarterien, Arteria centralis retinae (Coronargefäße).
MARCELLO MALPIGHI (1628—1694)	Entdeckung der Lungenkapillaren (1661), der Glomeruli, der Milzstruktur (1666).
NIELS STENSEN (1638—1686)	Beschreibung des Ductus parotideus (1661). Das Herz ist ein Muskel.
RICHARD LOWER (1631—1691)	Untersuchungen über die Faserung der Herzmuskulatur (1669).
ANTONY VAN LEEUWENHOEK (1632—1723)	Zahlreiche Veröffentlichungen über seine mikroskopischen Beobachtungen (seit 1673).
JOH. CONRAD PEYER (1653—1712)	Beschreibung der Duodenaldrüsen (1687).
ANTONIO MARIA VALSALVA (1666—1723)	Untersuchungen zur Anatomie des Ohres (1704).
ALBRECHT VON HALLER (1708—1777)	Anatomische Tafeln (1743—1756).
JOH. NATH. LIEBERKÜHN (1711—1756)	Beschreibung der Krypten des Dünndarmes (1745).
JOH. GOTTFRIED ZINN (1727—1759)	Anatomische Untersuchungen über den Bau des Auges. Ziliarkörper (1755).

2. Die Anwendung physikalischer Prinzipien auf physiologische Probleme durch die Iatrophysiker im 17. Jahrhundert.

Erst die bedeutenden Fortschritte der Anatomie im 16. Jahrhundert ermöglichen die großen Erfolge, welche die Physiologie des 17. Jahrhunderts errungen hat. Doch waren auch politische, kulturelle und geistesgeschichtliche Wandlungen maßgeblich daran beteiligt. In Spanien und dann in Frankreich entsteht die absolutistische Staatsform mit einer neuen Gesellschaftsstruktur. Die Niederlande erreichen ihre höchste Blüte. Deutschland wird der Schauplatz des 30jährigen Krieges. Geist und Lebensgefühl dieser Zeit sind in vieler Hinsicht vom vorangehenden Jahrhundert geschieden. Wir erleben eine Abkehr von den Idealen und Zielen des 16. Jahrhunderts. Man bezeichnet diese Epoche als das Zeitalter des *Barocks*.

Wie stets, so sind auch hier die zeitlichen Grenzen durchaus fließend, immerhin wird man sie etwa von der zweiten Häfte des 16. Jahrhunderts bis zum Beginn des 18. Jahrhunderts rechnen können. Der Kunsthistoriker wird sie etwa vom Tode MICHELANGELOS (1564) bis zum Ableben DANIEL PÖPPELMANNS (1637), der Physiker vom Erscheinen der „De revolutionibus" des KOPERNIKUS (1543) biz zum Tode NEWTONS (1727) rechnen (vgl. H. SCHIMANK [*349*]). In der Medizin tritt der Geist des Barocks erst im 17. Jahrhundert deutlich in Erscheinung. Das Barock ist zugleich die Zeit der *Gegenreformation*. Der Katholizismus gewinnt wieder bedeutend an Boden. Man kann von einer bewußten Rückkehr zu den Idealen des Mittelalters sprechen. Man sucht die alten Bindungen wiederherzustellen, die Autorität der Kirche wird mit großem Erfolg in ihre alte Stellung eingesetzt. Die Jesuiten sind auf dem Gipfel ihrer Macht. Die fanatische Verfolgung Andersgläubiger, die sich in den Religionskriegen und den Exzessen der Hexenverfolgung äußert, stellt alles Frühere in den Schatten. Die letzte Hexe wurde 1749 in Würzburg verbrannt. Magie, Hexenwahn, Astrologie, Alchemie und Zauberei blühen wie nie zuvor. Zugleich aber erscheint uns das 17. Jahrhundert als eine sinnen- und lebensfrohe Epoche. Im Lebensstil des Barock vermischen sich wie in seinem Baustil Sinnliches und Übersinnliches. Ein sinnenfroher Rausch, ein Überschwang der Phantasie läßt Tier und Pflanze, Engel und Teufel, Gott und Welt in Plastik und in Ornamentik nebeneinander erscheinen. Träger der Kultur wird die fürstliche Residenz. Die Städte haben großenteils ihre Selbständigkeit eingebüßt und sind in den neuen Nationalstaaten aufgegangen. Damit verschwindet der Stil der städtischen Kultur der Renaissance. Es entsteht die Hofgesellschaft als Zentrum der neuen Lebensform.

Der Geist des Barock mit seiner Vermischung des Sinnlichen und Übersinnlichen, mit seiner Freude am Ornamentalen, Verspielten und Bewegten äußert sich auch in der *Wissenschaft*. Die Naturwissenschaft entwickelt sich von der Bevorzugung des Statischen zum Dynamischen, Fließenden und gipfelt in der Erfindung der Differential- und Integralrechnung durch LEIBNIZ und NEWTON. Die Blutbewegung wird von HARVEY (1628) als dynamische Kreisbewegung erkannt. Aus der statischen Physik des ARCHIMEDES wird die dynamische Physik eines GALILEI mit den Gesetzen der Fallbewegung, der Pendelschwingung, der Zentralbewegung. Die Hinwendung auf das Metaphysische findet eine ebenso starke Ergänzung in der Beschäftigung mit dem Diesseits, besonders der Natur. DESCARTES und BLAISE PASCAL sind ebenso Metaphysiker wie Mathematiker und Physiker. JOHANNES KEPLER, ein mathematisch-physikalischer Kopf ersten Ranges, sieht nicht weniger klar den Zusammenhang der diesseitigen Erscheinungen als das durch den Vorhang der Erscheinungswelt hindurchleuchtende Phänomen der allgemeinen göttlichen Ordnung in der Natur.

Mit wahrheit mag ichs sagen / das so oft ich die schöne Ordnung / wie eins aus dem anderen folget und abgenommen wirdt / mit meinen Gedanken auff einmal durchlauffe / so ists / alls hätt ich ein göttlichen / nit mit bedeuttenden buchstaben / sondern mit wesentlichen Dingen in die Welt selbsten geschriebenen Spruch gelesen / dessen inhalts: Mensch strecke deine Vernunft hierher / diese Dinge zu begreiffen. (Aus dem Kalender auf das Jahr 1604.)

Im Jahre 1620 erscheint das Novum Organum des Lordkanzlers der Königin ELISABETH, FRANCIS BACON VON VERULAM. Er betont — nicht als erster — nachdrücklich den Wert der induktiven systematischen Forschung in der Naturwissenschaft. Ganz im Gegensatz zu der Restauration auf dem Gebiet des religiösen Lebens sehen wir in der *Wissenschaft* eine zunehmende Loslösung von ARISTOTELES, GALEN und von den anderen alten Autoritäten. GALILEIS Lebenskampf richtet sich gegen die zählebigen Lehren des großen Peripatetikers. Das trug nicht wenig zu seinem Konflikt mit der Inquisition bei. Das wissenschaftliche Interesse neigt sich der Einzelforschung zu. Die Methode des Experiments wird systematisch gepflegt. Man sammelt daneben oft wahllos Beobachtungen aller Art. Dabei interessiert meistens weniger das Typische als das Seltsame, das Kuriose. Es entstehen sogenannte Kuriositätenkabinette, die besonders reichlich anatomische Mißbildungen enthalten. Das wissenschaftliche Leben spielt sich mehr außerhalb als innerhalb der noch sehr konservativen, weil von Kirche und Staat abhängigen Universitäten ab. Es bilden sich allerorts Vereinigungen und *Akademien* interessierter Männer zum Zwecke des Gedankenaustausches und der Förderung wissenschaftlicher Arbeit. In Rom besteht seit 1603 die Academia dei Lincei, die GALILEI wertvolle Unterstützung beim Druck seiner Schriften gewährt. Schon 1622 gründet sich in Rostock die „Societas Ereunetica" mit dem Wahlspruch „Per inductionem et experimentum omnia". Es folgt in Florenz 1657 die Academia del Cimento (mit VINC. VIVIANI, GALILEIS letztem Schüler, mit dem Mathematiker und Physiker GIOV. ALF. BORELLI, dem Arzt und Naturforscher FRANCESCO REDI und dem berühmten Anatomen M. MALPIGHI). In Deutschland gründete man 1652 die „Academia naturae curiosorum" (spätere „Kaiserlich Leopoldinisch Carolinische Deutsche Akademie der Naturforscher"), in London die „Royal Society" im Jahre 1662 und in Paris 1665 die „Académie des Sciences". Nachrichtenblätter wie das Journal des savants, die Philosophical Transactions (seit 1665) und die Acta eruditorum sorgten – oft in Briefform – für die schnelle Mitteilung neuer wissenschaftlicher Entdeckungen. So blicken wir auf ein Jahrhundert mit tiefen geistigen Gegensätzen. Mittelalter und Neuzeit liegen in teils offenem, teils verstecktem Kampf. Eine innere Unstimmigkeit, wie sie auch oft in den einzelnen Forscherpersönlichkeiten sichtbar wird, liegt über Lebensart und geistiger Haltung dieses Jahrhunderts.

Die physikalischen und chemischen Wissenschaften aber nehmen in dieser Epoche einen außerordentlichen Aufschwung. Man kann das 17. Jahrhundert geradezu als eine Zeit *klassischer naturwissenschaftlicher Arbeit* bezeichnen. Die umstehende Tabelle gibt einen orientierenden Überblick über den Stand und die Entwicklung der *Physik* dieser Zeit. Die Optik hat seit ALHAZEN, ROGER BACON, MAUROLYCUS und GIAMBATTISTA DELLA PORTA durch GALILEI, KEPLER und CARTESIUS gewaltige Fortschritte erzielt. Die Mechanik fester und flüssiger Körper wird besonders durch GALILEI, die Physik der Gase durch OTTO VON GUERICKE, TORRICELLI, ROBERT BOYLE und CHRISTIAN HUYGENS gefördert. Die experimentelle Methode und die mathematische Behandlung wissenschaftlicher Probleme feiern Triumphe. Die *Chemie* vollzieht langsam ihre Lösung von der Alchemie. Alles zusammengenommen entstehen in diesem Jahrhundert Geist und Methode exakter Naturforschung. Man beginnt das induktive Prinzip und die experimentelle Analyse bewußt zu pflegen. Das aber ist eine Vorbedingung für die Lösung physiologischer Fragen. So zeigen sich im Gefolge dieser Entwicklung auch in der Physiologie des 17. Jahrhunderts fruchtbare Ansätze und große Erfolge, ja, es ist ein klassisches Jahrhundert physiologischer Forschung. Mit den Einzelheiten dieser Fortschritte wollen wir uns im folgenden beschäftigen.

Unter dem Eindruck der Erfolge physikalischer Methoden in der Wissenschaft und Technik versuchte man in der *Medizin* des 16. und 17. Jahrhunderts der Heilkunde eine theoretische Grundlage vom Boden der Physik und insbesondere der

Mechanik zu geben. Wir bezeichnen diese Richtung in der Medizin als die *Iatrophysik* bzw. Iatromechanik (und Iatromathematik). Zu ihren Vertretern rechnen wir besonders SANTORIO, BORELLI, BAGLIVI, BELLINI, KEILL usw. Doch kann man noch eine große Zahl weiterer Forscher dieser Zeit hierher rechnen, wenn man ganz allgemein alle diejenigen hinzuzählt, welche die Anwendung mathematisch-physikalischer Prinzipien auf medizinisch-biologische Fragen befürworten. In diesem Sinne wollen wir hier den Begriff der Iatrophysiker weiterfassen als meistens gebräuchlich. Sie alle wollen messen und berechnen nach dem Wort, welches

Tabelle 2. Wichtige Fortschritte der Physik im 16. und 17. Jahrhundert.

NICOLAUS KOPERNICUS (1473—1543)	bricht mit dem Ptolemäischen Weltsystem. Die Erde dreht sich um die Sonne (1543).
MAUROLYCUS (1494 bis etwa 1575)	löst sich von der Optik des ARISTOTELES. Erste richtige Erklärung der Brillen.
GIAMBATTISTA DELLA PORTA (1538—1615)	Spiegelgesetze, Linsenkombinationen. Camera obscura mit Linse.
WILLIAM GILBERT (1544—1603)	Untersuchungen über Erdmagnetismus (1600) und elektrische Influenz.
TYCHO BRAHE (1546—1601)	Bedeutende astronomische Messungen.
GALILEO GALILEI (1564—1642)	Fallgesetze, Fernrohr, Luftthermometer, Pendeluhr.
JOHANNES KEPLER (1571—1630)	Planetenbewegung, Deutung von Ebbe und Flut, Grundlegung der Optik und Dioptrik.
RENÉ DESCARTES (1596—1650)	entdeckt das Gesetz der optischen Brechung.
WILLIBRORD SNELLIUS (1591—1626)	entdeckt unabhängig von DESCARTES dasselbe.
ATHANASIUS KIRCHER (1601—1680)	Darstellung akustischer Phänomene (1673).
OTTO VON GUERICKE (1602—1686)	konstruiert die erste Luftpumpe (Magdeburger Halbkugeln 1654), die einfachste Elektrisiermaschine (geriebene Schwefelkugel 1663).
EVANGEL. TORRICELLI (1608—1647)	erkennt die Schwere der Luft (Luftdruck 1644), Barometer.
ROBERT BOYLE (1627—1691)	Physik und Chemie der Gase, elektrische Versuche. Skalenaräometer (1675), Pendelbewegung, Zentrifugalkräfte (1673).
CHRISTIAN HUYGENS (1629—1695)	verbessert die Pendeluhr (1657), verbessert das Thermometer, die Luftpumpe, Undulationstheorie des Lichtes (1678).
ANT. V. LEEUWENHOEK (1632—1723)	Verbesserung der Mikroskope.
ISAAC NEWTON (1642—1727)	Schallgeschwindigkeit, Emanationstheorie des Lichtes, mathematische Mechanik, Gravitation (1682), Farbenlehre, Optik.
DIONYSIUS PAPIN (1647 bis etwa 1712)	Zentrifugalpumpe, Dampfkochtopf, Niederdruck- (1690) und Hochdruckmaschine (1707).
GABR. D. FAHRENHEIT (1686—1736)	Eichung des Thermometers nach Eispunkt und Siedepunkt.

GALILEI zugeschrieben wird: ,,Miß, was meßbar ist, und mache meßbar, was noch nicht zu messen ist!'' Die Mathematik tritt an die Stelle der philosophischen Spekulation. Man untersucht nicht nur qualitativ, sondern auch quantitativ. GALILEI fragt nicht, *warum* die Körper fallen, sondern *wie* sie fallen. Das wahrhaft Epochemachende an GALILEIs Vorgehen ist nicht so sehr, daß er die Erkenntnis der Natur auf Erfahrung gründete, sondern daß er unter Abstraktion von der sinnlichen Wirklichkeit des Einzelfalles die objektiven allgemeingültigen quantitativen Gesetzmäßigkeiten — das Naturgesetz — zu erforschen begann. Durch seine Erfolge auf dem Gebiet der Mechanik (Fallgesetze), der Astronomie (Bewegung der Erde um die Sonne), der Optik (Konstruktion eines Fernrohres), schließlich durch seine Untersuchungen über ein brauchbares Luftthermometer und eine Penduhr als Zeitmeßgerät hat GALILEI (1564—1642) vieles zu dem Unterfangen beigetragen, auch auf den Organismus physikalische Meßmethoden anzuwenden. Das ist besonders in Italien sehr gepflegt worden (s. L. VACCARO [399]). Einer der ersten, welcher schon vorher Waage, Maß und Zahl zur Messung von Puls, Atmung und Harnausscheidung befürwortete, war NICOLAUS CUSANUS (vgl. EDV. GOTFREDSEN [156]). Mehr noch tritt dieses Bestreben bei SANTORIO SANTORIO (1561—1636) zutage, der als Professor in Venedig und später in Padua lebte (s. H. MIESSEN [275]). Er erfand z. B. ein Pulszählgerät, ein Pulsilogium, das aus einem Pendel mit einer Bleikugel bestand. Auch verwendete er ein Thermoskop nach dem Vorbild HERONS zur Messung der Körpertemperatur (1611). Noch interessanter ist seine Beschäftigung mit Stoffwechselfragen. In langjährigen Versuchen verglich er das Körpergewicht und die Differenz zwischen der eingenommenen Nahrung und der abgegebenen Menge von Fäzes und Urin. Er benutzte dazu seine berühmt gewordene Stoffwechselwaage (Abb. 9).

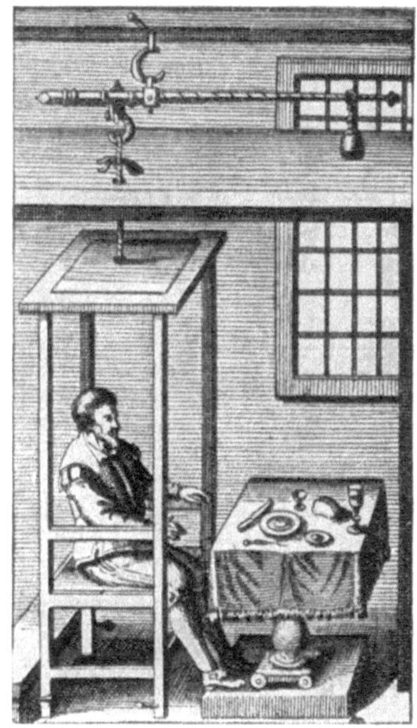

Abb. 9. Die Stoffwechselwaage des SANTORIO. (Aus MEYER-STEINEG und SUDHOFF, Geschichte der Medizin.)

Dabei fand er, daß der Körper fortgesetzt durch eine „unmerkliche Ausdunstung" Substanzen an die Umgebung verliert. Diese „perspiratio insensibilis" berechnete er auf etwa $1^1/_4$ kg je 24 Stunden. Sein berühmtes Werk, die „Ars de statica medicina", erschien 1614 in Venedig. Diese physikalisch-mechanische Richtung in der Physiologie bzw. Medizin fand eine bedeutende Unterstützung durch die Philosophie von **RENÉ DESCARTES**, wie andererseits DESCARTES nur durch die großen Fortschritte der Physik ermutigt wurde, eingehende Vorstellungen über die mechanisch-physikalische Natur der Vorgänge im menschlichen Körper zu entwickeln. R. DESCARTES wurde 1596 in La Haye in der Nähe von Tours geboren. Er war nicht nur ein großer Denker und Philosoph, sondern ein ebenso bedeutender Mathematiker und Physiker. Er begründete unter anderem die Methode der analytischen Geometrie und das Cartesianische Koordinatensystem; unabhängig von SNELLIUS entdeckte er das Gesetz der Strahlenbrechung. Daneben beschäftigte er sich auch mit anatomischen Untersuchungen, deren Protokolle uns zum Teil erhalten sind. Seine Bedeutung für die Entwicklung der Physiologie besteht darin, daß er den ersten Versuch machte, alle Vorgänge im Körper nach rein mechanischen Gesetzen zu erklären (De homine 1662).

Der menschliche Körper ist nach DESCARTES eine irdische Maschine, welche nach den Gesetzen ihres Triebwerkes abrollt wie eine Uhr oder wie ein sehr vollkommener Automat. Die von Gott geschaffene Seele bewohnt dieses Werk, aber ohne mit den körperlichen Verrichtungen außer bei der willkürlichen Bewegung etwas zu tun zu haben. Im einzelnen werden dann die verschiedensten Organfunktionen auf ihren Mechanismus untersucht, wobei galenische Vorstellungen mit physikalischen Begriffen eine merkwürdige Ehe eingehen. Es besteht im wesentlichen nur *ein* Bewegungsprinzip im Körper, die *Wärme*, welche durch das Feuer im Herzen entsteht und das Blut in Bewegung setzt. Dieses Feuer macht das Blut kochend heiß, so daß es sich ausdehnt. Zugleich mit der durch die Lunge aufgenommenen Luft schäumt es auf, so daß das Blut in die Arterien überfließt und sie erweitert[1]. Die Klappen verhindern dabei den

---

[1] DESCARTES hat HARVEYS Lehre vom Blutkreislauf gekannt und anerkannt, dennoch vertritt er eine sehr eigenwillige Lehre von der Blutbewegung (s. E. WALLACH [415]).

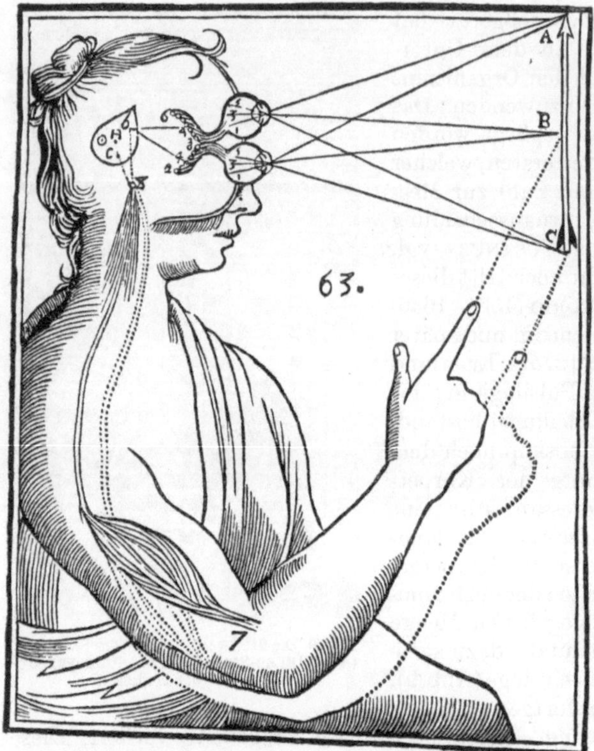

Abb. 10. Zusammenwirken der Sinnesorgane nach DESCARTES „De homine“. 1662 ED. FL. SCHUYL. Vereinigung der Spiritus aus Hand und Auge in der Glandula pinealis (H), dem Sitz der Seele. (Aus Oeuvres de DESCARTES, Paris 1909. Bd. I.)

Rückfluß und regeln den Ausfluß des Blutes, aber auch den des Rußes in der Lunge. Die Richtung der Blutröhren und die Größe und Form der Organporen bestimmen, wohin das Blut fließt und wo es seine Nährstoffe absetzt. Aus dem Blut steigen zum Gehirn kleine Teilchen auf, die durch feine Poren in die Zirbeldrüse und die Gehirnventrikel eindringen. Hier entsteht der *spiritus animalis*, eine Art feiner Luft oder eine Art Flüssigkeit, die durch Poren der Nervensubstanz in die Nerven einströmt. Diese sind nach DESCARTES hohl, so daß sie geeignet sind, den spiritus animalis, das Nervenprinzip, den Muskeln zuzuleiten, indem sie dort durch eine Aufblähung die Bewegung auslösen. Die Zirbeldrüse ist zugleich der Sitz der Seele, der Vorstellung und Empfindung (Abb. 10). Eine Empfindung entsteht dadurch, daß an den peripheren Nervenendigungen eine mechanische Bewegung ausgelöst wird, die sich zum Gehirn fortpflanzt.

DESCARTES siedelte im Jahre 1649 auf Einladung der Königin CHRISTINE VON SCHWEDEN nach Stockholm über, wo er schon ein Jahr später (1650) gestorben ist. Der stark spekulative Charakter der DESCARTESschen Deutung von Lebensvorgängen und die Unzulänglichkeit seiner anatomischen Vorstellungen blieben den Zeitgenossen nicht verborgen. NICOLAUS STENO hat dem bei seinem Aufenthalt in Paris im Jahre 1669 nachdrücklichst Ausdruck gegeben (vgl. S. 62). Doch hat der Versuch als solcher viele Nachahmungen hervorgerufen.

Viel bedeutender als des DESCARTES theoretische Versuche wurden für die Fortentwicklung physiologischer Probleme die Untersuchungen des berühmten Mathematikers und Physikers GIOVANNI ALFONSO BORELLI (1608—1679) aus Pisa (Abb. 11). Unter der Leitung seines Lehrers, des Mathematikers B. CASTELLI, hatte er sich ein großes Wissen auf dem Gebiet der Mathematik erworben. Er zählte zu den bedeutendsten Mitgliedern der Academia del Cimento in Florenz. Im höheren Alter (seit 1672) lebte er unter dem Schutz

Abb. 11. GIOVANNI ALFONSO BORELLI (1608—1679).

und der Protektion der Königin CHRISTINE VON SCHWEDEN in Rom, die dort
eine Schar berühmter Gelehrter um sich sammelte. Hier vollendete BORELLI auch
das zweibändige große Werk „De mòtu animalium" [53, 54], in dem er im großen
Stil mechanische Prinzipien auf physiologische Probleme anwandte. Große Teile
davon scheinen schon um 1662 fertig gewesen zu sein, aber erst nach seinem
Tode (1679), nämlich im Jahre 1680/81, ist das Werk im Druck erschienen. Es
enthält Untersuchungen über den Flug der Vögel, das Schwimmen der Fische und
die Bewegung der menschlichen Gliedmaßen, aber außerdem bedeutende Untersuchungen über die Mechanik der Atembewegungen, den Vorgang der Muskelkontraktion, die Arbeit des Herzens und die Blutbewegung. Viele seiner Versuche,
Messungen und Berechnungen sind erste, tastende Versuche, die noch viele Fehler
und Mängel enthalten, doch war der eingeschlagene Weg grundsätzlich richtig
(vgl. M. FOSTER [128], A. BERG [23]).

Das Hauptproblem, mit dem sich BORELLI beschäftigt, ist die Frage nach der Wirkung
der *Muskeln* auf das Skelett und der Mechanismus der Muskelverkürzung selbst. Wie schon

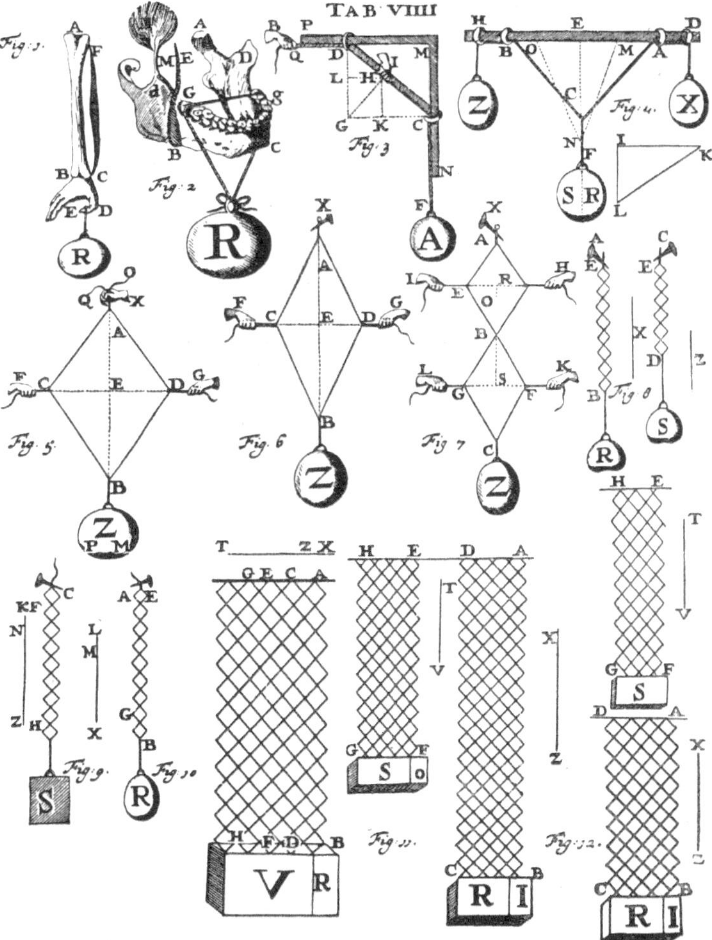

Abb. 12. Darstellung der Muskelmechanik in G. A. BORELLIS „De motu animalium" 1658. Tafel 8, Fig. 1—4:
Hebelgesetze in der Mechanik der tierischen Bewegung. Fig. 5: Die bläschenartig gedachte Muskelfaser wird
mathematisch als Rhombus behandelt. Die Aufblähung der Bläschen bei der Kontraktion wirkt wie die Zugkräfte
bei F und G. Fig. 6—12: Anwendung dieses Prinzips an zusammengesetzten Muskeln mit hintereinandergeschal-
teten Rauten in Kettenform. (Aus AL. BERG [23].)

VESAL und STENSEN vor ihm, sieht BORELLI das kontraktile Element im Muskelfleisch selbst. Dieses ist aus feinsten Fäserchen aufgebaut, welche die Wand kleinster bläschenartiger Hohlräume bedecken. Diese Räume sind in Ketten von Rhombenform angeordnet (Abb. 12). Wenn sich die Abstände ihrer Diagonalen verringern, verkürzt sich der Muskel. Diese Verkürzung beruht darauf, daß dem Muskel durch den Nerven der „succus nervosus" zufließt. Trifft er mit dem Blute in der Faser zusammen, so entsteht ein chemischer Gärungsprozeß, der ein Aufbrausen und Aufwallen des Blutes und eine Blähung und Verkürzung der Fasern hervorruft. Die alte Lehre, daß die Verkürzung durch den Zufluß von Luft oder spiritus animalis entsteht, ist nach BORELLI falsch. Denn durchschneidet man an einem lebenden Tier unter Wasser einen Muskel, so steigen bei seiner Kontraktion keine Luftblasen auf, was doch auf Grund der genannten Theorie gefordert werden müßte. Die Prinzipien der Muskelwirkung werden dann auch auf die Tätigkeit des *Herzens* angewandt. Das Herz ist ein automatisch tätiges Organ, welches sich dank seiner Muskelnatur (vgl. STENSEN, S. 61) zusammenziehen kann. Bei der Kontraktion blähen sich die Fasern des Herzens auf. Daher wölben sie sich zum Kammerinnern vor, verengen seinen Innenraum und drücken das Blut heraus. Durch den Herzschlag strömt Blut in die *Arterien*. Diese sind elastisch und nehmen unter Dehnung das Blut auf. Dann ziehen sich die Arterien dank ihrer Muskelwände zusammen und drücken das Blut in die Peripherie. Interessant ist der erste Versuch einer Berechnung der *Herzarbeit*. Nach BORELLI vermag der linke Ventrikel einem Gewicht von 3000 Pfund (1 röm. Pfund = 327 g) das Gleichgewicht zu halten. Außerdem setzen die Gefäße dem Blutausstrom einen Widerstand entgegen. Er vergleicht Gewicht und Leistung von M. temporalis und M. masseter mit Gewicht und Leistung des Herzens. Danach beträgt die Herzkraft bei jedem Schlag etwa 135000 Pfund. Erst DANIEL BERNOULLI (1700—1782) macht die erste im Prinzip richtige und in der Größenordnung annähernd zutreffende Berechnung der Herzarbeit aus dem Produkt von Kraft (Blutgewicht) und Weg (Höhe der vom kontrahierten Herzen getragenen Flüssigkeitssäule) (s. O. SPIESS und F. VERZÁR [26]). Immerhin war dieser erste Versuch BORELLIS von großer anregender Wirkung für die Zukunft. Wie wir schon sahen, verwarf BORELLI ein immaterielles Prinzip im Nerven. Durch seine Poren fließt eine Flüssigkeit, der succus nervosus und vermittelt so die Nervenwirkungen. Er wandte auch das Thermometer an, um festzustellen, ob in der linken Herzkammer eine große Hitzeentwicklung stattfindet, und stellt fest, daß die höchste Temperatur des Herzens die Sonnenwärme nicht überschreitet und nicht größer ist als in anderen Eingeweiden des Körpers. Das Ein- und Ausströmen von Luft in die *Lungen* erfolgt rein mechanisch, wie schon LEONARDO gezeigt hatte, durch den Unterdruck, der bei Erweiterung des Thoraxraumes entsteht. Die Bedeutung der Atmung beruht nicht auf einer Abkühlung der im Herzen entstehenden Wärme, auch nicht in einem durch die Luft erzeugten Aufwallen und in der Wärmeentwicklung des Blutes, wie DESCARTES annahm. Vielmehr tritt die Luft durch die Häutchen der Bronchialendigungen — MALPIGHI hatte bereits 1661 den Bau der Lungen aufgeklärt — hindurch und geht ins Blut über. Nach BORELLI unterhalten gewisse Anteile der Luft den Lebensvorgang, denn OTTO VON GUERICKE und ROBERT BOYLE (s. L. L. LANGLEY [*239*]) hatten, wie ihm bekannt war, schon 1660 gezeigt, daß kleine Tiere im Vakuum bei Anwendung der Luftpumpe bald zu Tode kommen. Über die Natur dieses für den Lebensprozeß unentbehrlichen Bestandteiles macht der Physiker BORELLI keine Angaben. Schließlich macht er auch einen Versuch, die *sekretorische* Leistung der Drüsen, z. B. der Nieren, physikalisch zu deuten. Ähnlich wie ein Sieb filtert die Niere die Harnbestandteile heraus, während sie die Blutbestandteile zurückhält.

Alles in allem sind die Fortschritte, die durch BORELLIS Werk in der Deutung der Lebensvorgänge gemacht werden, außerordentlich groß und geradezu bahnbrechend. Sein Vorgehen hat überhaupt in Europa Schule gemacht. Das Prinzip, physikalische Methoden und mechanische Vorgänge zur Erklärung physiologischer Vorgänge heranzuziehen, bedeutet den Einzug einer ganz neuen Arbeitsweise in die Biologie. Das ist BORELLIS großes Verdienst, denn die gleichartigen Versuche LEONARDOS waren, wie vorn erwähnt, in Vergessenheit geraten.

Hier verdient schließlich noch ein anderer Mann Erwähnung, mit dem die Iatrophysik in Italien ihren Höhepunkt und auch ihr Ende erreichte, GIORGIO BAGLIVI (1668—1707). Er war stark von BORELLI beeinflußt, ebenso von MALPIGHI, zu dessen Füßen er in Bologna gesessen hatte. Seit 1692 hatte er die anatomische Professur an der päpstlichen Hochschule in Rom, der „Sapienza", inne (s. E. ATZROTT [*6*], M. SALOMON [*345*]). Der Stolz auf die Fortschritte der Iatrophysiker geht aus folgenden Worten hervor, die der Schrift „Von der Praxis medica", Leipzig 1705, in deutscher Sprache entnommen sind:

„Nachdem die Medici durch Principia Geometrico-Mechanica, wie auch durch Experimenta Physico-Mechanica und Chymica die Structur der Würckungen des menschliches Leibes zu untersuchen angefangen, so haben sie nicht allein unzählige Sachen, so in vorigen Zeiten unbekanndt waren, entdekket, sondern auch erkennet, daß der menschliche Leib den natürlichen Vorrichtungen nach in der That nichts anders sey als ein Begriff der Chymico-Mechanischen Bewegungen, welche jedoch von denen Principiis pure Mathematicis entspringen."

BAGLIVI hat auch eine seltsame Theorie über die Rolle der Dura mater aufgestellt, welche nach ihm, ähnlich wie das Herz, pulsierende Bewegungen ausführt. Die Nervenleitung erfolgt durch eine Art von Oszillation der Teilchen, einen Schwingungsvorgang. Er beobachtete auch die Bewegung des Blutes in den Gekrösegefäßen des Frosches mit einem Vergrößerungsglas und beschreibt die größere Strömungsgeschwindigkeit in der Mitte des Gefäßes. Das dem Körper entnommene Herz schlägt lange fort, selbst „wenn man das Hertz in Stücken zerschneidet, so werden sich auch solche Stücklein zu großer Verwunderung der Anschauenden ordentlich von- und zusammenziehen". BAGLIVIS Zeitgenosse LORENZO BELLINI (1643–1704), ein Schüler BORELLIS, hat auf dem Boden von iatrophysikalischen Vorstellungen eine Theorie der Fieber entwickelt. Außerdem hat er als erster neben EUSTACHIUS bei einem Schnitt durch die Nieren die Nieren- bzw. Harnkanälchen gesehen und in einer Schrift „Exercitatio anatomica de structura et usu renum" (Florenz 1662) beschrieben. Auch im Norden Europas, in England, fand die Iatrophysik bzw. Iatromathematik große Anerkennung. JAMES KEILL (1673–1719) führte nach dem Vorbild BORELLIS genaue Messungen der ausgeatmeten Luft durch. Er schätzte die Zahl der Lungenbläschen auf mehr als $1\frac{1}{2}$ Milliarden und versuchte ihre Oberfläche zu berechnen. Auch JAMES JURIN (1684–1750) hat ähnliche Untersuchungen zur Atmung und weitere zur Optik, ferner eine Berechnung der Herzkraft ausgeführt. Das Prinzip der Iatrophysik, die Anwendung mechanisch-physikalischer Vorstellungen, geht der Physiologie seitdem nicht mehr verloren. STENSEN, WILLIS, MAYOW, LOWER, HOOKE und viele andere haben diesen Weg zur Erklärung von Lebensvorgängen beschritten, doch traten bei ihnen außerdem chemische Überlegungen in größerem Umfange hinzu. Auch spielt sich ihr Leben und ihre Arbeit im nördlichen Europa, vorwiegend in England, ab. Deshalb wollen wir ihre Leistungen in einem gesonderten Abschnitte behandeln.

Doch gehört noch ein Mann an diese Stelle, der, wenn auch räumlich getrennt, am großartigsten und erfolgreichsten Mathematik und Physik auf ein physiologisches Problem übertrug, nämlich JOHANNES KEPLER. Er hat die physiologische Optik, die Lehre vom Sehen, in einzigartiger Weise auf einen exakt naturwissenschaftlichen Boden gestellt. Anknüpfend an ALHAZEN hatten VITELLO und ROGER BACON sowie der Abt MAUROLYCUS (1494–1575) die Optik über ARISTOTELES hinausgeführt. Die Vorstellungen über den Strahlengang bei der Brechung, die Reflexion an Spiegeln, über die Wirkung konvexer und konkaver Gläser und planparalleler Platten waren beträchtlich weitergekommen. Ein weiterer bedeutender Optiker vor KEPLER ist GIAMBATTISTA DELLA PORTA (1538–1615). In seiner „Magia naturalis" bespricht er neben der schon bekannten Camera obscura Gesetze der Spiegelung (Hohlspiegel), die Wirkung kombinierter Linsen und auch den Vorgang des Sehens. Doch gelangte er darin nicht sonderlich über seine Vorgänger hinaus. Hier wesentlich Neues erkannt zu haben, ist das unbestreitbare Verdienst von KEPLER (vgl. M. v. ROHR [333], F. PLEHN [317], H. SCHIMANK [349]).

In dem ehemals reichsfreien Städtchen Weilderstadt in Württemberg kam JOHANNES KEPLER (Abb. 13) im Jahre 1571 zur Welt. Später in Prag entstanden die beiden großen optischen Werke „Paralipomena in Vitellionem seu Astronomia pars optica" (Frankfurt 1604) und die „Dioptrice" 1610 (s. F. PLEHN [*222*]). Beide Werke begründen in einer bis heute durchgängig gültigen Weise u. a. die Lehre vom Sehvorgang. Darin beschreibt KEPLER erstmalig die Pupillenverengerung bei Akkommodation (Konvergenzreaktion). Er berichtigt die alten Angaben über die Größe des Gesichtswinkels. Im fünften Buch der Paralipomena beschreibt er dann trotz sehr unvollkommener Kenntnisse der Anatomie des Auges als erster richtig den Durchgang der Strahlen durch die Linse und ihre Wiedervereinigung auf der Netzhaut. Er erklärt also erstmalig die *Netzhaut* als eigentliches Organ des Sehens. Hier entsteht ein Bild, welches Punkt für Punkt den Gegenstandspunkten entspricht. Es entsteht ein *umgekehrtes Netzhautbild*. Er erklärt weiter richtig die Wirkung der *Brillen* bei Kurzsichtigkeit und Alterssichtigkeit. Ferner wird die Korrektur des Strahlenganges durch die Linsen zutreffend dargestellt. Er weiß, daß das Bild unscharf bleibt, solange die Strahlen nicht auf der Netzhaut zur Vereinigung kommen.

Seine Entdeckungen auf dem Gebiete des Sehens hat KEPLER 1604 in einer bezeichnenden Weise im 4. Abschnitt dargestellt, was ich hier mit seinen Worten wiedergeben möchte (nach M. v. ROHR [*333*]). „Wenn Du, erfindungsreicher Porta, das auch Deiner Darstellung hinzugefügt hättest, das Gemälde an der krystallenen Feuchtigkeit (Linse) sei noch sehr undeutlich, und das Sehen käme nicht durch eine Verbindung des Lichtes mit der krystallenen Feuchtigkeit, sondern durch ein weiteres Vordringen zur Netzhaut zustande und durch ein solch weiteres Vordringen trennten sich die von verschiedenen Punkten ausgehenden Strahlen mehr und mehr, während die von dem gleichen Punkt herrührenden gerade mehr zusammenträten, und in der Netzhaut selbst sei der Ort, wo sich die Sammlung in einem Punkte vollzöge, die die Gewähr eines deutlichen Gemäldes gäbe, und durch jene Überkreuzung käme eine Umkehrung des Bildes zustande, durch diese Sammlung also seine vollendete Deutlichkeit: Wenn Du das, sage ich, Deinen Erklärungen hinzugefügt hättest, dann hättest Du den Sehvorgang völlig erklärt."

KEPLER hat in seinem Leben viel Schweres durchgemacht. Nur dank seines großen Einflusses gelang es ihm, die Verbrennung seiner als Hexe angeklagten Mutter zu verhindern. Im Jahre 1630 ist KEPLER auf einer Reise in Regensburg gestorben. Er mußte als Protestant außerhalb der Ringmauern vor der Stadt begraben werden. — Wenige Jahre nach der Dioptrice erschien die Schrift „Oculus" (1619) des Jesuitenpaters CHRISTOPH SCHEINER (1575 bis 1650), in welcher dieser erstmalig beschreibt, daß er das umgekehrte scharfe Bild auf der Netzhaut des enukleïerten Tier- und Menschenauges beobachtet habe: Eine schöne Bestätigung der KEPLERschen Lehren. SCHEINER kommt ferner das Verdienst zu, die Anatomie des Auges bereichert zu haben. Er beschrieb den seitlichen Abgang des Sehnerven vom Bulbus. Eine andere Beobachtung ist unter dem Namen des „SCHEINERschen Versuches" heute allen Studenten geläufig. Sein Versuch, den er 1615 in Innsbruck angestellt hat,

Abb. 13. JOHANNES KEPLER (1571—1630).
(Aus M. V. ROHR [*333*])

beweist, daß die Brechungsverhältnisse im Auge bei der Einstellung auf Nahsehen und Fernsehen verschieden sind. Blickt man durch 2 feine Öffnungen eines Blattes, welches man nahe vors Auge hält und welche einen kleineren Abstand haben, als der Pupillendurchmesser beträgt, auf 2 hintereinanderstehende Nadeln, so sieht man bei Betrachtung der vorderen Nadel die hintere doppelt und umgekehrt. Auch die Konvergenzreaktion wird erneut beschrieben.

3. Die Anwendung chemischer Prinzipien auf physiologische Probleme durch die Iatrochemiker.

Die Entwicklung der Chemie läßt zu Beginn des 16. Jahrhunderts ein Überwiegen des Praktisch-Technischen gegenüber dem Wissenschaftlich-Gesetzmäßigen und Allgemeingültigen erkennen, wenigstens soweit es sich um die chemischen Methoden handelt. Andererseits ist das ganze Mittelalter, fußend auf uralten Überlieferungen aus der ägyptischen Priesterweisheit, erfüllt von einem leidenschaftlichen denkerischen Bemühen, die Natur der Stoffe, ihre Verschiedenheit und Verwandlung theoretisch zu erklären. Wir bezeichnen diese mittelalterliche Vorstufe der Chemie als die *Alchemie* (G. LOCKEMANN [*244a*]).

Sie ist mehr Naturphilosophie als Chemie im heutigen Sinne und hat gerade die größten Geister des Mittelalters, einen ALBERTUS MAGNUS, ROGER BACON, ARNALD VON VILLANOVA u. a., aufs tiefste bewegt. In der Alchemie handelt es sich vornehmlich um das Problem der Metalle, um ihre Entstehung, ihre Zusammensetzung, ihre Umwandlung und ihre Kräfte. Als Kernfrage tritt das Problem der Transmutation, der Metallumwandlung und damit der Goldmacherkunst in den Vordergrund (vgl. P. WALDEN [*416*], G. GOLDSCHMIDT [*153, 154*]). Der astrologische Einschlag der Alchemie soll auf die arabische Sekte der Ismailija in Mesopotamien zurückgehen, welches in seiner Religion die Anbetung der Gestirne pflegte. Als Stifter ihrer Religion feierten sie den HERMES TRISMEGISTOS, nach dem die alchemistischen Schriften vielfach „hermetische" Schriften heißen. Aus dieser Überlieferung stammt auch die alchemistische Idee, daß die Metalle Planetenseelen besitzen, zu denen wiederum bestimmte Tierkreiszeichen gehören. Die Metalle und ihre Verbindungen erhielten daher astrologische Symbole. So verwendete man das Zeichen der Sonne für das Gold, des Mondes für das Silber, des Mars für das Eisen und des Merkurs für das Quecksilber. Die chemischen Prozesse werden symbolisiert als „chymische Hochzeit", als großes oder kleines „Magisterium" usw. Es ist eine geheimnisvolle Kunst. Besonders stark war zweifellos der Einfluß der arabischen Überlieferung. Die chemischen Kenntnisse des 12./13. Jahrhunderts kennen wir besonders durch die Schriften unter dem Namen des GEBER (= Dschâbir). Das spätere Mittelalter hat diesen Erfahrungen noch manches hinzugefügt. Der Alkohol, Mineralsäuren, Salpeter, Schwefel, Quecksilber, Arsenik, Verbindungen von Quecksilber mit Gold, Silber, Blei, Zinn, Kupfer usw. sind bekannt. Das Destillieren, Sublimieren, Präzipitieren, Ausschmelzen sind vielgeübte Praktiken. Schon früh wurden alchemische Mittel auch zur Behandlung der Kranken empfohlen. ARNALD wendet das „aurum potabile" zur Verjüngung der menschlichen Natur an, er rühmt die Heilwirkung des Quecksilbers (s. P. DIEPGEN [*96*]). Bei BASILIUS VALENTINUS (Pseudonym), der um die Mitte des 15. Jahrhunderts gelebt haben soll, tritt die Bemühung, chemische Mittel, z. B. Antimon, für die Medizin nutzbar zu machen, ganz besonders in den Vordergrund. Bei ihm mengen sich besonders stark schwärmende Phantasterei und magisches Denken mit nüchterner Beobachtung. Er stellte zuerst Quecksilbersalpeter und Bleizucker dar und lehrte Salzsäure aus Vitriol und Kochsalz gewinnen. Nach ihm repräsentiert der Schwefel (sulphur) das Prinzip der Aktivität (brennbar), das Quecksilber (mercurius) die Passivität (flüchtig), während das nicht brennbare Salz als ein Zustand zwischen beiden erscheint. Schwefel, Quecksilber und Salz erscheinen als Symbole wesentlicher Eigenschaften der Stoffe. Im 16. Jahrhundert vertieft PARACELSUS, von dem wir noch näheres hören werden, aufs neue die Beziehungen zwischen Medizin und Alchemie. Er findet neue Heilmittel und Techniken zur Herstellung wirksamer Arzneien und führt die Essenzen, Tinkturen und Extrakte in die Heilkunde ein.

Die Alchemie geht im 17. Jahrhundert ihrem Ende entgegen, nicht zum wenigsten durch ihre unheilvolle Vermengung mit Astrologie, Geisterbeschwörung, Quacksalberei und dem oft gutgläubigen und unwissenden, oft aber bewußten Schwindel mit der Goldmacherkunst. Im 17. Jahrhundert entstehen dann aus

Abb. 14. THEOPHRASTUS VON HOHENHEIM, genannt PARACELSUS (1493—1541).

der Alchemie die Anfänge unserer heutigen Chemie als einer Naturwissenschaft. Erst bei PARACELSUS werden in nennenswertem Umfang alchemisch-chemische Vorstellungen zur Erklärung von Lebensvorgängen herangezogen, zunächst noch tastend in den Begriffen und dunkel in der Sprache. Gerade durch dieses verdunkelnde Beiwerk von neuplatonisch-magischen Gedanken hat PARACELSUS bis zu seiner Rehabilitierung in der allerneuesten Zeit (besonders durch KARL SUDHOFF [306]) mehr als Scharlatan denn als großer Arzt und Denker gegolten. Zwar sind die Nachwirkungen seiner Ideen bei dem großen Arzt und Barockdenker VAN HELMONT und auch bei anderen chemischen Schriftstellern jener Zeit deutlich zu spüren, doch findet sich sein Name späterhin fast nur noch in den Schriften der okkulten Magier, Zauberer und Schwarzkünstler, die den Stein der Weisen herzustellen, den „Homunculus" in der Retorte zu erzeugen und mit Hilfe der schwarzen und weißen Magie ebenso die Krankheit zu bannen wie den Teufel und die Dämonen zu beschwören suchten.

THEOPHRASTUS PARACELSUS (Abb. 14) aus dem schwäbischen Adelsgeschlechte der BOMBASTE VON HOHENHEIM wurde 1493, kurz nach der Entdeckung Amerikas, in Einsiedeln in der Schweiz geboren. Er starb im Jahre 1541, zwei Jahre vor dem Erscheinen von VESALS umstürzendem anatomischem Werk im Alter von 48 Jahren in Salzburg. In vielen Jahren ruheloser Wanderung reiften große Werke heran, z. B. 1530 das „Paragranum", 1536 die „große Wundarznei", 1538 die „Defensiones" und der „Labyrinthus medicorum" (s. FR. STRUNZ [375], FR. GUNDOLF [161]). Die Bedeutung des PARACELSUS für die Physiologie und deren Entwicklung ist nur eine indirekte, indem sein Vorgehen und seine Art, das Lebensgeschehen von der chemischen Seite zu deuten, einen krassen Bruch mit der Vergangenheit bedeutete und der chemischen Interpretation der Verdauung, des Stoffwechsels und dergleichen den Weg bereitet hat. Den Bruch mit der Vergangenheit vollzog er vor allem in der Abkehr von der klassischen Elementen- und Säftelehre. Die Grundprinzipien der Körper sind nicht die vier Elemente der Alten, sondern die drei Substanzen Sulphur, Mercurius und Sal. Sie sind symbolhafte Bezeichnungen für das Brennbare (Sulphur), für das im Rauch Abziehende, Sublimierende (Mercurius) und für den Aschenrückstand (Sal). Die verschiedene Mischung dieser Grundbestandteile bedingt die Eigenart der Körper

in der toten und lebenden Natur.
Die Ordnung der Kräfte und Vorgänge im Lebendigen bewirkt der
,,archeus", der Alchemist des Leibes.
Dieser ist zwar an das Substrat gebunden, entfaltet aber seine Wirksamkeit als eine über der Materie
stehende Kraft. ,,Sich sol niemand
hierin verwundern, daß ich in den
microcosmum ein schmelzhütten sez,
darzu ein schmelzer darin, der
archeus heißet." Was der Archeus
macht, ahme der Arzt nach. PARA-
CELSUS empfiehlt daher die Anwendung von Quecksilber, Blei, Kupfer,
Gold, Schwefel, Silber, Antimon und
anderen Metallen. Man findet auch
bei PARACELSUS manche Vorahnung
von physiologischen Zusammenhängen, welche erst die spätere Forschung bestätigt hat. So verwirft er
schon vor BORELLI die Lehre der
Alten von dem Sitz der Wärme im
Herzen, vielmehr ist in jedem Teil
des Körpers ein ,,Ignis digestionis",
welches Wärme entstehen läßt —
eine Ahnung des ,,Stoffwechselge-
schehens" in der lebendigen Substanz. So steht PARACELSUS — der
Arzt zwischen den Zeiten — (P. DIEP-

Abb. 15. JOHANNES BAPTISTA VAN HELMONT (1577—1644).
(Aus W. PAGEL [304])

GEN [97]) am Beginn der Neuzeit, mit der einen Seite seines Wissens tief ver-
wurzelt im Mittelalter, im Neuplatonismus und in der magischen Sphäre der
Alchemie, mit der anderen Seite ganz aufgeschlossen gegenüber den empirischen
Kräften und Erscheinungen der Natur, die er mühsam in Worte und Begriffe zu
fassen versucht. Sein Widerspruch gegen alles historisch Gewordene, sein Protest
gegen die Überlieferung ohne kritisches Abwägen von wertvollen und wertlosen
Lehren und schließlich seine Vernachlässigung des Anatomischen bei der Aufstellung einer Lebenslehre und Theorie der Medizin, alles das hat die Wirkung
seiner neuen Ideen auf die Fortentwicklung der Physiologie und Medizin weitgehend vereitelt. Mit der Verbindung von Chemie und Medizin erzielte etwa
100 Jahre später auch der berühmte DANIEL SENNERT (1572—1637), Chemiker
und Antiparacelsist, wieder bedeutende Erfolge. JOHANN RUDOLF GLAUBER
(1604—1670) entdeckte das Glaubersalz, ADRIAN VAN MYNSICHT den Brechwein-
stein. Die umstehende Tabelle möge einige Fortschritte und Entdeckungen der
chemischen Theorie und Technik in Kürze darstellen und zeigen, daß der eingeschlagene Weg allmählich zu immer neuen Stoffen und zu immer besser begründeten Vorstellungen von der Natur der ,,Elemente", der Verbindungen und der
Natur chemischer Umwandlungen führte.

Als der eigentliche Begründer der Iatrochemie gilt JOHANN BAPTISTA VAN HELMONT
(Abb. 15). Ähnlich wie PARACELSUS, in dem er seinen geistigen Vorläufer erblickte,
wendet er sich nicht einzelnen Fragen zu, sondern er entwirft ein umfassendes
System von Natur, Mensch, Gesundheit und Krankheit, wobei wiederum chemi-

Tabelle 3. *Wichtige Fortschritte der Chemie vom 16. bis 18. Jahrhundert.*

Um 1500 sind u. a. bekannt: Gold, Silber, Kupfer, Blei, Zinn, Eisen, Quecksilber, Weingeist, Essig, Kalisalpeter, Weinstein, Salpetersäure, Königswasser usw.

GEORG AGRICOLA (1494—1555)	gewinnt Antimon und Wismut.
THEOPHRASTUS VON HOHENHEIM, PARACELSUS (1493—1541)	Begründung der theoretischen Chemie. Suche nach den wirksamen Bestandteilen. Gewinnung von Zink, Kobalt, Arsen. Lehre von den 3 Elementen: Sulphur, Mercurius, Sal. Begründer der Iatrochemie.
JOH. RUD. GLAUBER (1604—1670)	Trockene Destillation von Holz und Steinkohle; bedeutender technischer Chemiker. Darstellung der Mineralsäuren, des Glaubersalzes.
ANDR. LIBAVIUS (etwa 1550—1616)	Erstes chemisches Handbuch 1597.
DANIEL SENNERT (1572—1637)	Antiparacelsist. Hinweis auf chemische Erfahrung. Erster chemischer Universitätsunterricht.
JOH. JOACHIM BECHER (1635—1682)	Paracelsist. Bedeutender chemischer Techniker. Erster Begründer der Phlogistontheorie.
JOACHIM JUNGIUS (1587—1657)	Definition des Elements in der Chemie. Verwirft die 3-Stofflehre des Paracelsus. Bahnbrecher der wissenschaftlichen Chemie.
ROBERT BOYLE (1627—1691)	Experimentelle Methode in der Chemie, klare Definition des Elementbegriffs (1661). Dichtebestimmungen, Untersuchungen über die Gase bei verschiedenen Drucken (1662).
GEORG ERNST STAHL (1660—1734)	Begründer der Phlogistonlehre (1702). Begriff des Fermentes als beförderndes Agens.
JOSEPH PRIESTLEY (1733—1804)	entdeckt den Sauerstoff (1774), isoliert HCl, NH_4, SO_2 u. a.
CARL WILH. SCHEELE (1742—1786)	entdeckt zuerst den O_2 (1771), stellt viele neue Stoffe dar (Chlor, Benzoesäure, Harnsäure, Milchsäure, Weinsäure, Glyzerin usw.)
DANIEL RUTHERFORD (1749—1819)	entdeckt den Stickstoff (1772).
HENNING BRAND (um 1674)	stellte den Phosphor aus dem Harn dar.
HENRY CAVENDISH (1731—1810)	entdeckt den Wasserstoff (1766); erste Luftanalyse (1783); Zusammensetzung des Wassers (1781).
JOSEPH BLACK (1728—1799)	entdeckt die Kohlensäure als besonderes Gas (1755).
CARL FRIEDRICH WENZEL (1740—1793)	Lehre von der chemischen Verwandtschaft; quantitatives Verhältnis der Stoffe bei ihrer Verbindung; Begriff des chemischen Individuums; Darstellung von „Mittelsalzen" = Neutralsalzen.
JEREM. BENJ. RICHTER (1762—1807)	Untersuchungen über die Verbindungsgewichte. Begründung der Stöchiometrie (1792).
ANTOINE LAURENT LAVOISIER (1743—1794)	Richtige Theorie der Oxydation und Verbrennung (1777). Untersuchungen über spezifische Wärme (1783) und Verbrennungswärme (1781).

sche Vorgänge ganz im Vordergrund stehen. In HELMONT offenbart sich die ganze Zwiespältigkeit des Barock. Ein offener nüchterner Blick für die Natur paart sich mit einem tiefen Drang zur spiritualistisch-mystischen Spekulation (vgl. W. PAGEL [*304*], FR. STRUNZ [*377*], H. REDGROVE [*325*]). Seine wichtigste chemische Entdeckung ist die klare Trennung von „Gas" und Wasserdampf, ferner die Identifizierung der Kohlensäure, des „gas sylvestre", welches ebenso bei der Behandlung von Pottasche mit Säuren wie aus brennender Kohle als auch bei der Weingärung entsteht. Er benutzt die Waage im chemischen Experiment, lehrt das Fortbestehen der Stoffe in der chemischen Verbindung. Er empfiehlt die Bestimmung des spezifischen Gewichtes des Harnes und vieles andere mehr.

Jedes Organ hat seinen Archeus, also ein dynamisches Prinzip, welches seine stofflichen Vorgänge steuert. Sie beherrscht der „Archeus influus". Er regelt die Gesamtheit der Vorgänge. Seine chemischen Auffassungen lassen VAN HELMONT den Verdauungsprozeß als einen Vorgang chemischer Zerlegung deuten. Und zwar wirken hier wie im ganzen Körper feinste gasartig gedachte Stoffe, die VAN HELMONT als „Fermentum" bezeichnet. Die von ihnen angeregten Vorgänge sind Gärungsprozesse. Sechs solcher Gärungsvorgänge bewirken den Vorgang der Verdauung im Magen und Darm. Eine erste Gärung erfolgt im Magen durch die dort wirksame Säure und ein Fermentum, eine zweite erfolgt im Zwölffingerdarm, wo das Alkali den sauren Speisebrei neutralisiert, dazu tritt hier das Ferment der Galle. Die Leber verwandelt dann durch 2 Fermente den Chylus in Blut. Ein weiterer Prozeß verwandelt Blut in Galle. Im Gehirn entsteht aus dem Blut der Archeus. Schließlich bildet sich durch einen letzten Prozeß in allen Teilen des Körpers das „lebendige Fleisch". Nicht die Wärme verdaut die Speisen und bedingt ihre Zersetzung und Gärung wie bei GALEN und noch fast allen späteren Ärzten, sondern die Körperwärme ist ein Produkt der Gärungsvorgänge. Die alte eingepflanzte Wärme der Hippokratiker und Galenisten wird abgeschafft. Puls und Atmung dienen zur Verbreitung der Wärme im Körper und nicht zur Abkühlung. Es geht auch kein Ruß aus dem Herzen in die Lungen, aber es tritt auch keine Luft in der Lunge in das Blut hinein. Hier entweicht lediglich Wasserdampf. So hat VAN HELMONT die Zweifel in die vorherrschende antike Physiologie vertieft und manche neue Idee in die Physiologie gebracht.

Der vielleicht bedeutendste Kopf der Iatrochemiker war **FRANZ DE LA BOË** (FRANCISCUS SYLVIUS, Abb. 16). Er wurde 1614 in Hanau als Kind einer vertriebenen Hugenottenfamilie geboren, studierte und promovierte in Basel, wirkte in Hanau, Paris und später in Leyden (seit 1658) als vielgesuchter Arzt und Lehrer der Medizin. Er starb im Jahre 1672 am Fleckfieber. SYLVIUS war weltanschaulich ein ausgesprochener Mechanist, bedeutend als Anatom (Fossa Sylvii), Botaniker und Chemiker. Ganz im Gegensatz zu VAN HELMONT, der davon gar keine Notiz nahm, trat er begeistert für die neue Lehre HARVEYs von der Kreisbewegung des Blutes ein. Die *Lebensvorgänge* bestehen nach SYLVIUS in chemischen Umsetzungen, die er Gärung oder Fermentation nennt. Die Nahrung wird im Verdauungsapparat in 3 Stufen fermentativ zerlegt. Sie beginnt schon im Munde.

SYLVIUS erkennt als erster klar die Bedeutung des Speichels für die *Verdauung*. Unter der Einwirkung des „Triumvirats der Flüssigkeiten", d. h. des sauren Speichels, des sauren Pankreassaftes und der alkalischen Galle werden die Speisen zerlegt. Dabei tritt ein Aufbrausen mit Gasentwicklung ein. Im Herzen wirkt das Lebensfeuer, welches durch chemische Vorgänge unterhalten wird. Das *Blut*, welches in die Lunge kommt, wird dort abgekühlt, indem es einen Bestandteil der Luft, das Sal nitrum, aufnimmt. Das abgekühlte Blut gelangt zum linken Ventrikel zurück, wird erneut zur Erwärmung und Aufwallung gebracht und tritt dann in die Arterien ein. Dadurch wird dem Organ Wärme und Nahrung zugeführt. Die Wirkung der *Nerven* erfolgt durch die Spiritus animales, welche durch die hohlen Nerven zu den Organen fließen, Gesundheit ist die richtige Mischung saurer und

Abb. 16. FRANZ DE LA BOE, genannt SYLVIUS (1614—1672). (Aus H. SIGERIST [367])

alkalischer Stoffe. Krankheit ist Störung des Chemismus. Dabei treten saure und alkalische Schärfen auf. Therapeutisch werden saure Schärfen (Acrimoniae) mit alkalischen Mitteln, alkalische mit sauren Medikamenten bekämpft (s. A. G. SPIESS [*372*], A. HOFMANN [*196*]).

Dieser kurze Überblick über die Lehren der bedeutendsten Vertreter der Iatrochemie zeigt uns die Fruchtbarkeit der neuen chemischen Vorstellungen vor allem für die Erklärung der Verdauungsvorgänge. Doch ist richtig Beobachtetes so stark mit spekulativen Verallgemeinerungen durchsetzt, daß ein schwer entwirrbares Geflecht von Empirie und Spekulation entsteht. Immerhin gewöhnt man sich

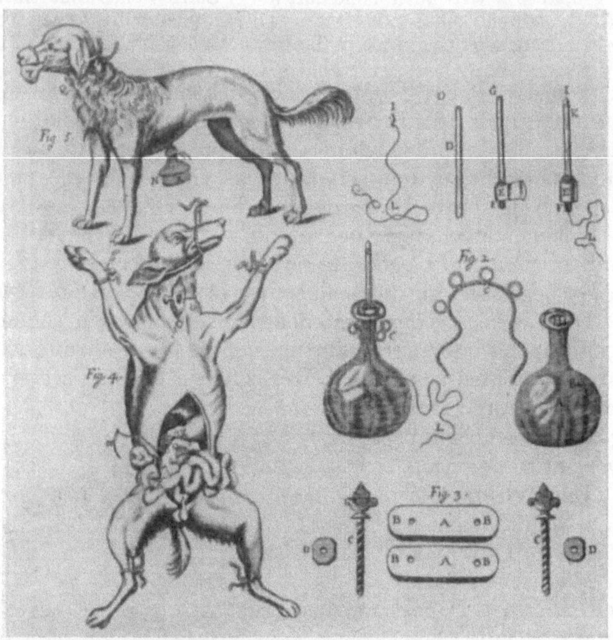

Abb. 17. Methode und Hilfsmittel zum Anlegen einer Pankreasfistel.
Nach REGNIER DE GRAAF. „De succo pancreatico." 1664.

daran, das Vorkommen spezifisch chemischer Vorgänge im Organismus anzuerkennen. Wir werden daher der Idee der Gärung, der Fermentation, der Säuren und Alkalien im Organismus in Zukunft immer wieder begegnen. Der Anregung des SYLVIUS ist es auch wohl zu verdanken, daß sein Schüler REGNIER DE GRAAF (1641—1673) im Jahre 1664 den Pankreassaft entdeckte und erstmalig aus einer künstlichen Pankreasfistel diesen Saft gewinnen konnte (Abb. 17)[1]. Erst 1642 hatte J. G. WIRSUNG, wie oben erwähnt, den Pankreasgang entdeckt. Daß dem Pankreassaft saurer Charakter zugeschrieben wurde, ist verständlich. Denn die Trennung von alkalisch und sauer wurde zu dieser Zeit dadurch vollzogen, daß man entweder den Geschmack prüfte oder untersuchte, ob ein Stoff mit Alkalien, z. B. Pottasche, aufbrause oder nicht. Der stark spekulativen Lehre der Iatrochemiker erwuchs bald eine berechtigte Kritik, besonders durch JOHANNES BOHN (1640—1718), den Prosektor an der Anatomie in Leipzig, in seinen

---

[1] Auf der obigen Abbildung aus GRAAFs Werk vom Jahre 1664 ist auch eine Flasche zum Auffangen von Speichel am Kopfe zu sehen (Fig. 5). Ob GRAAF tatsächlich eine Fistel des Ductus parotideus angelegt hat, ist nicht sicher (vgl. H. R. CATCHPOLE [*79*]).

„Exercitationes physiologicae. XXVI" (1668–1677): Der Pankreassaft braust nach Zusatz von Alkali nicht auf, er ist also nicht sauer. Ebensowenig ist die Galle alkalisch, denn sie braust mit Säuren nicht auf. Die Galle wird entgegen SYLVIUS auch nicht von der Gallenblasenwand, sondern von der Leber abgesondert. Die Existenz eines Nervensaftes wird geleugnet, ja sogar die Säure des Magensaftes wird bestritten. So ist auch die Kritik in Ermangelung richtiger Methoden noch unsicher. JOHANNES BOHN war übrigens einer der bedeutendsten Experimentalphysiologen vor HALLER und neigte mehr der Iatrophysik als der Iatrochemie zu.

4. Die Entdeckung des Blutkreislaufs.

(IBN AN NAFÎS, SERVETO, COLOMBO, CAESALPINUS, HARVEY, DE WALE)

Das 17. Jahrhundert hat die Physiologie um viele große Entdeckungen bereichert. Unter ihnen war zweifellos die wichtigste und folgenschwerste die Aufklärung des Vorganges der Blutbewegung durch WILLIAM HARVEY. Seine neue Theorie interpretierte die Blutbewegung als einen Kreislauf durch Herz und Gefäße und erwies sich als ein Zauberschlüssel zum Verständnis zahlreicher bisher unbegriffener Beobachtungen am Herzen, an den Arterien und Venen. Es ist ein eigentümliches Ding um diese Entdeckung. Sie wäre wohl, so könnte man sagen, schon viele Jahrzehnte vorher möglich gewesen. Denn der Bau der Herzabteilungen, der Herzklappen, der Venenklappen und der großen Gefäßstämme war schon länger grob anatomisch bekannt. Auch war die Gelegenheit, das schlagende Herz an Schlachttieren oder sonstigen Tieren zu beobachten, auch vor HARVEY genützt worden. Der Weg des Blutes durch die Lungen war bekannt. Was zu der „Entdeckung" fehlte, war im wesentlichen der geistig unabhängige und theoretisch konstruktive Kopf, der kühn genug war, die Heerstraßen GALENs zu verlassen und neu zu kombinieren und zu interpretieren. Wie und inwieweit HARVEY ein unangreifbarer Beweis für seine Theorie gelang, das wird im einzelnen zu schildern sein. Seine Entdeckung hat eine lange Vorgeschichte. Über diese Vorgeschichte der Entdeckung des Blutkreislaufes gibt es eine große Zahl von Darstellungen aus älterer und neuerer Zeit. Entsprechend der Knappheit des zur Verfügung stehenden Raumes gebe ich nur eine kurzgefaßte Übersicht über die Entwicklung dieses Problemes und verweise im übrigen auf die Monographien [368, 152].

Aus ihrer relativ guten Kenntnis des Herzens und des Gefäßbaumes hatten die Hippokratiker den Schluß gezogen, daß das in der Leber bereitete Blut durch die Gefäße den Organen zugeleitet wird. Trotz mancher Andeutung, aus der neuerdings von R. KAPFERER [217] und G. STICKER [374] der Schluß gezogen wurde, die Hippokratiker hätten den Kreislauf gekannt, darf diese Auffassung in Übereinstimmung mit H. DILLER [103], L. ASCHOFF [4] und P. DIEPGEN [92, 93, 98] als ein Irrtum bezeichnet werden. Es wäre, ganz abgesehen von der textlichen Interpretation, auch sehr merkwürdig, wenn die gesamte Nachwelt, welche ebenso im Altertum wie später die Hippokratischen Schriften auf das sorgfältigste studierte, diese Stellen fortgesetzt mißverstanden hätte. Doch hat R. KAPFERER aus der Schrift „περὶ ὀστέων φύσιος" neue Stellen als Hinweise auf die Kenntnisse des kleinen und großen Kreislaufs beigebracht, die noch der philologischen Interpretation bedürfen. Auch bei PLATON, dessen physiologische Auffassungen weitgehend mit denen in dem hippokratischen Buche „περὶ καρδίης" übereinstimmen, ist keine Andeutung einer Kreislauflehre zu finden. Es ist auch weder bei ARISTOTELES noch bei den Alexandrinern die Vorstellung von einem Kreisweg des Blutes vorhanden.

Die Vorstellungen GALENs über die Bewegung des Blutes und die Rolle des Herzens wurden vorn (S. 15) ausführlich dargestellt. Danach stammen alle blutführenden Venen von der Leber, alle blut- und luftführenden Arterien vom Herzen. Das in der Leber bereitete Blut strömt in den Venen peripherwärts zu den Organen, wo es verbraucht wird. Ein Teil des Blutes gelangt von der Leber zur rechten Herzkammer, von dort geht es teilweise durch die

Lungenvenen in die Lunge, ein anderer Teil aber durch die Löcher in der Herzscheidewand in die linke Herzkammer. Von dort gelangt es, mit Pneuma vermischt und durch das Feuer erwärmt, in die Aorta, zu einem kleinen Teil auch in die Lungen. Die Arterien kommunizieren durch Anastomosen mit den Venen, wobei die Venen etwas Pneuma, die Arterien etwas Blut erhalten. Diese Lehre Galens hat anderthalb Jahrtausend (fast) unbestrittene Geltung gehabt und findet sich unverändert in der arabischen, scholastischen und Renaissance-Physiologie einschließlich Vesal, mit einer einzigen Ausnahme:

Im Jahre 1924 fand der junge ägyptische Arzt Mohyi el Din el Tatavi einen bisher vergessenen Kommentar des arabischen Arztes Ibn an Nafîs zu dem Canon des Avicenna aus dem 13. Jahrhundert, ferner einen Kommentar zur Anatomie des Avicenna. Darin äußert Ibn an Nafîs unmißverständliche Zweifel an der Blutbewegungslehre des Galen und sagt (nach A. Berg in der Übersetzung von M. Meyerhof [24, 271]):

„Wenn das Blut in dieser (rechten) Kammer verfeinert worden ist, so muß es in die linke Kammer herübergelangen, wo der (Lebens-)Geist entsteht. Nun gibt es aber zwischen ihnen beiden keine Durchtrittsstelle, wie einige gemeint haben, noch eine unsichtbare, welche dem Durchtritt dieses Blutes dienen könne, wie es Galenos geglaubt hat. Denn die Poren des Herzens sind dort solide (undurchlässig) und seine Substanz dick. Daher muß dieses Blut, wenn es verdünnt ist, in der Vena arteriosa (= Art. pulmonalis) zur Lunge gelangen, damit es sich in ihrer Substanz ausbreite und mit der Luft mische, daß das Feinste von ihm geklärt werde und dann in die Arteria venosa (= Vena pulmonalis) fließe, um in die linke der beiden Herzkammern befördert zu werden, nachdem es sich mit der Luft vermischt hat . . .“

Aus dieser Stelle geht klar hervor, daß Ibn an Nafîs den kleinen Kreislauf richtig erkannt hat und sich in einen bewußten Gegensatz zu Avicenna und Galen stellt. Ihm kommt also die Ehre der Entdeckung des Blutdurchflusses durch die Lunge zu. Leider blieb seine neue Erkenntnis auf die arabische, scholastische und spätere Literatur ohne sichtbare Nachwirkung. Nach wie vor wird hier stets die Galensche Blutbewegungslehre unverändert wiedergegeben. Ähnlich wie bei den Hippokratikern hat man sich auch darüber gestritten, ob Leonardo da Vinci eine Kenntnis des kleinen Kreislaufs besessen hat. J. P. Richter [330], Marie Herzfeld [181] und H. Hess [182] bejahen es. M. Roth [340] hält es für unwahrscheinlich, F. Bottazzi [59] und H. Boruttau [56] verneinen es. M. Holl [199–201] gibt zu, daß Leonardo nahe vor der Schwelle dieser Entdeckung war. Doch hat er sie nicht klar überschritten. Manche Stellen, in denen er genau die Arbeitsweise der Klappen schildert, lassen für uns Heutige das Problem nach dem Verbleib des Blutes in der Lunge greifbar deutlich werden. Doch war wohl die Wucht der traditionellen Lehren zu groß (vgl. auch M. Lutz [250]).

Auch dem genialen Andreas Vesalius ist es nicht bestimmt gewesen, auf Grund der mit eigenen Augen beobachteten Undurchgängigkeit der Herzscheidewand auf die tatsächliche Bahn des Blutes durch die Lunge zu schließen. Er bewundert vielmehr (s. S. 32) die Allmacht Gottes, die das Blut durch unsichtbare Wege von der rechten in die linke Kammer führt. Ob diese Äußerung wirklich sarkastisch aufzufassen ist, wie M. Foster [128] meint, ob sich also tieferes Wissen darunter verbirgt, erscheint mir zweifelhaft.

Der Verdienst, den kleinen Kreislauf (wieder) entdeckt zu haben, wurde bislang Miguel Serveto (1511–1553) zugeschrieben.

Dieser Mann (Abb. 18) wurde um 1511 in Villanueva in Aragonien geboren. Ein brennendes Interesse für theologische und wissenschaftliche Fragen führte ihn weit durch Europa. Er studierte u. a. bei Sylvius und Winther von Andernach in Paris Anatomie, vielleicht zusammen mit, wahrscheinlich aber später als Vesalius. Sein bedeutendes ärztliches Ansehen verschaffte ihm eine vorübergehende Stellung als Leibarzt des Erzbischofs von Wien. Aber sein Herz hing mehr an theologischen Problemen, und seine Beschäftigung mit der Anatomie galt mehr dem Ziel, die Größe Gottes in der Schöpfung und im Bau des menschlichen Körpers zu verherrlichen. Seine theologischen Schriften weisen ihn als geistig sehr unabhängigen Denker aus. In dem Buche „De Trinitatis Erroribus" (1531) lehnt er die Lehre von der Dreifaltigkeit ab. In seiner „Restitutio Christianismi" (1553) vertritt er weitere ketzerische Lehren, die ihn mit der Inquisition in Konflikt brachten. Er besaß das Ungeschick, eines der

Buchexemplare an den ihm von früher bekannten CALVIN nach Genf zu schicken. Dieser zeigte ihn bei der Inquisition an. Trotzdem wagte SERVETO eine persönliche Aussprache mit CALVIN, doch dieser ließ ihn festnehmen und in den Kerker werfen. Trotz schwerster Leiden im Kerker hat SERVETO seine theologischen Lehren weder hier noch auf dem Scheiterhaufen widerrufen, auf dem man ihn im Jahre 1553 in Genf zugleich mit fast allen Exemplaren seiner „Restitutio" verbrannte. In den anatomischen Darlegungen dieser Schrift lesen wir folgendes: „Der Durchtritt des Blutes findet jedoch nicht, wie allgemein geglaubt wird, durch die Mittelwand des Herzens statt, sondern das Blut wird auf die bemerkenswerte, kunstvolle Weise auf einem langen Weg durch die Lungen getrieben. Es wird in den Lungen bereitet und nimmt eine hellgelbe Farbe an, und von der arterienähnlichen Vene strömt es in die venenähnliche Arterie." — „Diese Ansicht wird bestätigt durch die bemerkenswerte Größe der arterienähnlichen Vene, welche nicht so groß und kräftig sein würde und die nicht eine solche Menge Blut vom Herzen in die Lungen schicken würde, nur um dieses Organ zu versorgen." In diesen Worten ist klar die Meinung ausgesprochen, daß das Blut seinen Weg nicht durch das Septum, sondern allein durch die Lungen zum linken Herzen nimmt. Allerdings wird diese

Abb. 18. MIGUEL SERVETO, ein Entdecker des kleinen Kreislaufs (1511—1553). (Aus Ciba-Z. 4, 1405, 1937.)

Meinung hier sowohl als auch bei IBN AN NAFÎS rein theoretisch behauptet, ohne daß neue Beweise dazu erbracht werden (s. W. v. BRUNN [68], A. DIDE [90], C. J. HEMMETER [*173*]).

Wenige Jahre nach der „Restitutio" des SERVETO erschien das Buch „De re anatomica" (1559) des REALDO COLOMBO (1516–1559), in welchem wiederum deutlich ausgesprochen wird: „Das Blut wird von der arterienähnlichen Vene zur Lunge geleitet, dort wird es verdünnt und zusammen mit Luft durch die venenähnliche Arterie in die linke Herzkammer zurückgebracht." COLOMBO behauptet als erster diese Feststellung zu machen. Er unterstützt seine Vorstellungen durch den Hinweis auf die Beobachtung, daß das von der Lunge kommende Gefäß bei den Tieren stets mit Blut gefüllt ist, was nicht der Fall sein sollte, wenn darin nur Luft zur linken Kammer geleitet würde. Es ist noch nicht völlig geklärt, wem von beiden Autoren die Priorität der Wiederentdeckung des kleinen Kreislaufs zukommt. Fest steht einerseits, daß SERVETUS schon 1546 ein Manuskript der Restitutio an CALVIN gesandt hat, andererseits hat auch COLOMBO schon zwischen 1545 und 1548 diese Meinung vorgetragen, wie aus der Schrift eines seiner Schüler hervorgeht (vgl. R. H. BAINTON [*10*]). Es ist wahrscheinlich, daß beide Männer die gleiche Idee unabhängig voneinander und fast gleichzeitig gehabt haben, wobei COLOMBO immerhin ein weiteres experimentelles Indizium anführt. Der Schlußstein unter diese Entwicklung wurde erst durch M. MALPIGHI gesetzt, der 1661 die Brücke zwischen Arterien und Venen, nämlich die Lungenkapillaren, im Mikroskop am Frosch beobachtet hat (vgl. S. 66).

Die Schriften COLOMBOS waren weit verbreitet, so daß seine Lehre vom Lungenkreislauf nicht unbekannt bleiben konnte. Trotz dieser wichtigen Entdeckung blieben sowohl COLOMBO wie die späteren Anatomen weiterhin hinsichtlich der Blutbewegung im übrigen Körper bei der Auffassung GALENs, daß das Blut in den Venen peripherwärts ströme. Das ist um so bemerkenswerter, als die Venenklappen, das spätere wichtige Beweisstück in den Händen HARVEYs, schon 1546 von GIAMBATTISTA CANANO (1515–1579) dem VESAL demonstriert wurden. Auch SYLVIUS, der Pariser Anatom, hat sie in einer nachgelassenen Schrift erwähnt (1555). Seit 1564 wird ihre Kenntnis langsam Allgemeingut (s. K. J. FRANKLIN [134]). HIERONYMUS FABRICIUS AB AQUAPENDENTE (etwa 1537–1619), der zugleich mit GALILEI an der Universität Padua lehrte, widmet den Venenklappen eine eigene Schrift „De venarum ostiolis", die 1603 erschien. Doch zieht FABRICIUS aus seinen Beobachtungen keine revolutionären Schlüsse wie HARVEY, sondern meint, daß diese Klappen dazu dienen, in den Venen den Blutstrom zur Peripherie zu verzögern und die Überfüllung der Arme und Beine mit Blut zu verhindern. Der erste, welcher die Anschwellung der Venen auf der distalen Seite einer Ligatur beschrieb, war ANDREAS CAESALPINUS (1519–1603), ein begeisterter Aristoteliker, der in seiner Verteidigungsschrift für ARISTOTELES (Quaestiones peripateticae 1571) auch die Arbeitsweise der Herzklappen wieder gut beschreibt. Trotz verschiedener Auffassungen neigt die Mehrzahl der Historiker heute dazu, daß ANDREAS CAESALPINUS nicht über gewisse Ahnungen hinsichtlich der Blutbewegung im großen Kreislauf hinausgelangt ist.

Der Ruhm, den Kreisweg des Blutes durch Lunge und Körper als erster richtig erfaßt und ihn im vollen Bewußtsein der Tragweite dieser Erkenntnis beschrieben zu haben, gebührt allein WILLIAM HARVEY (1578–1657) mit seiner Schrift „Exercitatio anatomica de motu cordis et sanguinis" aus dem Jahre 1628.

WILLIAM HARVEY (Abb. 19) wurde im April des Jahres 1578 in Folkstone an der Südküste der englischen Insel geboren. Er besuchte seit 1588 die königliche Schule zu Canterbury und dann das Caius-College in Cambridge. Von 1600–1602 studierte er unter FABRICIUS in Padua und kehrte nach der Promotion in seine Heimat zurück, um hier seine ärztliche Tätigkeit in London aufzunehmen. Er wird der Arzt des Lordkanzlers BACON VON VERULAM, nachher (seit 1632) auch Leibarzt des später hingerichteten Königs KARL I., den er auf vielen Kriegsfahrten begleitet hat. Schließlich kehrt er in das Privatleben und zu seinen Studien zurück, als deren letzte bedeutende Frucht er 1651 seine Abhandlung „De generatione animalium" veröffentlicht, auf deren Titelblatt der Spruch zu lesen ist: „Ex ovo omnia." Im Jahre 1657 beschloß er sein Leben zu Rochampton und wurde in der Familiengruft zu Hempstead am 26. Juni beigesetzt (s. A. MALLOCH [252], D. POWERS [321]). Man hat Grund, anzunehmen, daß HARVEY seine neuen Vorstellungen über den Weg des Blutes schon um 1615 entwickelte und am College of physicians seit 1619 vorgetragen hat. Doch erschien sein Werk erst 1628 in Frankfurt im Druck. Sicherlich hat er im Hinblick auf die Blutbewegung viele Anregungen aus Italien mitgebracht, z. B. aus den Schriften von ANDREAS VESALIUS, REALDO COLOMBO, GABRIELE FALLOPPIO und H. FABRICIUS, doch ist die Idee des „Kreislaufs" sein ureigenstes Werk. Er äußert in der „Exercitatio" zunächst seine Bedenken über die bisherigen Vorstellungen über die Blutbewegung (nach der Übersetzung von TÖPLY [168]) und fragt:

Warum sollten wir in der rechten und linken Kammer verschiedene Vorgänge annehmen, obgleich beide ganz gleichartig gebaut sind? Wie kommt es, daß die zur Lunge führende Arterie genau so groß ist wie die Aorta, wenn sie nur der Ernährung der Lunge dienen soll? Warum braucht die Lunge ein eigenes großes Gefäß und einen eigenen Ventrikel, obgleich sie so nahe dem Herzen liegt? Wieso sollen die Mitralklappen den Ruß vom linken Herzen zur Lunge durchlassen, aber nicht den dort entstehenden Spiritus vitales? „Großer Gott! Auf welche

Weise hindern denn die dreizipfligen Klappen (Mitralklappen) den Austritt der Luft und nicht
den des Blutes?" Wie ist es denkbar, daß die Pulmonalvenen gleichzeitig dreierlei Verrichtungen vollziehen können, erstens Luft aus der Lunge zur linken Kammer zu leiten, zweitens
Ruß aus der linken Kammer in die Lunge abzuführen und drittens Blut mit Spiritus in die
Lunge zu bringen? Er habe nie Luft in der venösen Arterie gesehen. Und schließlich, warum
hat die arteriöse Vene (Vena pulmonalis), wenn sie Luft leiten soll, die Beschaffenheit einer
Vene und nicht der Bronchien? Noch weniger zu vertragen ist die Meinung, das Blut schwitze
durch blinde Löcher der Herzscheidewand aus der rechten in die linke Kammer hindurch.
,,Aber zum Teufel, es gibt keine Löcher, noch lassen sich solche nachweisen!"

Abb. 19. WILLIAM HARVEY (1578—1657) erklärt König Karl I. seine Lehre vom Blutkreislauf. Nach einem Gemälde
von R. HANNAH. (Aus Ciba-Z. *4*, 1409, 1937.)

Er beseitigt alle diese Ungereimtheiten, indem er die Ergebnisse sorgfältiger
Untersuchungen an freigelegten tierischen Herzen und an den Blutgefäßen auf
Grund klarer Abwägung gegenüber der alten Deutung zur neuen Theorie des
Blutkreislaufes zusammenfaßt. VESALS Annahme, das Herz weite sich bei der
Kontraktion wie ein Schröpfkopf und sauge Blut an, ist falsch. Bei der Systole
werden nämlich die Kammern hart und werfen ihr Blut aus. Man kann stets
beobachten, daß das Blut aus einer angeschnittenen Arterie gerade während der
Systole des Herzens herausspritzt. Der Puls in den Arterien entsteht, weil das
Blut sie systolisch anfüllt und sie dabei weitet wie Schläuche. Die Herzohren
(Vorhöfe) ziehen sich stets vor den Kammern zusammen und drücken dabei ihr
Blut in die Kammern. Dann wirft bei der Systole der Kammern die linke Kammer
ihr Blut in die Aorta, die rechte in die Lunge. Das Blut fließt ununterbrochen aus
der rechten Kammer durch die Porositäten der Lunge zur linken Kammer und
von dort in die Aorta. Die Herzscheidewand läßt kein Blut durch. Dieses strömt
vielmehr mit den Arterien durch die Organe des Körpers und kehrt durch die
Venen zurück. ,,Es sei gestattet, dies einen Kreislauf zu nennen." Das Schlagvolumen, welches bei HARVEY zum erstenmal geschätzt wird, beträgt ½ Unze
(etwa 15 g) für die linke Kammer. Das Blut, welches dergestalt in die Aorta
getrieben wird, beträgt im Laufe des Tages um ein Vielfaches mehr, als irgendwie

aus der Nahrung und der Leber nachgeliefert werden kann. Das Blut strömt in den Venen herzwärts, was daraus hervorgeht, daß Venen anschwellen, wenn man den Arm zum Aderlaß mäßig abbindet. Bei einer straffen Ligatur schwillt der Arm dagegen nicht an, sondern wird kühl. Die Venenklappen verhindern den Rückstrom des Blutes zur Peripherie, begünstigen aber den Weg zum Herzen. Aus allem muß man den Schluß ziehen: ,,Das Blut bewegt sich bei den Lebewesen in einem Kreise vermöge einer gewissen Kreisbewegung, und es ist in immerwährender Bewegung, und dies ist die Tätigkeit bzw. Betätigung des Herzens, die es mittels seines Pulses zustande bringt, und überhaupt: Die Bewegung und der Schlag des Herzens sind die einzige Ursache.''

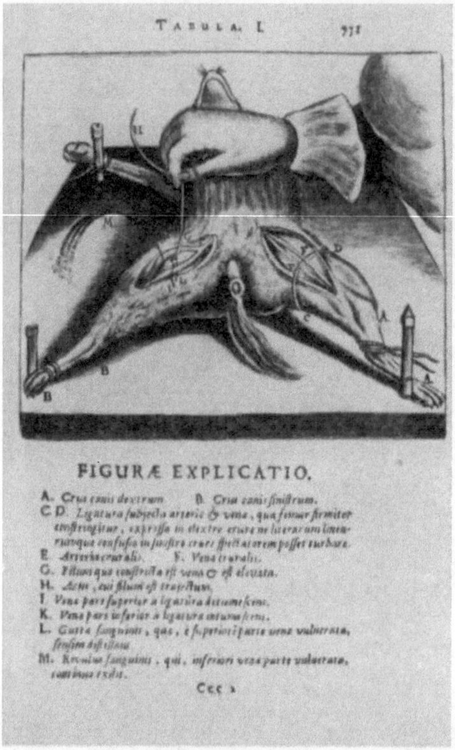

HARVEYs Erkenntnis ist von epochemachender Bedeutung für die weitere Entwicklung des physiologischen Denkens. Sie baut fast ausschließlich auf anatomischen und vivisektorischen Beobachtungen (z. B. Abschnürungen) auf, ohne physikalische und chemische Gesichtspunkte heranzuziehen. Sie ist daher ein klassischer Beweis für die Reichweite der ,,Anatomia animata'' und für den Erfolg einer scharfsinnigen Auswertung anatomischer Untersuchungen für die Erklärung von Organfunktionen.

Die Lehre vom Blutkreislauf wurde bald weithin bekannt; BORELLI, DESCARTES, HELMONT, DE LA BOË-SYLVIUS, die wir schon erwähnten, haben sie gekannt. Doch entspannen sich lebhafte Auseinandersetzungen für und wider diese Lehre. In den Jahren 1648—1651 wurde der wissenschaftliche Streit besonders heftig zwischen HARVEY, JEAN RIOLAN D. JÜNG. aus Paris sowie JAMES PRIMEROSE ausgefochten. Von besonderem Gewicht für die Anerkennung der HARVEYschen Lehren wurden zwei Briefe des JAN DE WALE (1604—1649) an THOMAS BARTHOLIN aus dem Jahre 1640 (vgl. B. GOTTLIEB [157, 158]). Hier werden sehr bedeutsame und überzeugende neue Experimentalbeweise für den Übergang des Blutes aus den Arterien in die Venen beschrieben. Unterbindet man z. B. im Tierversuch die Beinarterie im Kniebereich, entleert man gleichzeitig die freigelegte Schenkelvene zentralwärts und bindet sie schließlich ab, so kann man aus der Arterie das Blut auf die venöse Seite hinüberdrücken. Demnach muß es eine Gefäßverbindung zwischen Arterien und Venen tatsächlich geben. Hebt man ferner eine freigelegte Vene mit einem Faden hoch, so entleert sich das zentrale Ende, und das periphere schwillt an, umgekehrt an der Arterie (Abb. 20). Bei Eröffnung von Arterien sieht man das Blut stets nur bei der Systole des Herzens herausspritzen. Der Pfortaderkreislauf

Abb. 20. Versuche JAN DE WALES aus dem Jahre 1640 zum Beweis der Richtigkeit der HARVEYschen Lehre. (Aus B. J. GOTTLIEB [158]) Hebt man die freigelegte Schenkelvene des Hundes mit einem Faden an, so schwillt der periphere Teil an, der zentrale entleert sich. Bei der Arterie findet man das umgekehrte Verhalten.

wird richtig beschrieben. Bei Eröffnung der linken Kammer am lebenden Tier ist stets nur Blut und nie Spiritus nachzuweisen. Die Blutbewegung erfolgt durch keine anderen Kräfte als durch Sog und Stoß. So hat JAN DE WALE für die Lehre vom Kreislauf wesentliche neue experimentelle Beweise erbracht und wurde damit einer der bedeutendsten Kämpfer für die Anerkennung der HARVEYschen Lehren. Trotzdem kam der Widerstand gegen die Lehre vom Blutkreislauf von seiten der Galenisten noch nicht zum Abschluß, z. B. suchte JAMES PRIMEROSE die Befunde DE WALES zu widerlegen, natürlich ohne bleibenden Erfolg. Vier Jahre nach dem Tode HARVEYS hat M. MALPIGHI durch den anatomischen Nachweis der Kapillargefäße in der Lunge (De pulmonibus epistola II, 1661) einen weiteren wesentlichen Baustein in die Beweiskette HARVEYS eingefügt.

Inzwischen hatten sich auch die Kenntnisse über das *Lymphgefäßsystem* weitgehend vermehrt. Im Jahre 1622 beobachtete GASPARO ASELLI aus Cremona die Lymphgefäße im Mesenterium des Hundes, aber er war der Meinung, daß sie ihren Inhalt der Leber zuführen. Als dann 1649 JEAN PECQUET den Ductus thoracicus und die Cysterna chyli beobachtet und beschrieben hatte (1651) und nachdem OLAF RUDBECKS und THOMAS BARTHOLINS Untersuchungen 1653 erschienen — der letztere beschrieb erstmalig den Ductus thoracicus beim Menschen —, wurde die Verbindung der Lymphbahnen des Darmes mit dem Ductus thoracicus und dem Venensystem und das allgemeine Vorkommen von Lymphgefäßen im ganzen Körper allmählich anerkannt. Wer von den beiden Letztgenannten die Priorität für sich beanspruchen kann, ist nicht zu entscheiden, da beide unabhängig voneinander gleichzeitig ihre Entdeckungen machten. Doch darf man sagen, daß hinsichtlich der anatomischen Verbreitung der Lymphbahnen im Körper RUDBECK mehr geleistet hat, während BARTHOLIN mehr zur Aufklärung der physiologischen Besonderheiten und der Bedeutung des Lymphgefäßsystems beigetragen hat

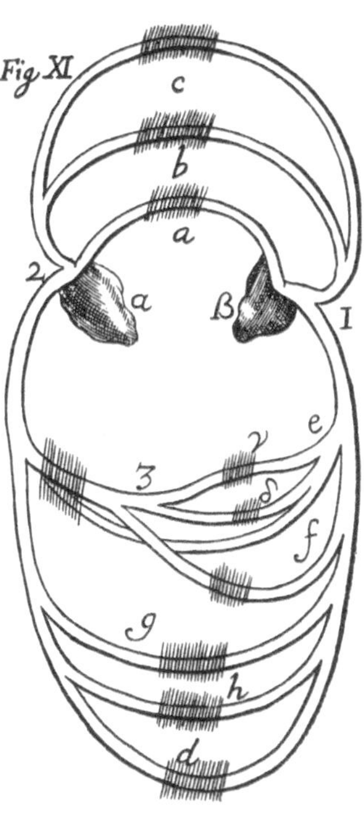

Abb. 21. Kreislaufschema nach CASPAR BARTHOLINUS (1655 — 1738) aus „Diaphragmatis structura nova". (=Bibliotheca anatomica. Genevae 1685.)

(J. F. FULTON [*142*], A. E. NIELSEN [*295*]). Jedenfalls ist um die Mitte des 17. Jahrhunderts über zwei Kernfragen der Flüssigkeitsbewegung im Körper Klarheit geschaffen, über den Kreislauf des Blutes und über die Lymphbewegung (Abb. 21). Wenn wir daran erinnern, daß JOH. KEPLER inzwischen weiter auf dem Gebiete des Sehens ein neues Fundament geschaffen hatte, so wird deutlich, daß auch die Physiologie von dem naturwissenschaftlichen Streben dieses Jahrhunderts eine ganz wesentliche Bereicherung erfuhr.

5. Der weitere Ausbau der Physiologie im 17. Jahrhundert, besonders in England.

Die britische Insel hat im 17. Jahrhundert zur Entwicklung der Physiologie Außerordentliches beigetragen. Durch den Sieg seiner Flotte über Spanien (1588) hatte England die machtpolitische Grundlage zur Entwicklung seines Welthandels und seines Kolonialreiches (Ostindien, Nordamerika) gelegt. Die gesicherte nationale Einheit und der steigende Wohlstand unter der Königin ELISABETH bedingen eine hohe Blüte des geistigen Lebens (WILLIAM SHAKESPEARE). Große Denker und Dichter (THOMAS HOBBES, JOHN MILTON, JONATHAN SWIFT) dieser Zeit zeugen von hoher geistiger Kultur. Die Anatomie und vor allem die Physiologie machen gewaltige Fortschritte, besonders durch die Anwendung physikalischer und chemischer Prinzipien. WILLIAM HARVEY, FRANCIS GLISSON, THOMAS WILLIS, RICHARD LOWER, ROBERT HOOKE, JOHN MAYOW, WILLIAM CROONE, ROBERT BOYLE und andere Namen zeugen von der erfolgreichen Bemühung dieser Zeit, physiologische Fragen durch Experiment und Beobachtung zu lösen. Von diesen Männern, außer von W. HARVEY, soll im folgenden die Rede sein.

Der älteste von ihnen, FRANCIS GLISSON (1597—1677), war zunächst Lektor für Griechisch. Dann wandte er sich der Medizin zu, wurde 1634 Doktor der Medizin und 1636 Regius-Professor für Physik. Im Jahre 1635 wurde er Mitglied des College of physicians und bald darauf Lehrer der Anatomie. GLISSON war ein hervorragender Anatom und Physiker. In seiner Schrift „Anatomia hepatis" (London 1654) wird in vormikroskopischer Zeit — denn GLISSON hat augenscheinlich von Vergrößerungsgläsern keinen nennenswerten Gebrauch gemacht — zum erstenmal ein Drüsenorgan anatomisch sorgfältigst untersucht. (GLISSONsche Kapsel, Gefäßverteilung, Bildung der Galle in der Leber.) Wichtiger für die Physiologie war sein Werk „De ventriculo et intestinis" (London 1677), welches sich besonders mit der Muskelfunktion beschäftigt. GLISSON befaßt sich hierin mit der Frage, ob die Muskelverkürzung entsprechend der Lehre von TH. WILLIS (s. S. 57) als eine Art Explosionsvorgang, also eine Aufblähung durch Entstehung gasförmiger Spiritus aufzufassen sei. Er widerlegt diese Theorie durch ein klassisches Experiment, welches als die erste Volumplethysmometrie bezeichnet werden kann. Der Arm eines muskelstarken Mannes wird in einen wassergefüllten Glasbehälter mit Trichteransatz eingeschlossen. Bei der Muskelkontraktion wird kein Ansteigen, sondern ein geringes Absinken des Wasserstandes in dem Glasansatz beobachtet. Demnach findet keine Volumvermehrung durch Aufblähen der Muskelhohlräume statt. In einer anderen Schrift „Tractatus de natura substantiae energetica seu vita naturae eiusque tribus facultatibus" (London 1672) begründet er in vormikroskopischer Zeit die Gewebelehre. Darin faßt er die Faser als das vitale Element des Körpers auf (vgl. A. BERG [23]). Diese besitzt eine constitutio organica, an welche äußere Einflüsse (constitutio influxa) herantreten. Diese Einflüsse sind vitale, durch den Spiritus vitalis bedingte, und animale, durch die Seele hervorgerufene Wirkungen. Er erkennt der elastisch gedachten Faser lange vor HALLER Irritabilität zu, d. h. die Fähigkeit, auf Reize durch Kontraktion zu reagieren, und zwar unabhängig vom Nervensystem und von seelischen Faktoren. Deshalb kontrahiert sich das Herz dank seiner Irritabilität auf den Reiz des durchströmenden Blutes unabhängig vom Nervensystem (= heutige Automatie). Ähnliches gilt für die Darmbewegungen. Nur der Skelettmuskel reagiert auf Reize von seiten des Nervensystems. Aber auch alle anderen Bestandteile des Körpers, Parenchyme, Knochen, Blut usw., haben Reizbarkeit, eine Eigenschaft, die wir heute als Reaktionsfähigkeit bezeichnen würden. GLISSONS Lehre von der Irritabilität war allerdings rein theoretisch begründet und nicht, wie später bei HALLER, experimentell unterbaut. Sie hat auch für die Weiterentwicklung der Physiologie relativ wenig Bedeutung gewonnen.

Ähnliche Probleme, besonders die Frage nach dem Wesen der Muskelkontraktion, haben auch GLISSONS Zeitgenossen THOMAS WILLIS (1621—1675) (Abb. 22) beschäftigt. Dieser wurde am 27. Januar 1621 in Great Bedwyn in Wiltshire geboren und in Oxford erzogen. In seinen jüngeren Jahren interessierte ihn sehr die Physik, besonders die philosophische Mechanik des DESCARTES, ebenso wurde er stark von FRANCISCUS SYLVIUS, dem Iatrochemiker, beeinflußt und angeregt. Seine hervorragenden Kenntnisse auf dem Gebiete der Gehirnanatomie und Neurologie beweist sein Buch „Cerebri anatome", London 1664 (Circulus Willisii, Nervus recurrens)[1]. Doch ist diese Schrift, wie auch sein späteres Werk „De motu musculari", London 1670, von sehr viel Spekulation und Hypothesen durchsetzt. In Anlehnung an CARTESIUS betrachtet er den Organismus als Maschine. Er übernimmt die Vorstellung von den Funktionen des Spiritus animalis, gibt ihnen aber eine physikalische Interpretation. Er unterscheidet einen flammenartigen Spiritus mit dem Sitz im kreisenden Blute und einen licht-

Abb. 22. THOMAS WILLIS (1621—1675). (Aus dem Archiv der Ciba-Z.)

artigen Spiritus im Nervensystem. Alle unwillkürlichen Funktionen werden mit diesen beiden Arten Spiritus ausgeführt. Die Flamme bedingt die Wärme des Blutes. Ort der tierischen Wärme ist also nicht das Herz, vielmehr erhält es seine Wärme vom Blut. Aus der Nahrung entstehen die Bestandteile des Blutes, spiritus, sulphur, aqua, sal, terra, und zwar durch Fermentation. Durch sie entsteht der Chylus im Magen, das Blut im Herzen, der Spiritus animalis im Gehirn. Die Nerven sind nicht hohl, wie DESCARTES annimmt, vielmehr strömen die Spiritus an den festen Fasern wie an den gespannten Saiten einer Geige entlang, denn Nerven gleichen gespannten Bändern zwischen Gehirn und Peripherie. WILLIS hat auch eine sehr hypothetische Lehre von der Lokalisation der Grundvermögen der Seele und des Organismus im Gehirn aufgestellt, welche lange nachgewirkt hat. WILLIS bezeichnet das Corpus striatum als Organ der Perzeption. Durch Spiegelung dieser Empfindungen auf dem Corpus callosum entstehen die Vorstellungen (Imagination). Die Hirnwindungen sind der Ort des Gedächtnisses (Memoria). Das Cerebellum, zu dem WILLIS auch die Pons rechnet, ist das übergeordnete Organ für die Eingeweidebewegungen, also z. B. für Herzschlag, Atmung, Magen-Darm-Bewegung. Der Vagus, der erstmalig genau dargestellt wird, ist eine nervöse Bahn, die vom Kleinhirn kommt (vgl. M. NEUBURGER [291]). Die Kette der Sympathikus-Ganglien wird ebenfalls beschrieben. Die Oliva ist das Organ der Sprache. Im Zusammenhang mit seinen iatrochemischen Vorstellungen entwickelt WILLIS auch eine sehr hypothetische Theorie der Muskelkontraktion (vgl. J. F. FULTON [140]). Die Spiritus animales strömen vom Gehirn aus zu den Muskeln durch die Nerven und treten von jeder Sehne her in den Muskel ein. Im Muskel selbst treffen diese Spiritus auf sulphuröse oder nitröse Partikel des Blutes, dadurch erfolgt eine Art von Explosion, wodurch die hohlgedachte Muskelfaser aufgebläht und verkürzt wird. Bindet man die Sehnen vom Muskelbauch ab, so kann sich der Muskel nicht mehr kontrahieren. Den Irrtum des WILLIS hinsichtlich seiner Aufblähungstheorie hat, wie schon erwähnt, nicht viel später GLISSON widerlegt. Das Urteil der Geschichte über das Werk und die Persönlichkeit von WILLIS ist wenig einheitlich, vor allem

---

[1] Vgl. die Würdigung von WILLIS durch R. S. Dow [108].

wegen der Mischung von spekulativen Vorstellungen mit empirischen Elementen. Unbestritten ist die Tatsache, daß ihm auf klinischem Gebiete die Abgrenzung von einigen neuen Krankheiten gelungen ist. Er hat ferner zu dem Gebiete der deskriptiven Anatomie, besonders zur vergleichenden Neurologie und zur Anatomie des Nervensystems wertvolle Bereicherungen beigetragen (Lungenläppchen, Lymphbahnen der Lunge, Blutversorgung des Gehirnes, 9 Hirnnerven, Hirnhäute, N. phrenicus, N. sympathicus).

Von ganz anderer Art ist die sorgsame Arbeits- und Denkweise seines Mitarbeiters und Assistenten RICHARD LOWER (1631–1691) (Abb. 23). Er wurde 1631 in Cornwall geboren, studierte in London und Oxford und arbeitete bis 1666 in Oxford bei WILLIS (s. E. C. u. PH. M. HOFF [*190*]). Der Einfluß der HARVEYschen Kreislauflehre geht aus den ersten aufsehenerregenden Untersuchungen LOWERs über eine Bluttransfusion von Lamm zu Lamm hervor (1665). Sie waren allerdings nicht die ersten Versuche dieser Art (FRANCIS POTTER 1652). Auch BOYLE berichtet in seinen „Considerations touching the usefullness of experimental naturel philosophy" (1663) über ähnliche Versuche. Auch beschreibt er hier den ersten Versuch einer intravenösen Injektion, den der große englische Baumeister, Astronom und Chemiker Sir CHRISTOPHER WREN (1632–1723) im Jahre 1656 demonstrierte, wobei einem Hunde mit einem Federkiel aus einer Schweinsblase warme Opiumlösung injiziert wurde. LOWER machte später, ähnlich wie zuvor JEAN DENIS in Paris, auch den Versuch mit einer Blutübertragung von einem Lamm auf den Menschen (1667). Sehr bedeutsame Feststellungen enthält LOWERs „Tractatus de corde", 1669 (s. dazu K. J. FRANKLIN [*135*, *136*], und

Abb. 23. RICHARD LOWER (1631—1691) im Alter von 55 Jahren aus einem seltenen, in Privatbesitz befindlichen Stich. (Aus Ciba-Z. *4*, 1415, 1937.)

die Bibliographie von J. F. FULTON [*143*]). Nach der Beschreibung der Faseranordnung in der Herzmuskulatur und des Verlaufes der Herznerven behauptet er, die Rötung des Blutes erfolge nicht in der linken Herzkammer, sondern in den Lungen. Denn wenn man bei künstlicher Atmung, die HOOKE kurz vorher demonstriert hatte, der Vene entnommenes dunkles Blut in die Pulmonalarterie einspritzt, kommt es hell in der Vena pulmonalis wieder an. Aderlaßblut wird beim Stehen an der Luft an seiner Oberfläche hellrot, also geht das Blut eine Verbindung mit der Luft ein, welche wohl für die Unterhaltung des Lebensprozesses notwendig ist. LOWER beobachtete auch, daß eine Abbindung der Vena cava inferior zum Ascites führt und anderes mehr. Er sicherte mit seinen Versuchen die Beobachtungen und Schlüsse, die kurz vorher ROBERT HOOKE (1635–1703), zeitweilig Assistent von ROBERT BOYLE, gemacht hatte. HOOKE konstruierte u. a. mit BOYLE 1658 die Luftpumpe, mit der dieser seine Beobachtungen über das Verhältnis von Druck und Volumen bei den Gasen anstellte. HOOKE machte im Jahre 1667 auch den Versuch, den übrigens schon VESAL beschreibt, das Leben eines Tieres nach eröffnetem

Thorax durch eine künstliche Aufblähung der Lungen mit einem Blasebalg zu unterhalten (vgl. J. F. FULTON [*140*]). Er schloß daraus, daß der Nutzen der Atmung nicht in der *Bewegung* der Lungen und der Förderung des Blutdurchganges durch die Lungen bestehe, wie viele Forscher vor ihm annahmen. Denn wenn die Lunge stark aufgebläht wurde, so konnte das Tier auch ohne alternierende Pumpbewegung längere Zeit lebend erhalten werden. In jedem Falle aber verwandelte sich die dunkelrote Farbe des die Lungen durchfließenden Blutes hier in der Lunge und nicht erst in der linken Herzkammer in ein helles Rot um. Die Bedeutung der Atmung besteht also in einer durch die Luft erfolgenden Beeinflussung des Blutes. Hier geht aus der Luft ein „Menstrum" ins Blut über. Geschieht das nicht, z. B. nach Aussetzen der künstlichen Atmung, so verfällt das Tier in konvulsive Zuckungen und geht zugrunde. Diese Beobachtungen hat HOOKE 1667 in seiner „Micrographia" niedergelegt. In der gleichen Schrift behandelt er seine mikroskopischen Beobachtungen an der Pflanze. Er verglich den Aufbau des Korks und des Holundermarks mit einer Honigwabe und prägte dabei den Begriff der „Cells", der „cellula" und späteren „Zelle", obgleich er damit nur ein Saftleitungssystem kennzeichnen wollte. ROBERT HOOKE war von 1664—1702 Kurator der Royal Society in London und hat als solcher die Experimentalwissenschaften besonders gepflegt und gefördert.

Über weitere wichtige Entdeckungen berichtete etwas später der erst 25jährige **JOHN MAYOW** (1643—1679), ein Mitarbeiter von RICHARD LOWER (s. M. SPETER [*370*], WALTER REUTER [*328*], J. F. FULTON [*143*]). Er wurde 1643 in London geboren und studierte dort Rechtswissenschaft und Medizin. Sein erstes Werk „Tractatus duo seorsim editi: Quorum prior agit de Respiratione, alter de Rachitide" erschien 1674 in Oxford. Es enthält vor allem Untersuchungen über die Atmung, auch beim Foetus, sodann über den Vorgang der Muskelkontraktion. Er beschreibt unter anderem die Atemmechanik, und zwar sorgfältiger als BORELLI. Die Lunge folgt passiv den Thoraxbewegungen. Die Atmung hat weder etwas mit der Abkühlung noch mit der Förderung des Blutes zu tun. Der Nutzen der Atmung besteht vielmehr in der Aufnahme eines salpeterartigen Luftbestandteils, des „spiritus nitroaereus", ins Blut (Abb. 24). Die Wirkungen des Salpeters waren damals vom Schießpulver wohl bekannt, ferner wußte man von Feuerwerkskörpern mit Salpeter, daß sie auch bei Luftabschluß unter Wasser brennen. Im Salpeter ist also etwas, das die Flamme unterhält, etwas, was gleichzeitig in der Luft enthalten ist; denn im luftleeren Raum erlischt, wie BOYLE zeigte, bald die Flamme, und ebenso stirbt ein Tier ohne Luft sehr bald. Also ist ein

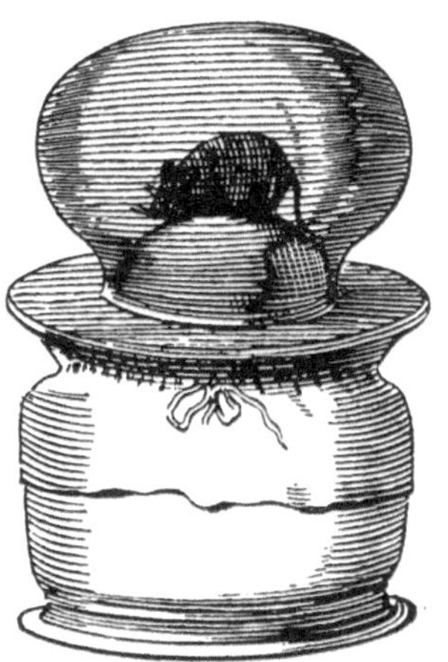

Abb. 24. Versuch von J. MAYOW (1643 bis 1679) zum Nachweis, daß elastische nitröse Teilchen der Luft durch die Atmung verbraucht werden. Der elastische Boden steigt dadurch in den Tierraum hinein. (Aus J. MAYOW, Opera omnia 1681, Tab. 5, Fig. 2.)

salpeterartiger Luftbestandteil sowohl für die Atmung als auch gleicherweise für den Verbrennungsvorgang notwendig und wesentlich. Die Lungenatmung vermittelt die Berührung von Luft und Blut und den Übergang der salpetrigen Luftteilchen in das Blut. Die Körperwärme entsteht durch die Einwirkung der salpetrigen Luftteilchen auf die salzig brennbaren Elemente des Blutes. Die Farbänderung und Erwärmung des Blutes sind also Gärungsvorgänge. Es ist daraus ersichtlich, daß MAYOW, seiner Zeit weit vorauseilend, eine deutliche Ahnung des uns bekannten Sauerstoffanteils der Luft gehabt hat. Seine Auffassung findet viele Jahre lang wenig Beachtung, erst 100 Jahre später wird das gleiche Problem von LAVOISIER, ohne übrigens MAYOW zu nennen, aufgegriffen. Inwieweit MAYOWS Gedanken originell waren, ist sehr umstritten wegen sehr ähnlicher Vorstellungen bei BOYLE, HOOKE und LOWER (vgl. T. S. PATTERSON [307]). Überdies hat er seinen Grundgedanken auf die verschiedensten medizinischen Fragen recht kritiklos übertragen. Unter die Mitbegründer der Royal Society rechnet auch WILLIAM CROONE (1633—1684). Er hat im Jahre 1664 in einer Schrift „De ratione motus musculorum" eine Theorie der Muskelkontraktion entwickelt, die in mancher Beziehung derjenigen von WILLIS gleicht, sie wurde auch in WILLIS „Cerebri anatome" später als Anhang abgedruckt. Danach besteht die Muskelfaser aus kleinen Bläschen, die untereinander durch Öffnungen in Verbindung stehen. Von der Arterie gelangt ein ernährender Saft in das Innere jeder Faser, eine zweite Art von Flüssigkeit tritt durch die Nerven hinzu. Dabei erfolgt eine Aufblähung und Verkürzung, und der Muskel wird hart. Es ist wahrscheinlich, daß WILLIS von CROONE angeregt wurde, denn die Schrift von WILLIS „De motu musculari" erschien erst 1670.

Wir haben im Verlaufe unserer Darstellung schon mehrfach auf Versuche von **ROBERT BOYLE** (1627 bis 1691) hingewiesen.

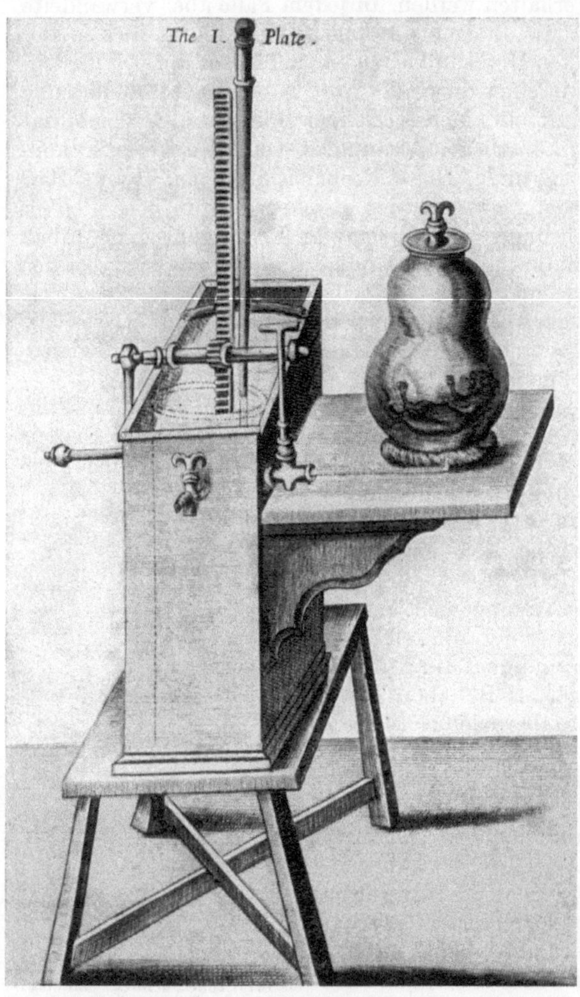

Abb. 25. Unterdruckkammer von ROBERT BOYLE. Aus „New experiments physicomechanical touching the spring of the air..." Oxford 1660. In der durch eine Luftpumpe evakuierten Tierkammer liegt das Versuchstier auf dem Rücken, augenscheinlich im „Höhenkrampf".

Wenn er auch zur Physiologie nur indirekt beigetragen hat, so haben seine hervorragenden Arbeiten zur Chemie und Physik die Anwendung des Experimentes auf biologische Fragen maßgeblich angeregt. Er bestimmte u. a. im Jahre 1660 das Gewicht der Luft durch das Gewicht einer Quecksilbersäule, ferner die Beziehung zwischen Druck und Volumen der Gase (gleichzeitig mit MARIOTTE). Er verbesserte mit HOOKE die GUERICKEsche Luftpumpe, löste die Chemie aus den Fesseln der Iatrochemie, bereicherte die Lehre von den Elementen und Verbindungen in der Chemie, untersuchte den Durchgang des Lichtes durch Prismen, die Erscheinungen der

Elektrizität und vieles andere mehr. Für die Physiologie wurde er durch zweierlei unmittelbar wichtig, einerseits durch seine strikte Ablehnung der Paracelsischen 3 Elemente für die Chemie und seine Kritik an den Vorstellungen der Iatrochemiker über saure und alkalische Säfte. Er führte dabei das Lackmuspapier in die Chemie ein. Andererseits klärte er durch seinen berühmten Versuch mit der Luftpumpe und mit der Wirkung des Vakuums auf die Verbrennung einer Flamme und das Leben von Tieren wesentlich die Bedeutung der Respiration (Abb. 25). Denn im Jahre 1660 berichtete er (New experiments physicomechanical touching the spring of the air and its effects. Oxford), daß Tiere ebenso wie die Flamme im evakuierten Raum schnell ersticken. Er erklärt dies damit, daß die Verbrennungsgase der Flamme und die Stoffe, die in der Lunge aus dem Blut austreten, die Verbrennung und den Lebensvorgang ersticken. Ähnliche Versuche hat übrigens schon OTTO VON GUERICKE um 1650 ausgeführt. MAYOW ist ebenso wie HOOKE darüber hinausgelangt, doch sind die Historiker sich noch uneins darüber, inwieweit nicht BOYLE die Priorität in der Frage nach der Bedeutung eines Luft-*Bestandteils* für die Unterhaltung der Atmung zukommt (vgl. T. S. PATTERSON [*307*], W. REUTER [*328*], M. SPETER [*370*], [*371*]). Es ist interessant, daß ROBERT BOYLE auch als erster versucht hat, mit der Luftpumpe Gase aus dem Blut auszutreiben (1670), doch hat er diese Frage nicht weiter verfolgt.

Um ähnliche Fragen, welche die Männer der Royal Society beschäftigten, besonders um das Problem der Muskelkontraktion, bemühte sich etwa zur gleichen Zeit auch der Däne NIELS STENSEN (NICOLAUS STENONIS, STENO) (Abb. 26), dessen Werk und Persönlichkeit gleicherweise unser Interesse verdienen (s. W. PLENKERS [*316*], J. STUDTMANN [*380*]). Er wurde 1638 in Kopenhagen geboren. Als Student betrieb er zunächst mit Eifer anatomische Studien unter THOMAS BARTHOLINUS in Kopenhagen, dann unter GERHARD BLASIUS in Amsterdam. Dabei entdeckte er den Ductus parotideus, den Ausführungsgang der Ohrspeicheldrüse (Ductus Stenonianus, 1661), worüber er mit BLASIUS in einen heftigen Prioritätsstreit geriet. Weitere gute anatomische Arbeiten (Tränenapparat usw.) folgten, besonders zwei bedeutsame Werke über die Muskeln: „De musculis et glandulis observationum specimen" (1664) und

Abb. 26. NICOLAUS STENSEN (1638—1682) (Aus W. PLENKERS [*316*])

einige Jahre später „Elementorum myologicae specimen seu musculorum descriptio geometrica" (1667).

In der ersten dieser Schriften beschreibt er vor LOWERS „De corde" sorgfältig den Faserverlauf der Muskulatur im Herzen, ja, er beweist erstmalig anatomisch die Muskelnatur des Herzens. Immerhin schrieb man über Jahrtausende dem Herzen recht abenteuerliche Funktionen zu, wie es STENSEN selbst 1664 ausspricht: „Man hat das Herz für den Sitz der natürlichen Wärme, den Thron der Seele, einige sogar für die Seele selbst gehalten. Man hat das Herz als Sonne, als König begrüßt; sieht man aber genauer zu, so findet man nichts als einen Muskel." Noch im gleichen Jahr verließ STENSEN Kopenhagen. In Paris hielt er eine berühmt gewordene Rede „Discours sur l'anatomie du cerveau". In ihr hat er in unmißverständlicher Form die Oberflächlichkeit der von manchen Zeitgenossen (vor allem von DESCARTES und WILLIS) vertretenen Auffassungen über den Bau und die Funktion des Gehirnes kritisiert und auf die Schwierigkeiten hingewiesen, mit denen die anatomische Gehirnpräparation zu kämpfen hat. Von Paris führte ihn der Weg nach Italien, und zwar nach Florenz an den Hof der MEDICI.

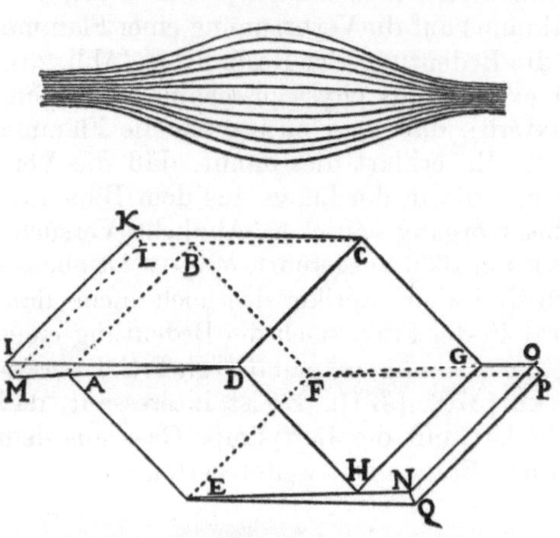

Abb. 27. Aus N. STENO: Elementorum myologiae specimen... Florenz 1667. Geometrische Theorie der Muskelverkürzung. Die Muskelfasern verlaufen im Muskelbauch nicht parallel zur Längsachse des Muskels (Fig. 1), sondern schräg zwischen zwei Sehnenblättern in parallelogrammartiger Anordnung (Fig. 2). (Aus A. BERG [23])

Dort bekam er, der Protestant, Berührung mit dem Katholizismus. Nach vielen theologischen Studien wurde er im November 1667 Katholik. Im gleichen Jahre erschien das zweite Muskelwerk, also 3 Jahre vor der Schrift von WILLIS' „De motu musculari". Es ist wahrscheinlich, daß WILLIS sie gekannt hat. Das Bemerkenswerte dieser Muskelstudie STENSENs liegt vor allem in der mathematisch-geometrischen Behandlung des Kontraktionsvorganges. Der Muskel besteht nur aus langen Fasern und querverlaufenden Elementen (wahrscheinlich waren diese letzteren bindegewebige Strukturen). Ihre Anordnung ist parallelogrammartig, also nicht, wie bisher angenommen, parallel, und die Fasern setzen unter Winkeln an den Sehnen an. Das zeigt z. B. seine Darstellung verschiedener Muskeln in Abb. 27. Bei der Kontraktion erfolgt rein geometrisch nur eine Umordnung der Fasern mit einer Abnahme der Gesamtlänge und einer Zunahme der Gesamtbreite. Eine Volumenzunahme durch Aufblähung oder dergleichen — wie es zu dieser Zeit noch allgemein angenommen wurde — findet bei der Verkürzung nicht statt. Erst 10 Jahre später machte GLISSON seinen oben beschriebenen plethysmometrischen Versuch mit der gleichen Schlußfolgerung. Im Jahre 1669 hat auch LOWER in etwa gleicher Art, angeregt durch STENSEN, die Muskelkontraktion geometrisch behandelt, und es hat lange gedauert, bis sich durch die *mikroskopische* Aufklärung des Faserverlaufs in den Muskeln die geometrische Umordnungstheorie STENSENs als falsch herausstellte.

Abb. 28. STEPHEN HALES (1677—1761). (Aus F. H. GARRISON, Introduction in the hist. of med. London 1929.)

Die nächsten Jahre, die STENSEN noch in Italien zubrachte, ließen als Frucht geologischer Studien noch ein gewichtiges Werk reifen, welches 1669 in Florenz erschien und als grundlegende Schrift der wissenschaftlichen Geologie zu werten ist: „De solido intra solidum naturaliter contento dissertationis prodromus." Aus diesen Studien beruft ihn eine königliche Order auf den Lehrstuhl der Anatomie in Kopenhagen, aber nicht für lange. Im Jahre 1675 läßt er sich zum Priester weihen, und von diesem Zeitpunkt an gilt sein ganzes Denken und Arbeiten nur noch ausschließlich der Verbreitung seines Glaubens. Er wird zunächst apostolischer Vikar in Hannover, wo zu dieser Zeit schon LEIBNIZ wirkte. Ein asketisches Leben und die harten Belastungen seiner vielen Missionsreisen nahmen seine Kräfte sehr in Anspruch.

Das Vorbild eines BOYLE, LOWER, HOOKE usw. wirkte in England noch lange nach. Am Ausgang des 17. Jahrhunderts begegnen wir wieder einem (allerdings falschen) Versuch, die Kraft des Herzens allein aus dem Gewicht des Blutes zu berechnen, und zwar sowohl bei JAMES KEILL (1673–1719), der als Hauptvertreter der iatrophysikalischen Richtung in England gilt (De vi cordis sanguinem

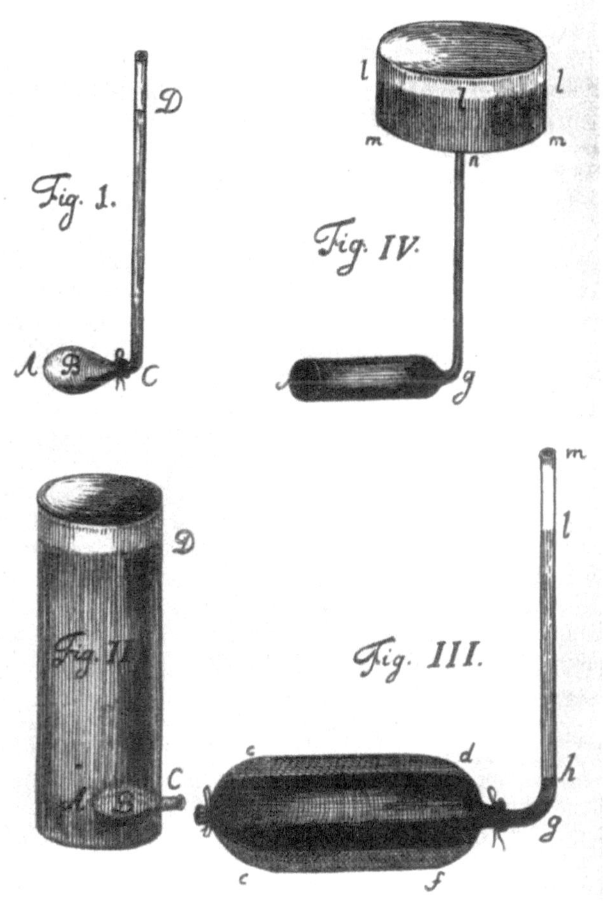

Abb. 29. Aus DANIEL PASSAVANTS Dissertation „De vi cordis", Basel 1748. Berechnung der Herzkraft. Fig. I: Die Wand der Blase (B) hält einer Flüssigkeitssäule D das Gleichgewicht. Fig. II: Eine von außen komprimierte Blase (B) würde ihren Inhalt herausspritzen wie das Herz bei der Systole. Fig. III und IV: Die Volumenzunahme in dem elastischen Gefäß c d e f ist abhängig von der Höhe der Flüssigkeitssäule im Steigrohr. (Nach O. SPIESS und F. VERZÁR, Verh. Naturforsch. Ges., Basel 52, 189, 1941.)

per corpus pellente), als auch bei JAMES JURIN (1684–1750), der außerdem beachtliche optische Untersuchungen gemacht hat. Besonders wichtig aber sind die Versuche von STEPHEN HALES (1677–1761) (Abb. 28), die er in seiner Schrift „Statical essays: containing haemostaticks" (London 1733) veröffentlicht hat. Er wurde 1677 in der Grafschaft Kent geboren und studierte trotz großer Neigung und Begabung zur Physik Theologie (s. [73, 81]). Doch beschäftigten ihn neben seinem Pfarramt anatomische, botanische und physikalische Untersuchungen, die seinen Namen schnell berühmt machten, so daß er schon 1717 Mitglied der Royal Society in London wurde.

Neben bedeutsamen Versuchen über die Saftbewegung der Pflanzen (Vegetable Staticks, London 1727) machte er grundlegende Entdeckungen auf dem Gebiete des Blutkreislaufes. Besonders wichtig ist der von ihm erstmalig angestellte Versuch, den Blutdruck zu messen. Bei einem Pferd band er einerseits in die Jugularvene, andererseits in die Art. carotis ein langes gläsernes Steigrohr. In dem venösen Steigrohr stieg die Blutsäule etwa 1 Fuß und einige Zoll hoch (etwa 40 cm), in dem arteriellen Steigrohr aber 9 Fuß, 6 Zoll (etwa 3 m). Er legte damit die Grundlage zur späteren exakten Berechnung der Herzarbeit durch BERNOULLI. Weniger bekannt, aber ebenso bedeutend waren seine Untersuchungen über den Widerstand, den die engen Kapillargefäße der Blutströmung entgegenstellen. Er beschreibt folgendes: Die von LEEUWENHOEK beschriebenen Globuli des Blutes sind etwas kleiner als der Durchmesser der kleinen Blutgefäße, daraus muß ein großer Reibungswiderstand resultieren, was man auch aus der langsamen Blutströmung in den Kapillaren ersehen kann. Es ist deutlich, daß hier erstmalig die neuen Erkenntnisse über Hydromechanik und Hydraulik auf die Fragen der Blutströmung angewandt werden. Wahrscheinlich hat HALES seine Versuche etliche Jahre vor der Veröffentlichung der Haemostaticks ausgeführt. Ein genaues Datum ist jedoch wohl nicht bekannt (vgl. A. E. CLARK-CENNEDY [*81*], G. E. BURGET [*73*]. Die Fortschritte der Hydromechanik regten um die gleiche Zeit den Mathematiker DANIEL BERNOULLI (1700–1782) an, 1737 eine neue Berechnung der Herzarbeit erstmalig richtig aus dem Produkt von Schlagvolumen mal Hubhöhe (Kraft mal Weg) vorzunehmen (Abb. 29). Sein Schüler DANIEL PASSAVANT hat dann, angeleitet von BERNOULLI, den von HALES angegebenen Blutdruckwert und die Größe des Schlagvolumens mit 1,5 Unzen (etwa 45 g) der Berechnung zugrunde gelegt, wobei er den tatsächlichen Werten der Arbeit des linken Herzens sehr nahe kommt (vgl. O. SPIESS und F. VERZÁR [*26*]). HALLER, der diese Untersuchung ausführlich bespricht, hat ihren physikalischen Sinn augenscheinlich nicht begriffen, denn er wendet ein, daß in der Berechnung von BERNOULLI-PASSAVANT die enormen Widerstände im Kreislauf nicht berücksichtigt würden. Wir beenden damit unseren Weg durch die Physiologie des 17. Jahrhunderts. Durch die Entdeckungen der Anatomie, durch Anwendungen physikalischer und chemischer Prinzipien gelang es, einige physiologische Fragen grundlegend zu klären, wie den Blutkreislauf, die Lymphbewegung und den Strahlengang im Auge. Einige andere Gebiete haben immerhin bedeutend an Klarheit gewonnen, z. B. die Rolle der Atmung und die Tätigkeit der Muskeln.

6. Die Anfänge mikroskopischer Untersuchungen in ihrer Bedeutung für die Lösung physiologischer Probleme.

(MARCELLO MALPIGHI, A. VAN LEEUWENHOEK)

Form und Funktion sind im Lebendigen einander so innig zugeordnet, daß wir heute bei jeder Deutung eines physiologischen Problems stets prüfen, ob die angenommene Deutung mit den morphologischen Gegebenheiten, also mit dem organischen Substrat des Geschehens in Übereinstimmung gebracht werden kann. Dieser Notwendigkeit war man sich auch in früheren Zeiten bewußt. So fragte schon GALEN angesichts bestimmter anatomischer Befunde nach dem „Nutzen" dieser Teile, z. B. der Leber, der Milz, der Herzklappen, der Nieren. Solange die anatomischen Kenntnisse sich nur auf den groben Bau der großen, in die Augen springenden Organe und ihrer Teile beschränkten, war ihr Wert für die Beurteilung der Funktionsweise relativ gering, und so konnte sich die physiologische Spekulation noch ungehemmt entfalten. Aber auch die beträchtlichen Fortschritte der Anatomie seit VESAL, FALLOPPIO usw. konnten nur die Lösung relativ grober physiologischer Probleme vorbereiten, wie z. B. die genaue Kenntnis des Verlaufes der großen Körpergefäße und die Entdeckung des Blutkreislaufes. HARVEYS Beweise waren ja fast ausschließlich grob anatomischer Art. Am Muskelsystem war die Entwicklung einer wohlbegründeten Muskelmechanik, z. B. bei BORELLI, durchaus möglich und erfolgreich, aber schon die Erklärung des eigentlichen Verkürzungsvorganges führte in Ermangelung einer tieferen Kenntnis des feineren Faserverlaufs und Faserbaues in die Irre. Wir sahen, welche falschen Folgerungen von WILLIS aus der Annahme einer Bläschenstruktur der Muskelfasern gezogen wurden, und welche Irrtümer der kluge STENSEN mit seiner Annahme der geometrischen Anordnung der Muskelelemente beging. Wie sollte man den Vorgang der Drüsensekretion mit den damaligen bescheidenen Kenntnissen des makroskopischen Baues — Parenchym, Blutgefäße, Nerven und Ausführungsgang — erklären? Wie sollte man über den Leitungsprozeß im Nerven, über die Tätigkeitsweise der Sinnesorgane Klarheit gewinnen, solange noch die grobsten Unklarheiten über den feineren Bau dieser Gebilde bestanden. Ja man darf sagen, daß die Physiologie über den um 1650 erreichten Stand nicht wesentlich hinausgelangt wäre, wenn nicht seitdem die Verwendung von Vergrößerungsgläsern und Mikroskopen auch den Feinbau der Gewebe der Beobachtung erschlossen hätte.

Obwohl schon zwischen 1280 und 1300 in Oberitalien der Gebrauch von geschliffenen Brillengläsern üblich wurde (R. GREEFF [159]), kam diese Entdeckung der Anatomie noch nicht zugute, weil man augenscheinlich bis in das 17. Jahrhundert noch nicht verstand, Linsen mit genügend kurzer Brennweite herzustellen. Die ersten einfachen Gläser dieser Art, die „Perspicilia pulicaria" (Flohgläser), dienten mehr zur Unterhaltung als zum Studium. Sie erlaubten auch nur eine 9- bis 10fache Vergrößerung. Erst die Erfindung des aus mehreren Linsen (Bikonvex- und Bikonkavlinse) zusammengesetzten Mikroskops, welche um 1590 den Holländern HANS und ZACHARIAS JANSEN aus Middelburg gelang, führte zur

Entwicklung leistungsfähigerer Geräte. Unter den Instrumenten, deren Gläser in eigener Schleiferei entstanden und die LEEUWENHOEK hinterließ, befanden sich solche mit angeblich etwa 270facher Vergrößerung (vgl. E. NORDENSKIÖLD 297]). Die Bereicherungen der Anatomie durch mikroskopische Befunde blieben in der ersten Hälfte des 17. Jahrhunderts geringfügig (vgl. FR. W. BAYER [16], E. HINTZSCHE [185]). Unter den Ärzten machte besonders früh und ausgiebig PETRUS BORELLUS (PIERRE BOREL), der Leibarzt LUDWIGS XIV., von solchen Untersuchungen Gebrauch, die er in dem Buche „Observationum microscopicarum centuria" 1656 veröffentlichte. Doch waren die Befunde noch unvollkommen und unsystematisch. Erst in

Abb. 30. MARCELLO MALPIGHI (1628—1694). (Aus H. SIGERIST [367])

der Hand von MARCELLO MALPIGHI (1628—1694) wird die mikroskopische Untersuchung ein systematisch angewandtes Hilfsmittel zur Aufklärung der Feinstrukturen der Organe, so daß wir ihm den Ruhm als Begründer der mikroskopischen Anatomie zuerkennen müssen (vgl. M. CARDINI [78], JUL. PAGEL [305], M. FOSTER [128]).

MARCELLO MALPIGHI (Abb. 30) wurde am 16. März 1628 bei Bologna geboren. Während seiner Studienjahre in Bologna hatte er bei seinem Lehrer BARTHOLOMEO MASSARI mit mikroskopischen Untersuchungen begonnen, obwohl einflußreiche Männer und erfahrene Gelehrte diese Untersuchungen als unnütz und irreführend ablehnten. Nach kurzer Tätigkeit als Professor der theoretischen Medizin in Bologna siedelte er 1656 nach Pisa über, wo er in enge wissenschaftliche und freundschaftliche Beziehungen zu BORELLI trat. Beide Männer haben sich gegenseitig sehr angeregt. Nach vielen Jahren fruchtbarster wissenschaftlicher Arbeit in Messina und Bologna brachten ihm sein wachsender Ruhm — er wurde 1669 Mitglied der Royal Society — und seine Freundschaft mit dem Kardinal PIGNATELLI 1691 einen Ruf als Leibarzt des Papstes INNOZENZ XII. nach Rom ein. Nach 3 Jahren, im November 1694, erlag er dort einem Schlaganfall. Die mikroskopischen Untersuchungen MALPIGHIs erstrecken sich über die verschiedensten Gebiete. Wir rechnen ihn zusammen mit NEHEMIAH GREW (1641—1712) unter die Begründer der Pflanzenmorphologie. Aber MALPIGHI führte seine Untersuchungen an allen Arten von Organismen aus und befruchtete dadurch sehr die vergleichende Morphologie und Physiologie. Er hat auch schon die von anderen begonnenen Untersuchungen über die Entwicklung des Hühnchens im Ei mit besonderem Erfolg vervollständigt. Für die Probleme der Physiologie wurden schon seine ersten Veröffentlichungen, zwei Briefe an BORELLI über die Struktur der Lungen (De pulmonibus epistolae II ad Borellium Bologna 1661) von großer Bedeutung. Es gelang MALPIGHI nachzuweisen, daß sich hinter dem „Parenchym" der Lungen, über dessen Bau bisher keinerlei differenzierten Vorstellungen bestanden, ein bläschenförmiger Bau verbirgt. Vor allem glückte es ihm, mit dem Mikroskop in der Lunge des Frosches 1661 die *kapillaren Verbindungswege* zwischen Arterien und Venen zu entdecken, also das fehlende Beweisstück für HARVEYs Kreislauflehre aufzufinden (Abb. 31). Er beschreibt auch die Blutbewegung in den Lungengefäßen und in den Mesenterialgefäßen. Dabei gelingt ihm noch eine weitere, allerdings mißdeutete Beobachtung. Er sah in dem Blutstrom kleine rötliche Körperchen treiben, die er für Fettkügelchen hielt, doch waren es in Wirklichkeit die *roten Blutkörperchen*, die hier erstmalig ein menschliches Auge erblickte (1665). Von besonderer Wichtigkeit wurden MALPIGHIs Untersuchungen über die *Drüsen*. Der Bau der Drüsen und noch vielmehr ihre Arbeitsweise waren noch völlig unklar. Erst seit Mitte des 17. Jahrhunderts wurden nach und nach die Ausführungsgänge der großen Drüsen, des Ductus pancreaticus (J. G. WIRSUNG 1642), des

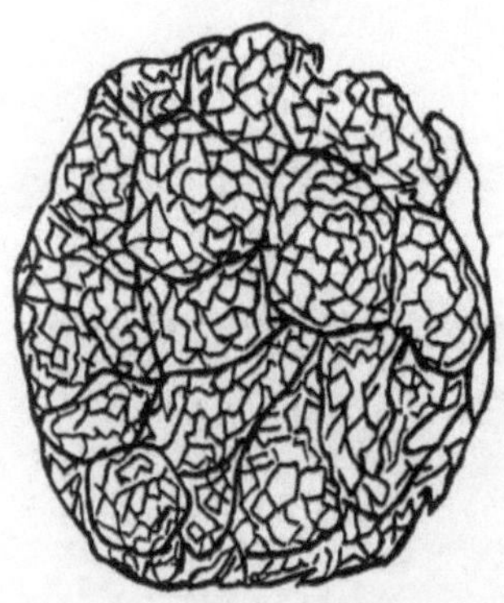

Abb. 31. Erste Darstellung der Lungenkapillaren in M. MALPIGHIS „De pulmonibus" 1661 (Bibliotheca anatomica 1685).

Ductus parotideus (N. STENSEN 1661) und des Ductus submaxillaris (TH. WARTHON 1656), genauer beschrieben. Hinsichtlich der Leberfunktion waren die Vorstellungen noch nicht wesentlich über die Lehren der Antike, also Bildung der gelben Galle, der schwarzen Galle und des Blutes, hinausgelangt. Die schwarze Galle sollte der Milz zufließen und von dort wieder in den Magen gelangen. Die Bildung der gelben Galle geschah nach den einen in der Leber selbst, nach den anderen in der Gallenblase. Nach THOMAS WARTHON (Adenographia 1656) wurden drüsige Sekrete gar nicht in erster Linie vom Drüsenparenchym, sondern von den Nerven durch den Succus nerveus ausgeschieden. MALPIGHI erkennt aus der Läppchengliederung, daß die *Leber* eine absondernde Drüse ist, in deren Acini die

Galle als Drüsensekret gebildet wird. Von dort fließt sie in die Gallenblase ab. Der Gallengang ist also der Ausführungsgang der Leberdrüse. An der Milz, die bis dahin als Drüse galt, entdeckt MALPIGHI die Kapsel, die Trabekel, die Pulpa, die starke Blutversorgung und die MALPIGHISchen Körperchen. Er faßt sie als ein kontraktiles Gefäßorgan auf. In der Untersuchung über die *Nieren* geht er weit über BELLINI hinaus. Die Harnkanälchen münden auf einer Pyramide im Nierenbecken. In der Rinde sieht er gewundene Kanälchen und kleine, wie Äpfel am Baume hängende und vom Gefäßsystem abgehende Gefäßknäuel, die Glomeruli, also unsere „MALPIGHISchen Körperchen". Weniger glücklich waren die Ergebnisse seiner mikroskopischen Untersuchung der *Gehirnrinde* und der grauen Kerne. Er war der Meinung, daß die graue Substanz drüsiger Struktur sei, und erneuerte so die alte Irrlehre des ARISTOTELES. Erfo'greicher war er in der Untersuchung der Zunge, wo er die nervöse Versorgung der Papillen entdeckte. Er hielt aber diese Papillen für *Tastorgane*. Das führte ihn weiter zur Untersuchung der *Haut*, wo er die ähnlich gebauten Hautpapillen beobachtete, die er ebenfalls als Tastorgane ansprach. So gelang ihm eine Fülle von Entdeckungen, von denen eine jede für die Physiologie von größter Tragweite war. Die mikroskopische Methode wurde auch bald von anderen mit Erfolg angewendet, besonders durch JAN SWAMMERDAM (1637—1680), einem Freunde STENSENs, und durch ANTHONY VAN LEEUWENHOEK (1632—1723). SWAMMERDAM, ein sehr frommer Mann, faßte seine hervorragenden Untersuchungen, besonders über den Feinbau der Insekten, in seiner „Biblia naturae" (Lugd. 1737) zusammen, die erst nach seinem Tode von H. BOERHAAVE herausgegeben wurde (s. F. J. COLE [*82*]). Sie führt den Titel „Bibel der Natur, worinnen die Insekten in große Klassen verteilt, sorgfältig beschrieben, zergliedert ... und zum Beweis der Allmacht und Weisheit des Schöpfers angewendet werden" (nach der deutschen Ausgabe, Leipzig 1752). SWAMMERDAM begründete auch die später viel angewandte Methode, flüssiges, gefärbtes Wachs in die Gefäße zu injizieren.

Noch wichtiger für die menschliche Physiologie sind die Untersuchungen von LEEUWENHOEK, gebürtig aus Delft. Dieser hatte sich eine außerordentliche Fertigkeit im Schleifen von Vergrößerungsgläsern angeeignet. Er hinterließ bei seinem Tode nicht weniger als 410 solcher Instrumente, wovon die besten angeblich eine bis 270fache Vergrößerung leisteten. Übrigens war er voller Mißtrauen gegen jedermann und verheimlichte seine Fertigkeit und seine Instrumente vor seiner Mitwelt. Von Haus aus gänzlich unvorgebildet, untersuchte er wahllos alle geeigneten Objekte seiner Umgebung vom Straßenstaub und Pfützenwasser bis zum Schmetterlingsflügel und tierischen Muskel, Hoden und dergleichen. Seine Beobachtungen schickte er seit 1673 in Form von etwa 300 Briefen an die Royal Society (C. DOBELL [*104*]). Eine große Zahl seiner Beobachtungen enthalten die „Arcana naturae" (Delft 1695). LEEUWENHOEK entdeckte als erster die Querstreifung der Muskelfasern, die Netzstruktur des Herzmuskels und die Faserstruktur der Linse, die man bisher als „humor cristallinus", also als Flüssigkeit, auffaßte. Er sah als erster die Stäbchenschicht der Netzhaut und identifizierte die kleinen Körperchen in der Blutflüssigkeit, unsere heutigen Erythrozyten, erstmalig als konstante Elemente des Blutes (1673) (K. HEINEMANN [*172*]). Er bestätigte auch die Existenz der von JAN HAM 1677 nachgewiesenen Samentierchen, der Spermien, bei allen Tierklassen usw.

Wohin also das Auge durch das Mikroskop blickte, tat sich eine neue Welt von Erscheinungen auf, ohne deren Kenntnis die physiologische Erklärung der Arbeitsweise der Organe nicht über ein Tasten im Dunkeln hinausgelangt wäre. Besonderen Gewinn aus der mikroskopischen Forschung zog natürlich vor allem die allgemeine Gewebelehre. Vor der mikroskopischen Ära konnte man neben dem ungestalteten Parenchym fast nur Gefäße, Fasern (Nerv, Muskel usw.), Häute, Membranen, fettige Gewebe usw. unterscheiden. Jetzt lernt man weiter differenzieren. Besonders die feinere Struktur der „Fasern" sucht man zu klären. FREDERIK RUYSCH (1638–1731) wendet mit größtem Geschick die Injektion feiner flüssiger Wachsmassen nach SWAMMERDAM (1679) in die Blutgefäße an und findet eine solche Fülle von feinsten Gefäßen, daß er die Überzeugung gewinnt: „Totum corpus ex vasculis." RUYSCH beschrieb als erster die vasa vasorum, die Gefäße der Lamina chorioidea, die Bronchialarterien als ernährende Lungengefäße und die Arteria centralis retinae. Der geschickte Mikroskopiker JOHANN NATHANAEL LIEBERKÜHN (1711–1756) klärte den Aufbau der Darmschleimhaut und zeigte, daß die Zotten nicht durch freie Gefäßostien mit den Darmlumen kommunizieren. So entstand hinsichtlich der Frage nach dem Mechanismus der Resorption eine ganz neue Situation. Und so ereignet es sich auch in den folgenden Jahrzehnten immer wieder, daß mit der Verbesserung der morphologischen Kenntnisse, die wir nicht im einzelnen verfolgen wollen, immer neue Situationen und veränderte Aspekte für die Physiologie entstehen. Damit wollen wir die Darstellung des 17. Jahrhunderts schließen, welches als eine Zeit klassischer, naturwissenschaftlicher Forschungsarbeit auf dem Gebiet der Chemie, Physik, Anatomie, Histologie und Physiologie in die Geschichte eingegangen ist.

IV. Die Physiologie des Aufklärungszeitalters.

1. Hermann Boerhaave, Friedrich Hoffmann, Georg Ernst Stahl.

Um die Wende des 18. Jahrhunderts vollzieht sich in stürmischer Entwicklung ein tiefer Wandel im abendländischen Denken. Hier beginnt eine neue Stufe in der Entwicklung des menschlichen Geistes, eine neue Periode der europäischen Kultur, die *Zeit* der *Aufklärung*. Im Jahre 1700 übersetzt PIERRE COSTA das Werk JOHN LOCKES „Essay concerning human understanding" ins Französische und leitet die schnelle Verbreitung der LOCKEschen Philosophie auf dem ganzen Kontinent ein: „Finis saeculi novam rerum faciem aperuit" (LEIBNIZ).

Die Wurzeln dieser geistigen Haltung liegen weit zurück. Renaissance, Reformation, Gegenreformation sind Zeugnis davon. Der Siegeszug der Aufklärung beginnt in England. THOMAS HOBBES (1588–1679) und JOHN LOCKE (1632–1704) gründen alle Erkenntnis auf die Erfahrung. Ist diese auch begrenzt, so sollten wir doch lieber die Aufgaben unserer Lebensführung als die Probleme der Metaphysik zu lösen suchen. Die französische Aufklärung, geführt von einem J. D'ALEMBERT und DENIS DIDEROT, setzt dieses Bestreben fort: „Das Zeitalter der Theologie und des Glaubens ist dem der Wissenschaft gewichen." Gemeint ist die Naturwissenschaft, deren Methode am Ausgang des 17. Jahrhunderts eine eindrucksvolle Krönung in J. NEWTONS Werk „Philosophiae naturalis principia mathematica" (1687) findet. Empirische Tatsachen sammeln, sie mit Kritik und Verstand deuten und diese Deutung wieder an der konkreten Welt der Tatsachen prüfen, das wird jetzt die allgemeine Methode des Erfolges in den Wissenschaften. Im Religiösen steht die neue Vernunftsreligion gegen die alte Offenbarungsreligion. Langsamer als in England und Frankreich entwickelt sich auch auf deutschem Boden der Geist der Aufklärung. An der Wende der Zeit steht der große universale Denker GOTTFRIED WILHELM LEIBNIZ (1646–1716), der Mathematiker, Logiker, Jurist, Techniker, Philosoph, Politiker, Historiograph mit dem Bestreben, die Kontraste und Gegensätze in ihren Übergängen zu versöhnen, das Allgemeine und Besondere, Materie und Geist, Mechanismus und Teleologie, Erfahrung und angeborene Erkenntnis, Freiheit und Notwendigkeit, Religion und Philosophie zu vereinen. Erst in der Mitte des 18. Jahrhunderts erreicht die Aufklärung in Deutschland ihre volle Entfaltung, und über LESSING hinaus gipfelt sie in IMMANUEL KANT (1724–1804) als dem Vollender der Aufklärung, der sie folgendermaßen charakterisiert (1784): „Aufklärung ist der Ausgang des Menschen aus seiner selbstverschuldeten Unmündigkeit.

Unmündigkeit ist das Unvermögen, sich seines Verstandes ohne Leitung zu bedienen. Selbst verschuldet ist die Unmündigkeit, wenn die Ursache derselben nicht am Mangel des Verstandes, sondern der Entschließung und des Mutes liegt, sich seiner ohne Leitung eines anderen zu bedienen! Sapere aude! Habe Mut, dich deines eigenen Verstandes zu bedienen! ist also der Wahlspruch der Aufklärung." Neben dieser starken Welle des Rationalismus zieht sich durch das 18. Jahrhundert eine zweite Strömung, eine gefühlsbetonte, religiösinnige Richtung, die besonders im Pietismus in Deutschland und später in Frankreich in J. J. Rousseaus Gedankenwelt hervortritt. Diese Strömung hat die Überwindung der Aufklärung beschleunigt und schließlich auch vollendet.

Daß der Mensch des Aufklärungszeitalters den *Wissenschaften* gegenüber aufgeschlossen war wie nie zuvor, ist verständlich. Der Gelehrte stand in der Gunst der öffentlichen Meinung und der Gesellschaft höher als der Dichter und Schriftsteller. Die Salons beschäftigen sich mit den aktuellen Ergebnissen der wissenschaftlichen Welt. Man ist überzeugt von dem Nutzen, welcher von der systematischen Pflege der Wissenschaften für die Entwicklung der Gesellschaft und der Lebensverhältnisse zu erwarten ist. Leibniz fordert im Jahre 1700 bei der Gründung der preußischen Akademie der Wissenschaften in Berlin, „anitzo dahin zu sehen, wie nicht nur Curiosa, sondern auch Utilia ins Werk zu richten". Der praktische Nutzen der wissenschaftlichen Arbeit beginnt sich auf allen Gebieten abzuzeichnen. Das 18. Jahrhundert entwickelt oder verbessert die Uhren, Thermometer, Luftpumpen, Niederdruck- und Hochdruckdampfmaschinen, die Gondolfiere, den mechanischen Webstuhl, die Spinnmaschine, die Chlorbleiche. Es entstehen Porzellan- und Glasmanufakturen, Webereien, Eisenhütten und viele andere Industrien. Die exakten Naturwissenschaften machen große Fortschritte. Die *Physik* der Gase, der Elektrizität, der Wärme — alles wichtige Grundlagen für die Weiterentwicklung der Physiologie — wird um viele neue Erkenntnisse bereichert (s. Tabelle S. 36). Ebenso wichtig sind die Fortschritte der *Chemie*. Der Sauerstoff, der Stickstoff und der Wasserstoff werden entdeckt. Viele neue Stoffe werden erstmalig dargestellt. Die Lehre von der chemischen Verwandtschaft und von der Verbindung der Substanzen untereinander, der Säuren, der Salze wird allmählich klarer. Der Vorgang der Verbrennung, die Oxydation, wird auf der Arbeit Stahls und der Phlogistonlehre aufbauend gegen Ende des Jahrhunderts von Lavoisier aufgeklärt (s. Tabelle S. 46). So ergibt sich von der Seite der Physik und Chemie eine Fülle neuer Anregungen und Methoden, um die Lösung der ungeklärten Probleme der Physiologie voranzubringen. Doch hat die erste Hälfte des 18. Jahrhunderts relativ wenig bedeutende Entdeckungen aufzuweisen. Vielmehr tritt in den Werken der großen Systematiker jener Zeit das Bestreben hervor, den bisherigen Wissensbestand zu ordnen, ihn in das theoretische und praktische Denken des Arztes vernünftig einzugliedern und ihn nutzbar zu machen. Erst die zweite Jahrhunderthälfte mit Albrecht v. Haller, A. L. Lavoisier, Al. Galvani und vielen anderen läßt wieder zahlreiche Einzelprobleme der Physiologie ihrer Lösung entgegenreifen und neue Gesichtspunkte in den Fragenkreis der Physiologie eintreten.

Leyden, die kleine holländische Stadt nicht weit von Amsterdam, ist uns bei unserer Darstellung schon mehrfach begegnet. An ihrer Universität, die im Jahre 1575 neu gegründet worden war, wirkten schon im 17. Jahrhundert Männer wie Franciscus Sylvius, Jan de Wale, Drelincourt und Nuck, aber erst am Anfang des 18. Jahrhunderts erreichte sie ihren höchsten internationalen Ruf durch die Tätigkeit von Hermann Boerhaave (1668–1738), Fred. Dekker († 1720), von Bernhard Albinus († 1721) und seinem Sohne Bernhard Siegfried Albinus († 1770), von G. Bidloo († 1713) und schließlich von David Hieronymus Gaub († 1780). Die Jugend von ganz Europa strömte in diesen Jahren zum Studium nach Leyden, nicht zum wenigsten durch den Ruhm angezogen, der von dem Namen BOERHAAVES ausging (Abb. 32). Die Bedeutung dieses Mannes für die Entwicklung der Medizin kann uns hier nur am Rande beschäftigen (vgl. dazu P. DIEPGEN [99]). Es muß zum Verständnis seiner Wirkung gesagt sein, daß gegen Ende des 17. Jahrhunderts die theoretische Medizin, besonders die Lehre von der Entstehung der Krankheiten, durch allzu viele und gewagte Hypothesen von seiten der Iatrochemiker und der Iatrophysiker eine einheitliche Linie vermissen ließ. Doch hatte die Forschung dieses Jahrhunderts auf dem Gebiet der Physik, Chemie, Anatomie und Physiologie eine große Menge wertvollster neuer Einsichten beschert, die nur auf ihre Übertragung und Nutzanwendung für praktisch-medizinische Zwecke zu warten schien. Dies geleistet zu haben, ist das große

Abb. 32. Hörsaal des HERMANN BOERHAAVE in Leyden. (Aus St. d'Irsay [*312a*])

Verdienst BOERHAAVES. Er hat dank seines umfassenden Wissens in der Mathematik, Physik, Botanik, dank seiner genauen Kenntnis der „neueren" Autoren, also eines BOYLE, SENNERT, BAGLIVI, HUYGENS, LEEUWENHOEK, BORELLI, BOHN, EUSTACHIUS, SWAMMERDAM, SYDENHAM, RUYSCH, STENSEN, STAHL, aber auch eines DESCARTES, LEIBNIZ, GASSENDI, einen neuen Versuch gemacht, der Medizin ein gesichertes Fundament vom Boden der naturwissenschaftlichen Erfahrung zu geben. Gewiß ist ihm kaum eine eigene originelle Erfindung und keine bahnbrechende Entdeckung gelungen, doch hat er das vorhandene Wissen kritisch gesichtet und in klassischen, vielbenutzten Werken dargestellt. HERMANN BOERHAAVE (Abb. 33) wurde im Jahre 1668 in Voorhout, nahe Leyden, in dem damals so reichen und blühenden Holland, geboren. Nach einer armen harten Studienzeit im Fache der Theologie und später der Medizin wird BOERHAAVE im Jahre 1700 Dozent der theoretischen Medizin in Leyden. Im Jahre 1709 erhält er einen Lehrstuhl für Botanik, 1714 außerdem den der praktischen Medizin und endlich 1718 dazu noch das Ordinariat für Chemie. Lange Jahre hat er diese ungeheure Arbeit bewältigt und Generationen von Studenten, darunter bedeutende Schüler (Dav. H. Gaub, Lamettrie, W. Cullen, Andrew Sinclair, Pringle und Rob. Whytt in Edinburgh, Johann Th. Eller, Georg G. Richter, Lorenz Heister, J. N. Lieberkühn und vor allem Albrecht von Haller und Gerhard van Swieten) unterrichtet und angelernt. Im Jahre 1738 schloß er hoch geehrt und tief betrauert seine Augen (s. P. Diepgen [99], Fr. Falk [123]).

Boerhaave war stark von der physikalischen Denkweise des Descartes und der Atomistik Gassendis beeinflußt. Mechanische Überlegungen und Deutungen spielten daher bei ihm eine hervorragende Rolle. Er besaß außerdem eine große chemische Erfahrung, die er in dem zweibändigen Werk ,,Institutiones et experimenta chemiae", Paris 1724, veröffentlichte.

Die Arbeitsweise der Organe, wie er sie in seiner Darstellung der Physiologie in den ,,Institutiones medicae", Leyden 1708 (Abb. 34), schildert, erfolgt vorwiegend nach mechanischen, aber auch chemischen Prinzipien. Wir wollen hier einige Beispiele seiner physiologischen Kenntnisse und Deutungen geben: Die *Nervenfaser*, die er sich hohl vorstellt, leitet den in der Hirnrinde bereiteten, als subtile Flüssigkeit gedachten Spiritus. Das *Gehirn* wird wie bei Malpighi als Drüse aufgefaßt. Die feinsten *Muskelfasern* sind hohl gedachte Ausläufer

Abb. 33. Hermann Boerhaave (1668—1738). Bildnis von Corn. Troost. Mit Genehmigung des Amsterdamer Rijksmuseums.

der Nervenfasern, wobei eine als Schmieröl wirkende Flüssigkeit, abgeschieden aus kleinen Arterien, die Muskelfasern umgibt. Die Muskelkontraktion erfolgt, indem der Nervensaft in die Muskelfasern hineingedrückt wird. Zum Schlagen des *Herzens* ist sowohl der Zufluß des Blutes durch die Kranzadern als auch der Zufluß von Nervensaft erforderlich. Wenn das Herz sich zusammenzieht, so dehnt es die großen Arterien und treibt das Blut hinaus. Zugleich wird der Zufluß des Nervensaftes dabei unterbunden. Das Herz kehrt also durch die Folgen der Zusammenziehung von selbst in den Zustand der Erschlaffung zurück. Die *Atmung* dient nicht der Abkühlung des Blutes, aber auch nicht der Aufnahme salpetriger Teilchen. Die Frage nach dem Nutzen der Atmung läßt sich nicht klar entscheiden. Der *Verdauungsvorgang* ist ein teils physikalischer, teils chemischer Prozeß. Hier sind seine Vorstellungen wenig originell und folgen weitgehend den Lehren der Iatrochemiker. Interessant ist wieder seine Sinnesphysiologie. Die Einstellung des *Auges* auf die Nähe erfolgt dadurch, daß der weiche Glaskörper, von außen zusammengedrückt, die Linse nach vorn auf die Cornea zu verschiebt und sie von der Netzhaut entfernt. Kurzsichtigkeit entsteht durch allzu große Länge des Bulbus oder durch allzu große Wölbung der Hornhaut, Weitsichtigkeit durch zu große Annäherung der Netzhaut an die Hornhaut. Von Interesse ist seine Deutung des *Hörvorganges*, die so große Annäherung an moderne Vorstellungen hat, daß ich sie (nach der Übersetzung von J. P. Eberhard [110]) wörtlich wiedergebe: ,,Sollen die Thöne harmonisch klingen, so müssen die Saiten entweder die gleiche Länge, Dicke oder Spannung haben. Es müssen also hier in denen inneren Theilen des Ohres nothwendig Saiten von verschiedener Länge oder Dicke und Spannung vorhanden sein. Dieses findet sich würklich in der Scheidewand des gekrümmten Ganges. Denn da diese wegen der konischen Figur des Ganges unten breiter ist als oben und fast in einem Punkt aufhört, und folglich die geringste mögliche Länge hat, so fallen zwischen diese äußerste Spitze und die Grundlinie unzehlig viel verschiedene Längen. Die längsten können daher füglich die tiefen Thöne, die kürzesten die hohen ausdrücken. Hieraus sehen wir, warum wir die Thöne so genau unterscheiden. Ingleichen, warum wir weder einen gar zu großen noch einen gar zu kleinen Schall deutlich empfinden, weil nemlich keine so kurze noch so lange Saite, als zu harmonischer Ausdrückung des Schalles erforderlich wird, in diesem Körper zu finden ist. Man sieht auch hieraus, warum die untere Helfte dieser Scheidewand von Knochen sei, damit nemlich die Saiten der oberen Haut in derselben könnten befestigt werden. Denn eine musikalische Saite wird nicht gehörig klingen, wenn sie an einen weichen Körper befestigt ist." Diese Auffassung BOERHAAVES geht wohl auf Anregungen von GUICHARD JOSEF DUVERNEY (1648—1730) zurück, nach dessen Auffassung das Trommelfell bereits den Höreindruck im einzelnen vorbereitet. Über die Gehörknöchelchen und die Schnecke wird dieser an das Gehirn weitergeleitet, wobei entsprechende Organe durch Mitschwingen, ähnlich wie bei abgestimmten Saiten, diesen Vorgang unterstützen. BOERHAAVE hat diesen Gedanken wesentlich klarer weiterentwickelt (s. A. KREIDL [223]).

Im großen und ganzen enthält die Physiologie BOERHAAVES keinen wesentlichen Zuwachs an neuen Tatsachen. Doch bedeutet sein Versuch, die Physik und Chemie zur Erklärung der Vorgänge in der organischen Struktur heranzuziehen und die medizinische Krankheitslehre und Therapie vom Boden naturwissenschaftlicher Erfahrungen systematisch zu begründen, einen lange nachwirkenden Anreiz zu ähnlichen Unternehmungen. BOERHAAVE hat vor allem seinen großen Schüler ALBRECHT VON HALLER für diese Fragen lebhaft interessiert und damit dem Ausbau der Physiologie in der zweiten Hälfte des 18. Jahrhunderts den Weg bereitet. Mit unwesentlichen Abweichungen gibt auch die „Physiologia" des einflußreichen Charitéarztes JOHANN THEODOR ELLER (1689—1760) in Berlin ganz BOERHAAVES Gedankengut wieder. JOHANN CHRISTIAN ZIMMERMANN gab im Jahre 1748 ELLERS Werk „Physiologia et pathologia medica seu philosophia corporis humani" in deutscher Sprache heraus. Ich gebe im folgenden einen Abschnitt über die Herzaktion wörtlich wieder, einerseits, weil der Inhalt völlig BOERHAAVES Lehren wiedergibt, und andererseits, weil der Schreibstil für die Zeit charakteristisch ist:

„Denn wenn das Herz itzt in der Systole durch den Einfluß des Liquidi nervosi constringieret ist, so dehnet das eintretende Geblüt in dem Moment die Sacculos venosos, die beiden Auriculas und die 2 großen Arterien gewaltsam auf, wodurch notwendig der über alle diese Teile sich ausbreitende Plexus nervorum cardiacus comprimieret und dadurch der Einfluß des Liquidi subtilissimi nerveoaetherei zur Constriktion des Hertzens gehemmt wird: Derohalben läst die constrictio des Hertzens nach, das Geblute dringet ex Auriculis zum Hertzen ein, und die Arterien constringieren sich denselben Moment gleichfalls wieder, daß also das Liquidum nerveum in dem Plexus wieder Lufft bekommt und von neuem in Musculum cordis eintreten kann, wodurch also eine beständige, abwechselnde Systole und Diastole verursacht werden kann." (2. Aufl. 1757, S. 509.)

BOERHAAVES „Institutiones medicae" erschienen seit 1708 in immer neuen Auflagen. 1714 erfolgte die erste Übertragung ins Englische, 1740 ins Französische, 1754 unter dem Titel „Phisiologia" (von JOH. PETER EBERHARD) ins Deutsche. Dies Buch von BOERHAAVE war das *erste akademische Lehrbuch der Physiologie für Studenten*. Die Wirkung dieses Titels: „Institutiones medicae" läßt sich in der

INSTITUTIONES

MEDICÆ,

In ufus annuæ

EXERCITATIONIS

DOMESTICOS,

Digeſtæ ab

HERMANNO BOERHAAVE.

LVGDVNI BATAVORVM,

Apud JOHANNEM vander LINDEN. P. & r,

MDCCVLXX,

Abb. 34. Titelblatt des ersten Physiologiebuches für Studenten, der „Institutiones Medicae", von H. BOERHAAVE. Leyden 1708.

Bezeichnung englischer und amerikanischer Lehrstühle für diesen Lehrgegenstand verfolgen. Sie hießen seit damals vielfach „Institutes of Medicine" und hatten vornehmlich Physiologie im Sinne Boerhaaves zum Lehr- und Forschungsgegenstand. So entstand in Edinburgh im Jahre 1726 ein Lehrstuhl mit der Bezeichnung „Institutes of Medicine" unter Boerhaaves Schüler Andrew Sinclair. Er wurde erst 1874 in einen solchen für „Physiologie" umgewandelt (J. F. Fulton *144*]). —

„Medicina rationalis systematica", so lautet der charakteristische Titel des Hauptwerkes von Friedrich Hoffmann, welches im Jahre 1738 erschien. Daraus spricht das Bestreben des Verfassers, dem Geiste der Aufklärung, des Rationalismus entsprechend, die Medizin von der Vernunft her verstandesmäßig und systematisch nach einheitlichen Prinzipien zu begründen. **Friedrich Hoffmann** (1660 bis 1742) nimmt eine Mittelstellung zwischen dem Mechanisten Boerhaave und dem Vitalisten Stahl ein. Der menschliche Organismus besteht nach ihm aus Fasern, an denen sich alle Bewegungen abspielen. Leben ist Bewegung und zeigt Wirkung und Gegenwirkung, Zusammenziehung und Ausdehnung. Tod ist Stillstand der Bewegung. Der Körper ist eine Art von Maschine, die jedoch von dem „Nervenfluidum" gespeist wird. Dieses entsteht aus dem Äther, einem dynamisch-materiellen Prinzip, welches das Weltall erfüllt und bei der Atmung in den Körper gelangt. Dieses Nervenfluidum regelt den Spannungszustand der Fasern, den Tonus. Zuviel Tonus bewirkt Spasmus, zu wenig die Atonie. Das Nervenfluidum ist identisch mit der Seele, welche also als eine „substantia materialis" aufzufassen ist. Das Organ der Blutbereitung ist die Lunge, in welcher Bestandteile des Chylus nach ihrem Übertritt in die Blutbahn in den Lungengefäßen in kleine Teilchen gespalten werden, die sich dann wieder zu neuen Formen zusammenlagern. Diese Spaltung erfolgt bei der Atmung in der Lunge durch die Luft, welche wie mit Pistillen auf die Flüssigkeit drückt. Mit der Atmung wird keine Luft, sondern nur Äther aufgenommen. Hoffmann sowohl wie Boerhaave waren also von einem Verständnis der Atmung weiter entfernt als das vorangehende Jahrhundert (Fundamenta physiologiae, Halle 1718, [*194*]). Friedrich Hoffmann war in Halle geboren und stark von Boyle beeinflußt. Er war einer der berühmtesten Ärzte seiner Zeit. Seit 1694 hatte er die Stellung eines Professors an der Universität seiner Heimatstadt inne. Im Jahre 1709 machte ihn Friedrich I. zu seinem Leibarzt in Berlin. Er verließ aber diese Stadt bald wieder und nahm erneut seine Tätigkeit in Halle auf. Seine leichtverständliche Doktrin, sein angenehmes Wesen machten Hoffmann allgemein beliebt.

Ganz im Gegensatz dazu war sein Kollege **Georg Ernst Stahl** (1660—1734) ein schwieriger Charakter, zugleich ein Mann von pietistischer Frömmigkeit (Abb. 35). Daß die beiden so verschiedenen Männer, die in Halle am gleichen Ort wirkten, sich nicht recht vertrugen, erscheint verständlich. Dabei stand der Ruhm Stahls demjenigen Hoffmanns um nichts nach. Stahl wurde 1660 in Ansbach geboren und wurde im Jahre 1694 auf Veranlassung Hoffmanns ebenfalls Professor in Halle. An Stelle Hoffmanns ging er 1716 nach Berlin und wirkte hier als königlicher Leibarzt bis zu seinem Tode im Jahre 1734.

Stahl war, ähnlich wie van Helmont, ein Verächter der Anatomie und Physiologie. Insofern können wir kaum eine *unmittelbare* Förderung dieser Wissenschaften durch ihn erwarten. Sein Standpunkt ist den „mechanistischen" Lebenslehren seiner Zeit diametral entgegengesetzt. Denn die Ursache der Zweckmäßigkeit der Organe und ihrer Leistungen liegt weder in ihrer Struktur noch in dem Mechanismus ihrer Tätigkeit, sondern beruht einzig und allein auf einem immateriellen Prinzip, der Seele oder der „anima". Sie allein belebt die an sich tote Materie. So führte Stahl ein vitalistisches Moment in die Lehre vom Leben ein und wurde zum Begründer des „Animismus", der bald eine beträchtliche Verbreitung gewann und einen maßgeblichen Einfluß auf viele bedeutende Männer des 18. Jahrhunderts ausgeübt hat.
Schon in seiner ersten Veröffentlichung „De sanguinificatione" (1684) sind dergleichen vitalistische Gedankengänge spürbar. (Das Hauptwerk Stahls, die „Theoria medica vera",

erschien zuerst im Jahre 1708 in Halle.) Bei STAHL erneuert sich also wieder jene von Zeit zu
Zeit immer wiederkehrende Bestrebung, mit der Annahme einer nicht natürlichen Kraft die
noch unerklärten Vorgänge des Lebendigen metaphysisch zu deuten (s. R. KOCH [226, 227]).
Daß dieses kein wissenschaftliches Vorgehen ist, erscheint uns heute klar. Doch ist der Vitalismus stets die Antwort und der Rückschlag auf längere Zeit vorherrschende mechanisch-
physikalisch-chemische Strömungen in der Biologie und Medizin. Dabei läßt man diese metaphysischen Prinzipien stets das leisten, was der experimentellen Kausalforschung aufzuklären
noch nicht gelang. Man läßt sie daher in jedem Jahrhundert etwas anderes leisten. Der Vitalis-

Abb. 35. GEORG ERNST STAHL (1660—1734).

mus STAHLS setzte sich unter anderem in den Lehren von FRANÇOIS
BOISSIER DE LA CROIX DES SAUVA-
GES (1706—1767) fort, der seit 1732
als Professor in Montpellier wirkte.
Auf ihn und auf die Philosophie
CONDILLACS gründet sich wieder
der Vitalismus eines THÉOPHILE DE
BORDEU (gest. 1776) mit seinem be-
seelenden und belebenden Prinzip
„la nature“, und ebenso die Lehre
vom „vitalen Prinzip“ seines Schülers PAUL JOSEPH BARTHEZ (gest.
1806) in Montpellier und endlich
die vitalistische Einstellung von
FRANZ XAVER BICHAT (gest. 1802),
des Begründers der allgemeinen
Pathologie. In Deutschland vertrat später wiederum JOHANN
FRIEDRICH BLUMENBACH (1752 bis
1840) ähnliche Gedanken in der
Annahme eines „Nisus formati-
vus“, eines „Bildungstriebes“, eine
Vorstellung, zu der er durch die er-
staunlichen regenerativen Leistungen von Polypen angeregt wurde.
Er wirkte fast 60 Jahre in Göttingen
als vergleichender Anatom, Physiologe, Arzt und „Antropologe“.
Er förderte besonders die Lehre
von der Entwicklung, wobei er
entschieden den Standpunkt der
Epigenetiker vertrat. Seine originelle Persönlichkeit, sein lebhafter
Geist und seine philosophische
Naturanschauung fesselten Generationen von Hörern, die aus allen Teilen Europas zu ihm
kamen. Schließlich war auch der bedeutende englische Chirurg JOHN HUNTER (1728—1793)
stark von STAHL beeinflußt.

Wir wollen nach dieser Abschweifung noch einmal zu STAHL selbst zurück-
kehren. Denn die bedeutendste und nachwirkendste Leistung dieses Mannes liegt
auf *chemischem* Gebiet, das er hervorragend beherrschte. Angeregt von JOHANN
JOACHIM BECHER (1635—1682) entwickelte er die „*Phlogistonlehre*“, die er in seiner
Schrift „Zymotechnia fundamentalis sive fermentationis theoria generalis“ (Halle
1697) zuerst dargestellt hat. Die Phlogistonlehre ist eine Theorie aller später als
Oxydation bezeichneten Vorgänge. STAHL nahm an, daß aus allen diesen Prozessen, bei der Verbrennung oder der Verkalkung von Metallen oder bei der Atmung
und Gärung ein brennbarer Bestandteil, BECHERS „brennbare Erde“, hier als
„Phlogiston“ bezeichnet, entweiche. Die Phlogistontheorie war falsch, denn wir
wissen heute, daß Oxydationen nicht durch die Abgabe, sondern durch die Aufnahme eines Stoffes gekennzeichnet sind. Nichtsdestotrotz wurde diese Theorie für
die Entwicklung der anorganischen, der organischen und physiologischen Chemie
von höchster Wichtigkeit. Denn hier wurde zum ersten Male in der Phlogistierung
(Aufnahme von Phlogiston) und Dephlogistierung (Entziehung von Phlogiston)

die Umkehrbarkeit chemischer Prozesse zu einem allgemeinen Grundsatz erhoben, und zugleich wurde gezeigt, daß sich ein und derselbe Vorgang sowohl im Bereich des Toten als auch des Lebendigen gleicherweise vollzieht. Die Phlogistonlehre zählte die bedeutendsten und geschicktesten Chemiker des 18. Jahrhunderts, z. B. PRIESTLEY, SCHEELE, CAVENDISH, WENZEL und RICHTER (s. Tab. 3) zu ihren Anhängern eben wegen der klaren Herausstellung der Umkehrbarkeit von Verbrennung ⇆ Wiederherstellung als einem allgemeingültigen Naturprinzip. STAHL übersah durchaus nicht, daß bei der Oxydation (Dephlogistierung) das Gewicht der verkalkten Metalle zunimmt. Doch „für STAHL war maßgebend das allen brennbaren Stoffen Gemeinsame, die sinnfällige Licht- und Wärmeentwicklung, wobei die einen Stoffe eine Gewichtszunahme, die anderen aber eine Gewichtsverminderung haben könnten; das Wesentliche der Brennbarkeit lag also in der gemeinsamen Energieumwandlung als Licht und Wärme, und hinter ihnen erblickte er als Ursache das Phlogiston" (P. WALDEN [417]). Die Nachwirkung der Phlogistontheorie kann hier nur angedeutet werden. HENRY CAVENDISH (1731 bis 1810) hat den von ihm erstmalig dargestellten Wasserstoff zunächst für das reine Phlogiston gehalten. Er isolierte auch zuerst den Stickstoff, die „mephitische Luft", aus der atmosphärischen Luft. Allerdings kam ihm D. RUTHERFORD mit der Mitteilung der gleichen Entdeckung zuvor. CAVENDISH hat sowohl die Zusammensetzung der Luft als auch die des Wassers erstmalig richtig angegeben und damit für die weitere Bearbeitung physiologischer Probleme, z. B. der Atmung und des Stoffwechsels, eine wichtige Voraussetzung geschaffen. Die gleiche Bedeutung hat die Darstellung des Sauerstoffes durch CARL WILHELM SCHEELE († 1786) und JOSEPH PRIESTLEY († 1804). SCHEELE hatte den Sauerstoff, seine „Feuerluft", schon 1771/72 dargestellt, aber J. PRIESTLEY, der seine „dephlogistierte" Luft, wie er das Gas nennt, erst 1774 darstellte, kam SCHEELE mit der Veröffentlichung zuvor (vgl. S. M. JÖRGENSEN [216a]). PRIESTLEY hat auch beobachtet, daß dieses Gas die Verbrennung vielmals besser unterhält als gewöhnliche Luft und daß es das gleiche Gas ist, welches das Blut in der Lunge rötet. So haben STAHLs chemische Erkenntnisse und Theorien bis ins letzte Drittel des Jahrhunderts fruchtbar nachgewirkt und zu Entdeckungen geführt, die schließlich in den Händen des genialen LAVOISIER ein Werkzeug zum Sturz der Phlogistonlehre und zur Aufstellung der richtigen, heute noch gültigen Lehre von der Oxydation gewesen sind.

2. Albrecht von Haller und der Stand der Physiologie um die Mitte des 18. Jahrhunderts.

Zu den treuesten und bedeutendsten Schülern HERMANN BOERHAAVEs rechnet der große ALBRECHT VON HALLER (1708–1777) (Abb. 36), dessen schriftliches Lebenswerk uns relativ leicht in die Lage versetzt, den in der Mitte des 18. Jahrhunderts nach mehrhundertjähriger Entwicklung erreichten Stand physiologischen Denkens und physiologischer Kenntnisse zu überschauen und darzustellen. ALBRECHT VON HALLER (ALBERTUS HALLER) wurde am 16. Oktober 1708 in der Schweizer Stadt Bern als Kind frommer pietistischer Eltern geboren. Er war ein eigenwilliger, empfindsamer Knabe. Schon früh beschäftigte er sich mit literarischen und naturwissenschaftlichen Versuchen, welche deutlich die Anlage zum Enzyklopädisten erkennen lassen. Mit 15 Jahren bezieht er die Universität Tübingen, ohne hier große Eindrücke zu gewinnen. Dann geht er 1725 nach Leyden, wo er zwei Jahre unter BOERHAAVE, ALBINUS und GAUB studiert. Die Leydener wissenschaftliche Luft regt ihn aufs stärkste an. Nach seiner Promotion im Jahre 1727 führten ihn weite Reisen zu DOUGLAS und CHESELDEN in London, zu

Winslow, dem bedeutenden Anatomen in Paris, und zu Johann Bernoulli, dem Mathematiker in Basel. Im Alter von 21 Jahren läßt er sich in Bern als praktischer Arzt nieder (1729). Sein lebhafter wissenschaftlicher Kopf bleibt von der Praxis unbefriedigt. Botanische und anatomische Studien halten ihn aber in Kontakt

Abb. 36. Albrecht von Haller (1708—1777). Bildnis von Haid aus dem Jahre 1745. (Aus A. Weese, Die Bildnisse A. v. Hallers, Bern 1909.)

mit der Forschung seiner Zeit. Im Jahre 1734 beruft man ihn an ein eigens für ihn erbautes „anatomisches Theater" in Bern. Hier beginnen bedeutsame Arbeiten, die ihm, dem 28jährigen (1736), den Ruf als Ordinarius für Botanik, Anatomie und Medizin an die neugegründete Universität Göttingen eintragen. 17 Jahre hat Haller hier mit großem Erfolg und rastlosem Fleiß gewirkt. Er soll nur 4 Stunden täglich geschlafen haben. Alle übrige Zeit galt seiner Arbeit. Ein botanisches Institut wird gegründet, ein eigenes anatomisches Institut entsteht. Hier hat Haller etwa 360 Leichen seziert oder präpariert. Hier leitete er seine Schüler an und gab als Frucht seiner anatomischen Studien prächtige Tafeln zur Gefäßanatomie heraus, die dank einer hervorragenden Injektionstechnik neue wertvolle Erkenntnis enthielten („Tripus Halleri"). Die von Haller gegründeten (1739) und geleiteten „Göttinger Gelehrten Anzeigen" brachten neben Originalmitteilungen viele sorgfältige Rezensionen von wissenschaftlichen Veröffentlichungen auf allen Gebieten. Als Frucht seiner Beschäftigung mit der Physiologie erschienen 1747 die „Primae lineae physiologiae" in erster Auflage. Im Jahre 1752 trägt Haller vor der „Göttingischen Gesellschaft der Wissenschaften" als Ergebnis langjähriger experimenteller Untersuchungen seine Ansicht „De partibus corporis humani sensibilibus et irritabilibus" vor. Er unternimmt darin den Versuch, zwischen den empfindlichen und reizbaren (= kontraktilen) Teilen des tierischen und menschlichen Körpers zu unterscheiden. Mißhelligkeiten, Heimweh und anderes veranlassen Haller 1753, seine Tätigkeit in Göttingen aufzugeben. Er kehrt in die Schweiz zurück, wo er in staatlichen Diensten unter anderem jahrelang die Stellung eines Salinendirektors bekleidete. Diese Beschäftigung ließ ihm genügend Zeit, und so entstand unter seinen rastlos fleißigen Händen in den Jahren 1756 bis 1766 neben anderen Werken eine große zusammenfassende, erste handbuchartige Darstellung der Physiologie, die „Elementa physiologiae corporis humani" in 8 dicken Bänden. Daneben beschäftigten ihn embryologische, botanische und anatomische Untersuchungen und Veröffentlichungen. Hoch geehrt, als eine in ganz Europa berühmte Autorität, ist HALLER am 12. Sept. 1777 in Bern gestorben. (Biographisches siehe bei H. SIGERIST [367], G. IMHOF [212], E. HINTZSCHE [185], K. SUDHOFF [164].)

HALLER ist hinsichtlich seiner enzyklopädistischen Arbeitsweise ganz ein Kind seines Jahrhunderts. Von der Wirkung des rationalistisch-aufklärerischen Zeitgeistes zeugen u. a. seine moralisierend-didaktischen Gedichte (z. B. „Die Alpen" 1729). Aber in vieler Hinsicht ist HALLER keineswegs ein Kind des Aufklärungszeitalters (ST. D'IRSAY [213a]). In VOLTAIRE, dem Rationalisten, Deisten oder sogar Atheisten, dem fortschrittsgläubigen Empiristen und naturwissenschaftlich orientierten Mechanisten, prägt sich der wahre Geist des Jahrhunderts am schärfsten aus, ebenso bei dem französischen Materialisten LAMETTRIE [263], dessen Schrift „L'homme machine" (1748) HALLERs lebhaften Widerspruch herausforderte. HALLER dagegen ist sein ganzes Leben lang der treue Anhänger eines frommen Theismus pietistischer Richtung gewesen. HALLERS Naturauffassung und Lebensweisheit findet einen schönen Niederschlag in seinem Wort, das er in einem Gedicht aus dem Jahre 1732 niederschrieb: „Ins Innere der Natur dringt kein erschaffner Geist, zu glücklich, wenn sie noch die äußere Schale weist."[1] Und doch ist es ihm, wie wenigen zuvor, gelungen, den Griff in die Geheimnisse des Lebendigen zu tun und einige seiner Rätsel zu entwirren. Von den deskriptiv-anatomischen und botanischen Leistungen HALLERs soll hier nicht die Rede sein. Wichtiger ist uns sein physiologisches Lebenswerk. Seine große zusammenfassende Darstellung des Standes physiologischer Probleme in den „Elementa" erlaubt es uns, zunächst ein kurzes Querschnittsbild des physiologischen Wissens um die Hälfte des Jahrhunderts zu geben. Dabei kann man sich gut an die erwähnten „Primae lineae physiologiae" halten, welche in vielen Auflagen immer wieder neu gedruckt wurden und in Aufbau und Inhalt im wesentlichen eine gekürzte Fassung des großen achtbändigen Werkes [165] darstellen.

Die Elemente der festen Teile des Körpers sind die Fibern oder *Fasern*, bei denen erdige Bestandteile durch eine leimige Substanz zusammengehalten werden. Diese Fasern kommen in dreierlei verschiedener Art vor, als Zellgewebsfaser, als Muskelfaser und als Nervenfaser. Das *Zellgewebe* besteht aus unzähligen kleinen Blättchen und verbindet die Teile des menschlichen Körpers. Aus ihm bestehen auch Membranen, Gefäße, Tunicae; es befestigt Gefäße, Nerven, bedingt die Gestalt der Teile, bildet Drüsen, Eingeweidegänge usw. Daneben existieren im Körper noch zwei weitere Arten von Fasern, denen gleicherweise eine spezifische Struktur und eine spezifische Funktion zukommen. Hier liegt eine bahnbrechende Leistung HALLERs vor, indem er erstmalig die Zuordnung bestimmter Leistungen zu einer bestimmten Gewebsstruktur vornimmt (vgl. A. BERG [23]). Auf unzählige Tierexperimente gestützt, gibt er in seiner Schrift: „Über die empfindlichen und reizbaren Teile des Körpers" (vgl. K. SUDHOFF [164]) aus dem Jahre 1752, die epochemachende Entdeckung bekannt, daß es nur ganz bestimmte Teile sind, auf deren irgendwie geartete Schädigung das Tier mit Schmerzäußerung reagiert und dadurch ihre Empfindlichkeit (Sensibilität) verrät, während andere Teile ohne merkliche Empfindlichkeit (Sensibilität) sich auf jeden mechanischen, chemischen, elektrischen Reiz zusammenziehen, also Irritabilität oder Reizbarkeit besitzen. Zu den empfindlichen Teilen mit *Sensibilität* rechnet er die Haut, das Muskelfleisch, die Zunge, die Eingeweidehäute, das Herz, die Nerven u. a. m., zu den unempfindlichen die Oberhaut, das Zellgewebe, Sehnen, Bänder, Gelenkkapseln, Periost, Dura mater u. a. m. Reizbar — d. h. nach unserem heutigen Sprachgebrauch kontraktil — sind die Muskeln des Skeletts, ferner die der Blase, des Uterus, der Därme, vor allem aber das Herz. Nicht reizbar und sich nicht verkürzend sind Haut, Zellgewebe, Lungen, Leber, Milz, Nerven u. a. m. Die Verkürzungsfähigkeit, die *Irritabilität*, kommt allen Organen mit Muskelfasern zu, die Empfindlichkeit, die Sensibilität, aber allen Organen mit Nervenfasern. Die Irritabilität ist von allen elastischen Kräften toter Körper verschieden, sie kommt nur lebendigen Geweben zu. Sie ist wie die Sensibilität eine spezifisch vitale Eigenart. Während STAHL die vitalen Eigenschaften des Organismus einem immateriellen Prinzip, der „anima", zuschreibt, sind sie bei HALLER Kräfte, die der lebenden Faser selbst inne-

---

[1] Der Spruch stammt aus HALLERS Gedicht „Falschheit menschlicher Tugenden". GOETHE hat ihn in seinen Gedichten „Allerdings" und „Ultimatum" etwas abgeändert verwandt. (BÜCHMANN.)

wohnen. Insofern steht HALLER dem STAHLschen Animismus ferner und dem BOERHAAVEschen
Mechanismus näher, doch begünstigt er mit der Feststellung der Eigengesetzlichkeit belebter
Strukturen später vitalistische Richtungen des 18. Jahrhunderts (vgl. S. 80). Das *Herz* ist nach
HALLER das reizbarste Organ des Körpers und besteht aus Muskelfasern bestimmter Schich-
tung. Zahlreiche Nerven versorgen es. Das Fleisch des Herzens wird durch das einfließende und
schwere Blut gereizt und zur Zusammenziehung gebracht. Die Nerven bedingen den Herzschlag nicht, denn auch ohne Verbindung mit Gehirn und Nerven und nach Herausnahme aus
dem Körper zieht sich das Herz durch Füllung mit Blut, Luft und durch den elektrischen Funken zusammen. Einzelne Streifen des Herzens zucken noch weiter. Der Schlag des Herzens
hat nichts mit dem Druck des Blutes auf die Herznerven (gegenüber BOERHAAVE, s. S. 72) zu
tun, denn es gibt Herzen, die anatomisch ganz andere Verhältnisse als der Mensch haben und
doch alternierend Systole und Diastole zeigen. Die Kranzarterien sind bei der Systole auch
nicht leer, wie das Spritzen des Blutes aus eröffneten Kranzarterien während der Systole zeigt.
Die Kraft des Herzens ist sehr groß, sie wird in Pfund angegeben. D. BERNOULLIS Rechnung
wird nicht richtig verstanden (vgl. S. 64). Die große Reibung in den Gefäßen kann nur durch
eine hohe Kraft überwunden werden. Das Blut fließt entsprechend HARVEYS Lehren durch
die Arterien vom Herzen weg und durch die Venen zurück. Einige Ligaturversuche bestätigen
die *Kreislauflehre*. Der Übergang zwischen Arterien und Venen erfolgt durch feinste Gefäße,
die man sich durch Injektion der Blutwege ansichtig machen kann. Das Blut strömt konti-
nuierlich, trotz pulsierenden Zuflusses, wohl deshalb, weil die feinen Gefäße in der Peripherie
den Geschwindigkeitsunterschied von systolischer und diastolischer Blutbewegung ver-
wischen. Der Puls entsteht durch die Blutwelle, welche das Gefäß ausdehnt, ist also durch die
örtlich vermehrte Blutfüllung bedingt. Die Anfüllung wirkt auf die Arterie als Reiz, so daß
sie sich zusammenzieht und das Blut weiterdrückt. In den Blutgefäßen herrscht eine starke
Reibung (Wandreibung, Flüssigkeitsreibung, Korpuskelreibung, winkliger Gefäßabgang).
Dadurch entsteht einerseits ein Kraftverbrauch für das Herz, andererseits die *Wärme* des
Blutes, die durch diese Reibung in den Gefäßen hervorgerufen wird. Die Einatmung fördert
den Einstrom, die Ausatmung hemmt den Zustrom des Blutes zur Lunge durch die wech-
selnde Weite und die Reibungsverhältnisse in den Lungengefäßen. In der Stunde kreist das
Blutvolumen (Schlagvolumen) von etwa $1^1/_2$ Unzen (vgl. HARVEY, S. 53) etwa $23^1/_2$mal. Das
Blut enthält Wasser, gerinnbare Anteile, Kochsalz, Erdiges und Eisenerde. Es ist weder alkalisch noch sauer. In ihm befinden sich die roten Blutkörperchen, die den Cruor ausmachen,
in welchem sich Eisen befindet. Die Blutkörperchen werden durch die Reibung in den Gefäßen rund geschliffen. Die Blutmenge im Kreislauf beträgt etwa 28 Pfund. Die Wärme entsteht im roten Teil des Blutes. Sie „läßt sich nicht durch eine so dunkle Sache wie die Lebenskraft erklären". Zwischen arteriellem und venösem Blut besteht kein nennenswerter Unterschied. Eine Luftaufnahme in das Blut findet in der Lunge nicht statt. Die Rötung des Blutes
kommt nicht von der Luft, und von der Aufnahme eines salpetrigen Luftbestandteils kann
keine Rede sein (MAYOW, S. 59). Die *Atmung* erfolgt bei passivem Verhalten der Lunge
durch Erweiterung des Thoraxraumes: Die Luft strömt ein, weil die Lungenluft dabei dünner
wird. Die Hebung der Rippen erfolgt durch die Musculi intercostales externi und interni. Die
Lunge liegt, wie seine eigenen Experimente zeigen, der Thoraxwand an. Der Pleuraraum ist
frei von Luft. Eröffnet man den Pleuraraum, so zieht sich die Lunge von der Wand zurück.
Die *Drüsen* geben ihre Sekrete meist unmittelbar aus feinsten Öffnungen der aushauchenden
Arterie ab. Die Qualität der Sekrete bestimmt sich aus der Weite der engsten Gefäße, die kein
Blutkörperchen mehr durchlassen und nur spezifische, feinste Teilchen passieren lassen (rein
mechanische Drüsentheorie). Das *Gehirn* ist stark durchblutet und erhält etwa den 6. Teil
des Blutes. Die Hirnhaut hat keine Eigenbewegung (gegen G. BAGLIVI und A. PACCHIONI),
sie pulsiert nur mit der Atmung und ist empfindungslos. Das Gehirngrau ist gefäßreich und
nicht von drüsiger Struktur (gegen MALPIGHI, s. S. 67). Druck auf die Stellen des Gehirns oder
Rückenmarks, von denen Nerven ausgehen, läßt die Nervenfunktion ausfallen. Ein gedrückter
Nerv verliert seine Leitfähigkeit. Dieser Vorgang kann daher nicht elektrischer Natur sein,
denn der elektrische Strom läßt sich durch einen Druck nicht unterbrechen. Der Sitz der
Seele ist weder in der Zirbeldrüse (vgl. DESCARTES, s. S. 38) noch im Corpus callosum zu
suchen. Auch hat das Kleinhirn (entgegen WILLIS' Theorie, s. S. 57) keine besondere Bedeutung für die Verrichtungen der inneren Organe. Da die *Nerven* nicht straff gespannt sind, läßt
sich ihre Leitungsfunktion nicht durch eine mechanische Oszillation (gegen BORELLI) erklären.
Die Nervenfibern sind hohl und leiten einen Nervensaft, entweder zentralwärts bei der Empfindung oder peripheriewärts bei der Bewegung. Dieser Lebensgeist hat sicher nicht die Natur
des elektrischen Stromes. Der *Muskel* besteht aus zahlreichen, soliden, nicht hohlen Fasern
(gegen WILLIS und BOERHAAVE, s. S. 57), welche auch nicht in geometrischer Anordnung
verteilt sind (gegen N. STENSEN, s. S. 62). Die Fasern haben Irritabilität, d. h. die Fähigkeit, sich auf Reiz zusammenzuziehen. Der normale Reiz wird von Nerven übertragen. Die
arterielle Blutzufuhr trägt außer durch Ernährung nichts Direktes zur Muskelverkürzung bei
(gegen BOERHAAVE, s. S. 71). Die Muskeln des Herzens und der Därme verkürzen sich

unabhängig vom Nervensystem durch besondere Reize. Das *Hören* erfolgt durch Schwingungen der Luft, welche von schwingenden Körpern abgegeben werden. Die Tonhöhe hängt von der Zahl der Schwingungen ab. Der Schall geht bei allen Tonhöhen mit gleicher Geschwindigkeit fort. Die Erschütterungen des Paukenfells (Trommelfells) werden über die Gehörknöchelchen weitergeleitet. Das ovale Fenster mündet in den Vorhof, von dem die halbzirkelförmigen Kanäle und der Schneckengang ausgehen. Das Spiralblatt der Schnecke läßt an Saiten verschiedener Länge denken, deren unterste am längsten und deren oberste am kürzesten sind. Wie die Zirkelkanäle und die Schnecke beim Hören wirken, ist unklar. Die Hornhaut des *Auges* sammelt durch Brechung die einfallenden Strahlen. Die Linse, die keine Feuchtigkeit ist (vgl. S. 67), verstärkt diese Brechung weiterhin, der Glaskörper auch etwas. Auf der empfindenden Netzhaut entsteht ein umgekehrtes scharfes Bild des Gegenstandes Punkt für Punkt. Die Sehnerveneintrittsstelle ist blind (E. Mariotte 1668). Beim scharfen Sehen in die Nähe oder Ferne muß das Bild stets auf die Netzhaut fallen. Man hat (vgl. Boerhaave, S. 71) eine Ortsveränderung der Linse angenommen, doch ist keine Struktur bekannt, die das bewirken konnte. Wahrscheinlich genügt die Verengung des Sehlochs beim Nahesehen. Das Einfachsehen hängt nicht mit der anatomischen Vereinigung oder Kreuzung der Sehnerven zusammen. Wir sehen dann einfach, wenn die Bilder der Objekte „auf gleiche Orte" der Netzhaut fallen. Der Speichel unterstützt durch seine Schnellkraft die *Verdauung* der Nahrung im Mund. Der Magensaft ist weder sauer noch alkalisch. Der Hunger entsteht durch ein Aneinanderreiben der Magenfalten im leeren Zustand. Der Pankreassaft unterstützt, ähnlich wie der Speichel, den Zerfall der Speisen. Die Leber läßt aus den Gefäßen der Pfortader Flüssigkeit in die Gallengänge austreten. Die Galle überwindet im Darm das Saure der Nahrung, löst „geronnene Milch" und „öhlichte Sachen" auf und regt die Darmtätigkeit an. Der Darmsaft führt die Zerlegung der Nahrung fort. Außerdem erfolgt hier die Aufsaugung in die Gekrösevenen und Milchgefäße. Die *Nieren* sondern aus dem Blut Wasser und Salze ab, indem diese Substanzen aus den engen Gefäßwegen herausgedrückt werden, während normalerweise die dickeren Bestandteile z. B. das Gerinnbare des Blutes und die Blutkörperchen zurückgehalten werden.

Wir wollen damit den Querschnitt durch Hallers Physiologie beenden und eine abschließende Wertung seiner Stellung in der Geschichte der Physiologie versuchen. Haller ist in erster Linie Anatom. Er geht bei der Frage nach den Verrichtungen der Organe von der Struktur aus. Das Experiment ist bei ihm fast stets ein anatomisches Experiment, z. B. Unterbindung, Präparation, Injektion der Gefäßbahnen usw. Insofern ist die Physiologie bei Haller meist „Anatomia animata", also belebte Anatomie. Er befürwortet die Vivisektionen, aber er hält die Benutzung des Mikroskopes für weitgehend überflüssig. Er schreibt in dem Vorwort der „Elementa": „Superest, ut microscopio oculos armemus, quibus in eas minutias penetremus." Experimente verleiten leicht zu Irrtümern, wenn sie nur *einmal* ausgeführt werden. „Nullum umquam experimentum administratio nulla. Plurima sunt aliena, quae se in experimenta inmiscent." Er betont die Bedeutung der Chemie und der Physik (Hydraulik), doch legt er auf physikalische Deutungen weniger Gewicht als manche Vorgänger. Haller verdient größte Bewunderung für die sichtende und kritische Darstellung der gesamten bisherigen Literatur. Er ist ein Polyhistor und Enzyklopädist ersten Ranges, ohne natürlich stets zum richtigen eigenen Urteil zu gelangen. Seine bedeutendsten originellen Leistungen in der Physiologie sind neben der Aufstellung der Sensibilität und Irritabilität die Betonung der Herzautomatie, der Beweis der Luftleere des Pleuraspaltes, die Ablehnung der aktiven Systole der Dura, die Ablehnung der verbreiteten Lokalisationsversuche für den Sitz der Seele, die Klarstellung der Beziehungslosigkeit von Kleinhirn zur Herzbewegung und zu den übrigen vegetativen Vorgängen. Aber auch manche Irrtümer und Unklarheiten blieben bestehen und haben lange nachgewirkt, z. B. die Entstehung des Herzschlags durch Blutreiz, die Entstehung der tierischen Wärme durch Reibungsvorgänge im Blut, die Ablehnung elektrischer Prozesse in der Nervenfunktion, seine Auffassung von der Bedeutungslosigkeit eines Luftanteils für den Atmungsvorgang usw. Die Autorität Hallers hat also auf vielen Gebieten anregend, auf einigen hemmend gewirkt. Seine Lehre von der Sensibilität und Irritabilität als von spezifisch lebendigen Kräften ging sehr schnell in die Krankheitslehren der medizinischen Systematiker seiner Zeit über. Sie wurde sofort von den Vitalisten, besonders in Frankreich, aufgegriffen und ausgebaut. THÉOPHILE DE BORDEU erklärte auch die Drüsensekretion als einen spezifisch vitalen Vorgang. Nach dem schon erwähnten JOHANN FRIEDRICH BLUMENBACH sind die eigentlichen Lebenskräfte: 1. Zusammenziehbarkeit des Zellgewebes, 2. Irritabilität, 3. Sensibilität = Nervenkraft, 4. Kraft des besonderen Lebens und 5. Bildungstrieb [43]. In seiner berühmt gewordenen Fürstengeburtstagsrede vom Jahre 1793 hat KARL FRIEDRICH KIELMEYER (1765—1844) fünf Kräfte unterschieden, die in der Stufenfolge der Organismen in wechselndem Maße vorherrschen, die Sensibilität, die Irritabilität, die Reproduktionskraft, die Sekretionskraft und die Propulsionskraft [233, 324]. KIELMEYERS Theorie wurde ein wichtiger Ausgangspunkt für die Deutungen der romantischen Naturphilosophen. In England gründete WILLIAM CULLEN (1710—1790) seine solidarpathologische Krankheitslehre auf die Anomalien des Nervenprinzips. Sein Schüler JOHN BROWN (1735—1788) stellte in seinen „Elementa medicinae" (1780) eine Lehre auf, wonach Leben nur ein erzwungener, und zwar durch Reize aufrechterhaltener Zustand sei. Der Organismus beantwortet die Reize dank seiner Erregbarkeit. Bei normalem Reiz und normaler Erregbarkeit besteht Gesundheit. Zu schwache oder zu starke Reize und zu schwache oder zu starke Erregbarkeit bedingen Krankheiten. Die zwei Hauptformen der Krankheiten sind Asthenie und Sthenie. Diese „Erregungslehre" BROWNs hat eine uns heute schwerverständliche weite Verbreitung in Europa gefunden und eine Flut von Schriften für und wider hervorgerufen. Auf BROWN fußen auch wieder die Romantiker in der Medizin (vgl. K. FR. BURDACH [71]). So hat HALLERS Entdeckung, nach vielen Richtungen ausgedeutet, eine von ihm sicher nicht erwartete oder gewünschte Nachwirkung hervorgerufen.

Der Stil der HALLERschen Physiologie ist vornehmlich qualitativ, wie es der „Anatomia animata" entspricht. Quantitative Messungen treten noch weitgehend in den Hintergrund, obgleich schon vor ihm quantitative Versuche, z.B. von BORELLI, KEPLER, STENSEN, HALES, BOYLE und anderen, ausgeführt wurden. Man kann also das kaum mit dem Stande der physikalischen und chemischen Meßtechnik seiner Zeit erklären. Es war eben weniger HALLERS Art, Maß und Zahl in die Erläuterung der Lebensvorgänge hineinzubringen. Er treibt Physiologie an morphologischen Strukturen, hier liegt seine Größe und seine Grenze.

3. Die Physiologie am Ausgang des 18. Jahrhunderts.

In der zweiten Hälfte des 18. Jahrhunderts wurde eine ganze Reihe größerer Entdeckungen auf dem Felde der Physiologie gemacht, besonders auf dem Gebiet der Verdauungsphysiologie, der Gehirn-,

Abb. 37. RENÉ ANTOINE FERCHAULT DE RÉAUMUR (1683 bis 1757). (Mit Genehmigung der Eidgenöss. Sternwarte in Zürich.)

Rückenmarks- und Nervenphysiologie, der Atmung, des Gaswechsels, der tierischen Wärme und nicht zuletzt der tierischen Elektrizität.

Im Jahre 1752 erschien in den Mémoires der Pariser Akademie eine Abhandlung von Réné Antoine Ferchault de Réaumur (Abb. 37), einem in Rochelle (1683) geborenen Franzosen, mit dem Thema „Sur la digestion des oiseaux". Hier erzählt er, wie er zahme Gabelweihen kleine mit Fleisch oder anderen Substanzen gefüllte Röhrchen verschlingen ließ. Er untersuchte den Zustand ihres Inhalts, nachdem der Raubvogel die Röhrchen mit dem Gewölle wieder herausgebracht hatte. Er sah zum Beispiel, daß im Magen des Vogels Fleisch stärker als Mehlprodukte zersetzt wurde. Er gewann auch fast reinen Magensaft mit Hilfe von verschluckten und wieder erbrochenen Schwämmchen. Er starb 1757. Seine Beobachtungen wurden von Lazzaro Spallanzani (1729–1799) fortgesetzt, welcher lange Zeit den Lehrstuhl für Naturgeschichte an der Universität Pavia innehatte und zahlreiche Probleme durch seine Arbeiten gefördert hat (Abb. 38). In einer seiner bedeutenden Untersuchungen beschäftigte er sich mit der Frage, ob Infusionstierchen durch Urzeugung oder aus Keimen entstehen, und erbrachte schon vor Pasteur den Nachweis, daß in erhitzten und hermetisch verschlossenen Glasgefäßen keine Kleinlebewesen auftreten, es sei denn, daß man der äußeren Luft den Zutritt gestattet. Von seinen sonstigen Untersuchungen zum Gaswechsel, zur Regeneration des Nervensystems und zum Blutkreislauf sei hier nicht weiter die Rede (s. P. Capparoni [*77*], F. Bottazzi [*60*], M. Foster [*128*]). Bei seinen Experimenten über die *Wirkung der Verdauungssäfte* gelangte er weit über Réaumur hinaus. Mit bemerkenswertem Heroismus verschluckte er unter anderem kleine Leinenbeutel mit Fleisch oder Brot und sogar durchlöcherte Holzröhrchen mit Nahrungsmitteln oder Schwämmchen, die er nach einiger Zeit wieder ausbrach. Der Inhalt war durch die Wir-

Abb. 38. Lazzaro Spallanzani (1729–1799). (Überlassen von O. M. Olivo, Bologna.)

kung des Magensaftes mehr oder weniger stark zersetzt. Die Reibung im Magen (wie Boerhaave und Haller annahmen) spielt dabei nach Spallanzani eine ganz untergeordnete Rolle. Denn der Magensaft wirkt in gleicher Weise außerhalb des Körpers in vitro auf Fleisch und Brot ein, wobei die Wärme den Zersetzungsvorgang beschleunigt. Die Verdauung im Magen ist auch keine Gärung, keine fermentatio, denn es steigen dabei keine Gasblasen auf. Ja der Magensaft wirkt sogar fäulnisverhütend auf die Speisen. Für einen sauren Charakter des Magensaftes konnte auch er keinen chemischen Beweis erbringen. Spallanzani hat also erwiesen, daß die Nahrung im Magen weder allein durch die Wärme noch allein durch Zerreibung, noch durch Gärung oder Fäulnis, sondern durch einen ganz eigenartigen chemischen Zersetzungsvorgang aufgelöst wird. Mit ähnlichen Versuchen hat sich dann auch der schon erwähnte John Hunter (Abb. 39), der bedeutende Chirurg, Anatom, experimentelle Pathologe und Physiologe, in London beschäftigt. Wir verdanken ihm aber noch vieles andere, z. B. eine Beschreibung der Verzweigungen des N. olfactorius, eine Darstellung der arteriellen Versorgung des Uterus, der Tränenwege beim Menschen. Ferner hat er viele sorgfältige, vergleichend anatomisch-physiologische Untersuchungen an den ver-

schiedensten Tieren ausgeführt. In einer heftigen Kritik warf er 1786 SPAL-
LANZANI (mit Unrecht) grobe Irrtümer vor, weil er durch seine stark vitalistischen
Vorstellungen zu der Auffassung verleitet wurde, daß es sich bei der Verdauung
nicht um einen chemischen, sondern um einen rein vitalen Vorgang handele, der
die Nahrungssubstanzen dem tierischen Stoff angleicht. Aus den gleichen vitalistischen Vorstellungen vertritt er die Meinung, daß das Blut in besonderer Weise
belebt und Sitz der Lebenskraft sei. Dadurch ist z. B. das Blut aus eigener Kraft
imstande, einmal ein kleines und dann ein großes Volumen einzunehmen (Expan-

Abb. 39. JOHN HUNTER (1728—1793). (Aus W. v. BRUNN, Kurze
Geschichte der Chirurgie, Berlin 1928.)

sionsvermögen). Die Gerinnung ist nach HUNTER der höchste Lebensakt des sterbenden Blutes, auch die Retraktion des Blutkuchens ist ein derartiger vitaler Prozeß und der Muskelkontraktion gleichzusetzen (vgl. K. E. ROTHSCHUH [*341*]). J. HUNTER war ohne Zweifel eine sehr markante Forscherpersönlichkeit. Er starb 1793 in London an einer Angina pectoris. Zur Physiologie des Blutes hat dann der englische Physiologe WILLIAM HEWSON (1739 bis 1774) mit seiner Schrift „Experimental enquiry into the properties of the blood" (1771/72) Wesentliches beigetragen. HEWSON war ein Schüler JOHN HUNTERS und dessen Bruders WILLIAM HUNTER (G. H. BAILEY [*11*]). Vor ihm betrachtete man die Blutgerinnung resp. Koagulation als eine Folge der Abkühlung oder der nachlassenden Vitalität des Blutes. In einer vorbildlichen experimentellen Untersuchung wird gezeigt, daß die Kälte den Gerinnungsvorgang höchstens ver-
langsamt, aber nicht ausschließt. Vielmehr existiert im Blute eine gerinnbare
Lymphe (unser heutiges Fibrinogen), welches die Voraussetzung der Koagulation
darstellt. Die Crusta phlogistica auf dem Aderlaßblut ist keine neugebildete Substanz, sondern geronnene Lymphe. Im Blutwasser konnte er farblose kugelför-
mige Körperchen, unsere Leukozyten, erstmalig nachweisen. Die roten Blutkörperchen beschreibt er als platte, flachgedrückte Körperchen. Übrigens hat
erst JOHANNES MÜLLER die Frage nach der natürlichen Form der Erythrozyten
endgültig aufgeklärt.

Ganz entscheidend waren die Fortschritte, welche in der Physiologie des ausgehenden 18. Jahrhunderts durch die schon erwähnten neuen Erkenntnisse über,
die Natur der Verbindungen und Veränderungen *der Gase* gemacht wurden. Wir
sahen schon, daß es SCHEELE und PRIESTLEY gelang, den Sauerstoff rein darzustellen, und daß CAVENDISH Wasserstoff und Sauerstoff isolierte. Nun spielt aber
neben diesen Gasen bei den biologischen Verbrennungsvorgängen besonders die
Kohlensäure eine wichtige Rolle. Sie war schon von HELMONT als „Gas sylvestre"

beschrieben worden, aber erst JOSEPH BLACK (1728–1799) hat ihr Auftreten bei chemischen und biologischen Prozessen im einzelnen genau untersucht. Er zeigte durch den Niederschlag, der im Kalkwasser entsteht, daß die gleiche „fixe Luft", wie er die Kohlensäure nannte, bei der Gärung und auch bei der Erhitzung von Kohle entsteht und auch wieder bei der Atmung abgegeben wird. Dieses Gas ist für Lebewesen tödlich, gleichzeitig verlischt in ihm auch die Flamme. JOSEPH PRIESTLEY (1733–1804) brachte am 17. August 1771 lebende Pflanzen in einen Luftraum, in dem eine Flamme soeben erstickt war. 10 Tage später brannte eine andere Flamme in der gleichen Luft genau so wie in frischer Luft. Die Pflanzen vermögen also die verdorbene Luft zu reinigen. Trotz dieser und vieler anderer wertvoller Erkenntnisse (Gewinnung von „dephlogistierter Luft" durch Erhitzen von Quecksilberoxyd 1774) erkannte PRIESTLEY nicht die wahre Natur der chemischen Vorgänge bei der Verbrennung, bei Atmung und Oxydation. Das gelang erst dem Genie des großen französischen Chemikers ANTOINE LAURENT LAVOISIER.

ANTOINE LAURENT LAVOISIER (Abb. 40) wurde am 26. August 1743 in Paris als Sohn eines reichen Kaufmanns geboren. Nach einer sorgfältigen Erziehung im Collège Mazarin beschäftigte er sich, seinen Neigungen folgend, mit den verschiedensten Fragen der Chemie und Physik. Schon im Jahre 1768 wurde er Mitglied der Pariser Akademie der Wissenschaften. Im Jahre 1771 bewarb er sich um die Stellung eines Generalpächters (Steuereinnehmers), die ihm dann die Mittel einbrachte, um in großzügigster Weise wissenschaftliche Untersuchungen auszuführen. 1776 trat er an die Spitze der französischen Pulver- und Salpeterwerke. Von bahnbrechender

Abb. 40. ANTOINE LAURENT LAVOISIER (1743—1794). (Bildersammlung Prof. WÖHLISCH, Würzburg.)

Bedeutung für die Grundlagen der Chemie und für die Lehre von den chemischen Vorgängen bei der Atmung, im Stoffwechsel und bei der Entstehung der tierischen Wärme wurden einige Untersuchungen, die er seit 1777 bekanntgab (vgl. H. BORUTTAU [57], C. J. HEMMETER [174], I. ROSENTHAL [338]). Am 3. Mai 1777 trug er der Académie des Sciences in Paris seine Auffassung vor, daß bei der Verbrennung entgegen PRIESTLEYs Meinung keineswegs Phlogiston an die Luft abgegeben werde. Die Vorgänge sind in Wirklichkeit genau umgekehrt. Erhitzt man Quecksilber, so gewinnt es ebensoviel an Gewicht, als die Luft ihrerseits an Gewicht verliert. Erhitzt man aber dieses Produkt Quecksilberoxyd, so entsteht reines Metall und brennbare Luft, dabei nimmt das Metall an Gewicht ab. Eine andere Beobachtung ist folgende: Die Luft, in der ein Tier bis zur Erstickung geatmet hat, wird nur zu einem Sechstel in „fixe Luft" umgewandelt. Absorbiert man diese fixe Luft an Kalkwasser, so bleibt ein Gas übrig, welches die Flamme nicht unterhält und ebensowenig zum Atmen brauchbar ist. Diese restliche Luft ist also zum Leben untauglich und kann daher als „azot" (= unser „Stickstoff") bezeichnet werden. Der atembare Teil der Luft wird also in gasförmige „Kreidesäure" (später Kohlensäure) umgewandelt. Das gleiche geschieht bei der Verbrennung. Der Vorgang der Verbrennung und der Atmung geht also mit einer Bindung von brennbarer

Luft einher, welche von LAVOISIER als Oxygène bezeichnet wird (1777). In einer weiteren Arbeit mit PIERRE SIMON DE LAPLACE (1749–1827) faßt LAVOISIER die Atmung als eine langsame Oxydation resp. Verbrennung des Kohlenstoffs im Körper auf. Bei diesem Prozeß, der sich in der Lunge abspielt, entsteht der Wärmestoff (1780). Im Jahre 1785 berichtet er über seinen ersten und zugleich den historisch ersten „Respirationsversuch" am Tiere. Er fand, daß das bei der Atmung entstehende Volumen Kohlensäure kleiner ist als dasjenige des verschwindenden Sauerstoffs. Daraus schließt er, daß der Sauerstoff zum Teil zur Oxydation von Wasserstoff zu Wasser Verwendung findet. Zusammen mit dem Physiologen ARMAND SÉGUIN (1765–1835) hat LAVOISIER in den nächsten Jahren die Methodik der Respirationsversuche verbessert, indem der verbrauchte Sauerstoff wieder ersetzt wurde (Mémoire sur la respiration des animaux 1789). Die Untersuchungen führten zu dem Schluß, daß in der Lunge Wasserstoff mit Sauerstoff unter Wärme-

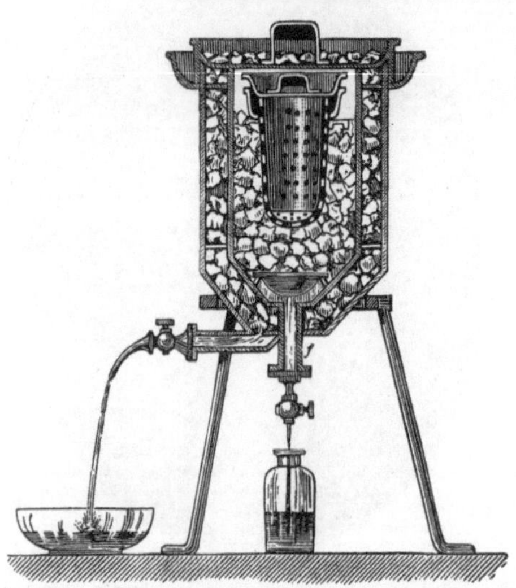

Abb. 41. Das Eiskalorimeter von LAVOISIER und LAPLACE zur Ermittlung der Verbrennungswärme der Stoffe. (Mém. de l'Acad. de Paris 1780, 369.)

bildung verbunden wird. Hier ist daher auch der Ort der tierischen Wärmebildung. Bei körperlicher Arbeit und während der Verdauung nimmt der Sauerstoffverbrauch zu, zugleich wächst die Intensität des Verbrennungsvorganges und steigt der Umfang der tierischen Wärmebildung (Abb. 41). Hier werden erstmalig die grundlegenden Tatsachen der Energiewechsellehre beobachtet und im Prinzip auch richtig gedeutet. Im Jahre 1791 wurde durch JEAN HENRY HASSENFRATZ, einem Schüler des Mathematikers LAGRANGE, LAVOISIERs Meinung kritisiert und dargelegt, daß Oxydation und Verbrennung unmöglich nur in den Lungen vor sich gehen könnten, sonst müßten die Lungen sich viel mehr, als es tatsächlich nachweisbar ist, erhitzen. Die Verbrennungen müssen also im Blute, und zwar im ganzen Körper, stattfinden. Dabei nimmt zunächst das Blut den Sauerstoff auf, dann verbindet sich im Blute der Kohlenstoff mit dem Sauerstoff zu Kohlensäure und schließlich der Wasserstoff mit dem Sauerstoff zu Wasser. So kommt die Lehre von der Atmung und dem Stoffwechsel am Ende des 18. Jahrhunderts unseren heutigen Auffassungen schon recht nahe. Man wußte noch nicht, daß der Oxydationsprozeß auch nicht im Blute, sondern in Wahrheit im Gewebe stattfindet. Doch hat schon SPALLANZANI aus Versuchen in seinen letzten Lebensjahren Schlüsse in dieser Richtung gezogen. Er fand nämlich in Versuchen an niedrigen lungenlosen Tieren, daß bei diesen Organismen auch ohne Lunge ein Sauerstoffverbrauch stattfindet und daß sich hier der Sauerstoff direkt mit der lebenden Faser verbinden muß. Damit tritt erstmalig bei SPALLANZANI (Mémoires sur la respiration, Genf 1803) der Gedanke auf, daß Atmung und Verbrennung im Gewebe selbst stattfinden. LAVOISIER, einer der bedeutendsten wissenschaftlichen Köpfe des 18. Jahrhunderts, verlor sein Leben als Opfer der Französischen Revolution. Am 8. Mai 1794 bestieg er die Guillotine. Revolutionen pflegen selten von Leuten gemacht zu werden, welche den Wert der Wissenschaft richtig zu würdigen wissen. „Nous n'avons plus besoin des savants", das war die Einstellung des Revolutionstribunals zum Falle LAVOISIER.

Wir haben bei der Darstellung der HALLERschen Physiologie schon gesehen, daß die Vorstellungen über die Aufgaben der einzelnen Teile des *Zentralnervensystems* um die Mitte des 18. Jahrhunderts noch recht dunkel waren. Doch beginnt um diese Zeit eine intensive Beschäftigung mit diesem Problem. Man geht zu systematischen Exstirpations- und Reizungsversuchen über, um neues Licht in dieses komplizierte Gebiet hineinzubringen. HALLER beobachtet, daß Hunde die Exstirpation des Kleinhirns einige Zeit überleben. Nach ihm sind die Hirnhaut und die Hirnrinde bei Berührung unempfindlich. Auch lassen sich von der Rinde aus keine Bewegungen auslösen, wohl aber von tieferen Abschnitten des Gehirns. Die Versuche von J. G. ZINN (Experimenta circa corpus callosum, cerebellum ... Göttingen 1749) zeigen, daß die Medulla oblongata eine besonders große vitale Bedeutung besitzt, und A. C. LORRY (1726—1783) machte 1760 die Beobachtung, daß die Verletzung einer umschriebenen Stelle des verlängerten Markes sofort den Tod des Tieres herbeiführt. Er wollte übrigens auch das Auftreten von Zwangsbewegungen bei Verletzungen des Kleinhirns beobachtet haben. SAUCEROTTE (1741—1814) konnte bei Trepanationen des Hundegehirns, je nach der gewählten Stelle, Lähmungen der vorderen oder hinteren Extremitäten hervorrufen (1768), natürlich stets auf der entgegengesetzten Körperseite, denn Entsprechendes hatten schon die alten Ärzte am Menschen festgestellt. Auch hatte schon FRANÇOIS POURFOUR DU PETIT (1664—1741) durch den Nachweis der Pyramidenkreuzung einen Hinweis dafür gegeben, warum die Lähmung stets auf der kontralateralen Seite der Verletzung auftritt. WILLIAM CRUIKSHANK (1745—1800) sicherte die Bedeutung des oberen Halsmarks für die Respiration (1795) durch Versuche an

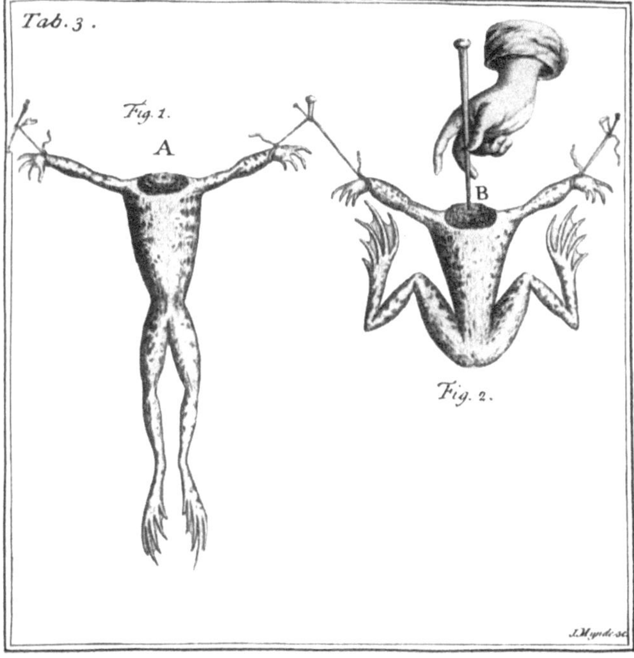

Abb. 42. Versuche A. STUARTS zur Bedeutung des Rückenmarks. Fig. 1: Dekapitierter Frosch. Fig. 2: Stich in das obere Rückenmark führt zu Bewegungen des Tieres. (Nach ALEXANDER STUART, Lectures on muscular motion. London 1739.)

Hunden. So waren am Ende des 18. Jahrhunderts schon eine ganze Reihe von Beobachtungen bekannt, welche für eine gewisse örtliche Vertretung und Lokalisation nervöser Funktionen sprachen (vgl. M. NEUBURGER [*291*]).

Reflexbewegungen an Fröschen sind schon früh beobachtet worden, allerdings ohne zunächst der Erkenntnis des *Reflexvorganges* näherzukommen. ALEXANDER STUART (1673—1742), der an einem dekapitierten Frosch die obere Schnittfläche der Medulla spinalis leicht berührte, sah dabei ein lebhaftes Anziehen der Beine (Abb. 42). Er erklärte es dadurch, daß durch den Druck Nervenflüssigkeit in das Rückenmark und in die Muskeln hineingedrückt wird (1739). Bemerkenswerte Beobachtungen zur Funktion des Nervensystems hat auch ROBERT WHYTT (1714—1766), der Neurologe von Edinburgh, in seiner Schrift „An essay on the vital and other involuntary motion of animals" (Edinburgh 1751) beschrieben. Er beobachtete

zuerst die Aufhebung des Lichtreflexes der Pupille nach Zerstörung der Corpora quadrigemina (1768). Die Muskelbewegung schöpft nach ihm ihre Kraft aus dem Nervensystem und hat ihre letzte Ursache in der Tätigkeit der empfindenden Seele. Übrigens zeigte im gleichen Jahre JOH. ZIMMERMANN (De irritabilitate. Göttingen 1751), daß geköpfte Frösche noch imstande sind, zweckmäßige Sprungbewegungen und vieles andere auszuführen, jene wunderbaren Abwehrreaktionen, welche später ED. PFLÜGER veranlaßten, von einer „Rückenmarksseele" zu sprechen. GEORG PROCHASKA (1749—1820)[1], der bedeutende Wiener Anatom und Physiologe (Abb. 43) um die Wende des 18. Jahrhunderts, hat ähnliche Versuche an Rückenmarksfröschen ausgeführt und kam zu der Überzeugung, daß eine solche Bewegung nur über eine unbewußte Empfindung zustande kommen könne, welche einem „Sensorium commune" im Z. N. S. zugeleitet wird. Von diesem aus werden

Abb. 43. GEORG PROCHASKA (1749—1820).

die motorischen Reaktionen in Gang gesetzt. (De functionibus systematis nervosi et observationes anatomicae-pathologicae, Prag 1784.) Hier sind deutliche Ahnungen des „Reflexmechanismus" spürbar. PROCHASKA spricht von motorischen und sensiblen Nervenbahnen, die an sich zu jener Zeit noch gar nicht nachgewiesen waren, und sagt wörtlich, daß die sensorischen Eindrücke von jenem Zentrum auf die motorischen Nervenwege „reflektiert" werden. Dieses Sensorium commune hat seinen Sitz in der Medulla, in den Crura cerebri und cerebelli, aber vor allem auch im Rückenmark. Solche reflektierten Vorgänge sind in der Regel nützlich, wie das Niesen und Husten, der Lidschluß, und verlaufen zugleich ohne Teilnahme des Bewußtseins. Sie sind ferner automatisch, unbewußt und in der Regel nicht vom Willen zu beinflussen. Man kann nur diese theoretische Interpretation PROCHASKAS bewundern, da er alles Wesentliche über den Reflexvorgang ohne jede Kenntnis des anatomischen Substrates darlegt. Dieses morphologische Wissen wurde erst im 19. Jahrhundert durch die Untersuchungen von CHARLES BELL, FRANÇOIS MAGENDIE und JOHANNES MÜLLER gewonnen.

---

[1] PROCHASKA ist auch der Entdecker der Oliva (vgl. M. NEUBURGER [*292*; *293*]).

Es bleibt schließlich noch einiges zu sagen über die Vorstellungen und Erfahrungen, welche die Physiologie den großen Fortschritten auf dem Gebiete der *Elektrizitätslehre* verdankt, an denen das 18. Jahrhundert so reich war. Die Elektrisiermaschine, aus der Kenntnis der Reibungselektrizität entwickelt, wurde gern zu Reizversuchen verwendet; Leiter und Nichtleiter wurden unterschieden; die Kleistsche oder Leydener Flasche, der Vorläufer des Kondensators, war seit 1745 bekannt. COULOMB hatte die Gesetze der elektrostatischen Anziehung und Abstoßung formuliert. Der italienische Physiologe LEOPOLDO MARCO ANTONIO CALDANI (1725–1813), ein Lehrer der theoretischen Arzneikunde und der Zergliederungskunst der hohen Schule zu Padua, hat wohl als erster die Entladungen der Leydener Flasche zur experimentellen Untersuchung tierischer Organe angewandt. Am Herzen konnte er keine Zuckungen durch den elektrischen Reiz auslösen, wohl dagegen am Muskel, wobei der elektrische Funke ohne Wirkung war, während der elektrische Strom lebhafte Muskelzuckungen auslöste (1756). In diesem Zusammenhang muß erwähnt werden, daß man sich im 18. Jahrhundert viele Gedanken über die seltsamen Erscheinungen von Knistern und von Funkensprühen beim Streichen und Kämmen des Haares machte, Dinge, die man nur als elektrische Erscheinungen zu deuten vermochte. Beobachtungen dieser Art sind oft reichlich seltsam. Also war an dem Vorkommen eines elektrischen Fluidums bei Mensch und Tier nicht zu zweifeln. Doch blieb unklar, ob es auch innerhalb der physiologischen Vorgänge irgendwie eine Rolle spiele. Doch schon um die Mitte des 18. Jahrhunderts kommt durch den Mathematiker CHRIST. AUG. HAUSEN (1743) die Meinung auf, daß der Nervenprozeß durch eine Art von elektrischem Fluidum vermittelt werde. HALLER lehnt diese Auffassung ab. Erst seit GALVANIs aufsehenerregenden Beobachtungen tritt die Frage in ein neues Stadium (H. E. HOFF [*191*]).

ALOISIUS GALVANI, geb. am 9. Sept. 1737 zu Bologna, war seit 1762 als Dozent und später als Professor an der Universität Bologna tätig. Unter dem 6. Nov. 1780 verzeichnet er in seinem Tagebuch die erste Beobachtung über das Zucken von Froschschenkeln durch den Einfluß der Elektrizität. Seit dieser Zeit prüfte er viele Jahre lang systematisch diese Erscheinung mit Hilfe der Leydener Flasche, der Elektrisiermaschine, der atmosphärischen Elektrizität und mit dem metallischen Bogen (Abb. 44). Er veröffentlichte die Ergebnisse im Jahre 1791 in seiner Schrift „De viribus electricitatis in motu musculari commentarius" [*146*]. Seine Versuche wurden überall sofort nachgemacht und bestätigt, doch war man hinsichtlich der physiologischen Bedeutung der Erscheinungen durchaus nicht immer gleicher Meinung wie GALVANI. In seinem letzten Lebensjahre wurde GALVANI trotz internationaler Berühmtheit aus allen seinen Ämtern entfernt, weil er sich weigerte, der cisalpinischen Republik den Eid zu leisten. Noch vor seiner Wiedereinsetzung verschied er im Alter von 61 Jahren am 4. Dez. 1798.

GALVANI beobachtete, daß stets in dem Moment, in welchem dem Konduktor der Elektrisiermaschine ein Funken entlockt wurde, ein Froschschenkelpaar in lebhafte Zuckungen geriet, wenn der Schenkelnerv zugleich mit einem metallischen Leiter berührt wurde. „Darauf wurde ich von einem unglaublichen Eifer und Begehren entflammt, dasselbe zu erproben und das, was dahinter verborgen wäre, ans Licht zu ziehen [*146*]." Die Beobachtung bestätigte sich unter vielfach variierten Bedingungen am Kaltblüter und am Warmblüter (Abb. 44). Ebenso wie der Funken des Konduktors wirkte auch der Blitz, wenn das Präparat an einem metallischen Haken oder Draht im Freien befestigt wird. Dann machte GALVANI die Beobachtung, daß auch ohne Blitz und Funken der Muskel jedesmal zuckt, wenn man mit dem Messinghaken, der durch das Rückenmark gezogen wurde, eine Eisenplatte berührt, auf welcher sich das Tier befindet. Das ließ die Vermutung aufsteigen, „daß dem Tiere selbst Elektrizität innewohne", und zwar eine positive und negative, wie sie bei der Leydener Flasche vorliegt. Weitere Versuche führten zu dem Schluß, daß der Sitz beider Elektrizitäten in dem Muskel zu suchen sei, daß der Nerv aber nur als Konduktor (Leiter) wirke, indem der Nerv nur innen das elektrische Fluidum leitet, während er nach außen eine isolierende nicht leitende Substanz trägt. Die Quelle dieser Elektrizität ist wahrscheinlich das Gehirn. Die vorzüglichsten Behälter der Elektrizität aber sind die Muskeln. Sie stellen vergleichsweise eine Leydener Flasche dar, wobei ihre äußere Oberfläche negativ und ihre innere positiv geladen ist. Bei der Muskelkontraktion gleicht sich über den Nerven die positive innere und die negative äußere Elektrizität aus. Dieser Vorgang ruft an den Muskelfasern die Kontraktion hervor.

Abb. 44. Versuche von GALVANI zur Ermittlung der Bedingungen, unter denen das Froschschenkelpräparat bei Berühren mit Metallen zuckt. Er glaubte dabei irrtümlich, die Äußerungen tierischer Elektrizität in Händen zu haben. (Aus Al. GALVANI, De viribus electricitatis... Bologna 1791, Tafel IV.)

GALVANIS Entdeckungen wurden sehr bald von dem Physiker ALESSANDRO VOLTA (1745–1827) in Pavia überprüft. Und dabei stellte es sich heraus, daß die von GALVANI beobachteten Erscheinungen allein durch eine Kontaktelektrizität zwischen zwei sich berührenden verschiedenartigen Metallen erklärt werden können und daß die Annahme einer tierischen Elektrizität überflüssig und unberechtigt sei. Schließlich ging GALVANI aus dem langdauernden Streit dennoch als Sieger hervor, indem es ihm gelang, auch ohne jedes Metall Muskelzuckungen zu erhalten. Die Ergebnisse seiner Untersuchungen hat er in einer anonymen Schrift aus dem Jahre 1794 veröffentlicht. Er ließ zum Beispiel den Nerv eines Nerv-Muskel-Präparates ohne mechanische Reizung so auf den Muskel eines zweiten Präparates fallen, daß dabei die Längsoberfläche und der frische Querschnitt des Muskels überbrückt wurden. Im Moment der Berührung zuckte der Muskel. Das war der entscheidende Beweis für die Existenz der tierischen Elektrizität. GALVANIS Versuche wurden im Jahre 1797 durch ALEXANDER VON HUMBOLDT (1769 bis 1859) bestätigt, der das Ergebnis seiner Nachprüfung in der Schrift „Versuche über die gereizten Muskel- und Nervenfasern . . .“ [210] veröffentlichte. Von E. VALLI wurde dann GALVANIS Theorie in interessanter Weise weitergeführt (1792), und zwar in der Schrift: Experiments on animal electricity, with their applications to physiology and some pathological and medical observations, London 1793. Er nahm an, daß der ruhende Muskel außen eine positive und innen eine negative Ladung trage. Bei der Kontraktion bricht dieses elektrische Gleichgewicht zusammen, und der Muskel bleibt für kurze Zeit entladen. Für diese Zeitdauer verhält sich der Muskel weiteren Reizen gegenüber als nicht reizbar. Erst wenn sich seine Ladung wiederherstellt, tritt die Reizbarkeit wieder ein. Diese elektrische Deutung des *Unerregbarkeitsstadiums* durch VALLI war angeregt durch einen wissenschaftlichen Streit zwischen ROB. WHYTT, ALBR. VON HALLER und FELICE FONTANA über die Ursache der Kontraktion und Wiedererschlaffung des arbeitenden Herzens (vgl. H. E. HOFF [*192*]). Wie gesagt, war HALLER der Meinung, daß die Ursache für die Systole des Herzens durch den Reiz des zufließenden Blutes gegeben sei und daß das Herz erschlaffe, weil das Blut hinausgetrieben und der Reiz beseitigt wird. Nun hatte ROB. WHYTT 1751 in seiner oben (S. 86) erwähnten Schrift gezeigt, daß das Herz auch dann weiterschlägt und erschlafft, wenn man durch eine Ligatur der Aorta und A. pulmonalis jeden Zufluß von Blut verhindert. Hier erschlafft das Herz trotz fortwirkenden Blutreizes in den Kammern. Diese Beobachtung schien auch L. M. A. CALDANI wie FELICE FONTANA (1730—1805) absolut beweisend gegen HALLERS Lehre vom Blutreiz. Daran anschließend hat FONTANA in mehreren inhaltsreichen Schriften aus den Jahren 1760, 1767 und 1775 das Verhältnis des Reizes als auslösender Ursache zur Reaktion des Organs einer sorgfältigen experimentellen wie theoretischen Untersuchung unterzogen. Dabei stellt er fest, daß ein kleiner Nadelstich genügt, um die Kontraktion des ganzen Herzens auszulösen. Ja es genügt, *eine* Faser zu reizen, und sogleich geht das Herz in volle Kontraktion über. Während der Kontraktion und der unmittelbar darauffolgenden Zeit ist das Herz gänzlich unreizbar und gewinnt erst seine Reizbarkeit am Ende der Erschlaffungsphase wieder. Es ist unzweifelhaft, daß FONTANA hier am Herzen als erster ganz klar den heute als Refraktärphase bezeichneten Zustand beobachtet hat, und aus seinen Vergleichen von Funken und Pulver mit Reiz und Reaktion am Herzen geht eine deutliche Vorahnung des „Alles- oder-Nichts"-Gesetzes hervor. Das Phänomen des Galvanismus hat die Zeit um die Wende des 18./19. Jahrhunderts lebhaft bewegt. Wir können nur auf die Untersuchungen von CHR. GIRTANNER (1760—1800) und besonders von CHRISTIAN HEINRICH PFAFF (Über tierische Elektrizität und Reizbarkeit, Leipzig 1895) hinweisen. Man glaubte in dem galvanischen Prozeß dem Geheimnis des Lebens nahe auf der Spur zu sein. Hier nimmt auch die schnelle Entwicklung der Physik elektrischer Erscheinungen ihren Ausgang. A. VOLTA konstruierte die „VOLTAsche Säule" (Abb. 45), die weiterhin für physiologische Experimente viel angewandt wurde. Vor allem gewann man damit eine Spannungsquelle, die in den Händen von JOHANN W. RITTER (1776—1810) ein wertvolles Hilfsmittel zur Zersetzung von leitenden Lösun-

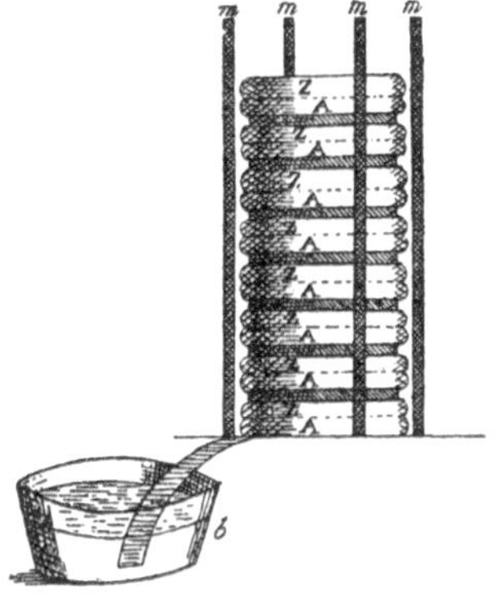

Abb. 45. Die VOLTAsche Säule zur Erzeugung hoher Spannungen. Sie war in der Physiologie bis weit in das 19. Jahrhundert die bevorzugte Spannungsquelle für physiologische Reizversuche.

gen wurde. So entstanden die ersten Anfänge der Elektrochemie [*350*]. RITTER war es auch, der mit seinen Experimenten und seiner Schrift „Beweis, daß ein beständiger Galvanismus den Lebensprozeß in dem Tierreich begleite" (Weimar 1798) den Kreis der Romantiker in Jena faszinierte.

Über Jena wurde auch der große Dichter JOHANN WOLFGANG VON GOETHE (1749 bis 1832) für diese Erscheinungen interessiert. Von Gegenständen seiner wissenschaftlichen Beschäftigung mit den verschiedensten Gebieten der Naturwissenschaft können wir hier lediglich auf seine Farbenlehre (1810) eingehen (vgl. A. v. Tschermak [*396*], R. Matthaei [*254, 255, 255a*], G. Ibsen [*151*]).

Man kann Goethes Standpunkt in der Farbenlehre nur verstehen, wenn man sein methodisches Vorgehen bei anderen naturwissenschaftlichen Untersuchungen betrachtet. Bekanntlich hat vornehmlich Goethe die Methode der vergleichenden Betrachtung in die Morphologie der Tiere und Pflanzen eingeführt. In den Verschiedenheiten des anatomischen Baus der Tiere erblickt er die Abwandlungen eines allgemeinen Bautypus. Von dieser Hypothese ausgehend, kam er z.B. unabhängig von Oken zur Entdeckung des Zwischenkiefers beim Menschen und zur Überzeugung, daß der Schädel aus modifizierten Urwirbeln aufgebaut sei. Auf botanischem Gebiet führte ihn diese vergleichende Methode zur Annahme einer „Urpflanze", eines Urbildes von Pflanze, das sich hinter der Mannigfaltigkeit der Pflanzenformen und Teile (Blatt, Sproß, Dorn, Kelch, Krone) verbirgt und nur „erschaut" werden kann. Diese Methode war auf morphologischen Gebieten ungemein fruchtbar, sie ist es dort auch heute noch. Man kann sie wohl als die Methode der generalisierenden Induktion bezeichnen. Die Mannigfaltigkeit der erlebten Welt wird durch Vergleichen und durch das Feststellen von Ähnlichkeiten geordnet und ein zugrunde liegendes Einfacheres erschlossen. Nun sind nach Goethe sinnliche Anschauung und sinnliches Erleben wohl geeignet, diese Ordnung in der Natur unmittelbar und richtig zur Kenntnis zu bringen. So war er der Auffassung, daß die erlebte Wirklichkeit alles Erkennbare umfasse. Er sträubte sich gefühlsmäßig gegen die Anwendung von Mikroskopen und Teleskopen, die den wahrhaft menschlichen Standpunkt verrücken und die Welt des Erfahrbaren um Zonen erweitern, in denen wir nicht wurzeln. Die experimentell vorgehenden Wissenschaften betrachten aber die Erlebniswelt nicht ohne weiteres als richtiges und vollständiges Abbild der Wirklichkeit. Ganz im Gegenteil, es gibt viel mehr Geschehen in der Welt als jenen kleinen Ausschnitt, den uns unsere Sinnesorgane kennen lehren. Vor allem ist einfache sinnliche Wahrnehmung gar nicht geeignet, uns mit den unsichtbaren, nur aus ihren Wirkungen erschließbaren Kräften in der Natur bekannt zu machen. Sie gestattet es auch nicht, hinter der konkreten Wirklichkeit die allgemeinen abstrakten, unanschaulichen Gesetzmäßigkeiten in der Natur zu erkennen. Zur Ermittlung dieser Gesetzmäßigkeiten taugt bloß die exakte Induktion, die kausalanalytische experimentelle Methode. Goethe aber war nicht willens, der Auflösung der erlebten sinnlichen Wirklichkeit durch die Physik, die Skelettierung der uns umgebenden Erscheinungswelt zu einem System von Kräften, Ursachen und Wirkungen zuzustimmen. So hat er die Newtonsche Lehre von der zusammengesetzten Natur des weißen Lichtes heftig bekämpft, weil sie etwas Einfaches in der Erlebniswelt auf etwas vielfach Zusammengesetztes in der objektiven Realität zurückführte und das Gebiet der sinnlichen Wahrnehmung als etwas Sekundäres betrachtet. Goethe hat daher eine Fülle subjektiver Farbenerlebnisse beschrieben und gedeutet, aber die objektive physikalische Seite nicht richtig erkannt. Letzten Endes kann aber eine physiologische Farbenlehre nur dann befriedigen, wenn sie einerseits auf der Reizseite die möglichen physikalischen Vorgänge ordnet, wenn sie zweitens auf der Erlebnisseite die subjektiven Phänomene gliedert und wenn sie schließlich die Beziehungen zwischen Objekt und Subjekt, Außen und Innen, aus dem biologisch-physiologischen Geschehen zu erklären vermag. Goethes Ansatz in der Farbenlehre war also einseitig und unvollständig. Er kam zu seiner Farbauffassung von der allgemein biologisch begründeten Auffassung einer Identität von Innen und Außen. Das Außen der Farbe ist ihm nur existent in bezug auf sehendes Auge. „Wär' nicht das Auge sonnenhaft, wie könnten wir das Licht erblicken? Lebt nicht in uns des Gottes eigene Kraft, wie könnt' uns Göttliches entzücken!" (Aus der Einleitung der Farbenlehre.)

Goethe hat eine große Fülle von Beobachtungen auf dem Gebiete der Farbenempfindung gesammelt und zu ordnen gesucht. Er hat damit viele Spätere, z. B. Joh. Müller und J. E. Purkinje, sehr angeregt. Er glaubt, mit drei Hauptfarben auskommen zu können, mit Rot, Gelb und Blau. Aus diesen und ihren Übergängen ergibt sich der Goethesche Farbenkreis (R. Matthaei [*255*]): Gelbrot, Gelb, Grün, Blau, Blaurot, Rot. Auch die Farbenuntüchtigkeit hat ihn beschäftigt. Viele schöne Kontrasterlebnisse wurden beschrieben, Helligkeitskontraste, farbige Nachbilder und farbige Schatten. „Man setze bei der Dämmerung auf ein weißes Papier eine niedrig brennende Kerze; zwischen sie und das abnehmende Tageslicht stelle man einen Bleistift aufrecht, so daß der Schatten, welchen die Kerze wirft, von dem schwachen Tageslicht erhellt, aber nicht ganz aufgehoben werden kann, und der Schatten wird von dem schönsten Blau erscheinen." Ebenso wird die Irradiation, z. B. die Vergrößerung eines weißen Objektes auf schwarzem Grund, und vieles andere beschrieben. Goethes Abneigung gegen das analytisch experimentelle Vorgehen in den Naturwissenschaften kommt an vielen Stellen seiner naturwissenschaftlichen Schriften zum Ausdruck, in einer Weise, die uns manchmal schwer verständlich ist. Übrigens hat JOHANNES MÜLLER in seinen jungen Jahren eine sehr ähnliche Haltung eingenommen (siehe S. 113). Von großem Reiz für den Physiologen ist auch heute noch GOETHES kleine Abhandlung: „Der Versuch als Vermittler von Objekt und Subjekt" (1792).

Ein Rückblick auf das 18. Jahrhundert läßt auf vielen Gebieten der Physiologie bedeutende Fortschritte erkennen. Die Physiologie beginnt allmählich zu einem selbständigen Gebiet zu werden, wenn auch der Unterricht und die Forschung auf diesem Gebiete weiterhin noch von Lehrern der Anatomie und der praktischen Medizin vertreten werden. Ferner finden wir immer mehr, daß entscheidende Anregungen von den Fortschritten der Physik und Chemie ausgehen. Die wichtigste Erkenntnis des 18. Jahrhunderts ist wohl die Aufklärung des Wesens der Verbrennung, des Stoffwechsels und der Atmung in den Organismen. Ebenso folgenschwer ist der Nachweis einer tierischen Elektrizität. HALLERS Bemühungen um die Irritabilität und Sensibilität wirken klärend für die Theorie der Muskelkontraktion und die Beziehungen zwischen Reiz und Reaktion an den erregbaren Organen (FONTANA). Die Quelle der tierischen Wärme wird nicht mehr in physikalischer Reibung, sondern in einem chemischen Prozeß gesehen. Die Physiologie des Blutes ist durch die Entdeckung der „gerinnbaren Lymphe" und der weißen Blutkörperchen ein gutes Stück weitergekommen. Die Lehre vom Sehen und Hören stützt sich außer auf eine bessere anatomische Grundlage mehr und mehr auf die physikalischen Grundphänomene. Die allgemein-biologischen Auffassungen sind noch sehr von vitalistischen Vorstellungen beeinflußt. Dadurch wurde manches Problem in falsche Richtungen geleitet und durch die Annahme metaphysischer Prinzipien einer „Scheinlösung" zugeführt. Das mußte erst im 19. Jahrhundert überwunden werden und geschah zunächst in Frankreich, während in Deutschland die Entwicklung der experimentell und naturwissenschaftlich vorgehenden Physiologie durch das „romantische Zwischenspiel" der ersten Jahrzehnte unterbrochen wird.

V. Die Physiologie im 19. Jahrhundert.

1. Allgemeine Entwicklungslinien.

Das 19. Jahrhundert ist nicht nur zeitlich, sondern auch in seinen Zielen die geradlinige Fortsetzung des 18. Jahrhunderts. Der Geist der Aufklärung mit seinem Bestreben, immer tiefer mit Hilfe der erkennenden Vernunft die Gesetze der äußeren Natur, des geistigen Seins und der Geschichte zu analysieren, ist ein fortwirkender Impuls. Die Lösung von weltlichen und geistlichen Autoritäten schreitet fort. Auf der Ebene der gesellschaftlichen Entwicklung führt sie zum Liberalismus, zum Individualismus und zur Demokratie. Träger der Kultur wird das städtische Bürgertum, die kleinen Residenzen fallen der Säkularisierung und Mediatisierung zum Opfer. Die Entwicklung neuer wissenschaftlicher Methoden und Denkformen führt zu ungeahnten und unerhörten Erfolgen. Die Wissenschaft wird das Idol dieses Jahrhunderts, aber nicht mehr in den Salons adeliger Damen, sondern auf den Straßen, in den Schulen und Fabriken. Im Jahre 1859 erscheint DARWINS Werk „Über die Entstehung der Arten". Leben ist Ergebnis einer langen Entwicklung. Die Illusionen über die Sonderstellung von Mensch und Erde schwinden. Überall entdeckt die Forschung eherne Gesetze in der Natur, eine unentrinnbare Determiniertheit des Geschehens. Die Physik scheint sich in Mechanik aufzulösen. Eine materialistische Popularphilosophie beherrscht das Denken breiter gebildeter Kreise. Der Glaube an den Fortschritt ist stärker als das Gefühl der verlorenen Sicherheit in einem sinnentleerten und bindungslosen Dasein. Die Entwicklung der Medizin nimmt, zumal gegen Ende des Jahrhunderts, stürmische Formen an. Die Naturwissenschaften, besonders die Physik und Chemie, machen Entdeckung auf Entdeckung, in wenigen Jahrzehnten wird Grundgesetz auf Grundgesetz, Phänomen auf Phänomen entdeckt. So legt das 19. Jahrhundert die Fundamente des Wissens, auf denen das 20. Jahrhundert seine technischen Errungenschaften gründen wird. Wenn man das Tempo dieses Fortschritts der Naturerkenntnis im 19. Jahrhundert betrachtet und es in eine mathematische Kurve umdenkt, so verläuft die Geschwindigkeit der Entwicklung weniger arithmetisch als logarithmisch, der Zuwachs an Wissen beginnt langsam, um dann immer schneller anzusteigen. So ist es auch in der *Physiologie des 19. Jahrhunderts*. Die ersten Jahrzehnte stehen noch stark unter der Einwirkung des Vitalismus in seinen verschiedenen Erscheinungsformen. Solange man aber ein „*Lebensprinzip*" oder spezifisch lebendige Kräfte für den Ablauf, die Gesetze und das Versagen der physiologischen Vorgänge verantwortlich macht, bedarf ein Vorgang keiner weiteren Erklärung. Es ergeben sich dann keine sinnvollen Fragen, an denen eine experimentelle oder gar physikalisch-chemische Untersuchung ansetzen kann. So ist der Fortschritt in der Physiologie anfangs überhaupt sehr langsam, das gilt für Deutschland, Österreich, Frankreich, Italien usw. Die deutsche Physiologie gerät darüber hinaus in den ersten Dezennien des 19. Jahrhunderts in den Bann einer idealistischen Naturphilosophie, in das Gefolge der „*romantischen Bewegung*". Diese lenkt das Gesicht der Forschung vom Einzelnen auf das Allgemeine, vom Experiment auf die spekulative Ebene. Unter ihrer Einwirkung kommt die Physiologie in Deutschland weitgehend zur Stagnation. Diese *romantische Physiologie* erreichte um 1810—1815 ihren Höhepunkt. Dann betritt eine neue Generation mit neuen Ideen den Schauplatz. Die experimentelle Richtung gewinnt wieder an Boden. Aus einer gesunden Reaktion gegen das Zeitalter der „Lebenskraft" und der romantischen Naturdeuter erwächst eine starke Hinwendung zur Empirie, zur nüchternen „vorurteilslosen" Beobachtung und zum Experiment. In dieser Zeit entwickelt sich, wiederum zuerst in Frankreich, eine betont *empirische Richtung der Physiologie* unter FRANÇOIS MAGENDIE. Durch ihn wird die französische Physiologie bis zum 4. Jahrzehnt führend in Europa, bis Deutschland seit JOHANNES MÜLLER gewaltig aufzuholen beginnt. Diese empirische Richtung kann besonders in Frankreich als eine vorwiegend „*vivisektorische*" bezeichnet werden. Man arbeitet mit Organresektion, Injektion, Durchtrennung von Nervenbahnen; man legt die inneren Organe frei, beobachtet ihre Bewegungen am lebenden, eröffneten Tier usw. Man treibt also eine stark morphologische Physiologie über die Bedeutung der Teile und arbeitet in wachsendem Umfang mit Experimenten am ganzen lebenden Tier. Oder man zieht den Selbstversuch in der Sinnesphysiologie heran, wie es PURKINJE, MÜLLER u. a. im Anfang ihrer Laufbahn mit großem Erfolg gemacht haben. Erst ganz vereinzelt zeigen sich Versuche, die Lebenserscheinungen mit den Mitteln der Physik und Chemie zu deuten, etwa in der „Wellenlehre" der Gebrüder WEBER [*418*]. Dazu fehlen anfangs auch noch weitgehend die Grundlagen. Doch entwickeln sich die naturwissenschaftlichen Disziplinen und Grundwissenschaften der Physiologie, besonders die Histologie, die Chemie und Physik in den ersten Jahrzehnten des 19. Jahrhunderts recht schnell. Die Physiologie kommt naturgemäß nur langsam nach. Erst die Generation der Schüler von JOHANNES MÜLLER, also H. HELMHOLTZ, E. DU BOIS-REYMOND, E. BRÜCKE und außerdem vor allem CARL LUDWIG mit seinen Schülern führen die im strengen Sinne *physikalisch-chemische Periode* in der Physiologie herauf, die ihren Markstein und ihr Programm in dem Lehrbuch der Physiologie von C. LUDWIG aus dem Jahre 1852 besitzt (K. E. ROTHSCHUH [*341a*]). Jetzt erst beginnt man unter bewußter Lösung von der Morphologie physikalische und chemische Prinzipien und Methoden in konsequenter Weise auf physiologische Probleme anzuwenden. Diese exakte, naturwissenschaftliche, quantitativ vorgehende, messende physikalisch-chemische Richtung in der Physiologie erreicht etwa um die Jahrhundertmitte ihren ersten Höhepunkt. In dieser Zeit ist Deutschland, abgesehen von CLAUDE BERNARD und seinen Schülern, führend in der Weiterentwicklung der Physiologie. Wie man im Anfang des Jahrhunderts nach Frankreich ging, um Erfahrung, Methodik, Technik und Anregungen zu holen, so ist in der zweiten Jahrhunderthälfte ganz Europa und auch Außereuropa Gast in den deutschen physiologischen Instituten. Die *Physiologie als vollkommen eigenes Fach* gibt es erst etwa seit der Mitte des Jahrhunderts.

Vorher war die Physiologie überall mit allgemeiner, vergleichender oder pathologischer Anatomie bzw. mit klinischen Aufgaben verbunden. Immerhin gibt es eigene physiologische Vorlesungen schon lange. Besondere *physiologische Laboratorien* für experimentelle Untersuchungen entstanden in Deutschland zuerst in Freiburg unter CARL AUGUST SIGMUND SCHULTZE (1821) und erst etwas später in Breslau unter JOH. E. PURKINJE (1824), wie E. TH. NAUCK [*286*] aus den Akten der Universität Freiburg nachweisen konnte. Hier und nicht in Breslau wurde der erste deutsche Hochschulunterricht in *experimenteller* Physiologie abgehalten. Nach den Angaben von H. F. KILIAN [*224*] haben im Jahre 1828 nur 7 Dozenten an 6 deutschen Universitäten Physiologie als *Experimentalfach* vorgetragen. PURKINJE in Breslau war also der zweite, der 1824 ein physiologisches Laboratorium eröffnete. Erst viele Jahre später wurden auch an anderen Universitäten solche Laboratorien eingerichtet. An den meisten Universitäten waren die physiologischen Laboratorien zunächst in einem oder mehreren unbedeutenden Räumen der Anatomiegebäude untergebracht und blieben der Anatomie entweder durch Personalunion oder als untergeordnetes Tochterfach angegliedert. Erst spät wurden räumlich verselbständigte physiologische Institute allgemein als notwendig anerkannt und errichtet, so z. B. von PURKINJE in Breslau im Jahre 1839 und in Prag 1851. JOHANNES MÜLLER liest in seinen Dozentenjahren in Bonn noch über Anatomie, Physiologie, Augenheilkunde, Chirurgie u. a. m. Er hat auch später in Berlin Anatomie und Physiologie noch zusammen bis zu seinem Tode im Jahre 1858 vertreten. Dann übernahmen DU BOIS-REYMOND die Physiologie und REICHERT die Anatomie. Im Jahre 1860 erfolgte die völlige Abtrennung der Physiologie von der Zootomie, Entwicklungsgeschichte, vergleichenden und systematischen Anatomie in Jena. Dort behielt KARL GEGENBAUR die Anatomie und gab die Physiologie an A. v. BEZOLD ab. An der Universität Würzburg hatte A. v. KOELLIKER bis 1864 beide Lehrstühle inne. In Gießen erfolgte die völlige Trennung erst im Jahre 1891. Es ist trotz der Angaben von L. HERMANN [*177*] und H. BORUTTAU [*55*] heute nicht mehr genau feststellbar, wann an den verschiedenen deutschen Universitäten vollständig selbständige physiologische Lehrstühle begründet wurden. Denn „Trennung" und „Selbständigkeit" hinsichtlich Raum und Etat sind nicht unbedingt dasselbe. Jedenfalls ist im letzten Viertel des vergangenen Jahrhunderts die Trennung der Physiologie von der Anatomie fast überall vollzogen. Als Symbol der verschiedenen Wege, die seitdem Anatomie und Physiologie einschlagen, wird im Jahre 1877 MÜLLERs Archiv für Anatomie und Physiologie, bis dahin unter gemeinsamer Redaktion von E. DU BOIS-REYMOND und CARL BOG. REICHERT, in eine anatomische Abteilung (unter R.) und eine physiologische Abteilung (unter DU B.) getrennt. Ein besonderes Zeichen für die Entwicklung eines Fachs ist die Vereinigung interessierter Vertreter in einer wissenschaftlichen Gesellschaft. Daher sei hier kurz auf die Gründungsgeschichte der *Deutschen Physiologischen Gesellschaft* eingegangen. Im Jahre 1822 wurde auf Initiative von LORENZ OKEN die „Gesellschaft Deutscher Naturforscher und Ärzte" gegründet. Die Gründungsversammlung fand in Leipzig statt. Auf Anregung von ALEXANDER VON HUMBOLDT wurde die Gesellschaft im Jahre 1828 in 7 Sektionen geteilt, von denen eine Anatomie, Physiologie und Zoologie umfaßte. Die wachsende Bedeutung der Physiologie dokumentiert sich darin, daß 1877 auf der 50. Versammlung der Gesellschaft in München erstmalig die Physiologie als selbständige Sektion unter dem Vorsitz von C. VOIT tagte. In späteren Jahren fanden die Sitzungen aber häufig wieder zusammen mit Anatomen und Zoologen statt. Auf der 75. Versammlung in Kassel im Jahre 1903 faßte man den Entschluß, eine „Deutsche Physiologische Gesellschaft" zu gründen, und im folgenden Jahre 1904 tagte die Gesellschaft erstmalig unabhängig von der Versammlung Deutscher Naturforscher und Ärzte in Breslau, wenn auch gleichzeitig und am gleichen Ort. Das Jahr 1904 ist also das Gründungsjahr der Deutschen Physiologischen Gesellschaft. 1905 tagte man in Marburg, zeitlich und örtlich völlig gelöst von der Naturforscherversammlung. Demnach liegt der Gründungstermin einer deutschen Physiologenvereinigung, verglichen mit ähnlichen Unternehmungen im Ausland, relativ spät. Doch hatte sich schon viel früher (1875) in Berlin als eigenes Forum des Gedankenaustausches die „Berliner Physiologische Gesellschaft" gegründet. Über die Geschichte dieser Berliner Gesellschaft hat W. TRENDELENBURG [395a] berichtet.

Schon sehr früh hat in Deutschland ein eigenes Archiv für Physiologie bestanden. JOH. CHRISTIAN REIL hatte am 1. Juli 1795 sein Archiv für Physiologie als *erste physiologische Zeitschrift* überhaupt begründet. Seit 1801 wurde es von REIL und JOH. HEINR. FERD. AUTENRIETH gemeinsam herausgegeben. Im Jahre 1815 ging es zunächst als „Deutsches Archiv für Physiologie" in J. FR. MECKELS Hände und Leitung über und wandelte sich 1826 in MECKELS „Archiv für Anatomie und Physiologie". Seit 1834 wurde es von JOHANNES MÜLLER unter dem Titel „Archiv für Anatomie, Physiologie und wissenschaftliche Medizin" herausgegeben. Nach MÜLLERs Tode übernahmen es REICHERT und DU BOIS-REYMOND. Wenn man von den „Comptes rendus ..." absieht, bekam Frankreich 1821 durch MAGENDIE seine erste physiologische Zeitschrift, das „Journal de physiologie expérimentale et pathologique". Die erste englische physiologische Zeitschrift, das „Journal of Physiology" erschien 1896, begründet durch M. FOSTER. Das erste amerikanische Journal, das „American Journal of Physiology" kam erst 1898 heraus, begründet von W. T. PORTER und anderen (s. Kap. V, 11). In den ersten Vierteln des 19. Jahrhunderts ist also die Physiologie eine vorwiegend französische und deutsche Wissenschaft. Erst in den letzten Jahrzehnten nimmt die englische Physiologie einen schnellen steilen Aufstieg, der die bedeutende Phase großer Fortschritte unter M. FOSTER, CH. SC. SHERRINGTON, J. N. LANGLEY, E. STARLING, W. M. BAYLISS u. a. einleitet. Auch Skandinavien, Holland, Italien, Amerika und andere Staaten treten in den Wettstreit um die höchsten Leistungen in der Physiologie ein. Wir wollen das hier nicht im einzelnen verfolgen, da wir später Gelegenheit dazu finden werden.

Nach diesem kurzen Überblick kehren wir an den Anfang des 19. Jahrhunderts zurück, wo in den von NAPOLEONS Heeren überfluteten deutschen Ländern die neue geistige Bewegung der Romantik entstand, deren Wirkung auf die Physiologie uns zunächst beschäftigen soll.

2. Das romantische Zwischenspiel in der Physiologie.

Zu den eigenartigsten Abschnitten der geschichtlichen Entwicklung der Physiologie gehört jene Epoche, welche mit dem Zeitalter der romantischen Medizin (P. DIEPGEN [*100; 101*]) zusammenfällt und etwa mit dem Wirken SCHELLINGs in Jena, also mit den letzten Jahren vor der Wende des 18. zum 19. Jahrhundert beginnt, um 1810—1815 ihren Höhepunkt zu *überschreiten* und in den nächsten Dezennien auszuklingen. Sie ist gekennzeichnet durch das Bestreben, Denken und Handeln des Arztes nicht von der Erfahrung, sondern von naturphilosophischen Theorien her zu deuten und zu begründen. Dieses Bestreben findet sich gleicherweise in allen Naturwissenschaften jener Zeit, aber auch in der Geschichts-, Sprach-, Literatur- und Rechtswissenschaft. Es ist der Ausfluß der romantischen Strömung, welche in jener Zeit das deutsche geistige Leben ergriff. Für die *romantische Physiologie* ist das Begriffliche sehr schnell erledigt. Denn dasjenige, was in der Physiologie von den verschiedenen romantischen Schulen und Strömungen festen Fuß gefaßt hat, war allein die romantische Naturphilosophie, in erster Linie die Naturphilosophie *Schellings*. So ist die romantische Physiologie gleichzusetzen der „naturphilosophischen Strömung" in der Physiologie des beginnenden 19. Jahrhunderts. Diese romantische Physiologie war aber nur eine *Richtung* in der Physiologie jener Zeit, denn wenn auch viele und nicht die schlechtesten Köpfe von ihr stark beeindruckt waren, so ging doch nebenher gleichzeitig eine völlig unromantische, unphilosophische, auf Experiment und Erfahrung aufbauende sogenannte „empirische Richtung", wobei sich beide Richtungen aufs heftigste befehdeten. Die vorzügliche Bibliographie bei E. HIRSCHFELD [*189*] enthält alle wichtigen medizinischen Veröffentlichungen aus dem Geiste der Romantik. Unter den rein naturphilosophischen Wortführern steht an erster Stelle FRIEDRICH WILHELM JOS. SCHELLING (1775—1854). Daneben haben die „Fragmente" des Novalis anregend gewirkt. In der Physiologie nimmt Joseph von Görres (1776–1848) mit seiner rein naturphilosophischen „Exposition der Physiologie" (1805)[1] eine besondere Stellung unter den nichtmedizinischen Autoren ein. Nicht zu vergessen seien auch Johann Jakob Wagner (1803), August Winkelmann (1802) und Karl Eberhard Schelling (1806), vor allem aber Lorenz Oken (1779–1851). Zu den Naturforschern und Ärzten, welche die naturphilosophische Richtung der Physiologie in ganz ausgesprochener Weise vertraten, gehören u. a. der frühe Karl Friedrich Burdach (1800; 1810), Ignaz Troxler (1804), Ignaz Döllinger (1805), Phil. Franz von Walther (1807/08), Ernst Bartels (1810), besonders aber der Gießener Physiologe Johann Bernhard Wilbrand (1815) (vgl. K. Bürker [69]). Daneben lassen viele einen naturphilosophischen Einschlag erkennen, die ihrer Arbeitsrichtung nach zugleich auch tüchtige Empiriker und Forscher waren. Sie zollen der Modeströmung mehr oder minder stark ihren Tribut, indem sie ungewöhnlich lange bei den allgemeinen Grundfragen und Grundbegriffen der Physiologie verweilen, z. B. Friedrich Ludwig Augustin (1809), Gottfr. Reinhold Treviranus (1802, Kantianer), Josef Doemling (1802/03) und C. G. Carus (1838/40). Auch der junge Alexander von Humboldt und Joh. Christian Reil (1810) mögen hierher gerechnet werden. Die rein empirische Richtung mit betonter Ablehnung der naturphilosophischen Mode wird verkörpert von Joh. Heinr. Ferd. v. Autenrieth (1801/03), Georg Prochaska (1820), Carl Asmund Rudolphi (1821–1828), Joh. Friedr. Meckel (1805) und manchen anderen.

Schellings Naturphilosophie (s. [*346, 347*]): Der entscheidende Anstoß für den Beginn der romantischen Bewegung in Kunst und Wissenschaft ging in den letzten Jahren des 18. Jahrhunderts von einem Kreise junger Männer aus, in dem wir neben Fichte die Gebrüder Schlegel, Novalis und vor allen Dingen den etwas über 20jährigen **Friedrich Wilhelm Schelling** finden. Er wird der Lehrer dieser sogenannten älteren Schule der Romantiker und ist der Ideenführer der romantischen Naturwissenschaften geworden. Schelling faßte eine Fülle von Ideen und neuen Erfahrungen, welche das ausgehende 18. Jahrhundert bewegten und beeindruckten, in einem großartigen naturphilosophischen System zusammen. Seine Gedanken wurden Leitidee und Programm für unzählige Schriften von Ärzten und Naturforschern jeder Richtung. Er hat sie zuerst im Jahre 1797 in den „Ideen zu einer Philosophie der Natur", 1799 in der „Weltseele" und in „Erster Entwurf eines Systems der Naturphilosophie" dargestellt. Den allgemein verständlichsten und geschlossensten Überblick über sein gesamtes System hat er wohl in seinen heute noch reizvoll zu lesenden „Vorlesungen über die Methode des akademischen Studiums" vom Jahre 1803 gegeben. Ich habe die Wurzeln und Grundgedanken seiner Naturphilosophie an anderer Stelle kürzlich näher dargestellt (K. E. Rothschuh [*342*]) und möchte mich daher hier recht kurz fassen. Viele Gedanken, welche Schelling in seiner Naturphilosophie vertritt, sind im einzelnen oft nicht neu, aber die Gesamtkonzeption und der Grundgedanke sind originell und bedeutend. Die Wurzeln liegen tief im 18. Jahrhundert. Hier sind es einerseits eine Reihe von neuen wichtigen, aber unabgeschlossenen Entdeckungen, welche die Zeitgenossen am Ausgang des Jahrhunderts sehr erregten, z. B. die Entdeckung der tierischen Elektrizität (Galvani, Volta), der Kleistschen Flasche, der Wirkungen des Galvanismus (Joh. Wilh. Ritter). Der physikalische und der sogenannte tierische Magnetismus (Fr. Ant. Mesmer) machten viel von sich reden. Die Chemie hatte auf den Gebieten der Gase mit der Entdeckung des Sauerstoffs, Wasserstoffs usw. neue Bereiche erschlossen. Albrecht von Haller hatte die Sensibilität

---

[1] Die einzelnen Jahreszahlen bezeichnen das Veröffentlichungsjahr der Hauptwerke.

und Irritabilität als die wichtigsten vitalen Eigenschaften bestimmter Gewebe erkannt. Wir sprachen schon davon (s. S. 80), daß gerade die letztere Entdeckung die Medizin sehr stark beeindruckte. Neben WILLIAM CULLEN hat sein Schüler JOHN BROWN (1735—1788) diese zum Ausgangspunkt eines medizinischen Systems (s. S. 80) gemacht, welches schon vor SCHELLING und vor der naturphilosophischen Ära der Medizin in Deutschland eine ungeahnte Resonanz erfuhr und nachweislich SCHELLINGS Theorie des Lebendigen und der Krankheit maßgeblich beeinflußt hat. Die Grundgedanken BROWNS waren ungeheuer einfach, vielleicht erklärt sich daraus ihre Wirkung. Weiter läßt die enge Verbindung des Jenaer Kreises mit GOETHE in Weimar vermuten, daß SCHELLING von GOETHES Gedanken der *Metamorphose* sehr angeregt war. Daneben ist auch der Einfluß J. G. HERDERS mit seinen „Ideen zur Philosophie der Geschichte der Menschheit" spürbar. Von großer Bedeutung für die Naturphilosophie SCHELLINGs wurde ferner nachweislich die berühmt gewordene Fürstengeburtstagsrede, die KARL FRIEDRICH KIELMEYER am 11. Febr. 1793 in Stuttgart „Über die Verhältnisse der organischen Kräfte untereinander in der Reihe der verschiedenen Organisationen, die Gesetze und Folgen dieser Verhältnisse" gehalten hat. In dieser Rede untersucht er die wirksamen, inneren Kräfte der lebenden Natur und findet als die wichtigsten die Reproduktionskraft oder Bildungskraft, die Irritabilität oder Reizbarkeit und die Sensibilität oder Empfindlichkeit und verfolgt die Verteilung dieser Kräfte in den verschiedenen Bereichen der Lebewesen.

Grundproblem und Ausgangspunkt der *Philosophie* SCHELLINGS ist der *Gegensatz von Natur und Geist.* Seine Lösung lautet: Natur und Geist sind identisch miteinander. Der gemeinsame Grund beider ist das Absolute. Dieser identische Grund spaltet sich nur für uns innerhalb der Erfahrung in Natur und Geist oder in eine reale und eine ideale Welt. Beide stellen aber im Innersten auf Grund ihrer Abkunft eine unlösbare Einheit dar. Dabei ist die *Natur* gewissermaßen nur *Fassade*, ihr innerstes *Wesen* dagegen sind die *Ideen*, die sich in den Naturerscheinungen manifestieren. In diesem Sinne ist die gesamte Natur begeistet. Sie ist der Erscheinungsort von Ideen: „Natur ist sichtbarer Geist, Geist dagegen ist unsichtbare Natur." So betrachtet, ist die Natur die Objektivierung oder Manifestation von Ideen. Diese aber sind es, die in Wahrheit das innerste Wesen der Natur ausmachen. Daher können wir auch nur dadurch in das Innere der Natur eindringen, daß wir hinter der Fassade der äußeren Erscheinungen ihre Ideen erkennen. Infolge seiner Abkunft ist der Gesamtkosmos eine Einheit und ein Organismus. Seine Glieder, die Naturreiche sind im Innersten verwandt. Lebende und tote Natur unterscheiden sich nur im Grade der Vollkommenheit der sich in ihnen manifestierenden Ideen. Sie müssen daher dieselben Grundprinzipien und Gesetze aufweisen. Ist aber die Natur eine einzige Objektivierung von Ideen, so kann die Wissenschaft keine andere Aufgabe haben, als in den Erscheinungen die hindurchscheinende Idee, also ihren allgemeinsten Grund aufzuzeigen. Wer am Besonderen und Einzelnen klebt, treibt keine Wissenschaft und dringt nicht ins Innere der Natur. Die Naturforschung findet diese Grundgesetze des Naturgeschehens vor allem mit Hilfe des *Analogieschlusses*, „der Zauberformel der romantischen Medizin". Dadurch, daß die Ideen und Gesetze einer Stufe in vervollkommneter Weise auf einer höheren Stufe der Natur wiederkehren, ist Vergleichen und Aufsuchen von Ähnlichkeiten unter den Erscheinungen verschiedener Stufen der Natur der sicherste Weg, um überall das Gemeinschaftliche und Übereinstimmende zu entdecken und die wahre Idee der Natur und ihre Gesetze zu finden. Ein zweites Prinzip ist das der *Polarität*. Denn die Natur hat alles auf Gegensatz angelegt, und nur durch diese Gegensätze erhält sie Bestand. So ist es die Pflicht des Naturforschers, „überall auf Polarität und Dualismus auszugehen". Beispiele solcher Gegensätze sind z. B. Anziehung und Abstoßung, Sensibilität und Irritabilität, positiver und negativer Pol des Magneten, positives männliches und negatives weibliches Prinzip usw.

Nach diesen Prinzipien deutet SCHELLING die Erscheinungen der Natur. Die wesentlichen Kräfte des anorganischen Naturreiches sind ihm chemisches Prinzip, Elektrizität und Magnetismus. Auf der höheren Stufe der belebten Natur finden sich als analoge Kräfte die Reproduktionskraft (Bildungstrieb), die Irritabilität und die Sensibilität. Auch der Gedanke der Stufenordnung der Natur stellt sich beispielhaft dar in der Auffassung, wie sich die drei letztgenannten Kräfte in der belebten Natur verteilen. Die pflanzliche Natur ist fast völlig beherrscht von der *Reproduktionskraft*, die Würmer zeigen den Kampf zwischen Reproduktionskraft und *Irritabilität*, die lebhaften Insekten repräsentieren am reinsten die Irritabilität, die Amphibien lassen den Streit zwischen Irritabilität und *Sensibilität* erkennen, die Sensibilität ist das Charakteristikum der Säugetierreihe, mit dem Menschen an ihrer Spitze. Und weiter: „Der Organismus ist die Natur im kleinen", und wie im Gesamtbereich der Lebewelt, so finden wir diese drei eben genannten Kräfte auch im einzelnen lebenden *Individuum* wieder. Im Wachstum und in den vegetativen Funktionen herrscht die Reproduktionskraft, in der Bewegung der Muskeln und in der Tätigkeit der Nerven die Irritabilität, in den höchsten Funktionen der Sinne und der Vernunft waltet die höchste Kraft der Sensibilität. Die Wirkung SCHELLINGS war in der Tat geradezu einzigartig. In kürzester Frist breitete sich das naturphilosophische Denken an den deutschen Universitäten und Kliniken aus. Es galt geradezu als flach und unmodern, nicht in der Sprache der Naturphilosophie zu reden. Unter den Ärzten waren ANDREAS RÖSCHLAUB, FRIEDRICH MARCUS, IGNAZ DÖLLINGER und PHILIPP FRANZ VON WALTHER die ersten Wortführer (vgl. W. LEIBBRAND [243]). Auch die Physiologen wurden davon angesteckt. Zu den wesentlichen *Charakterzügen dieser romantischen Physiologie* zählt die Abkehr vom Besonderen, von der Beobachtung und der Analyse des Einzelfalls. An ihre Stelle tritt die Zuwendung zum Allgemeinen. Man beschäftigt sich z. B. nicht mit dem Kreislauf, sondern mit der Idee des Kreislaufs, denn Physiologie ist die Lehre von der Idee der lebenden Natur. Die Folge ist eine Vernachlässigung des Experimentes und der sorgsamen Vervollständigung der Erfahrungen. Vor allem wurde das Prinzip der Analogie in einer uns heute kaum begreiflichen Unbedenklichkeit gehandhabt. Zeigten zwei Erscheinungen des Makrokosmos und des Mikrokosmos irgendwelche Ähnlichkeiten, so wurde durch *Analogie* auf weitere vollkommene Übereinstimmung in sämtlichen übrigen Eigenschaften geschlossen. Dazu einige Beispiele: H. ÖSTERREICHER [299] fragt, welche Kraft für die Kreisung des Blutes verantwortlich sei, das Nervensystem oder das Blut. Er antwortet: „Auch hier kann Analogie aushelfen." Im Makrokosmos ist die Sonne das bestimmende ruhende Prinzip, um das die Planeten kreisen, im Kreislauf ist das Nervensystem das ruhende, das Blut das kreisende Element, folglich wird auch im Mikrokosmos das Ruhende, das Nervenmark, die Kreisbewegung des Blutes bestimmen. Nehmen wir ein zweites Beispiel: H. HORN (nach P. DIEPGEN [100]) in München schreibt: „Vergleichen wir nun die vollkommenste bewegte Zelle der höheren Tiere, die Blutzelle, mit der Erde, so ergibt sich die Ähnlichkeit auffallend. So denn ist die Erde rund und an den Polen abgeplattet. Die Blutzelle des Menschen ist rund und an den Seiten abgeplattet. Die Erde hat einen Kern (sie selbst) und eine kontrahierte Hülle (den Dunstkreis). Die Blutzelle hat einen Kern und eine kontrahierte Hülle. Die Erde dreht sich um ihre Achse. Die Blutzelle dreht sich um ihre Achse usw. Wenn wir denn nun eine so große Ähnlichkeit zwischen Beiden sehen, so dürfen wir, sagt Horn, wohl auch den Schluß wagen, daß wir alle Eigenschaften, welche der Blutzelle zukommen, so auch der Erde zustehen müssen." Die Ernsthaftigkeit solcher Analogieschlüsse geht aus einer Stelle in JOH. JAKOB WAGNERS Schrift „Über die Natur der Dinge" (1803) hervor [413]. Er schreibt: „Die Atmosphäre ist gleichsam das arteriöse System der Erde, die Flüsse ihre Venen, das Meer ihr Herz und die Kreaturen sind die Gebilde ihres organischen Leibes, die Pflanzenwelt ihre Pfortader, die Tierwelt ihre Lunge, ihr Nerv das Licht und ihr Gehirn die Sonne. Man denke nicht, ich schwärme, wenn ich diese Parallele wage, es ist nicht Schwärmerei, sondern eben das allein ist Erkenntnis der Natur, das Große im Kleinen wiederfinden." Soviel zum Mißbrauch des Prinzips der Analogie in der romantischen Medizin. Man berauscht sich an Gleichnissen und löste spielend die größten

Probleme, ohne sich die Mühe zu machen, die Natur selbst zu Rate zu ziehen. Ähnlichen Mißbrauch trieben die naturphilosophischen Ärzte mit dem Begriff der *Polarität*. Überall im Schrifttum der romantischen Physiologie begegnen wir diesem SCHELLINGschen Gedanken der Polarität, der Gegensätzlichkeit und ihrer Einigung in der Indifferenz. In seiner „Einleitung in die dynamische Physiologie" (Göttingen 1803), RITTER und ACHIM V. ARNIM gewidmet, erklärt AUGUST WINKELMANN [*426*]: „Die Natur ist der Wettstreit von Kräften, der Konflikt einer positiven und einer negativen Kraft. Positiv ist das Leben, negativ der Tod, positiv sind Stickstoff- und Wasserstoffgas, negativ der Sauerstoff, das Indifferente beider ist das Wasser, positiv ist das Nervensystem, negativ das Blutsystem, der Gegensatz löst sich in der Indifferenz des lymphatischen Systems, positiv ist die magnetische Anziehung und die Repulsivkraft, negativ die magnetische Abstoßung und die Attraktivkraft." Es gibt Bücher naturphilosophischen Inhalts, die so von Gegensatzpaaren wimmeln, daß wir mit unseren heutigen Vorstellungen gar keinen Zugang zu dem Inhalt bzw. dem Gesagten finden können. Dieses Wortgeklingel über Dualismus und Polarität bleibt nun leider nicht bei allgemeinen Problemen stehen, sondern es wird mitunter auch herangezogen, um spezielle Probleme der Medizin zu lösen. Nach JOHANN BERNHARD WILBRAND [*423*] (1779—1846) (Abb. 46), einem der bedeutendsten und interessantesten Vertreter der romantischen Physiologie und Naturlehre [*424, 425*], ist Polarität die Ursache für die Kreisbewegung des Blutes. Er sagt: „Die Bewegung des Blutes, einerseits zum Herzen hin, andererseits vom Herzen aus in alle Gebilde des Körpers — diese zwei Bewegungen bilden mithin unter sich einen wahren Gegensatz, sie verhalten sich vollkommen wie die beiden Richtungen in den Äußerungen des Magnetismus, sie verhalten sich ferner wie die positive und negative Elektrisation. Ohne diesen inneren Gegensatz in der totalen Bewegung des Blutes wäre aber selbst die Bewegung nicht einmal denkbar möglich." Daß ferner der Gegensatz männlich-weiblich in der romantischen Medizin eine oft ungewöhnlich große Rolle spielt, sei nur nebenbei bemerkt. Dem Prinzip der Entwicklung eng verwandt ist das bei GOETHE so fruchtbare und von SCHELLING ebenfalls gepflegte Prinzip der *Metamorphose*, das heißt der Formverwandlung. Wir begegnen diesem Gedanken in der naturphilosophischen Physiologie jener Zeit am stärksten bei dem schon erwähnten WILBRAND in Gießen. „Ich leugne", so sagt er, „die Existenz des Kreislaufs des Blutes." Das Blut strömt in die Peripherie und verwandelt sich in lebendes Gewebe. Erst dieses verflüssigt sich wieder und kehrt zum Herzen zurück. Kreislauf ist eine beständige Metamorphose, daher gibt es auch keine Haargefäße, in denen das Blut von der arteriellen Seite auf die venöse herüberfließt. Auch die Respiration ist im wesentlichen ein solcher

Abb. 46. JOHANN BERNHARD WILBRAND (1779—1846). (Aus Familienbesitz.)

Prozeß der Metamorphose, dabei wird das Blut zu Lungengewebe und geht dann wieder in Blut über. Sauerstoffaufnahme und Kohlensäureabgabe sind nur unwesentliche Begleitprozesse der Atmung. Wir sehen an diesem Beispiel, daß die naturphilosophische Spekulation selbst nicht vor alten, schon größtenteils gelösten Problemen der experimentellen Physiologie haltmacht (vgl. H. KARLHEIM [*218*]). Und schließlich hat die von SCHELLING bevorzugte Einteilung der *Grundkräfte des Lebendigen* in die Reproduktionskraft, Irritabilität und Sensibilität stärkste Nachahmung in Physiologie und Pathologie gefunden. Es ist durchaus die Regel, daß die Lebensfunktionen in den Lehrbüchern der Physiologie dieser Zeit nach solchen Prinzipien eingeteilt und abgehandelt werden. Ebenso werden die Krankheiten oft nach solchen des reproduktiven, irritablen und sensiblen Systems gruppiert. Wie allgemein die Krankheitseinteilung nach den genannten drei Systemen war, schildert CARL GUSTAV CARUS (Abb. 47) als gewiß unverdächtiger Zeuge mit folgenden Worten: „Wir wurden viel mit Irritabilität, Sensibilität und Reproduktionskraft und der Einteilung der Krankheiten nach diesen Momenten gequält, lange bevor wir wußten, wie im einzelnen die Zelle entsteht, ein Nerv reizbar sei und eine Faser sich zusammenziehe." Stark von SCHELLING beeinflußt, aber auch in mancher Hinsicht originell, ist die naturphilosophische Physiologie von JOSEPH GÖRRES (1776—1848), wie er sie in den „Prinzipien einer neuen Begründung des Lebens durch Dualismus und Polarität" (1802), in den „Aphorismen über die Organonomie" (1803) und vor allem in der „Exposition der Physiologie" (1803) dargestellt hat. Mit

Abb. 47. CARL GUSTAV CARUS (1789—1869). Arzt, Naturphilosoph, Zootom, Physiologe, Psychologe, Maler, Goethebiograph.

dieser Physiologie wollen wir uns noch etwas näher beschäftigen (K. E. ROTHSCHUH [*342*]). Das Prinzip der Polarität, das Prinzip der idealen Gleichheit von Mikrokosmos und Makrokosmos, der Analogieschluß, alle Schlüssel SCHELLINGscher Naturdeutung finden wir in dieser „Physiologie" von GÖRRES wieder. Die folgende Tabelle gibt seine dualistische Gliederung der Polarität in Natur und Geisteswelt wieder.

Intelligenz

Männlichkeit		*Weiblichkeit*
Erste Potenz Vernunft Positivität — Negativität	Sphäre des Geistes Anschauung	Erste Potenz Verstand Positivität — Negativität
Zweite Potenz Phantasie Positivität — Negativität	Sphäre des Gemütes Gefühl	Zweite Potenz Sinn Positivität — Negativität
Dritte Potenz Irritabilität Positivität — Negativität	Sphäre des Organismus Leben	Dritte Potenz Erregbarkeit Positivität — Negativität

7*

Äußere Natur

Männlichkeit		*Weiblichkeit*
Erste Potenz	Cosmische Sphäre	Erste Potenz
Licht	Wärme	Schwere
rotes — violettes		Größte spezifische — Kleinste spez.
Zweite Potenz	Physische Sphäre	Zweite Potenz
Elektrizität	Galvanismus	Magnetismus
Positive — Negative		Positive — Negative
Dritte Potenz	Chemische Sphäre	Dritte Potenz
Comburirter Stoff	Comburirter Stoff	Combustibler Stoff
Sauerstoff — Stickstoff		Kohlenstoff — Wasserstoff

Die Prinzipien und Gegensätze des Makrokosmos kehren in jedem Organsystem wieder, sie bestimmen die Gesetze der kleineren Sphären, nicht aber umgekehrt. Auf der Suche nach dem Zentralkörper des Organismus findet er das Gehirn als Repräsentanten der Sonne für den Gesamtorganismus, aber auch jedes Organ hat wieder seine Sonne. So ist die nur einmalig angelegte Zirbeldrüse die Sonne des Gehirns im Brennpunkt des Gehirnelipsoids, und das Herz ist die Sonne des Gefäßsystems (Abb. 48). Das Großhirn ist das Organ der Freiheit,

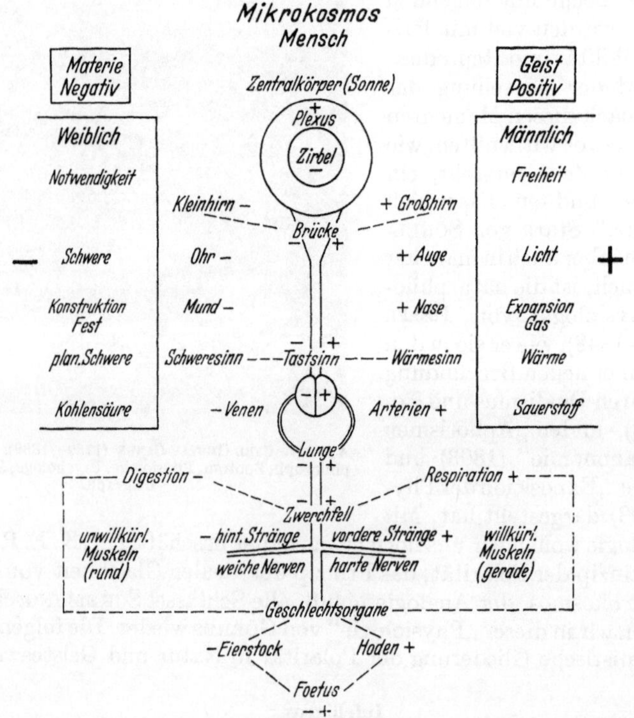

Abb. 48. Das Vorgehen der romantischen Naturdeutung mit Hilfe des „Zauberstabs der Analogie", dargestellt an der naturphilosophischen „Physiologie" von JOSEPH GÖRRES. Polaritäten, Analogien und Gegensätze gelten als zureichende Erklärungsprinzipien für Dasein und Sosein im Lebendigen. (Aus K. E. ROTHSCHUH [342])

das Kleinhirn das Organ der Notwendigkeit, beide verschmolzen in die lebende Ganzheit der Natur. „Wie die Sonne in die Planeten, so geht der Nervenfaden in die muskuläre Faser über." Die vorderen motorischen Wurzeln der Rückenmarksnerven gehören dem bewegenden männlichen Prinzip, die hinteren dem weiblichen an. Für jeden Rückenmarksnerven ist die vordere Wurzel Cerebrum

(Gehirn), das Spinalganglion Cerebellum (Kleinhirn), im Rückenmark sind beide
Gegensätze verbunden. Das Herz entsteht ebenfalls aus der Zweiheit des Gegen-
sätzlichen. Es ist hermaphroditisch polar wie die ganze Natur, männlich ist das
linke stärkere, weiblich das rechte schwächere Herz, männlich die Arterie mit dem
expansiven Sauerstoff, weiblich die Vene mit der venösen schweren Kohlensäure,
beide unzertrennlich vereinigt im Kreislauf.

Wir wollen damit die Schilderung der romantischen Physiologie beenden. Sie
war ein Intermezzo, ein Zwischenspiel, und wurde mit allen ihren Hoffnungen bald
zu Grabe getragen. Allerdings, das Bestreben der naturphilosophischen Physiologie, die Einzelerfahrungen als Spezialfälle allgemeiner Weltgesetze aufzufassen
und das Allgemeine im besonderen herauszuheben, ist an und für sich weder überflüssig noch falsch. Es entspricht einem tiefen, menschlichen Bedürfnis nach Ver-
einheitlichung des Weltbildes. Dieser Weg mag gangbar sein in jenen Zonen
menschlichen Nachdenkens, die unserer Einsicht grundsätzlich unzugängig sind,
aber nicht, wo es sich um erforschbare Zusammenhänge handelt. In diesen besitzen nur nachprüfbare, erforschbare Glieder Erklärungswert. Für die Erkenntnis
der Natur haben sich die Prinzipien der romantischen Naturphilosophen, Polarität, Analogieschluß und Makrokosmos-Mikrokosmos-Idee als unbrauchbar erwiesen. Das Ziel war gut, der Weg war schlecht. Doch wird stets das berechtigte
Bedürfnis bestehen, von den Ergebnissen der empirischen Forschung ausgehend,
allgemeine Grundprobleme naturphilosophisch zu behandeln, wenn sie auch unter
Umständen den Erfahrungsbereich der Wissenschaften überschreiten, weil es ein
tiefes menschliches Bedürfnis gibt, das Verhältnis von Mensch und Natur, Leben
und Seele und ähnliches aus den Wissenschaften heraus, aber auch über sie hinaus-
schreitend sinngebend zu erhellen. Es ist also wohl so, wie es A. v. HUMBOLDT in
einem Brief an SCHELLING im Jahre 1805 ausgedrückt hat: ,,Die Naturphilosophie
kann dem Fortschritt des empirischen Wissens nie schädlich sein. Im Gegenteil,
sie führt das Entdeckte auf Prinzipien zurück, wie sie zugleich neue Entdeckungen
begründet. Steht dabei eine Menschenklasse auf, welche es für bequemer hält, die
Chemie durch die Kraft des Hirns zu treiben, als sich die Hände zu benetzen, so
ist das weder Ihre Schuld noch die der Naturphilosophen."

3. Die empirische Richtung in der Physiologie am Beginn des 19. Jahrhunderts (Purkinje, Magendie usw.).

Die romantische Strömung in der Physiologie erreicht um 1810/15 ihren Höhepunkt. In den nächsten Dezennien klingt sie langsam ab, um 1830/40 ist sie mit
ihren Vertretern fast ausgestorben. Der ungemein vielseitige C. G. CARUS läßt noch
in den Jahren 1838/40 ein dreibändiges ,,System der Physiologie" erscheinen, welches zwar deutlich den Geist der Naturphilosophie atmet, aber die Wirkungen von
J. MÜLLER, MAGENDIE, PURKINJE u. a. durchaus erkennen läßt. Die neue empirische Richtung hat die romantische Physiologie überwunden. Der Ursprung
dieser empirisch-experimentellen Richtung liegt vornehmlich in *Frankreich*. Dort
hatte es zwar auch eine gewisse romantische Strömung gegeben, sie blieb aber
ohne große Wirkung auf die Wissenschaft. Statt dessen erfreute sich hier der Vitalismus in der Biologie, Anatomie und Physiologie, besonders durch MONTPELLIER
größter Anerkennung. Der hervorragende FRANÇOIS XAVIER BICHAT (1771 bis
1802), der in MONTPELLIER studiert hatte, läßt in seiner ,,Anatomie générale" [35],
in der er die neuere Gewebelehre — allerdings noch fast ohne Mikroskop — begründet, alle wesentlich biologischen Vorgänge in den Organismen durch *vitale* Kräfte
vollziehen. Die organische Sensibilität und organische Kontraktilität wirken in

den einfacheren und niedrigeren Organismen und Lebensvorrichtungen(Zirkula-
tion, Absonderung, Einsaugung, Ausdünstung, Ernährung, Verdauung), die animalische Sensibilität wirkt in dem Sinnesleben und die animalische Kontraktilität
in der wirklichen Bewegung. Alle physiologischen und pathologischen Erscheinungen lassen sich auf diese Eigen-
schaften zurückführen. BICHAT wurde
1801 Arzt am Hôtel Dieu in Paris.
Übermäßige Anstrengungen führten
zu seinem frühen Tod. Mit 31 Jahren
starb er 1802 in Paris [*33—35*]. Unter
seine Zeitgenossen rechnen die beiden
besonders um die Kenntnis des Nervensystems sehr verdienten französischen
Physiologen JULIEN JEAN CÉSAR LE-
GALLOIS (1770—1840) und der jüngere
MARIE JEAN PIERRE FLOURENS (1794
bis 1867) (vgl. M. NEUBURGER [*291*]).
LEGALLOIS [*242*] war einer der geschicktesten Experimentalphysiologen am Beginn des 19. Jahrhunderts,
dessen vivisektorische Eingriffe am
Nervensystem und Vestibularapparat
für seine Zeit bewunderungswürdig,
wenn auch für unsere Begriffe oft grau-
sam waren. Er wies auf die Bedeutung
des verlängerten Marks für die Atmung, den Kreislauf und die tierische
Wärme hin. Er promovierte 1801,
wurde 1813 Arzt am Bicêtre und starb
schon 1814 im Alter von 44 Jahren.
FLOURENS' (Abb. 49) Name verknüpft
sich für alle Zeit mit der Entdeckung
des „noeud vital", des späteren „Atemzentrums" (1837). In anderen geschickten Experimenten bewies er die Bedeutung des Cerebellums für das Gleichgewicht beim Gehen und eine ähnliche
Wirkung der Canales semicirculares
[*126*; *127*].

Abb. 49. M. J. P. FLOURENS (1794—1867).

Der Mann aber, welcher im Beginn
des vergangenen Jahrhunderts den
Ruhm der französischen Physiologie
in ganz besonderem Maße begründete,
war FRANÇOIS MAGENDIE, der Wortführer und Inaugurator der modernen,
experimentellen Richtung in der Physiologie und Medizin (Abb. 50). Er
wurde am 6. Oktober 1783 in Bordeaux
als Sohn eines Wundarztes geboren.
Seine Studien absolvierte er in Paris,
also im Zentrum der Tätigkeit BI-
CHATS, dessen Lehren in seiner

Abb. 50. FRANÇOIS MAGENDIE (1783—1855). (Aus Les
médecins celèbres, Paris 1947.)

Studienzeit zunächst stärkste Wirkung auf ihn hatten (Biogr. CL. BERNARD [25]). Aber MAGENDIE war Skeptiker, und seinem kritischen Geist widerstrebte die Neigung der Vitalisten, alle unbekannten Vorgänge des Lebens mit ebenso unbekannten vitalen Kräften erklären zu wollen. Aus dieser Zeit stammt seine grenzenlose Abneigung gegen alle Theorie. Die Physiologie ist ihm noch zu spekulativ. Denn die Lebenskräfte und dergleichen, „die man zur Erklärung der tierischen Verrichtungen angenommen hat, sind nichts anderes als willkürliche Annahmen, welche eine lange Reihe von Jahrhunderten hindurch dazu gedient haben, die Unwissenheit zu verdecken, in der man rücksichtlich der Ursache des Lebens jederzeit gewesen ist, vielleicht immer sein wird." „Welches ist das Resultat gewesen? Es ist das, daß die Physiologie . . . noch eine Wissenschaft in der Wiege ist." Er bemüht sich bewußt, nur die reine Beobachtung unter den Bedingungen des Experimentes gelten zu lassen (vgl. O. TEMKIN [389 b]). Es widerstrebte ihm sogar, allgemeine Schlußfolgerungen aus seinen Versuchen zu ziehen. Er bereicherte die Physiologie mit einer Fülle von selbst erhobenen, neuen, grundlegenden Tatsachen. Unzählige Tiere, besonders Hunde, mußten unter seinen Händen ihr Leben zur Aufklärung physiologischer und pathologischer Fragen lassen. Natürlich geschah das damals noch alles am lebenden und nicht narkotisierten Tier. Mit seinen vivisektorischen Tierexperimenten hat er fast alle Gebiete der Experimentalphysiologie um neue Tatsachen bereichert, wie ein „Lumpensammler", der mit einer Harke in der Hand alles sammelt, was er findet, — so bezeichnete MAGENDIE sich einmal gegenüber seinem Schüler CL. BERNARD.

Im Jahre 1816/17 erscheint sein programmatisches Werk „Précis élémentaire de physiologie", dem viele größere Werke folgen, in denen er die Darstellung der Ergebnisse unzähliger Experimente aneinanderreiht. 1836 wurde MAGENDIE Professor am Collège de France und starb am 7. Oktober des Jahres 1855, nachdem er fast jedes Gebiet der Physiologie bereichert und manche Frage der klinischen Medizin und der Pharmakologie geklärt hatte (Biographisches s. J. M. D. OLMSTEDT [300], R. LANGMANN [241]). Von seinen vielen Entdeckungen nenne ich nur die Sicherung der sensiblen Natur der hinteren Wurzeln am Hund, seine Untersuchungen über die Bewegung des Chylus, seine Experimente über die Wege der aus dem Darm resorbierten Stoffe. Wichtig wurden auch seine Versuche, Tiere mit reinen Nährstoffen zu ernähren, ferner Versuche über die Elastizität des Gefäßsystems, über die Entstehung der Herztöne, über den Anteil von Systole und Diastole an der Förderung des Blutes. Ihm gebührt auch die Entdeckung der Cerebrospinalflüssigkeit und der Kommunikationswege (Foramen Magendie) dieser Flüssigkeitsräume. Einstich- und Durchschneidungsversuche an den verschiedensten Teilen des Gehirns und an den Gehirnnerven trugen viel zur Klärung der Funktionen dieser Teile bei. Seine Vorlesungen „Leçons sur les phénomènes physiques de la vie", Paris 1839, und „Leçons sur les fonctions et les maladies de système nerveux", Paris 1839, sind Fundgruben bedeutungsvoller Beobachtungen. Die meisten Werke wurden ins Deutsche übertragen und trugen sehr zum Siege der empirischen, experimentellen Richtung in der deutschen Physiologie bei.

Auch im *deutschen Sprachgebiet* gab es, wie gesagt, neben den naturphilosophischen Ärzten auch tüchtige reine Empiriker oder Empiriker mit naturphilosophischen Neigungen, welche eine kritische, auf Erfahrung und Beobachtung gestützte Physiologie betrieben. Unter ihnen sei zunächst JOH. HEINRICH FERDINAND AUTENRIETH (1772–1835) erwähnt. Er vertrat 1797 als Professor in Tübingen zugleich die Anatomie, Physiologie, Chirurgie und Geburtshilfe und hatte seit 1805 die Leitung der dortigen medizinischen Klinik inne. Er ist der Autor eines „Handbuchs der empirischen menschlichen Physiologie" (1801/02) und bedeutend durch sein Bemühen, das Krankheitsgeschehen vom Boden der Physiologie zu erklären. Fast

gleichaltrig mit ihm waren KARL ASMUND RUDOLPHI (geb. 1771), GOTTFRIED REIN-
HOLD TREVIRANUS (1776—1837), KARL FRIEDRICH BURDACH und IGNAZ DÖLLINGER.

ASMUND RUDOLPHI (s. J. SEIDE [*361*]) wurde 1810 als erster Anatom und
Physiologe an die neugegründete Berliner Universität berufen. Sein Schüler
JOH. MÜLLER rühmte seine scharfe Beobachtungsgabe, sein umfassendes
Wissen und sein seltenes Lehrtalent [*281*]. Er war ein Gegner der Vivisektion.
Seine Hauptleistung liegt auf zoologischem Gebiet, besonders hinsichtlich
der Kenntnis der Würmer. Er starb 1832 an der Wassersucht mitten in
der Fertigstellung seines „Grundrisses der
Physiologie". TREVIRANUS hat sich in seinem
Werk „Biologie oder die Philosophie der
lebenden Natur für Naturforscher und
Ärzte" (6 Bände, 1802/22) ein bleibendes
Denkmal gesetzt als ein Mann, der ruhige
Beobachtung und Fähigkeit zur spekulativen Interpretation in glücklicher Weise in
sich verband. Er war auch unter den ersten,
die systematisch das Mikroskop auf die Gewebelehre anwandten. Hatte schon TREVI-
RANUS starke philosophische Neigungen, so
galt dies in noch größerem Umfange von
dem gleichaltrigen Leipziger KARL FRIED-
RICH BURDACH (1776—1847) (Abb. 51), der
vor allem in seinen Jugendjahren ein begeisterter Anhänger BROWNs und der Erregungslehre, später auch der Naturphilosophie war [*71*]. Seit 1811 lehrte er in
Dorpat, seit 1814 in Königsberg. Seine
große Produktivität erstreckte sich auf
viele Gebiete der Medizin, u. a. Anatomie,

Abb. 51. KARL FRIEDRICH BURDACH
(1776—1847).

Entwicklungsgeschichte, Physiologie und Psychologie. Er veröffentlichte nicht
weniger als 17 selbständige Schriften in Buchform. Darunter befindet sich das
unvollendet gebliebene sechsbändige Werk „Die Physiologie als Erfahrungswissenschaft" (Leipzig 1826—1840), welches er mit C. E. v. BAER, RATHKE, MOSER,
JOH. MÜLLER, G. G. VALENTIN und R. WAGNER zusammen herausgab. Von
BURDACH stammen auch hervorragende anatomische Arbeiten über das Zentral-
nervensystem (GOLLscher und BURDACHscher Strang). Sein bedeutendstes Hauptwerk handelt „Vom Baue und Leben des Gehirns" (Leipzig 1819—1826). Die
experimentell-physiologische Arbeitsweise von MAGENDIE und JOH. MÜLLER
machte wegen ihrer Nüchternheit keinen großen Eindruck auf ihn[1]. Im
Jahre 1832 gab BURDACH die anatomischen Vorlesungen an seinen Schüler
C. E. v. BAER ab und behielt sich selbst nur die Physiologie vor. Seitdem blieben
Anatomie und Physiologie in Königsberg getrennt. IGNAZ DÖLLINGER, ein gebürtiger Bamberger (1770—1841), wurde nach seinen medizinischen Studienjahren
in Wien (G. PROCHASKA) und im österreichischen Italien (PETER FRANK, ANTONIO
SCARPA) 1796 Professor in Bamberg und 1803 in Würzburg. Dort blieb er 20 Jahre
bis zu seiner Umsiedlung nach München. Seine zahlreichen Untersuchungen
erstrecken sich auf Fragen des Blutkreislaufs, der Absonderung, der Blutbildung,
der pulsatorischen Blutbewegung, besonders aber der Entwicklungsgeschichte
[*105—107*]. Er war ein Meister der Injektionstechnik. Sein großes Wissen, seine

---

[1] Eine sehr gute Würdigung BURDACHs findet sich bei H. B. PICARD [*313*].

an KANT geschulte Neigung zur vorsichtigen, philosophischen Interpretation der Erscheinungen führten ihm viele Mitarbeiter zu (z. B. auch C. E. v. BAER).

In den ersten Jahrzehnten des 19. Jahrhunderts wirkten im deutschen Raum noch eine Reihe weiterer tüchtiger Männer, die auf Grund ihrer Arbeitsweise in der Anatomie und Physiologie nach nüchterner Sachlichkeit, nach Art der Fragestellung und Methodik als Mitbegründer einer naturwissenschaftlich exakten Richtung der Physiologie des 19. Jahrhunderts zu betrachten sind. Von ihnen ist JOHANNES EVANGELISTA PURKINJE (Abb. 52) einer der bedeutendsten. Er wurde am 17. Dez. 1787 in Böhmen als Sohn des fürstlich Diedrichsteinschen Ökonomierats PURKINJE und seiner Frau, einem armen Bauernmädchen, geboren. Der frühe Tod des Vaters und die dadurch bedingte Armut führten dazu, daß er ferne dem Elternhaus in einem Chorknabeninstitut des Piaristenordens zu Nikolsburg aufwuchs. Mit 18 Jahren ging er, anstatt die priesterlichen Gelübde abzulegen, an die Universität seiner Heimatstadt Prag, um zunächst Philosophie zu studieren. Durch einen ¦vermögenden Gönner wurde es ihm ermöglicht, das Studium der Medizin durchzuführen, welches er 1819 mit der bemerkenswerten Dissertation „Beiträge zur Kenntnis des Sehens in subjektiver Hinsicht" abschloß. Diese Arbeit verriet eine ungewöhnliche Befähigung zur Erfassung subjektiver Phänomene des Sehens. Sie trug ihm die Aufmerksamkeit GOETHES (s. E. v. SKRAMLIK [369]) und auf diesem Wege die Fürsprache ALEXANDER VON HUMBOLDTS (1769—1859) ein. So kam es, daß PURKINJE, der seit 1819 Assistent und Prosektor der Anatomie in Prag war, im Jahre 1823 auch gegen den Fakultätswillen auf den Lehrstuhl für Physiologie und Pathologie der Uni-

Abb. 52. JOHANNES EVANGELISTA PURKINJE (1787–1869).(Aus FR.A.WILLIUS und THOMAS J. DRY „A history of heart and circulation", Philad. and London, 1948.)

versität Breslau als Nachfolger von E. D. A. BARTELS berufen wurde. Die Breslauer Fakultät machte PURKINJE verständlicherweise zunächst das Leben nicht immer leicht. Trotzdem gelangen ihm hier wesentliche Fortschritte im Fach der Physiologie. Er ergänzte zwar nicht als erster, aber als einer der ersten (s. S. 93) den theoretischen Unterricht in der Physiologie durch eine experimentelle Demonstrationsstunde (1824). Wir wissen aus einer Denkschrift PURKINJES, daß er dabei eine für damalige Zeiten ungewöhnliche Zahl von Demonstrationen für nötig hielt, teils mikroskopische, teils rein physiologische. Er machte z. B. die wesentlichen Momente des Blutumlaufs durch einen künstlichen, hydraulischen Apparat anschaulich, zeigte am lebenden Tier die Höhe des Blutdrucks mittelst der „HALESschen Röhre", ließ das Herz mittels des Stethoskops auskultieren, demonstrierte den Mechanismus der Atmung an Modellen, zeigte Reizversuche an Muskeln und Nerven usw. „Viele seiner originellen Ideen sind nie in die Öffentlichkeit gelangt", schreibt sein Nachfolger HEIDENHAIN, der persönlich im Breslauer Institut sogar ein von PURKINJE lange Zeit vor HUTCHINSON konstruiertes Spirometer einfachster Art vorgefunden hat [170]. Nach jahrelangen Bemühungen erreichte PURKINJE für Breslau noch etwas anderes, nämlich den Bau eines eigenen physiologischen Instituts, so daß seitdem hier die physiologischen Laboratorien nicht wie fast überall in der Anatomie untergebracht waren. Das Gebäude war allerdings

sehr klein und bescheiden und wurde zu HEIDENHAINs Zeiten nur noch als Karzer
für bestrafte Studenten benutzt. Immerhin war es ein eigenes Institut mit eigenen
Räumen, was im Jahre 1839 etwas sehr Ungewöhnliches war. Doch war die Breslauer Anstalt, wie E. TH. NAUCK [*286*] nachgewiesen hat, *nicht das erste deutsche
selbständige Laboratorium.* Vielmehr wurde die erste physiologische Experimental-
anstalt im Jahre 1821 durch CARL AUGUST SIGMUND SCHULTZE (1795—1877) in
Freiburg eingerichtet, der dorthin zur Vertretung der Physiologie sowie der vergleichenden und pathologischen Anatomie berufen worden war (H. SCHREIBER,
Chronik 1829 [*354*]). Das experimental-physiologische Kolleg SCHULTZEs fand bei
den Studierenden großes Interesse. Es wurde mindestens seit 1822 in Freiburg gelesen, also schon vor PURKINJE. Leider scheint PURKINJE als Lehrer wenig glücklich gewesen zu sein, jedenfalls wußte er die Hörer nicht zu fesseln und anzuregen,
so daß das Kolleg, wenigstens in den ersten Jahren, durchweg schwach besucht war
(R. HEIDENHAIN [*170*]). Die produktivste Zeit PURKINJEs lag in den Jahren 1820
bis 1840, also *vor* der Errichtung des neuen Instituts. In diesen Jahren bestand zunächst ein besonderer Raum in der Anatomie. Später unterhielt PURKINJE ein
physiologisches Laboratorium in seiner Privatwohnung. (PURKINJE war verheiratet mit einer Tochter RUDOLPHIs.) Aus diesem Raum gingen Jahr für Jahr hervorragende Arbeiten von ihm und seinen Doktoranden hervor. Sie erschienen
leider oft an abgelegenen Stellen, wodurch sie vielfach der allgemeinen Aufmerksamkeit zunächst entgingen.

PURKINJE grübelte, dachte, experimentierte und konstruierte ununterbrochen. Unter den
physiologischen Arbeiten dieser Periode, vor allem vor dem Jahre 1832, in dem er ein gutes
Mikroskop erhielt, steht die Physiologie des Gesichtssinnes ganz im Vordergrund. Er untersuchte vor allem die objektiven Bedingungen, unter denen subjektive Gesichtsbilder auftreten
(vgl. E. THOMSEN [*391*]), die Aderfigur im Auge, die Licht-Schatten-Figur, die Druckfigur, die
galvanische Lichtfigur. Er beschrieb ferner die Spiegelbildchen im Auge und untersuchte
zuerst die Bedingungen des Augenleuchtens und Augenspiegelns [*398*]. Er stellte eine Kerze
in einiger Entfernung hinter dem Kopf eines Hündchens auf. Beobachtete er dessen Auge
durch eine starke Konkavbrille, so konnte er feststellen, daß die Augen nur dann leuchteten,
wenn er sie in einer ganz bestimmten Richtung betrachtete. Er erklärte sich das ganz richtig
so, daß das Licht von der Vorderfläche der Brille in das Auge des Tieres geworfen und von
diesem wieder in das Auge des Beobachters reflektiert würde. Dasselbe ließ sich auch am
Menschen nachweisen. Er beschrieb ferner zuerst das „PURKINJEsche Phänomen“, also die
Vertauschung der Helligkeit von Rot und Blau in der Dämmerung, analysierte die farbigen
Nachbilder, die Erscheinungen im indirekten Sehen u. a. m. Seit 1832 treten die mikroskopi-
schen Arbeiten in den Vordergrund. Er beschreibt zuerst das Keimbläschen im tierischen Ei,
differenziert die Struktur der Nervenfasern und Ganglienzellen des Gehirns, beobachtet die
„PURKINJE-Fasern“ im Herzen und die nach ihm benannten Kleinhirnzellen. Er gilt ferner als
Vorläufer der Zellenlehre (1837); er bereicherte die Kenntnis vom Feinbau der Knochen,
der Zähne u. v. m. Er benutzte zuerst den Terminus „Protoplasma“ (P. K. STUDNIČKA [*379*]).
Die Methoden der mikroskopischen Technik wurden mühsam vervollkommnet. Man kann
also sagen: „Das Breslauer Institut war die Wiege der Histologie.“

Seit der Errichtung des Instituts wird der Strom der Entdeckungen merklich
schwächer. Im Jahre 1850, im Alter von 63 Jahren, ging PURKINJE an die Universität Prag zurück, wo ihn seitdem vor allem anderen eine national-tschechische
politische Tätigkeit ganz in Anspruch nahm. Er schrieb sich seit dieser Zeit auch
„PURKYNĚ“, also nach tschechischer Art. Von seinen Landsleuten ist das Wirken
PURKINJEs oft in ihrer Sprache dargestellt worden, während in deutscher Sprache
nur ein sehr wenig umfangreiches Schrifttum über diesen bedeutenden Mann existiert [*397, 398, 357, 111, 427*]. Vor allem fehlt eine gute, auf Quellen gestützte
deutsche Biographie. Im Jahre 1867 zog er sich von seinem Amt zurück und starb
am 28. Juli 1869 mit 82 Jahren in Prag. Eine eigentliche Schule hat PURKINJE
nicht geschaffen. In Breslau war sein begabtester Schüler G. G. VALENTIN, in Prag
war es JOH. CZERMAK.

Mit GABRIEL GUSTAV VALENTIN (1810–1883) teilt PURKINJE die Entdeckung der Flimmerbewegungen (1834). VALENTIN (Abb. 53), der Sohn eines jüdischen Goldschmieds aus Breslau, wurde ein bedeutender Zoologe, Anatom und Physiologe. Von besonderem Wert waren seine embryologischen Arbeiten. Im Jahre 1835 gewann er den französischen „Grand Prix des Sciences Physiques" durch eine umfangreiche Untersuchung über vergleichende Histiogenese. In seinem „Repertorium für Anatomie und Physiologie", einer kritisch referierenden Vierteljahresschrift, gab er seit 1836 einen laufenden Bericht über neue Ergebnisse heraus. Im gleichen Jahr bot ihm Dorpat einen Lehrstuhl an, wenn er sich taufen ließ, er lehnte aber ab und ging nach Bern als erster jüdischer Professor an einer deutschsprachigen Hochschule (BR. KISCH [225]). Die Arbeitsverhältnisse waren dort dürftig genug, ein Raum im anatomischen Institut, 100 Franken Etat. 1839 erschienen seine Untersuchungen über das sympathische Nervensystem. Dazu schrieb er noch ein Lehrbuch und einen Grundriß der Physiologie, die viel beachtet wurden. Um seine Entdeckung der diastatischen Wirkung des Pankreassaftes entbrannte ein Prioritätsstreit mit französischen Physiologen. Auch andere biochemische Fragen hat er erfolgreich bearbeitet.

Noch in Breslau, später auch in Prag, war JOHANNES NEPOMUK CZERMAK (1828–1873) als Assistent bei PURKINJE. Nach einer kurzen Zeit in Krakau ging er dann zu BRÜCKE und LUDWIG nach Wien,

Abb. 53. GABRIEL GUSTAV VALENTIN (1810—1883). (Aus BR. KISCH [225])

war kurze Zeit, 1858–1860, o. Professor der Physiologie in Budapest, dann 1865 bis 1869 in Jena und schließlich Privatgelehrter in Prag. Er beschrieb 1858 die Verwendung eines Spiegels zur Beobachtung des menschlichen Kehlkopfes. Darüber entbrannte dann der sogenannte „Türkenkrieg", das heißt der heftige Prioritätsstreit mit LUDWIG TÜRCK in Wien. Dieser war von C. LUDWIG zur Erprobung des Kehlkopfspiegelns nach Art des spanischen Gesangslehrers GARCIA angeregt worden und hatte sich schon länger mit der Frage beschäftigt. Von ihm hatte sich CZERMAK seinen ersten Spiegel ausgeliehen (A. DURIG [87]). CZERMAK erkannte sofort die außergewöhnliche Bedeutung dieses Untersuchungsverfahrens, vor allem für die Physiologie der Stimme und Sprache, der Phonetik überhaupt, während TÜRCK die klinische Anwendung zur allgemeinen Anerkennung brachte. Von CZERMAK stammen ferner neben dem bekannten Vagusdruckversuch am Hals viele Untersuchungen zur physiologischen Optik und über tierische Hypnose. Er starb im 45. Lebensjahr. Hier soll auch JULIUS LUDWIG BUDGE (1811–1888) Erwähnung finden. Er stammte aus Wetzlar und wurde mit 44 Jahren (1856) Direktor des Anatomischen und Physiologischen Instituts in Greifswald. Er hat wertvolle Beiträge zur Anatomie und Physiologie des vegetativen Nervensystems geliefert. Das Centrum ciliospinale, C. genitospinale und C. anospinale wurden von ihm aufgefunden. Wir verdanken ihm

ferner die Kenntnis, daß Sympathikusreiz die Pupille erweitert und Okulomotorius-
reizung die Pupille verengert. Er hat auch schon vor den Gebrüdern WEBER
den Herzstillstand bei Vagusreizung beobachtet. THEODOR LUDWIG WILHELM
BISCHOFF (1807–1882), etwa gleichaltrig mit VALENTIN und vielseitig wie dieser,
stammte aus Hannover. Er gehörte noch zu denen, die bei dem jungen Dozenten
JOH. MÜLLER in Bonn Physiologie hörten, allerdings damals noch ohne Experimente und ohne Übungen. 1833 habilitierte er sich in Bonn mit einer Arbeit über
die Eihüllen des Menschen. Die Entwicklungsgeschichte ist auch später sein Lieb-
lingsgebiet geblieben [*388*]. In Gießen, wo er seit 1843 zuerst als Physiologe, dann
nach dem Tode J. B. WILBRANDs als Anatom wirkte, trat er durch J. v. LIEBIG in
nähere Berührung zur Chemie, insbesondere zur Stoffwechselchemie. BISCHOFF erkannte daher schon sehr früh die große Bedeutung der Chemie für die Physiologie.
Als LIEBIG nach München ging, folgte BISCHOFF bald (1855) auf den dortigen
Lehrstuhl für Anatomie und Physiologie nach. Dort in München wurde CARL VOIT
sein Assistent. Dieser übernahm 1863 die Vorlesungen über Physiologie. Zu den
Schülern BISCHOFFs zählt CONRAD ECKHARD (1822–1905), ein Hesse aus Homburg.
Nach seinen Studienjahren in Marburg und Berlin ging er im Herbst 1848 als
provisorischer Prosektor zu LUDWIG FICK und als Assistent zu CARL LUDWIG nach
Marburg. Hier hat er wohl von LUDWIG, der sich damals mit Fragen der Sekre-
tion und dem Anteil von Diffusion, Osmose bei diesen Prozessen beschäftigte, viele
Anregungen bekommen, denn Speichelsekretion, Filtration, Diffusion, Magensaft-
absonderung sind ebenfalls Gegenstände seiner wissenschaftlichen Arbeit gewesen.
Daneben war die Physiologie des vegetativen Nervensystems sein ganz besonderes
Interessengebiet, auf dem er Grundlegendes geleistet hat [*112, 113*]. Als BISCHOFF
nach München übersiedelte, wurde ECKHARD sein Nachfolger in Gießen. Von 1855
bis 1891, also bis in sein 70. Jahr, hat ECKHARD die Anatomie und Physiologie

noch gemeinsam vertreten, obgleich selbst der
Großherzog von Hessen persönlich ihm nahelegte,
die Anatomie abzutreten. Der kleine hagere Mann
war bis ins hohe Alter von ungebrochener Vitalität. Noch im 81. Jahre wollte er seine Jagd auf
weitere 12 Jahre pachten und war empört, daß die
Bauern sie ihm nur für 6 Jahre abgeben wollten
(K. BÜRKER [*69*]). Sein leutseliges bescheidenes
Wesen und sein derber Witz, von dem manche
Probe erzählt wurde, machten den alten Geheim-
rat zu einer in Gießen ebenso bekannten wie be-
liebten Persönlichkeit.

Von den in den ersten beiden Jahrzehnten des
19. Jahrhunderts Geborenen sind noch einige zu
nennen, die in ihrer Stellung als Anatomen und
Physiologen sowohl nach der morphologischen als
auch der physiologischen Seite die Entwicklung der
Physiologie befruchtet haben und nicht dem Kreise
von MÜLLER angehören. Ich denke an den vorwiegend morphologisch interessierten R. WAGNER,

Abb. 54. RUDOLPH WAGNER (1805–1864.)
(Aus W. PAGEL, Biogr. Lexikon 1901.)

ferner an H. NASSE und J. MOLESCHOTT. Ihnen gegenüber vertreten die Gebrüder
WEBER und A. W. VOLKMANN mehr die physikalische Betrachtungsweise. RUDOLPH
WAGNER (1805–1864) (Abb. 54) promovierte nach Studien in Erlangen an der Uni-
versität Würzburg und habilitierte sich nach einem Pariser Studienaufenthalt bei
CUVIER in Erlangen. Schon 1833 wurde er Professor der Zoologie in Göttingen.
1840 wurde er dort an BLUMENBACHs Stelle o. Professor der Physiologie, verglei-

chenden Anatomie und Zoologie. Er bewies unter anderem sehr nachdrücklich den genetischen Zusammenhang zwischen Ganglienzellen des Gehirns und den Nervenfasern der Peripherie (1847). Sein Schwergewicht lag auf embryologischem (Keimfleck im Ei) und histologischem Gebiet (Blutzellen, Netzhaut, Aderhaut). Über die Entdeckung der Tastkörperchen in der Haut geriet er in eine wenig erfreuliche Kontroverse mit seinem Schüler GEORG MEISSNER, der die Priorität wohl mit Recht für sich beanspruchte. Unvergessen ist WAGNERS Unternehmen eines Handwörterbuches der Physiologie in 6 Bänden, welches den Stand des Wissens der Jahre 1842–1853 aus der Feder der bedeutendsten Physiologen dieser Zeit (u. a. E. H. WEBER, J. E. PURKINJE, H. LOTZE, C. LUDWIG, G. G. VALENTIN, A. W. VOLKMANN, FR. BIDDER, J. BERZELIUS u. a.) zusammenfaßte. Besonders bekannt wurde WAGNER auch durch seine literarische Fehde im sogenannten „Materialismusstreit" der 50er Jahre. Gegen WAGNERS orthodoxen Standpunkt von Seele und Leben [*414*] erhob besonders KARL VOGT in seinem Buche „Köhlerglaube und Wissenschaft" (1855) eine witzige und geistreiche Kritik, welche in diesem Streit die Lacher stets auf seine Seite brachte. KARL VOGT (1817–1895) war ein bevorzugter Schüler LIEBIGS, hochbegabt nach vielen Richtungen (R. V. HAUSTEIN [*410*], W. MAY [*256*]). Schon als Student veröffentlichte er eigene Arbeiten in MÜLLERS Archiv (1837). Die Studentenverfolgungen der Restaurationsjahre vertrieben ihn aus Deutschland nach Bern, wo er sich G. G. VALENTIN anschloß. Hier schrieb er u. a. hervorragende zootomische Arbeiten, z. B. über das Nervensystem von HUMBOLDTS Pythonschlangen. Die Eindrücke einer Reise nach Paris (1844) legte er in den „Physiologischen Briefen" (Stuttgart 1845/46) nieder. 1848 spielte er wieder eine große Rolle im politischen Kampf um die Demokratie. Der Fehlschlag der Revolution trieb ihn erneut außer Landes. Als „Affenvogt" war er später bekannt wegen seines Bekenntnisses zum Darwinismus.

In diesen Zusammenhang gehört auch JAKOB MOLESCHOTT (1822–1893), der sich in dem Streit zwischen Religion und Naturforschung ebenfalls stark materialistisch und antichristlich gebärdete. Vor allem nahm man ihm übel, als er in Heidelberg Studenten gegenüber mit beredten Worten die Leichenbestattung auf Friedhöfen verwarf und die Verbrennung forderte, weil die kostbare Asche dem Boden wiedergegeben werden müßte, sonst handele man wie ein Bauer, der sein Pfund ängstlich in den Boden vergräbt, anstatt von ihm Zinsen zu ernten. Das führte zu einer Verwarnung von seiten der Fakultät, die er mit Niederlegung des Dienstes quittierte. MOLESCHOTT war von Hause Holländer, geboren in Hertogenbosch in Nordbrabant. Schon als Student hatte er mit einer Arbeit über LIEBIGS Theorie der Ernährung einen Preis davongetragen. In seiner Dissertation (1845) ist sein wissenschaftliches Glaubensbekenntnis zu finden: Nullam extra physicae studia medicum invenire salutem, immo artem non esse medicinam, nisi a physiologia proficisceretur. Das Jahr 1846 sieht ihn in Utrecht in Zusammenarbeit mit J. VAN DEEN und C. DONDERS. Von 1847 (Habilitation für Physiologie und Anthropologie) an war er in Heidelberg, zunächst als Schüler von JAKOB HENLE, dann in Zürich. Später ging er (1861) nach Turin und war von 1879 bis zu seinem Tode 1893 an der Sapienza in Rom. Seine Untersuchungen betrafen vornehmlich Fragen der Stoffwechselphysiologie und der Ernährung, die in MOLESCHOTTS „Untersuchungen" seit 1857 gesammelt herauskamen. Über sein Leben erzählt er in seinem gutgeschriebenen Buch „Für meine Freunde" [*276*]. Hier sei noch ein anderer Schüler von JAKOB HENLE erwähnt, nämlich RUDOLF ALBERT KOELLIKER, der Vorgänger MOLESCHOTTS in Heidelberg. Er wurde in Zürich 1817 geboren. Nach Studien in Zürich, Bonn und Berlin (auch bei JOH. MÜLLER) ging er nach Heidelberg zu HENLE, war dort 1843/45 Prosektor an der Anatomie, seit 1845 Professor der Physiologie und vergleichenden Anatomie. 1847 wurde er als

Professor für Physiologie und Anatomie nach Würzburg berufen. 1865 gab er die Physiologie an den jungen hochbegabten A. v. BEZOLD ab. KOELLIKERS Schwergewicht liegt auf dem Gebiete der normalen Gewebelehre. Aber auch gute physiologische Arbeiten stammen von seiner Hand [228]. Mit H. MÜLLER entdeckte er den monophasischen Strom am Herzen. Mit AD. FICK und C. RÖNTGEN gehörte er zu denen, die den Ruhm der Universität Würzburg in der zweiten Hälfte des vergangenen Jahrhunderts begründeten. Er starb im Jahre 1905.

Die bisher genannten Männer waren sämtlich Anatomen und Physiologen, die auf beiden Gebieten Gutes geleistet haben. Sie gehören schon zum Teil der Generation von JOH. MÜLLER an, der den Höhepunkt dieser Entwicklung darstellt. Bevor wir diesen bedeutendsten Kopf jener Generation behandeln, haben wir noch einiger Forscher zu gedenken, deren ganze Arbeitsweise sie von den bisher genannten trennt, das sind vor allem die Gebrüder WEBER und A. W. VOLKMANN. Das bedeutende Dreigestirn der Gebrüder WEBER gehört mit zu denen, welche besonders die physikalische Richtung in der Physiologie gepflegt und bereichert haben. Sie stammten aus Wittenberg und waren Söhne des Theologie-Professors an der dortigen Universität MICHAEL WEBER. Der älteste der drei Brüder, ERNST HEINRICH WEBER (1795—1878) (Abb. 55), wurde nach Studien in Wittenberg und Leipzig schon mit 26 Jahren (1821) o. Professor der Anatomie und Physiologie in Leipzig. Dort hat er sein langes, fruchtbares Leben verbracht. Außer seinen anatomischen Untersuchungen, die wir hier übergehen können, hat er fast alle Gebiete der Physiologie bearbeitet, und zwar in einer für die damalige Zeit durchaus neuartigen physikalisch-mathematischen Art. Sein Buch, die „Wellenlehre, auf Experimente begründet" (Leipzig 1825), war eine Gemeinschaftsarbeit mit seinem Bruder WILHELM EDUARD, der damals noch Schüler in Wittenberg war. Es enthält u. a. die Grundlagen einer exakten Analyse der Bewegung in elastischen Schläuchen, also die Grundlagen einer Physik des Kreislaufs. Diese Untersuchungen wurden später in seiner wichtigen Abhandlung „De pulsu, tactu et auditu", Lipsiae 1834 fortgeführt (vgl. P. HOFFMANN [195]). Berühmt wurden auch seine Untersuchungen über den Tastsinn (WEBERsches Gesetz), mit denen das Gebiet der Hautsinne erstmalig einer messenden, quantitativen Behandlung erschlossen wurde (C. LUDWIG [248]). E. H. WEBERs gesammelte Abhandlungen sind enthalten in „Annotationes anatomicae et physiologicae programmata collecta" Leipzig 1851. Nicht zu vergessen ist sein schöner Beitrag über Tastsinn und Gemeingefühl in WAGNERS Handwörterbuch 1846. Zusammen mit seinem Bruder EDUARD FRIEDRICH WILHELM WEBER (1806—1871) hat ERNST HEINRICH den berühmten Versuch über die hemmende Wirkung des N. vagus auf das Herz in Neapel demonstriert (1854). Dieser jüngste EDUARD WEBER ging nach Studien in Halle (1831)

Abb. 55. ERNST HEINRICH WEBER (1795—1878). (Aus A. POLITZER, Geschichte der Ohrenheilkunde, Stuttgart 1913.)

als Prosektor zu seinem älteren Bruder an die Anatomie nach Leipzig. Sein Hauptarbeitsgebiet war die Physiologie und Mechanik der Muskeln. Auch hier bereicherte er diese Gebiete durch quantitative Untersuchungen, besonders mit frequenten Induktionsreizen. Er wies als erster auf die große Bedeutung der Muskelelastizität hin. Sein Artikel „Muskelbewegung" in Wagners Handwörterbuch (1846) brachte eine Fülle von neuen Erkenntnissen. Auch sein Buch „Mechanik der menschlichen Gehwerkzeuge" Göttingen 1836, wieder eine Gemeinschaftsarbeit mit seinem Bruder WILHELM, läßt die physikalische Arbeitsweise deutlich erkennen. Dieser Bruder WILHELM EDUARD WEBER (1804—1891), an Alter zwischen den beiden anderen stehend, wurde 1831 Physiker in Göttingen und hat durch seine Mitarbeit zur Anwendung physikalischer Prinzipien auf die Physiologie wesentlich beigetragen. Er gehört auch zu den aufrechten „Göttinger Sieben", welche 1837 den geforderten Dienst- und Huldigungsrevers für König ERNST AUGUST VON HANNOVER aus politischen Gründen ablehnten und daher ihres Amtes entsetzt wurden. Solche Entlassungen von Professoren durchziehen die ganze Wissenschaftsgeschichte des 19. Jahrhunderts, so erging es zahllosen Professoren zur Zeit des Napoleonischen Überfalls auf Deutschland, so geschah es im Verlauf der Ereignisse des Jahres 1848, dann später wieder aus weltanschaulichen Gründen, z. B. mit MOLESCHOTT, und so geht es bis in unsere Tage hinein. Die Arbeitsrichtung der Gebrüder WEBER war die Wegbereitung für die exakte, physikalische Epoche der Physiologie, die mit E. DU BOIS-REYMOND, H. v. HELMHOLTZ und C. LUDWIG die Glanzzeit der deutschen Physiologie in der zweiten Jahrhunderthälfte heraufführte (vgl. C. LUDWIG [248]). Hierzu ist auch ALFRED WILHELM VOLKMANN (1800—1877) (Abb. 56) zu rechnen, der sich nach seinen Studienjahren in Leipzig bei E. H. WEBER habilitierte (1828). Im Jahre 1834 wurde er ao. Professor für Zootomie und erhielt 1837 die o. Professur für Physiologie in Dorpat. Seit 1843 wirkte er in Halle als Anatom und Physiologe, bis er 1872 die Physiologie an JULIUS BERNSTEIN abtrat. VOLKMANNS Arbeitsweise war wie die seines Lehrers E. H. WEBER stark physikalisch. Er beschäftigte sich besonders mit phy-

Abb. 56. ALFRED WILHELM VOLKMANN (1880—1877).
(Aus Ciba-Z. 4, 1418, 1937.)

siologischer Optik („Neue Beiträge zur Physiologie des Gesichtssinnes" Leipzig 1836, und „Physiologische Untersuchungen im Gebiet der Optik" 1863/64). Besonders wichtig waren auch seine Bemühungen, physikalische Prinzipien auf die Lehre vom Blutkreislauf zu übertragen („Die Hämodynamik nach Versuchen", Leipzig 1850). Auf diesem Gebiet begegnete er sich sowohl mit E. H. WEBER als auch mit C. LUDWIG. Er stand mit beiden in einem lebhaften Erfahrungsaustausch.

4. Johannes Müller als Physiologe.

„Am 25. Tag des Monats Messidor neunten Jahres der fränkischen Republik", das ist der 14. Juli 1801, wurde die Geburt des JOHANNES PETRUS MÜLLER (Abb. 57) in Koblenz in das Standesregister eingetragen (Biographisches: W. HA-BERLING [*162*], U. EBBECKE [*109*]). Koblenz mit seinen 8000 Einwohnern war damals die Hauptstadt der Rhein- und Moseldepartements, da seit dem Überfall NA-POLEONS und dem Frieden von Luneville das linke Rheinufer französisch geworden war. So wuchs der junge MÜLLER in politisch unruhigen Zeiten auf. Geistesgeschichtlich fällt die Zeit seiner frühesten Kindheit und Jugend in die Blütezeit der Romantik und der Herrschaft der Naturphilosophie. Sein Vater, ein tüchtiger Schuhmachermeister, schickte den begabten Knaben mit 10 Jahren auf die frühere Jesuitenschule und damalige école secondaire in Koblenz. An dem gleichen Gymnasium lehrte in diesen Jahren 1808—1814 auch JOSEPH GÖRRES. Eigentümlicherweise hat MÜLLER dieses Mannes später nie Erwähnung getan. Durch die politische Unruhe jener Jahre wurde der Unterricht oft unterbrochen. Schon früh ragte MÜLLER unter den Gefährten durch seine Wißbegierde, seine mathematische und sprachliche Begabung hervor. Wie viele Naturforscher sammelte er in seiner Kindheit Tiere, Pflanzen und dergleichen, zerlegte Insekten und schulte so, unabhängig von dem naturwissenschaftlich sehr dürftigen Schulunterricht, sein Auge in der Unterscheidung der Tier- und Pflanzengestalten.

Abb. 57. JOHANNES MÜLLER (1801—1858). Lithographie von Miß Louisa Corbeaux. Gedruckt 13. November 1837 in London. (Überlassen von Prof. C. ELZE, Würzburg.)

Nach dem 1818 bestandenen Abitur und einem einjährigen Militärdienst beginnt er 1819 an der erst kürzlich neuerrichteten Bonner Universität das Studium der Medizin. Unter seinen damaligen Lehrern beeindruckten ihn besonders der Physiologe und Chirurg PHILIPP FRANZ VON WALTHER (1782—1849), dessen naturphilosophische Richtung MÜLLER sehr fesselte, ferner KARL WILHELM GOTTLOB KASTNER als Chemiker, ebenfalls stark naturphilosophisch in seiner Arbeitsrichtung, übrigens auch der Lehrer und Förderer von JUSTUS VON LIEBIG. Sodann war dort AUGUST BRANDIS, der Naturphilosoph und besondere Verehrer von ARISTOTELES, von dem MÜLLER eine große Liebe für diesen bedeutenden Naturphilosophen übernahm und zeitlebens behielt. Trotz seiner regen Anteilnahme an dem studentischen Leben stürzte sich der junge MÜLLER mit großer Wißbegier in das wissenschaftliche Studium. Schon im Jahre 1820, als einjähriger Student, bearbeitete er die damals von der Universität gestellte Preisaufgabe über die Atmung des Foetus. In 57 Experimenten an lebenden Tieren aller Art, z. B. an trächtigen Katzen, die er sich auf den Dörfern fing, versuchte er die

Atmung während des foetalen Lebens nachzuweisen, mit dem Erfolg, daß er den Preis für diese Erstlingsarbeit: De respiratione foetus (Lipsiae 1823) zugesprochen erhielt. Mit einer noch als Student unternommenen Untersuchung über die Gesetze und Zahlenverhältnisse der Bewegung bei den verschiedensten Tieren bis zu den Tausendfüßlern promovierte er 1822, erst 21 Jahre alt („Diss. inaug. physiol. sistens commentarios de phoronomia animalium" Bonnae 1822). In den Prolegomena dieser Schrift ist deutlich der Einfluß der naturphilosophischen Naturbetrachtung zu erkennen. So wird die Beugung und Streckung der Muskeln, die hier zum Zirkel, dort zur Linie streben, mit den Polen der elektrischen Säule verglichen. Unter seinen Thesen verteidigt er u. a. die Auffassung: „Psychologus nemo, nisi physiologus". Das ist ein Gegenstand, den er übrigens auch späterhin oft behandelt hat. Das gute Urteil seiner Lehrer und die besondere Unterstützung des Bonner Kurators PHIL. JOS. VON ROHFUES verschafften MÜLLER ein Studienstipendium in Berlin zur Ausbildung für den akademischen Lehrberuf, und zwar zur Arbeit am Anatomischen Institut unter CARL ASMUND RUDOLPHI. Diese $1\frac{1}{2}$ Jahre des Berliner Aufenthaltes von 1823/24 haben MÜLLER unendlich gefördert, seine theoretische Einstellung zur Naturforschung geklärt und seine Liebe und Richtung zur Anatomie für immer befestigt. RUDOLPHI war ein ausgezeichneter Lehrer und Forscher, wahrheitsliebend, enthusiastisch für die Wissenschaft, anregend für seine Schüler, selbstlos in der Förderung Jüngerer und vor allem ein scharfer Gegner der Naturphilosophie in der anatomisch-physiologischen Arbeit (vgl. S. 104).

„Bei jeder Gelegenheit äußerte sich RUDOLPHI auf das kräftigste gegen eine mit mißverstandener Philosophie verbundene Art von Naturstudien, welche sich lange ziemlich anspruchsvoll durch Mangel an einer exakten Methode und durch gewaltsame Tendenz zum Allgemeinen aussprach ... Eine herrschend gewordene, übermütige und oft leichtfertige Art, über die natürlichen Dinge zu philosophieren, konnte den Besonnenen angesichts jenes Schwindels von tierischem Magnetismus auch wenig Trostreiches darbieten. Auch in Berlin, dem Sammelplatz der würdigsten wissenschaftlichen Bestrebungen, fehlte es nicht an Leichtgläubigen. Da war es vorzüglich RUDOLPHI, der durch seine kräftige Opposition die Verbreitung hemmte, und viel verdankt man seiner Stimme, daß die Ärzte von dem Feld des medizinischen Wunderglaubens zurückgekehrt sind" [281].

Hier in Berlin wird J. MÜLLER für immer von seiner Neigung zur romantischen Interpretation der Natur geheilt, ohne daß er den Wert einer philosophischen Betrachtung der Natur je geleugnet, noch für überflüssig erklärt hätte. Ganz im Gegenteil, er hat es immer wieder ausgesprochen, daß es keine sinnvolle naturwissenschaftliche Forschung gibt ohne die Einordnung des Erfahrenen in das nur gedanklich zu erfassende und zu erweiternde Gesamtbild der Natur. Diese Berliner Zeit gibt MÜLLER auch zahllose Anregungen auf dem Gebiete der vergleichenden Anatomie. Zu vielen späteren Arbeiten wurde hier der Keim gelegt. Bald nach seiner Rückkehr nach Bonn erwirbt MÜLLER die Venia legendi und stellt sich mit einer Antrittsvorlesung „Von dem Bedürfnis der Physiologie nach einer philosophischen Naturbetrachtung" der Bonner wissenschaftlichen Welt am 24. Okt. 1824 vor. Der Inhalt dieser scharfformulierten und sorgsam durchdachten Rede enthält ein Programm und kennzeichnet die Richtung, welcher MÜLLER sein Leben lang treu geblieben ist. Nachdem er die Richtung einer falsch vorgehenden Naturphilosophie als einen Irrweg dargestellt hat, geht er auf jene Arbeits- und Denkweise in den Naturwissenschaften und speziell in der Physiologie ein, die ihm als die allein richtige erscheint. Wir spüren hier deutlich den Einfluß GOETHES in seiner Stellungnahme zur Beobachtung und zum Experiment, ja, es sind fast die gleichen Worte, wie wir sie bei GOETHE in der vorn (S. 90) zitierten Schrift vom Jahre 1792 finden.

„Die Beobachtung schlicht, unverdrossen fleißig, aufrichtig, ohne vorgefaßte Meinung — der Versuch künstlich, ungeduldig, emsig, abspringend, leidenschaftlich, unzuverlässig. —

Man sieht alltäglich Versuch auf Versuch häufen, einen den Schein des anderen stürzen, beides oft genug von Männern, welche weder so sehr geistig ausgezeichnet sind, noch Wahrheit der Person und Selbstverleugnung zum Versuchen mitbringen. Es ist nichts leichter, als eine Menge sogenannter interessanter Versuche zu machen. Man darf die Natur nur auf irgendeine Weise gewalttätig versuchen, sie wird uns in ihrer Not eine leidende Antwort geben. Nichts ist schwieriger als sie zu deuten, nichts ist schwieriger als der gültige physiologische Versuch, und dieses zu zeigen und klar einzusehen, halten wir für die erste Aufgabe der jetzigen Physiologie. — Ich habe mich schon bemüht, zu zeigen, daß die Naturforschung auch etwas Religiöses an sich habe, damit will ich sagen, daß sie auch ihren Kultus habe. Man kann, glaube ich, hinzusetzen, sie hat auch ihre dauernden Priester. Da gibt es eine Erfahrung, die nur von Ideen gebildet wird, und aus den Erfahrungen wieder entspringen uns auf unvorstellbare Weise Ideen, weil jene wie Institutionen eines religiösen Kultus wirken. Diese anspruchslose, schlichte Anschauung der Natur, die in sich selbst gezwungen, in allen Dingen nur das Rechte der Dinge, die Wahrheit des Scheins erkennt, ist der Sinn des Naturforschers und namentlich des Physiologen. Lasset einen solchen Geist erfahren, was ihr immer wollt, er erfährt mehr, als in den Dingen selbst scheinbar sinnlich Erkennbares ist, und wie seine Erfahrungen und Betrachtungen aus der Idee hervorgehen, so gehen sie auch in Ideen zurück. *Die Erfahrung wird zum Zeugungsferment des Geistes. Nicht das abstrakte Denken über die Natur ist das Gebiet des Physiologen, der Physiologe erfährt die Natur, damit er sie denke.*"

Ich glaube, daß selten in der Geschichte der Physiologie das Verhältnis von Erfahrung (sei sie durch Beobachtung oder Experiment gewonnen) und Denken so klar ausgesprochen wurde als an dieser Stelle. Der Gedanke, der zum Anstellen des Experiments oder der Beobachtung hinführt, und der Gedanke, welcher aus dem Ergebnis der Beobachtung erschlossen wird, umschließen die Arbeit des Naturforschers von beiden Seiten und sind seinem Werk eingewoben, ob er es weiß und will oder nicht. „Die Physiologie ist keine Wissenschaft, wenn nicht durch innige Verbindung mit der Philosophie." Die uns heute eigentümlich berührende negative Kennzeichnung des Experimentes hat ihre tieferen Gründe in der *vitalistischen Grundeinstellung* von J. Müller. Er war aufs tiefste von der gänzlichen Verschiedenheit des Organischen und Anorganischen überzeugt. Nur durch das Walten einer von den physikalischen und chemischen Kräften ganz verschiedenen Lebenskraft in den Organismen entwickelt sich das Lebewesen zu einer lebensfähigen, ganzheitlichen Gestalt. Nur durch diese Lebenskraft erhält es sich im Wechsel der Einwirkungen und vermag es Störungen seiner Struktur und Funktion zu reparieren. Wie soll aber das Experiment Auskunft geben, wo künstlich aus dem Zusammenhang des Ganzen gerissene Teilstücke dem experimentellen Eingriff unterworfen werden? Vor allem vermag sich Müller nicht mit der physikalischen oder chemischen Interpretation der Lebensvorgänge zu befreunden. Das geht bis in jene Zeit, da diese Methoden in den Händen seiner Schüler und eines Carl Ludwig tiefe Einblicke in die gesetzmäßigen Verknüpfungen der Lebenserscheinungen eröffneten. Sein langjähriger Schüler E. du Bois-Reymond hat, wie er selbst berichtet, J. Müller von der strengen Gültigkeit physikalischer Gesetze in den Organismen nie überzeugen können. „Die Organismen sind zwar physikalischen und chemischen Einwirkungen zugänglich, allein die Art ihrer Reaktion auf diese Einwirkungen unterscheidet sich nach Müller von den physikalischen, wobei der eine Körper auf den anderen seinen Bewegungszustand überträgt, und von der chemischen, wobei die Eigenschaften beider Stoffe in einen dritten untergehen, dadurch, daß die Reize am Organischen nichts zum Vorschein bringen, als die Eigenschaft des Organischen selber, dessen ‚Energie'." So hat du Bois [*46*] in seiner Gedächtnisrede Müllers Einstellung charakterisiert. Noch mehrfach hat Müller seiner allgemeinen Auffassung von der Methode und den Zielen der Physiologie und dem Wesen des Lebendigen Ausdruck gegeben, vor allem in der Vorrede seiner Schrift zur „Bildungsgeschichte der Genitalien" im Jahre 1830 und in der Vorrede zu seinem Handbuch der Physiologie (1834), doch müssen wir uns mit den obigen Hinweisen begnügen (s. M. Müller [*282*]). Die

Bonner Dozentenjahre von 1824—1833 sind von einer ungeheuren Arbeit erfüllt. Neben vielen Vorlesungen über vergleichende Anatomie, Physiologie des Menschen und der Tiere, Enzyklopädie und Methodologie der Medizin, Allgemeine Pathologie, Augen- und Gehirnkrankheiten, arbeitet er rastlos an größeren und kleineren Problemen der Physiologie und Anatomie. In den Jahren 1824—1827 betreibt er vor allem *subjektiv physiologische Untersuchungen.* 1826 erscheint seine Schrift „Zur vergleichenden Physiologie des Gesichtssinnes der Menschen und Tiere" [*109*] und eine andere „Über die phantastischen Gesichtserscheinungen" (vgl. U. Ebbecke [*109*]). In der erstgenannten begründet er unter anderem das berühmt gewordene Gesetz von den „spezifischen Sinnesenergien". In der letzteren schildert er eine Fülle von subjektiven Erscheinungen, die im Sehfelde bei völliger körperlicher Entspannung im dunklen Raum bei anstrengender Selbstbeobachtung auftauchen. Hier spricht er sich auch über das Wesen der Seele aus, indem er versucht, von der Physiologie der Sinne zur Erkenntnis des Seelischen vorzudringen. „Dem Verfasser ist die Seele nur eine besondere Form des Lebens unter den mannigfachen Lebensformen, welche Gegenstand der physiologischen Untersuchung sind, er hegt daher die Überzeugung, daß die physiologische Untersuchung in ihren letzten Resultaten selbst psychologisch sein müsse." Wie hier hat Müller auch in seinem Handbuch dem Verhältnis von Leben und Seele tief eindringende Überlegungen gewidmet. Im Jahre 1827 erscheint auch sein kleiner „Grundriß der Vorlesungen über die Physiologie" zum Gebrauch bei den Vorlesungen, der interessanterweise noch ganz im Sinne Walthers und anderer romantischer Naturphilosophen die Stoffeinteilung in die Funktionen der Sensibilität, Irritabilität und Reproduktionskraft beibehält (E. du Bois-Reymond [*46*]). Im Jahre 1826 war Müller zum ao. Professor ernannt worden, im folgenden Jahre verheiratete er sich mit Nanny Zeiller, die ihm eine glückbringende, verständnisvolle Lebensgefährtin wurde. Zugleich bedeutet das Frühjahr 1827 einen bedeutsamen Einschnitt in sein Leben. Die beständige Beschäftigung mit inneren Gesichten, der übermäßige Genuß schweren Kaffees, auch die Methode des Fastens, um solche Gesichte zu fördern, schließlich auch die hohe Vorlesungsbeanspruchung führten im Frühjahr einen Nervenzusammenbruch herbei, von dem er sich nur durch eine längere Reise erholte. Vielleicht handelte es sich auch um die erste von jenen depressiven Phasen, unter denen Müller auch in späteren Jahren gelitten hat (J. Steudel [*373b*]). Mit diesem Erlebnis endet die subjektiv-physiologisch-philosophische Epoche im Leben Müllers.

Er wendet sich von nun an immer stärker der Beobachtung, den objektiven Naturvorgängen, der *anatomischen Zergliederung und dem Experiment* zu. Als Frucht dieser Arbeit veröffentlicht er im Jahre 1830 zwei neue Werke, das bahnbrechende Buch „De glandularum secernentium structura — — —" und die „Bildungsgeschichte der Genitalien". Das Werk über die *Drüsen* beseitigt ein uraltes Vorurteil hinsichtlich der Drüsenfunktion, denn es zeitigte als Frucht einer unglaublichen Anzahl von Beobachtungen an Vertretern aller Wirbeltierklassen nach Heidenhains Worten (in Hermanns Handbuch der Physiologie [Bd. 5, 1883]) folgendes Ergebnis: „Es sind — im Gegensatz zu den Anschauungen, die aus dem vergangenen Jahrhundert bis auf Müllers Zeit sich fortgepflanzt hatten — nicht die Blutgefäße, welche sezernieren, sondern die Wände der überall geschlossenen Drüsenräume, auf welchen die Blutgefäße ein Netz bilden. Die Drüsen stellen in ihrem Innern eine in kleinste Räume konstruierte, große Oberfläche dar; die diese bekleidende, lebendige Substanz ist es, welche die Sekretion einleitet." In die Jahre 1827—1833 fallen weitere zahlreiche Einzelarbeiten, vor allem der Beweis des Bellschen Satzes am Frosch, ferner die Entdeckung der Lymphherzen am Frosch, schließlich eine große Reihe von Beobachtungen über

Blut und Lymphe, wobei Hewsons frühere Untersuchungen zum Thema der Blutgerinnung erneut selbständig aufgefunden und ergänzt wurden. Die Ergebnisse erschienen 1832 im Band IV von Burdachs „Physiologie als Erfahrungswissenschaft". Seine Vielseitigkeit dokumentiert sich ferner in einer weiteren Schrift: „Über die Diffusion durch dünne, tierische Häute." Eine Reise nach Paris im September 1831 bringt Müller in Berührung mit Cuvier, dem großen deutsch-französischen Zoologen, mit R. J. Dutrochet, H. Milne-Edwards und Alexander von Humboldt, bei denen er seine Befunde vorführt und großen Eindruck hinterläßt. Das Jahr 1833 bringt die große Entscheidung seines Lebens, den Ruf auf den durch den Tod Rudolphis frei gewordenen *Lehrstuhl der Anatomie und Physiologie in Berlin*. Es spricht für Müllers Selbstbewußtsein, daß er sich für den Berliner Lehrstuhl selbst durch einen Brief an den preußischen Minister Stein von Altenstein in Vorschlag bringt. Darin heißt es unter anderem: „Indem ich nun in voller Kraft des jugendlichen Mannesalters fühle, was ich zu wirken fähig wäre, fühle ich mich verpflichtet und gedrungen, an Ew. Exzellenz mit tiefer Ehrerbietung mich zu wenden und mich Ihrer Aufmerksamkeit bei einem so äußerst wichtigen Schritte zu empfehlen, der über den Geist vieler Jahre entscheiden wird, der von Berlins großartigen Instituten ausgehen kann und der billig von demselben im Vergleich des großartigen Lebens in den übrigen Naturwissenschaften erwartet wird" (zit. nach W. Haberling [*162*]). Nach Scheitern der Verhandlungen mit Friedrich Tiedemann (1781—1861) in Heidelberg und Carl Gustav Carus (1789—1869) in Dresden, erhält Müller im Anfang des Jahres 1833 den Ruf nach Berlin. Im Sommersemester übernimmt er das Institut mit seinen guten Sammlungen, aber schlechten Räumen. Das alte Haus lag hinter der Garnisonkirche. Es hatte weder genügend an Raum, noch an Lüftung, noch an Licht. Die Seziersäle glichen übelriechenden Höhlen (E. du Bois-Reymond [*46*]), in denen 200 Mediziner an den Leichen präparierten. Die Mitarbeiter, Jakob Henle und seit 1835 Theodor Schwann, mußten in ihren privaten Wohnzimmern arbeiten, da der Platz sonst nicht reichte, wobei in diesen engen Räumen dann eine göttliche Unordnung von Büchsen und Präparaten, lebenden und toten Fröschen, Büchern und Eßwaren herrschte. Die Hilfsmittel zur Forschung waren dürftig, ebenso die für physiologische Experimente. Friedrich Bidder (1810—1894), der spätere Physiologe in Dorpat, brachte 1834 einige Monate am Berliner Institut zu und schildert in seinen unveröffentlichten Lebenserinnerungen [*36*] den Unterricht und die Zustände am Berliner Institut. Die Vorlesungen bei Müller waren fast ohne Experimente. Theodor Schwann arbeitete mit dem einzigen dem Berliner Institut (außer Joh. Müller) zur Verfügung stehenden, aber auch noch ausgeliehenen Mikroskop. In den *Vorlesungen* war Müllers Vortrag klar, sehr sachlich, von vollkommener Beherrschung des Stoffs, schmucklos gediegen, ohne Versprechen, oft von tiefer Begeisterung getragen. Wie Virchow [*405*] sagte, hatte Müller dabei oft die Manier eines Priesters. Gegen Störungen war er sehr empfindlich. Gelegentlich konnte er einen unerwünschten Hörer solange fixieren, bis dieser scheu sein Colleg verließ. „Aber welcher Gegensatz, wenn das sonst so finstere oder doch kalte Gesicht mit dem Ausdruck herzlichen Wohlwollens sich klärte, wenn das Auge mehr als das Gesicht lächelte, und es wie warmer Sonnenblick durch das Gewölk hervorbrach. In solchen Augenblicken war Müller hinreißend, denn gerade dann wurde man sich der geistigen Größe des Mannes am meisten bewußt. Zeigte doch seine natürliche Ausstattung den Gegensatz zwischen dem großen wunderbaren Kopf und einem Körperbau, an dem nur die breiten Schultern charakteristisch hervortraten" (R. Virchow [*405*]). Im Jahre der Übersiedelung nach Berlin erschien der erste Band (1. Abt.) des Müllerschen *Handbuchs der Physiologie*. Im Jahre 1834 erschien seine 2. Abteilung, im Jahre 1837 der ge-

samte zweite Band. Mit diesem Werk hat sich Müller ein für immer bleibendes
Denkmal gesetzt. Das Buch hat nach Du Bois' Aussage „für unser Jahrhundert
eine ähnliche, ja wenn man den zugleich rascheren Fortschritt der Wissenschaft
erwägt, fast die gleiche Bedeutung erlangt, wie Hallers Werk für das verflossene".
Überall leuchten das ungeheure Wissen und die eigene Erfahrung des Verfassers
durch. Methodische Strenge, maßvolles Urteil und vollendetes Wissen zeichnen das
Buch in allen Teilen aus. Eine riesige Stoffmenge wird dargestellt, kritisch gesichtet und in ihrer Bedeutung gewürdigt. Die Darstellung ist rein induktiv, wo es sich
um Erfahrungen und Beobachtungen handelt. Nur da, wo der Ausblick auf allgemeine Probleme des Lebendigen, der Scele und der Gesamtnatur schweift, tritt
die vorsichtig wägende, philosophische Behandlung in ihre Rechte, und zwar hier
mit einer ebenso souveränen, theoretischen Durchdringungskraft wie mit scharfer
Beobachtungsgabe auf empirischem Gebiet. Auf offene Fragen wird hingewiesen,
die möglichen Wege des Fortschritts werden erwogen. Fast alle Gebiete sind durch
neue Beobachtungen ergänzt. Trotz einer sehr anspruchslosen äußeren Auf-
machung und trotz des völligen Mangels an Abbildungen hatte das Buch einen
außerordentlichen Erfolg. Es war eine ganz neue Physiologie, verglichen mit den
gleichartigen früheren Unternehmungen dieser Art [42]. Die Zoologen, Anatomen,
Physiologen und Ärzte sahen hier unverkennbar die großen Erfolge einer sorgsamen
Naturbeobachtung ausgebreitet an Stelle der trügerischen, romantischen Art der
Naturdeutung, welche die vorangehenden Jahrzehnte in Deutschland erfüllt hatte.
Müllers Betrachtungsweise ist dabei noch vorwiegend qualitativ, mehr noch eine
„Anatomia animata" auf höherer Erfahrungsebene als eine messende, nach Ur-
sachen und wirksamen Kräften forschende Betrachtung. Physikalisches und Che-
misches bleibt ganz im Hintergrund. Die Zeit dazu ist noch nicht gekommen.
Müller war stets mehr Morphologe als Experimentator. Ja, er hat die Richtung
der französischen Physiologie unter Magendie mit ihren vivisektorischen Versuchen eher mit Widerwillen betrachtet. Die Neigung zur Morphologie, zur vergleichenden Anatomie und zur *Systematik* der Tiere, tritt schon sehr bald bei
Müller wieder in den Vordergrund. Das anatomische Museum in Berlin bot dazu
reichlich Gelegenheit. Von vielen Reisen brachte er eine Fülle von tierischen
Formen zur Untersuchung mit nach Hause. Auf die Beschäftigung mit den Myxi-
noiden 1834 folgt die Bearbeitung der Knorpelfische und des Gesamtsystems der
Fische (1844). Seeigel, Seestern, Infusorien, urweltliche Tierformen und vieles an-
dere werden zum Gegenstand seines unermüdlichen Forschens, was sich aber hier
weit von der Physiologie entfernt und uns daher nur am Rande beschäftigen kann.
Im Jahre 1839 hat Joh. Müller seine letzte, im engeren Sinne physiologische
Arbeit veröffentlicht: „Über die Kompensation der Kräfte am menschlichen
Stimmorgan", mit bedeutenden Beiträgen über die Natur der menschlichen
Stimme. Müller entfernte sich seitdem so weit von dem rastlos sich mehrenden
Stoff in der experimentellen Physiologie, daß er sich im Jahre 1855 trotz des
Drängens seines Verlegers nicht zu einer Neubearbeitung seines Handbuches ent-
schließen konnte. Die letzte Auflage erschien für den ersten Band 1841 und für
den zweiten Band 1843/44. Die gesamte wissenschaftliche Produktion Joh.
Müllers umfaßt 20 selbständige Schriften und weit über 200 sonstige kleinere
und größere Veröffentlichungen, im ganzen fast 270. E. du Bois-Reymond hat
ausgerechnet, daß dieses für den Zeitraum von 37 Jahren eine wissenschaftliche
Arbeit von durchschnittlich 3,5 Druckbogen alle 7 Wochen bedeutet, eine wahrhaft immense Arbeitsleistung und ein Beweis, wie Genie und Fleiß zusammen
die höchsten Erfolge erringen. Ein reiches Maß von Ehren, Ernennungen u. dgl.
ist dem großen Mann zuteil geworden. Er wurde Mitglied zahlreicher wissenschaftlicher Gesellschaften des In- und Auslandes, Ritter des Pour le mérite

(1842). Zweimal hat er das Rektorat bekleidet, das letzte Mal während des unglücklichen Jahres 1848, als die Wellen der politischen Unruhe auch in die Hörsäle hineinbrandeten. R. VIRCHOW, der selbst daran mehr als andere beteiligt war, schildert die Ereignisse und die großen Unannehmlichkeiten des Rektors eingehend.

Während der Berliner Jahre haben neben JAKOB HENLE, dem alten Freunde, und THEODOR SCHWANN noch viele andere, später berühmte Männer am Berliner Institut bei MÜLLER gearbeitet, z. B. KARL B. REICHERT, seit 1840 an HENLES Stelle Prosektor, dann seit 1843 ERNST BRÜCKE, außerdem H. HELMHOLTZ. Schon seit seiner Studienzeit war E. DU BOIS-REYMOND durch den damaligen Assistenten MÜLLERS, nämlich EDUARD HALLMANN, in enge Beziehung zum Berliner Institut getreten, hatte 1843 unter MÜLLERS Dekanat die medizinische Doktorwürde erlangt, wurde als HALLMANNS Nachfolger MÜLLERS Assistent und 1846 Dozent am Institut [*51, 52*]. RUDOLF VIRCHOW hat bei MÜLLER seine maßgeblichen Anregungen zur Übertragung der Zellenlehre auf die pathologische Anatomie empfangen. MÜLLER hatte sich sehr für solche Fragen der pathologischen Histologie interessiert und in den Jahren 1837/38 „Über den feineren Bau der krankhaften Geschwülste" gearbeitet, ein Werk, von dem aber nur die erste Lieferung 1838 erschien und welches nie vollendet wurde. FR. MIESCHER sen. wurde durch MÜLLER veranlaßt, über die entzündlichen Veränderungen am Knochen mikroskopisch zu arbeiten. So regte er in seiner Umgebung Untersuchungen auf vielen Gebieten an und wurde der Ausgangspunkt einer großen Schule von Anatomen und Physiologen, unter denen wir viele glanzvolle Namen wiederfinden (s. Tabelle S. 124). Schon seit 1854 häufen sich bei MÜLLER Zeiten der Überarbeitung und Perioden der Schlaflosigkeit. Im folgenden Jahre treten dazu Schwindelanfälle, besonders beim Mikroskopieren, wovon er sich auf Reisen zu erholen sucht. Im September 1855 entgeht er nur durch ein Glück dem Tode des Ertrinkens im Meer. Nach einem Schiffbruch wurde MÜLLER schwimmend und an ein Holz geklammert von einem Rettungsboot aufgefischt und gerettet. Ohne jede erkennbare akute Krankheit starb MÜLLER am 28. April 1858 ganz plötzlich an einem Schlaganfall. Unter den Studenten, die seinen Sarg trugen, war u. a. sein Verehrer und Schüler ERNST HAECKEL. Eine ungeheure Menschenmenge gab MÜLLER das letzte Geleit. Der damals 89jährige Greis ALEXANDER VON HUMBOLDT sprach die Gedenkworte am Grabe. Die Bürger von Koblenz haben auf dem Jesuitenplatz ein Bronzedenkmal zur Erinnerung an den großen Sohn ihrer Stadt errichtet.

5. Carl Ludwig.

Unter dem Eindruck der Erfolge und der Persönlichkeit solcher Männer wie FR. MAGENDIE und J. MÜLLER u. a. hatte die Physiologie allmählich den zu Anfang des Jahrhunderts beschrittenen Weg einer stark spekulativen Naturbetrachtung verlassen. PURKINJE, VALENTIN, die Gebrüder WEBER, VOLKMANN, WAGNER und viele andere in Deutschland, sowie CL. BERNARD in Frankreich betrieben wieder eine nüchterne, empirische Einzelforschung, welche die Physiologie um viele neue Erfahrungen und Entdeckungen bereicherte. Man kann das Vorgehen der Mehrzahl dieser Forscher als eine *experimentell biologisch-vivisektorische Denk- und Arbeitsweise* charakterisieren. Ihre Bemühungen richteten sich vornehmlich auf das Ziel, den Nutzen und die Bedeutung der einzelnen Teile des Organismus aufzuklären. Dabei geht das morphologische Vorgehen noch weitgehend Hand in Hand mit dem physiologischen, und Jahr für Jahr werden zahlreiche neue Befunde auf dem Gebiet der makroskopischen und mikroskopischen Anatomie gemacht, die immer wieder zur Korrektur und Erweiterung der physiologischen

Vorstellungen zwingen. Die Art der Fragestellung ist noch mehr ein „Was ist?“ als ein „Wie kommt das zustande?“, d. h., man fragt mehr, was in den einzelnen Organen und Geweben geleistet wird, als wie, mit welchen Kräften physikalisch-chemischer Art es vor sich geht. So ist die Bezeichnung „biologisch“ für diese Generation und Richtung im ganzen wohl am ehesten zutreffend. Auch waren viele Forscher dieser Epoche noch Anhänger eines gemäßigten Vitalismus, etwa in dem Sinne, daß die organische Zweckmäßigkeit und die Harmonie der Leistungen im Tierkörper nicht ohne das Wirken einer Lebenskraft zu verstehen sei. Inzwischen hatten aber auch die übrigen Naturwissenschaften, besonders die Physik und Chemie, gewaltige Fortschritte gemacht. Es sei nur an die Namen E. F. FR. CHLADNI, JOH. W. RITTER, H. CHR. OERSTEDT, J. FRAUNHOFER, C. FR. GAUSS, R. BUNSEN, W. WEBER, J. R. MAYER, FR. WÖHLER und J. V. LIEBIG in Deutschland, an LAGRANGE, LAPLACE, BIOT, S. CARNOT in Frankreich, YOUNG, M. FARADAY, J. CL. MAXWELL, W. THOMSON in England erinnert, um an die zahlreichen, neuen Anregungen zu denken, die von ihren Entdeckungen ausgingen. Wenn auch schon vorher in der Physiologie, z. B. von WEBER, PURKINJE, VOLKMANN u. a., physikalische Prinzipien zur Deutung der Lebensvorgänge herangezogen wurden, so wird doch diese Richtung erst um die Hälfte des 19. Jahrhunderts zum Programm erhoben, und zwar besonders durch E. DU BOIS-REYMOND, H. V. HELMHOLTZ und vor allem durch CARL LUDWIG. Das zweibändige Lehrbuch der Physiologie, welches 1852 und 1856 von CARL LUDWIG veröffentlicht wurde, markiert den Einschnitt, der die vorangehende Epoche der Physiologie von der jetzt beginnenden *physikalisch-chemischen Richtung der Physiologie* in der zweiten Jahrhunderthälfte trennt (K. E. ROTHSCHUH [*341a*]). „Die wissenschaftliche Physiologie hat die Aufgabe, die Leistungen des Tierleibes festzustellen und sie *aus den elementaren Bedingungen desselben mit Notwendigkeit herzuleiten*“, so lautet der erste Satz der Einleitung in diesem Buche. Die Physiologie soll eine auf den lebenden Organismus angewandte Physik und Chemie sein. Freilich „von einer vollendeten Durchführung einer solchen Theorie ist nun allerdings die Wissenschaft und damit unsere Darstellung weit entfernt, aber trotzdem sind wir nicht minder gehalten, in der Richtung unseres Zieles fortzuschreiten“. „Die vorliegende Auffassung ist, wie allbekannt, nicht die hergebrachte, sie ist diejenige unter den neueren, welche man als eine besondere gegenüber der *vitalen* mit dem Namen der *physikalischen* bezeichnet. — Diese Anschauung verlangt in Übereinstimmung mit dem Kausalgesetz, an das wir uns halten müssen, wenn wir überhaupt denken wollen, daß ein Ding die Ursachen seiner Wirkungen in sich enthalte, und in Übereinstimmung mit den so oft berührten Grundsätzen der Erfahrungslehren, daß man nur die mittel- oder unmittelbar nachgewiesenen Existenzen mit in das Fundament der Schlüsse aufnehme. Sie verwirft darum die Berechtigung der Annahme hypothetischer Grundwesen, wie besondere Nerven-Lebensäther usw. usw.; sie wird sich aber niemals sträuben, einer neuen, bisher nicht bekannten Fundamentalbedingung Eingang in den Kreis der Betrachtung zu gestatten, wenn diese als eine in Wirklichkeit bestehende erwiesen ist.“ Natürlich erregte dieses Programm vielfach scharfen Widerspruch. R. WAGNER schrieb darüber in der Zeitschrift für rationelle Medizin 1854: „Das Urteil muß zum Nachteil des Interesses an der sonst so löblichen Richtung ausschlagen und recht lebhaft die Überzeugung aufdrängen, daß diese Form der Lehrbücher in der Physiologie noch nicht an der Zeit ist, daß dasselbe um einige Dezennien, vielleicht um einige Jahrhunderte zu früh gekommen ist.“ Das ist wohl nicht ganz unrichtig, denn das so formulierte Ziel LUDWIGS bedeutete zunächst mehr ein Programm, ein Ziel. Und so wurde C. LUDWIG zum „*Fahnenträger der Schule*“, wie es E. DU BOIS-REYMOND in seinem Briefwechsel [*52*] mit LUDWIG zum Ausdruck brachte, und begründete jene exakte, quantitativ physikalisch-chemische Richtung der Physiologie, deren Ergebnisse berufen waren, die ganze Medizin auf ein vollkommen neues Fundament zu stellen.

CARL FRIEDRICH WILHELM LUDWIG (Abb. 58) wurde am 29. Dezember 1816 in Witzenhausen geboren. (Biographisches s. H. SCHROER [*355*], H. REIN [*326*], H. U. ROSEMANN [*337*]). Die Schulzeit in Witzenhausen und später in Hanau hat LUDWIG nach seinen eigenen Worten wenig Anregungen geboten. Die einseitig klassisch-humanistische Bildung und der völlige Mangel an naturwissenschaftlichem Lehrstoff mochten daran schuld sein. Es ist ja fast allen berühmten Naturforschern des 19. Jahrhunderts so ergangen. Nach dem Abitur beginnt er sein medizinisches Studium in Marburg und promoviert 1840 mit einer unbedeutenden Arbeit. Ein Jahr später wird LUDWIG Prosektor an der von L. FICK geleiteten Marburger Anatomie. Mit einer Arbeit „De viribis physicis secretionum urinae juvantibus" erhielt er 1842 die Venia legendi. In ihr ist sein späteres Programm, die physikalisch-chemische Arbeitsweise schon weitgehend enthalten. Bis 1849 blieb LUDWIG in Marburg, welches er dann wegen eines unerfreulichen Verhältnisses zu dem dortigen Physiologen HERMANN NASSE († 1892) und drückender Existenzsorgen gern verließ, um den Lehrstuhl für Anatomie

Abb. 58. CARL LUDWIG (1816—1895). (Nach einer Zeichnung von KNAUS. Überlassen von Prof. Dr. K. WEZLER, Frankfurt a. M.)

und Physiologie in *Zürich* zu übernehmen. Erst wenige Jahre vorher (1847) hatte LUDWIG in Berlin die Bekanntschaft mit seinen späteren Freunden E. DU BOIS-REYMOND, H. v. HEIMHOLTZ und E. BRÜCKE gemacht. Alle vier verband der gleiche Enthusiasmus für die physikalische Richtung in der Physiologie, welche durch LUDWIG in seiner Marburger Zeit durch grundlegende Untersuchungen über die allgemeine Hydromechanik und das Verhalten des Blutdrucks im Blutkreislauf bereichert wurde. Unter anderem hatte er 1846 das erste *Kymographion* (Abb. 59) konstruiert und damit die graphische Methode in die experimentelle Physiologie eingeführt. In Zürich gingen bis 1855 seine Untersuchungen über Diffusion, Endosmose und Sekretion weiter, am bedeutendsten war wohl 1850 seine Entdeckung echter, sekretorischer Nerven an der Speicheldrüse. Als das reaktionäre Preußen zögerte, den als liberal und unreligiös verschrienen CARL LUDWIG zu berufen, folgte dieser 1855 einem Ruf auf die Stelle des Physiologen an der medizinisch-chirurgischen Militärakademie nach *Wien*. Dort wirkte gleichzeitig der Freund E. BRÜCKE als Physiologe in einem schönen Institut an der Universität, während LUDWIG nur recht kümmerliche Räumlichkeiten zur Verfügung standen. Die 10 Jahre seines Wiener Aufenthaltes lassen wertvolle Beiträge zur Physiologie der Atmung, des Blutes (Blutgaspumpe) und der Blutgefäßinnervation entstehen. Doch gelangte C. LUDWIG erst zur vollen Entfaltung seiner Arbeitskraft, seines organisatorischen Talents und seiner Lehrbefähigung, als er 1865 an Stelle des ausscheidenden ERNST HEINRICH WEBER auf den Lehrstuhl der Physiologie in *Leipzig* berufen wurde und im Jahre 1869 seine „Neue physiologische Anstalt" beziehen konnte. Dieses Institut wurde das Vorbild für viele Anstalten, die in der zweiten Hälfte des 19. Jahrhunderts von seinen Schülern in aller Welt errichtet wurden. Es war ein Laboratorium, welches wie dasjenige von LIEBIG in Gießen vielen anderen zum Muster diente. Bis zu seinem Tode im Jahre 1895, also fast volle 30 Jahre lang, hat C. LUDWIG diese Anstalt geleitet. In ihr ist eine Unsumme experimenteller Arbeit geleistet und eine riesige Schar von Schülern aus aller Welt experimentell und theoretisch geschult worden. In wenigen Jahren erreichte das Institut Weltruf. Hervorragende Entdeckungen auf allen Gebieten, vor allem der vegetativen Physiologie, wie N. depressor, Vasomotorenzentren, Blutgase, Stoffwechsel isolierter Organe, Stromuhr, Herznervenwirkungen und vieles andere gingen Jahr für Jahr aus der Anstalt hervor[1]. Es gehörte in diesen Jahrzehnten zur Ausbildung des jungen Physiologen, mindestens ein Jahr bei LUDWIG gelernt zu haben. In der ungeheuren Schar seiner Schüler, die die Zahl 200 übersteigt, finden sich neben Deutschen zahlreiche Namen der später zu großem Ruhm gelangenden englischen, amerikanischen, skandinavischen und russischen Physiologen. Der Stammbaum der

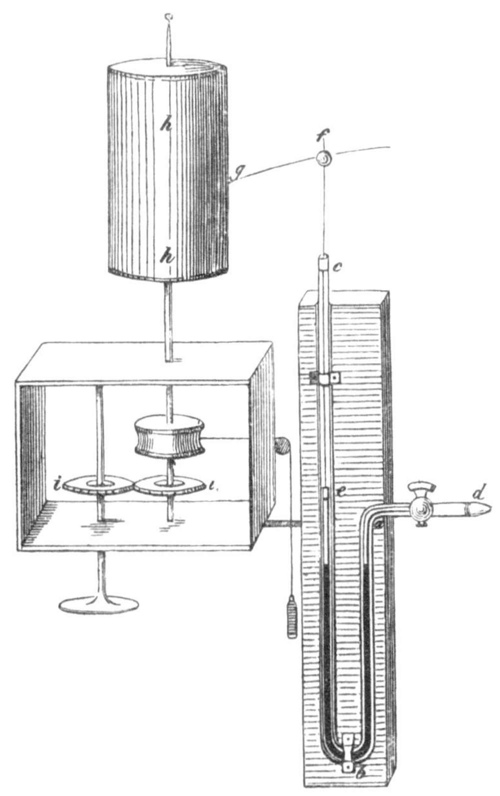

Abb. 59. CARL LUDWIGS Kymographion aus dem Jahre 1846 das erste Gerät zur fortlaufenden Aufzeichnung physiologischer Vorgänge. (Aus C. LUDWIGS Lehrbuch der Physiologie, Bd. II, Leipzig 1856.)

LUDWIG-*Schule* vermittelt davon ein Bild, ohne daß Vollständigkeit erstrebt oder erreicht wurde. HUGO KRONECKER, LUDWIGS langjähriger Mitarbeiter, sorgte für den persönlichen Zusammenhalt in der internationalen Institutsgemeinschaft. LUDWIG kümmerte sich um jeden einzelnen, beriet ihn, leitete die Entwicklung der Methodik und Ausführung der Versuche und schrieb sogar vielfach selbst die Ergebnisse in veröffentlichungsreifer Form zusammen. Trotzdem erschienen die Arbeiten fast alle nur unter den Namen seiner Schüler, obgleich sein eigener Anteil oft weitaus der größte war. Gerade diese Tatsache wirft ein schönes Licht auf die außerordentliche persönliche Bescheidenheit C. LUDWIGS. Alle seine Schüler rühmen seine große Liebenswürdigkeit und seine Hilfsbereitschaft. Trotzdem ging Würde, ja etwas „Hoheitsvolles von dem mittelgroßen, mageren Mann mit dem bebrillten, scharfen Gesicht aus". W. PL. LOMBARD (1855—1939) hat LUD-

---

[1] Gegenstand, Ort und Jahr der Veröffentlichung von C. LUDWIGS Entdeckungen findet man in meiner „Entwicklungsgeschichte physiologischer Probleme in Tabellenform" [*342a*].

WIGS Umgang mit seinen Schülern sehr hübsch beschrieben: „Jeden Morgen
besuchte LUDWIG die Tische der verschiedenen Schüler und besprach mit ihnen
die nächsten für den Fortgang ihrer Arbeit erforderlichen Schritte. Oft verein-
barte er mit ihnen einen Zeitpunkt, zu dem er an den Versuchen teilzunehmen
wünschte (und die Verabredung wurde immer pünktlich eingehalten), oder er
nahm sie mit in sein privates Arbeitszimmer und diskutierte kritisch die benutzten
Methoden, stellte Erwägungen über die Richtung an, in der neue und wirkungs-
vollere Methoden gefunden werden könnten, ging sorgfältig die Kurven und andere
schon erhaltene Aufzeichnungen durch und zog die entsprechenden Schlüsse aus
ihnen. Das war nicht im Handumdrehen getan: Jeden Abend, wenn er das
Laboratorium verließ, nahm er Aufzeichnungen und Versuchsprotokolle von im
Gang befindlichen Versuchen mit nach oben in seine Wohnung, um sie sorgfältig
zu studieren." Im Jahre 1895, am 23. April, starb C. LUDWIG im Anschluß an eine
Bronchitis durch eine Herzlähmung.

Man wird nach der Schilderung von Leben, Werk und Wirkung der beiden
größten deutschen Physiologen des 19. Jahrhunderts, von JOHANNES MÜLLER
und CARL LUDWIG, das Bedürfnis verspüren, einen Vergleich und eine *historische
Beurteilung* der Bedeutung dieser beiden Großen unseres Fachs zu versuchen.
Nach einer verbreiteten Auffassung gilt JOHANNES MÜLLER als der Begründer
der klassischen Epoche der deutschen Physiologie des 19. Jahrhunderts. Sein Name
ist bekannt, seine Büste ist oft anzutreffen, über sein Leben gibt es mehrere gute
deutsche Biographien. Wer aber kennt heute außer engeren Fachkreisen und auch
hier außerhalb der älteren Generation Gestalt und Werk CARL LUDWIGS? Es gibt
über ihn noch keine deutsche Biographie. Die beste Darstellung gab jüngst mein
Mitarbeiter H. SCHROER [*355*] in einer relativ umfangreichen Dissertation. Es
gilt, wie mir scheint, hinsichtlich der Wirkung MÜLLERS und LUDWIGS auf die
Entwicklung der Physiologie einen weitverbreiteten historischen Irrtum zu korrigieren. JOH. MÜLLER hat sicher ganz Wesentliches zur Wiederbelebung der empirischen Forschung in der deutschen Physiologie beigetragen, aber es gebührt ihm
nicht das Verdienst, jene Richtung der Physiologie begründet zu haben, die erst
seit LUDWIG das physiologische Forschen der ganzen Welt charakterisiert, die experimentelle, kausalanalytische und *physikalisch-chemisch quantitativ vorgehende
Arbeitsweise* der heutigen Physiologie. MÜLLER hatte dafür relativ wenig Interesse
und Neigung. Er verkannte später oftmals die große Bedeutung neuer Ergebnisse
dieser Richtung, z. B. die Entdeckung des Augenspiegels. Er stand dieser neuen
Richtung eher skeptisch und zurückhaltend gegenüber. E. DU BOIS-REYMOND hat
sich darüber in seiner Gedenkrede und in seinen Briefen sehr offen ausgesprochen.
Was die Entdeckung neuer Tatsachen anbelangt, so hat J. MÜLLER in der Physiologie allerdings viele sehr bemerkenswerte Beobachtungen gemacht, aber ist
ihm eine wirklich völlig neuartige experimental-physiologische Fundamentalbeob-
achtung oder Erkenntnis außer dem Gesetz der „spezifischen Sinnesenergie" gelungen? DU BOIS hat diese Frage gestellt und sie nicht ganz ohne Recht ver-
neint [*46*]. MÜLLER war für die experimentelle Physiologie ein überragender *Vorläufer* und Wegbereiter, aber nicht der große Inaugurator und *Entdecker* wie
C. LUDWIG, dem eine Unzahl völlig neuer Erkenntnisse zu verdanken sind.
J. MÜLLER mag an geistigem Format, Bildung, Vielseitigkeit und Universalität des
Strebens ungleich größer gewesen sein als LUDWIG, aber das ist nicht von Belang,
wenn es sich um die Frage handelt, wer die größere Bedeutung, d. h. *die größere
Wirkung auf die Entwicklung und Richtung der nach ihm kommenden Art von Physiologie* gewonnen hat. MÜLLERS Haltung dem Organismus gegenüber war ehr-
furchtsvoller, sein Forschen mehr beobachtend als eingreifend, mehr passiv als
aggressiv, sein Denken war also biologischer. Ihm war der Gesamtzusammenhang

der Erscheinungen wichtiger als der Mechanismus eines Teilvorganges. So ist er
der überragende Vertreter einer mehr *biologischen Richtung* der Physiologie, die
heute, vielleicht zu Unrecht, sehr in den Hintergrund getreten ist. Demgegenüber
hat C. Ludwig mit programmatischer Einseitigkeit der rein physikalisch-chemischen Richtung der Physiologie den Weg gewiesen, welche den Stil der Physiologie in den letzten hundert Jahren bestimmt hat.

6. Der Kreis der Müller-Schüler.

Zwischen 1830 und 1850 nimmt das Ansehen und die Bedeutung der Physiologie als Grunddisziplin der Medizin stark zu. Man beginnt an allen deutschen
Universitäten mit der Gründung physiologischer Laboratorien und mit der Berufung von jungen Physiologen. Fast die einzige, jedenfalls die hervorragendste
Stelle in Deutschland, wo tüchtige junge Wissenschaftler in diesem Fache heran-
gebildet wurden, war das Institut von Müller in Berlin. So kommt es, daß gerade die Müller-Schüler vielenorts erstmalig das junge Fach übertragen bekamen,
zumal da sie zugleich eine gute Ausbildung als Anatomen mitbekommen hatten.

Ich denke dabei vor allem an Helmholtz,
du Bois-Reymond und Brücke. Daneben
sind viele spätere Anatomen aus der
Müller-Schule hervorgegangen, wie Jakob Henle, Theodor Schwann, Rudolf
Virchow. Auch sie hatten durchweg großes
Interesse an physiologischen Problemen.
Dazu kommen zahlreiche jüngere Leute,
die bei Müller als Studenten gearbeitet
haben und sich stolz zur *Müller-Schule*
rechneten. So hatte die große Schar der
Müller-Schüler (s. Tabelle) ein starkes Gefühl der Verbundenheit mit ihrem Lehrer
und untereinander.

Hermann v. Helmholtz (1821—1894)
(Abb. 60). Unter den Müller-Schülern
steht Hermann Helmholtz an Begabung,
Arbeitskraft und logischem Durchdrin-
gungsvermögen weitaus an der Spitze. Der
junge Hermann Ludwig Ferdinand
Helmholtz, der am 31. August 1821 in
Potsdam als Sohn eines Gymnasiallehrers
zur Welt kam und in seinen ersten Lebensjahren häufig krank war, besuchte acht
Jahre lang das Gymnasium seiner Vater-

Abb. 60. Hermann Helmholtz (1821—1894).
Zeichnung von F. Lenbach. (Aus der Würzburger
Bildersammlung von Prof. Wöhlisch.)

stadt. Obgleich dort mehr klassische Studien als Naturwissenschaften getrieben
wurden, entwickelten sich bei Helmholtz schon früh ausgesprochen naturwissen-
schaftlich-mathematisch-physikalische Interessen, die ihn verführten, im Unterricht lieber unter der Bank optisch-mathematische Probleme zu verfolgen, als der
Lesung von Virgil und Cicero mit Anteil zu folgen. 1838, mit 17 Jahren, entschied
er sich nach bestandenem Abitur für das Studium der Medizin und trat als Eleve in
das königlich-medizinisch-chirurgische Friedrich-Wilhelm-Institut (Pépinière) in
Berlin als Militärarztanwärter ein. Der Grund lag darin, daß hier junge Ärzte auf
Staatskosten ausgebildet wurden und somit ein Studium möglich wurde, was sonst

Johannes Müller und sein Kreis.

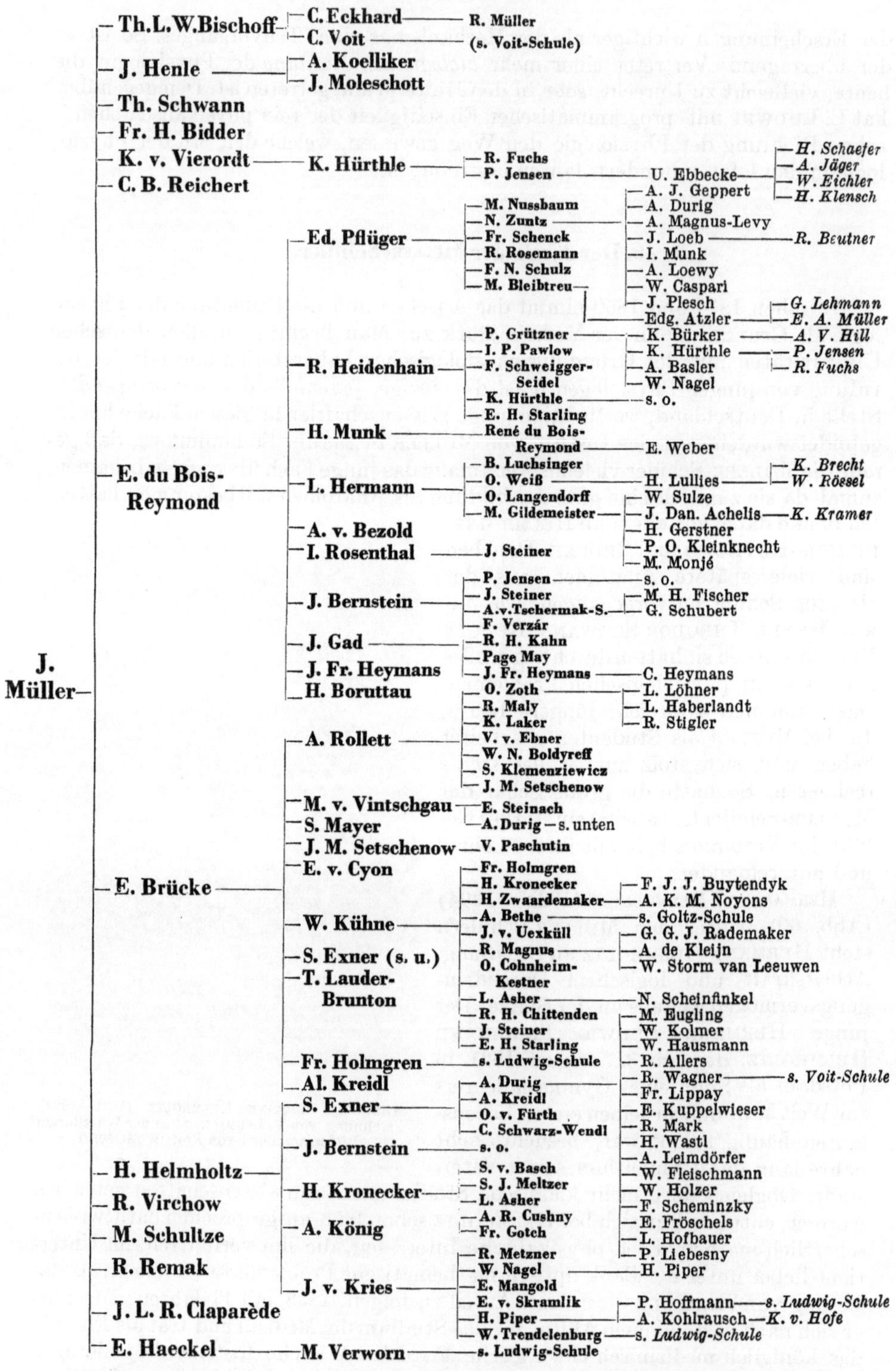

Bemerkungen: Der Stammbaum enthält die wichtigsten unmittelbaren Müller-Schüler, auch soweit sie nur vorübergehend bei ihm gearbeitet haben. Die weiteren „Generationen" sind hinsichtlich der deutschen Physiologen so vollständig als möglich. Die ausländischen Mitarbeiter in den deutschen Instituten sind in Ermangelung der erforderlichen Unterlagen durchweg ohne ihre Schüler angeführt. Alle Angaben entstammen Nachrufen und persönlichen Mitteilungen. Aus drucktechnischen Gründen konnte die chronologisch richtige Reihenfolge nicht immer beibehalten werden.

der Geldbeutel des Vaters nicht hätte leisten können. Unter seinen Mitschülern befand sich Rudolf Virchow. In dieser Zeit wurde Helmholtz auch stark von den Vorlesungen Müllers angezogen. Er beschloß sein Studium 1842 mit einer Dissertation, die von Müller angeregt und ihm gewidmet war: „De fabrica systematis nervosi Evertebratorum", in der ihm der Nachweis gelang, daß die Nervenfasern mit den von Ehrenberg 1833 nachgewiesenen Ganglienzellkugeln im Zusammenhang stehen. Über das weitere Leben und die wissenschaftlichen Leistungen von Helmholtz geben gute Biographien, Nachrufe und Würdigungen ein vollständiges Bild (L. Königsberger [230], J. Reiner [327], E. du Bois-Reymond [47], J. Bernstein [29]). Im Anfang seiner Berufstätigkeit als Arzt war Helmholtz als *Eskadronchirurg* bei den Gardehusaren in Potsdam tätig. Schon in dieser Zeit richtete er sich in der Kaserne ein physikalisch-medizinisches Laboratorium ein. Seine Studienfreunde E. du Bois-Reymond und Ernst Brücke kamen nicht selten von Berlin zu ihm herüber. In diesen Jahren wird Helmholtz als sehr ernst, wenig gesprächig, etwas ungewandt und weltfremd, gemessen an seinen militärärztlichen Genossen, geschildert. Er musizierte auch viel mit seiner Braut und späteren ersten Frau Olga von Velten. Sein Hauptinteresse galt zunächst dem Zusammenhang von *Muskelarbeit und Wärme,* also dem Problem der Energetik bei der Muskelarbeit, wozu er sich einen hochempfindlichen Thermomultiplikator selbst zusammenbastelte. Dieser Fragenkomplex führte ihn weiter zu den allgemein-physikalischen Grundproblemen der Energetik. Sie veranlaßten ihn auch zu jener mathematisch-physikalischen Überlegung über den quantitativen Zusammenhang der Kräfte bei der Umwandlung einer Energieform in die andere, die er, 26 Jahre alt, unter dem Titel „*Über die Erhaltung der Kraft*" im Jahre 1847 vor der Berliner physikalischen Gesellschaft mitteilte. Der Erfolg dieser epochalen Arbeit war zunächst relativ gering. Poggendorff verweigerte sogar die Aufnahme in seine Annalen. Aber von hoher militärischer Seite wurden ihm die wärmsten Lobsprüche gespendet „für die wichtige, praktische Richtung, die er seinen Studien zu geben gewußt habe. Sein Gönner hatte nämlich geglaubt, daß es sich um die Erhaltung einer ganz anderen und für den Laien allerdings interessanteren Kraft handele, als der von Helmholtz gemeinten" (E. du Bois-Reymond [47]). Das weitere Schicksal dieser Arbeit, die Kontroverse über die Priorität gegenüber J. R. Mayer und die tiefe Wirkung dieser Gedanken auf die Entwicklung der Physik und der Physiologie kann hier nicht weiter verfolgt werden. Im Jahre 1848 bewarb er sich nach kurzer Assistentenzeit bei Müller um die freie Stelle eines Lehrers der Anatomie an der Berliner Kunstakademie, die er auch erhielt, da ihn Müller „als eines der selteneren großen Talente" mit tiefgehenden physikalisch-mathematischen Kenntnissen besonders empfahl. Die Fürsprache Alexander von Humboldts verschaffte ihm dann die Entpflichtung von seinem militärischen Dienstverhältnis. Die Stellung an der Kunstakademie hat Helmholtz nur 1848/49 bekleidet. Denn Ernst Brücke verließ im Jahre 1849 *Königsberg* und ging an die Wiener Universität, und Helmholtz wurde als sein Nachfolger für das Fach der Physiologie und Allgemeinen Pathologie dorthin berufen. Hier reifen bedeutende wissenschaftliche Arbeiten, z. B. über die Fortpflanzungsgeschwindigkeit der Nervenleitung, über die Form und Dauer der Muskelzuckung, Latenzzeit usw. heran. Mit den einfachsten Hilfsmitteln schuf er die experimentellen Anordnungen für die Lösung seiner Probleme. Durch seine *Messung der Leitungsgeschwindigkeit im Nerven* zerstörte er den Glauben an die unmeßbar große Geschwindigkeit solcher Vorgänge und an den Nervengeist. Er setzte an dessen Stelle einen mit meßbarer Geschwindigkeit im Nerven ablaufenden materiellen Prozeß (J. Bernstein [29]). Am 6. Dezember 1850 teilte dann Helmholtz der Berliner physikalischen Gesellschaft seine Erfindung des *Augenspiegels* mit. Die Bedeutung dieser Entdeckung braucht hier nicht weiter erörtert zu werden. Sie stellte bekanntlich die Ophthalmologie auf einen ganz neuen Boden. Der Wert der Entdeckung wurde aber durchaus nicht von allen sogleich erkannt. „In bezug auf den Augenspiegel sagte mir ein hochberühmter chirurgischer Kollege, er werde das Instrument nie anwenden, es sei zu gefährlich, das grelle Licht in kranke Augen fallen zu lassen, ein anderer erklärte, der Spiegel möge für Ärzte mit schlechten Augen nützlich sein, er selbst habe sehr gute Augen und bedürfe seiner nicht", so erzählt HELMHOLTZ später in seiner berühmten Rede über „Das Denken in der Medizin" (1877).

In den Königsberger Jahren, besonders seit 1853, beginnt sich HELMHOLTZ auch den Fragen der *Sinnesphysiologie*[1] zuzuwenden, die seinen philosophisch-eindringlichen, dem Grundsätzlichen zugewandten Geist besonders fesselten (Akkommodation, Ophthalmometer, Spektralfarben usw.). Daneben interessieren ihn die Fragen nach der Entstehung der Elektrizität in tierischen Organen, über die der Freund DU BOIS-REYMOND soeben 2 gewichtige Bände 1848/49 veröffentlicht hatte. Dabei geht HELMHOLTZ wie immer sogleich vom physiologischen Tatbestand auf die Suche nach dem allgemeingültigen physikalischen Naturgesetz, welches hinter den Erscheinungen steckt. Im Frühjahr 1855 folgt HELMHOLTZ einem Ruf als Physiologe nach Bonn und 1858 nach Heidelberg. In diesen Jahren arbeitet er zugleich an den Problemen der *physiologischen Optik* und außerdem an vielen neu auftauchenden Fragestellungen zur *physiologischen Akustik*. Beide Gebiete werden auf breitester Basis behandelt. Hier erweist sich ganz besonders die eminente vielseitige Begabung von HELMHOLTZ, denn seine beiden großen Spezialwerke enthalten Ergebnisse und Probleme medizinischer, physikalischer, mathematischer, anatomischer, physiologischer Art, aber stets abgerundet und weitergeführt durch erkenntnistheoretische, philosophische, psychologische und ästhetisch-künstlerische Fragestellungen und Erwägungen. Er beschäftigt sich experimentell mit der physikalischen Klanganalyse und ihrer Anwendung auf die Physiologie des Ohres und der Sprachorgane. Das führt ihn zur Beschäftigung mit den physiologischen Ursachen der musikalischen Harmonie (1857). Das erste seiner beiden großen sinnesphysiologischen Werke „Die Lehre von den Tonempfindungen als Grundlage für die Theorie der Musik" erscheint 1862 als Frucht 8jähriger Arbeit. Es enthält eine Physik des Schalles, eine Physiologie und Psychologie des Hörens und eine Theorie der musikalischen Harmonie. Viele neue Einzelfunde werden erstmalig mitgeteilt. Etwas später vollendet er die umfangreiche mehrbändige Monographie, das „Handbuch der physiologischen Optik" (Leipzig 1856—1866). Dieses Buch umfaßt in drei Teilen die Lehre von der Dioptrik, von den Gesichtsempfindungen und den Gesichtswahrnehmungen auf der Grundlage einer „empiristischen" Theorie. Auch dieses Buch ist nach Umfang, Klarheit, Schärfe der physikalisch-mathematischen Analyse, Reichtum an neuen Entdeckungen ein heute noch nicht überbotenes Standardwerk der Sinnesphysiologie. Daß das philosophische Problem der Erkenntnistheorie, das Verhältnis von Sinnesreiz, Sinneserlebnis und Verwertung dieser Sinneserfahrung in Urteil und Denken gründlich erörtert wird, versteht sich bei der Blickrichtung von HELMHOLTZ auf das Allgemeine von selbst. Der diese Untersuchungen beherrschende Gedanke ist eine empiristische Weltanschauung im Gegensatz zu der von HELMHOLTZ verworfenen nativistischen.

Überall geht HELMHOLTZ schon seit seiner ersten großen Arbeit über die Erhaltung der Kraft von dem Postulat und der Voraussetzung der „Begreiflichkeit der Natur" aus. „Das endliche Ziel der theoretischen Naturwissenschaften ist also, die letzten nie veränderlichen Ursachen der Vorgänge in der Natur aufzufinden. Ob nun wirklich alle Vorgänge auf solche

---

[1] Siehe die Tabellen [*342a*].

zurückzuführen seien, ob also die Natur vollständig begreiflich sein müsse, oder ob es Veränderungen in ihr gebe, die sich dem Gesetz einer notwendigen Kausalität entziehen, die also in das Gebiet einer Spontaneität, Freiheit fallen, ist hier nicht der Ort zu entscheiden, jedenfalls ist es klar, daß die Wissenschaft, deren Zweck es ist, die Natur zu begreifen, von der Voraussetzung ihrer Begreiflichkeit ausgehen müsse, und dieser Voraussetzung gemäß schließen und untersuchen muß, bis sie vielleicht durch unwiderlegliche Facta zur Anerkenntnis ihrer Schranken genötigt sein sollte" (Erhaltung der Kraft, 1847, S. 23).

Schon die letzten Jahre seines Heidelberger Aufenthaltes führen HELMHOLTZ immer mehr auf das Gebiet der reinen Physik, besonders der Elektrodynamik, Induktion, der elektrischen Grenzschichten, der Polarisation u. dgl. So wird verständlich, daß ihn 1871 ein Ruf auf das verwaiste Ordinariat für Physik an der Universität Berlin erreicht. Seit seiner Übersiedlung nach Berlin treten die *rein physikalischen Arbeiten* ganz in den Vordergrund. Hier können wir uns kurz fassen. Es entstehen Untersuchungen über Elektrodynamik, Aerodynamik, Thermodynamik, Elektromagnetismus und vieles andere, alles grundlegende Veröffentlichungen. Daneben äußert sich das bleibende Interesse für biologisch-medizinische Fragen in gelegentlichen Reden und Vorträgen, die heute noch von großem Reiz sind. Es ist klar, daß ein solcher Mann mit Ehren überhäuft wurde. Abgesehen von der Berufung als Mitglied bedeutender wissenschaftlicher Akademien und Gesellschaften erhob ihn der Kaiser 1882 in den Adelsstand, 1855 wurde ihm die GRAEFE-Medaille für seine Verdienste um die Ophthalmologie verliehen. Zahlreiche Ehrungen wurden ihm auch zu seinem 70. Geburtstag im Jahre 1891 zuteil. Am 8. September 1894 erlag HERMANN VON HELMHOLTZ einem Schlaganfall.

Es ist kennzeichnend für die *Arbeitsweise* von HELMHOLTZ, daß ihm die Detailforschung immer nur sinnvoll als Material für die Lösung grundsätzlicher Fragen erschien. Sein Ziel war stets das Aufsuchen allgemeiner Naturgesetze. Dabei half ihm sein ungeheures mathematisch-physikalisches Naturelement. Er war ein „Genie der Arbeit", von unerhörtem Fleiß und Ausdauer. „Wer das Glück gehabt hat, HELMHOLTZ experimentieren zu sehen, wird den Eindruck nicht vergessen, welchen das zielbewußte Handeln eines überlegenen Geistes bei der Überwindung mannigfacher Schwierigkeiten hervorruft. Mit den einfachsten Hilfsmitteln, aus Kork, Glasstäbchen, Holzbrettern, Pappschachteln u. dgl., entstanden Modelle sinnreicher Vorrichtungen, bevor sie den Händen des Mechanikers anvertraut wurden. Kein Mißgeschick war imstande, die bewunderungswürdige Ruhe und Gelassenheit, welche dem Temperament von HELMHOLTZ eigen war, zu erschüttern" (J. BERNSTEIN [29]).

Die HELMHOLTZ-Schüler. Trotz seiner 22jährigen Tätigkeit als Physiologe zwischen 1849—1871 hat HELMHOLTZ nur wenige Schüler gehabt, jedenfalls viel weniger, als bei einem so bedeutenden Mann erwartet werden könnte. Vielleicht waren nur wenige so selbstbewußt, angesichts dieses Geistes den Weg zu einer gleichartigen Tätigkeit zu beschreiten. Von ihnen hat J. BERNSTEIN in der Heidelberger Zeit einige Jahre bei HELMHOLTZ und mit HELMHOLTZ gearbeitet, S. EXNER nur kurze Zeit. Als HELMHOLTZ schon als Physiker in Berlin war, waren A. KÖNIG und J. V. KRIES längere oder kürzere Zeit bei ihm.

JULIUS BERNSTEIN wurde am 8. Dez. 1839 in Berlin geboren, in einem Elternhaus, in dem der vielseitig interessierte und begabte Vater ARON BERNSTEIN dem Jungen mancherlei geistige Anregung zu geben wußte. Schon in seiner Studienzeit in Breslau gewann RUDOLF HEIDENHAIN das Herz des jungen BERNSTEIN für die Physiologie (Nachruf A. v. TSCHERMAK [30b]). Während der Fortsetzung seines Studiums in Berlin wurde er durch L. HERMANN, seinen Jugendfreund, in das Laboratorium von DU BOIS eingeführt, wo er von 1860—1864 gearbeitet hat. Im Jahre 1864 kam BERNSTEIN auf DU BOIS' Empfehlung nach Heidelberg und war bis 1871 dort tätig. Schon im nächsten Jahr erhielt er das Ordinariat an der Universität Halle als Nachfolger von FRL. GOLTZ und ist bis zu seinem Tode, 46 Jahre lang, dieser Stadt als Forscher und Lehrer treu geblieben. Eine Reihe von seinen Schülern und Mitarbeitern haben sich später dem akademischen Beruf zugewandt, z. B. J. STEINER, P. JENSEN, A. v. TSCHERMAK-SEYSENEGG, E. LAQUEUR und F. VERZÁR. Im Laboratorium war BERNSTEIN ein Vorbild an Sorgfalt und Genauigkeit beim Experimentieren, kritisierte wohlwollend ohne abzuschrecken und zeigte sich als ein Künstler im Improvisieren aus bescheidenen Mitteln. Viele seiner methodischen Gedanken sind sehr sinnreich zu nennen. Den gereiften Schülern ließ er weitgehende Selbständigkeit. Es war nicht seine Art, eine große Schule machen zu wollen. BERNSTEIN war ein Meister der *Biophysik*, davon zeugen viele hervorragende Arbeiten auf dem Gebiet der allgemeinen Muskel- und Nervenphysiologie, besonders der Bioelektrizität. Diese Arbeiten gehen bis auf die ersten Jahre bei DU BOIS zurück. Hier entstand auch das BERNSTEINsche Reizunterbrechungsgerät, das weite Verbreitung genoß. Er beobachtete u. a. die Verstärkung bzw. Abschwächung der negativen Schwankung im katelektrotonischen bzw. anelektrotonischen Bezirk. 1867 bewies BERNSTEIN, daß die negative Welle im Nerven die gleiche Geschwindigkeit hat wie die von HELMHOLTZ ermittelte Nervenleitungsgeschwindigkeit; sie sind also einander zugeordnet. Gleiches wurde am Skelettmuskel für Kontraktionswelle und elektrische „Welle" nachgewiesen. Viele wertvolle Beobachtungen enthält die größere Arbeit „Untersuchungen über den Erregungsvorgang im Nerven- und Muskelsystem" Heidelberg 1871. BERNSTEIN ist ferner der Begründer der *Membrantheorie* (seit 1902). Sie erklärt als eine neue „Präexistenzlehre"

Abb. 61. JOHANNES VON KRIES (1853—1928).
(Aus Pflügers Arch. **201**, 1, 1923.)

die bioelektrischen Spannungen durch Ionenkonzentrationsdifferenzen an einer hypothetischen Membran und hat sich als Arbeitstheorie außerordentlich bewährt. Viele andere Arbeiten, z. B. auf dem Gebiete der Sinnesphysiologie und Herzphysiologie, ergänzen das 135 Veröffentlichungen umfassende wissenschaftliche Lebenswerk dieses originellen, erfolgreichen und geschickten Physiologen. BERNSTEIN verschied am 6. Februar 1917 im 78. Lebensjahr an einer Pneumonie.

JOHANNES VON KRIES (Abb. 61) hat in einer Selbstbiographie [*234*] seinen Entwicklungsgang, seine Erfolge und Enttäuschungen allen zugängig ausführlich dargestellt. Er wurde am 6. Oktober 1853 bei Graudenz geboren. An sein Abitur, noch vor Vollendung des 16. Lebensjahres, schließt sich das Studium in Halle (1869) an. Besonders „der alte Mann", wie die Studenten den dortigen Physiologen A. W. VOLKMANN nannten, machte großen Eindruck auf ihn. In dieser Zeit gab übrigens VOLKMANN den Unterricht in der Physiologie an FRL. GOLTZ ab. Es folgen ärztliche Vorprüfung und Staatsexamen in Leipzig. Im Jahre 1876 geht er ein Jahr zu HELMHOLTZ nach Berlin und nimmt nachhaltige Anregungen von ihm mit [*235*]. Ab Ostern 1877 arbeitet v. KRIES im LUDWIGschen Institut in Leipzig.

Er ist beeindruckt von der planvollen Art der Arbeit in diesem Institut und findet vielerlei Anregung durch die Gewohnheit LUDWIGS, mit seinen Mitarbeitern im kleinen oder größeren Kreise physiologische Fragen durchzusprechen. Nach der Habilitation (1878) vergehen nur 2 Jahre bis zu seiner Berufung auf den Lehrstuhl der Physiologie in Freiburg mit 27 Jahren (1880). Hier in Freiburg ist J. v. KRIES trotz mehrfacher Berufungen an andere Universitäten bis zu seinem Tode im Jahre 1928 geblieben. Nach seinen ersten Arbeiten über die Mechanik der Muskelzuckung, die Theorie der Reizung, über Erregungsleitung im Herzen mit den vielfachen Anomalien der Rhythmik hat sich v. KRIES vornehmlich der *Physiologie der Sinne* zugewandt. Mit NAGEL vollzog er 1896/97 die Trennung der Prot- und Deuteranopie. Er führte ferner den Begriff des Tages- und Dämmer-

sehens ein. Er gilt auch als wesentlicher Mitbegründer der Duplizitätstheorie (1894), wenn der Gedanke auch vorher schon oft ausgesprochen wurde. Besonders in den letzten Jahrzehnten hat sich v. KRIES ganz allgemeinen und philosophischen Grundfragen zugewandt. Erkenntnistheorie, Logik, Psychologie des Urteils, Immanuel Kant, das werden seine ausführlich und erfolgreich bearbeiteten Gebiete. So wurde aus dem Experimentalphysiologen schließlich der *Philosoph*. Er starb 1928.

Fast alle *Schüler von Johannes von Kries* haben seine Interessen für die Sinnesphysiologie und die Leistungen des Zentralnervensystems übernommen, so z. B. W. A. NAGEL, W. TRENDELENBURG, E. v. SKRAMLIK, H. PIPER. Mit ihnen haben die HELMHOLTZschen Anregungen über ihn hinaus auf unsere Zeit nachgewirkt. Einige seien hier kurz besprochen. Der 1858 in Leipzig geborene RUDOLF METZNER war 1889/90 Assistent bei CARL LUDWIG, dann 1890—1894 bei v. KRIES und habilitierte sich bei ihm 1892 für Physiologie. Er wurde 1895 Ordinarius in

Abb. 62. WILHELM TRENDELENBURG (1877—1946). (Aus E. SCHÜTZ [*395*])

Basel. Seine Interessen galten besonders den histologischen Veränderungen der tätigen Drüse, der Harnsekretion und den Problemen der Schallschädigung des Ohres. Ein anderer KRIES-Schüler, WILLIBALD A. NAGEL, wurde 1870 in Tübingen geboren, studierte Naturwissenschaften und Medizin und wurde 1895 in Freiburg für Physiologie habilitiert. Er übernahm 1902 die Leitung der sinnesphysiologischen Abteilung am Berliner Institut, 1908 das Ordinariat in Rostock. Er starb, erst 40jährig, im Jahre 1911. NAGEL ist vor allem durch seine Arbeiten zur physiologischen Optik, die er auch durch neue Apparate, z. B. das Anomaloskop und ein Adaptometer, bereicherte, früh bekanntgeworden, dann aber auch durch sein fünfbändiges Handbuch der Physiologie, welches 1904—1910 erschienen ist und u. a. wertvolle Beiträge von ihm selbst erhielt. HANS PIPER (geb. 1877 in Altona) ging von Freiburg mit NAGEL nach Berlin, dann zu VIKTOR HENSEN nach Kiel, wo er sich 1905 habilitierte. Er wurde 1908 Abteilungsvorstand am Berliner Physiologischen Institut und fiel 1915 im Osten. Seine Arbeiten betreffen die Elektrophysiologie der Muskeln, dann die Erregungsproduktion im Nervensystem („Piperrhythmus"), ferner die Elektrophysiologie des Gehörorgans und der Netzhaut, ein Gebiet, auf dem sein Schüler ARNT KOHLRAUSCH (zuletzt in Tübingen) dann grundlegend weitergearbeitet hat. Bei PIPER hat auch PAUL HOFFMANN (jetzt Freiburg) seine Arbeiten über Reflexe begonnen. — Zum Kreise von J. v. KRIES gehören ferner ERNST MANGOLD (Landw. Hochschule Berlin) und EMIL VON SKRAMLIK (Berlin, Humboldt-Universität). Auch der 1946 verstorbene **WILHELM TRENDELENBURG** (Abb. 62) war ein KRIES-Schüler (Nachruf

E. Schütz [*395*]). Er studierte seit 1895 in Freiburg Medizin, wo ihn der klare und geistvolle Vortrag von v. Kries für die Physiologie gewann. Nach einer kurzen Zeit am Heringschen Institut in Leipzig ging er 1902 als Assistent zu v. Kries, wo er sich 1904 habilitierte. Er wirkte auf den Lehrstühlen in Innsbruck, Gießen, Tübingen und zuletzt in Berlin als Nachfolger F. B. Hofmanns. Von seiner umfangreichen wissenschaftlichen Tätigkeit kann nur einiges erwähnt werden, z. B. die bekannte reizlose Ausschaltung bestimmter Teile des Zentralnervensystems, die experimentelle Erforschung der Epilepsie, eine Methode der Nervendurchfrierung, die Analyse der Farbensinnstörungen, die Untersuchungen über die Abhängigkeit der Bleichungsgeschwindigkeit des Sehpurpurs von der Wellenlänge, die Erfindung der Röntgenadaptationsbrille, die Röntgenstereoskopie, die Stimmphysiologie unter Anwendung neuer akustischer Methoden, die Anwendung von bipolaren Brustwandableitungen in der Elektrokardiographie u. a. m. Viele Monographien und Übersichtsaufsätze beweisen seinen außerordentlichen Fleiß. Trendelenburg war ebenso interessiert an der Lehre wie an der Forschung: „Denn er hat sich in ganz besonderer Weise um den Ausbau der Demonstrationsmethoden in den Vorlesungen und Übungen bemüht." Viele Mitarbeiter Trendelenburgs erinnern sich dankbar seiner anregenden Persönlichkeit.[1]

Als letzter Helmholtz-Schüler sei noch der früh verstorbene Arthur König (1856—1901) genannt, der in den 80er Jahren bei Helmholtz in Berlin arbeitete und auch die zweite Auflage seines Handbuchs der physiologischen Optik herausgegeben hat. Er war später Vorstand der physikalischen Abteilung des Berliner Physiologischen Instituts unter du Bois und dann unter Engelmann Leiter der sinnesphysiologischen Abteilung. 5 Hauptprobleme hat König wesentlich gefördert: Webersches Gesetz, Farbenmischung, Helligkeitsverteilung der Farben im Spektrum, Sehpurpur und Sehschärfe. Er war Mitbegründer der Zeitschrift für Psychologie und Physiologie der Sinnesorgane [*229*].

Abb. 63. Emil du Bois-Reymond (1818—1896). (Aus H. Boruttau [*58*])

Emil du Bois-Reymond (1818—1896) (Abb. 63). Dieser etwas jüngere Studiengenosse und lebenslängliche Freund von Helmholtz wurde am 7. November 1818 in Berlin geboren. Sein Vater stammte aus der Schweiz, seine Mutter war die Tochter eines Predigers der französischen Gemeinde in Berlin und eine Enkelin des berühmten Graphikers Daniel Chodowiecki. So wurde zu Hause mehr französisch als deutsch gesprochen. Auch besuchte Emil in Berlin das französische Gymnasium, welches ihm neben der humanistischen Bildung auch einige mathematische und naturwissenschaftliche Kenntnisse vermittelte. Nach Abschluß der Schule trieb er zunächst ohne engeres Berufsziel vielseitige theologische, geisteswissenschaftliche, naturwissenschaftliche und mathematische Studien, bis seine Arbeit durch den älteren Freund Eduard Hallmann, seit 1834 bei Joh. Müller in Berlin, Richtung und Zielweisung erfuhr. Er widmet sich seitdem ganz dem Studium der Medizin. Durch Hallmann kommt er auch in

---

[1] Von ihnen bekleiden heute mehrere ein Ordinariat, z. B. R. Wagner in München, E. Schütz in Münster und B. Lueken in Halle.

engere Berührung mit JOHANNES MÜLLER und dem damaligen Prosektor JAKOB
HENLE, gewinnt Zugang zur Morphologie und mikroskopischen Methodik. Als
1840 C. MATTEUCCIS (1811—1868) „Essai sur les phénomènes électriques des
animaux" erschien, ermunterte JOH. MÜLLER den begabten Studenten zur Nachprüfung dieser Versuche, weil er die physikalischen Interessen von DU BOIS-
REYMOND kannte. Das sollte das Stichwort für die ganze Lebensarbeit von
DU BOIS werden. Mit großen Erwartungen geht er an die Arbeit. Eine jahrelange,
zielbewußte, experimentelle Arbeit, die neben Staatsexamen, Militärdienst und
Promotion (1843) geleistet wird, führt sehr bald zu ersten überraschenden Resultaten, die in POGGENDORFFS Annalen 1843 zum Abdruck gelangten. Inzwischen war
DU BOIS zu der Überzeugung gelangt, daß vieles von MATTEUCCI „falsch, seine Arbeitsweise leichtsinnig, sein literarisches Auftreten schwindelhaft" sei. Sein Hauptwerk, die „*Untersuchungen über tierische Elektrizität*", erschien mit seinem ersten
Band im Revolutionsjahr 1848, mit der ersten Abteilung des zweiten Bandes 1849,
während die zweite Abteilung erst 1860 herauskam. Mit diesem Werk verschaffte
er sich sogleich eine Stellung unter den bedeutendsten Forschern dieses Gebietes
und wurde schon 1851 als noch nicht 33 jähriger Privatdozent zum ordentlichen
Mitglied der Preußischen Akademie der Wissenschaften erwählt. Später erschienen
noch von ihm „*Gesammelte Abhandlungen zur allgemeinen Muskel- und Nerven-
physik*" 1875—1877, so daß in diesen Werken die Forschungsarbeit von DU BOIS
leicht zugängig vorliegt (Biographien s. H. BORUTTAU [*58*], E. METZE [*264, 265*]).
Wenn auch DU BOIS' Kritik an MATTEUCCI weit das berechtigte Maß überschritt, so
gebührt ihm sicher das Verdienst, mit großem experimentellem Geschick das physikalische Handwerkszeug zur Untersuchung der tierischen Elektrizität wie emp-
findliche Meßgeräte, Multiplikatoren, unpolarisierbare Elektroden, eine verbesserte
Kompensationsschaltung und vieles andere erstmalig geschaffen und zielbewußt
angewandt zu haben. Die Neigung und Begabung zur physikalischen Behandlung
physiologischer Probleme machten ihn neben CARL LUDWIG, H. v. HELMHOLTZ
und E. BRÜCKE zu den *Führern der physikalischen Richtung* in der Physiologie
des 19. Jahrhunderts. Die Mediziner HELMHOLTZ, DU BOIS-REYMOND und einige
andere wurden auch die Begründer der damals in Berlin entstandenen „Physikalischen Gesellschaft". Da die Beschäftigung mit der tierischen Elektrizität stets
auf die allgemeinen Probleme der Physik hinwies, ergab es sich ganz von selbst,
daß DU BOIS rein physikalische Fragen zu lösen versuchte, z. B. in seinen Untersuchungen über Flüssigkeitsketten, über Polarisation, elektrische Endosmose,
Kataphorese, Diffusion, Thermoströme u. dgl. Das Induktionsgerät mit der
Schlittenführung, wie DU BOIS es erstmalig einführte, hat neben der Physiologie
auch die physikalische Technik bereichert. Von den elektrophysiologischen Erscheinungen hat er (neben MATTEUCCI) den Verletzungsstrom und die „negative
Schwankung" am Muskel entdeckt. Die Ähnlichkeit des elektrischen Verhaltens
der tierischen Organe mit dem Magneten veranlaßte DU BOIS zur Aufstellung
einer Theorie („Molekulartheorie"), welche der Ampèreschen Vorstellung von
der Konstitution der Magnete nachgebildet war. Die Widerlegung seiner
Theorie durch den eigenen Schüler LUDIMAR HERMANN (s. S. 136) hat DU BOIS
nie verwunden. DU BOIS, selbst hochgradig kritisch anderen gegenüber, manchmal in seinem Urteil sehr einseitig und voller Temperament weit über das Ziel
hinausgehend, war selbst der Kritik an seinem Werk wenig zugängig. So war
er auch sehr konservativ in der Beibehaltung des Inhalts und der Form seiner
Vorlesungen und Vorlesungsdemonstrationen. Das unveränderliche Wandbilder-
system, die wörtliche Wiederholung bestimmter Redewendungen, Anekdoten und
Witze haben DU BOIS den Vorwurf eingebracht, der einen Kern von Berechtigung
hat, daß er im Jahre 1890 noch die Physiologie von 1868 vorgetragen habe

(H. BORUTTAU [*58*]). Durch seine Neigung, als einprägsam und wirkungsvoll erkannte Redewendungen und Vergleiche immer an der gleichen Stelle seiner Vorlesungen zu wiederholen, ereignete sich folgender, von BORUTTAU geschilderter, komischer Zwischenfall:

> Bei der Besprechung der Sinnesorgane als Wächter im Daseinskampfe und der Bedeutung abschreckender Formen und Farben, insbesondere unangenehmer Gerüche im Tierleben, brachte DU BOIS das stereotype Beispiel: „Frech kreuzt in Südamerikas Wildnis das Stinktier die Fährte des Jaguars." In einem zur Examensvorbereitung besonders zurechtgemachten Heft hatte der Schreiber desselben die Witze kenntlich machen wollen, welche der Prüfling wiederholen sollte, um dadurch den günstigen Eindruck hervorragender Aufmerksamkeit in der Vorlesung bei dem Examinator zu erwecken. Und so hatte er an dieser Stelle den Satz vermerkt, als wiederzugeben, wenn der Examinator bei guter Laune sei. Indem nun aber ein Prüfling diese in Klammern beigefügte Notiz in der Eile rein mechanisch auswendig gelernt hatte, wiederholte er in der Prüfung vor DU BOIS-REYMOND folgendermaßen: „Frech kreuzt das Stinktier die Fährte des Jaguars, wenn er gut gelaunt ist." Worauf DU BOIS-REYMOND, auf den dies gerade wirklich zutraf, mit der ihm eigenen Schlagfertigkeit fragend bemerkte: „Wen meinen Sie damit, Herr Kandidat, das Stinktier oder den Jaguar, oder gar etwa mich selbst?"

Nicht ganz unschuldig an solchen Vorkommnissen war die *außergewöhnliche rednerische Begabung* von DU BOIS. Zwei umfangreiche Bände „Reden von EMIL DU BOIS-REYMOND" [*49*] legen davon Zeugnis ab. Sie werden eingeleitet von einer Gedächtnisrede seines Schülers JULIUS ISIDOR ROSENTHAL aus dem Jahre 1912 und geben zugleich einen Überblick über die breiten Interessen des Autors, seine Neigungen zur wissenschaftlichen Betrachtung und seine Fähigkeit zur tiefen Durchdringung wissenschaftstheoretischer Grundfragen, z. B.: Über die Lebenskraft (1848), Über die Grenzen des Naturerkennens (1872) („Ignoramus – ignorabimus") und seine politische Einstellung. Die Gedächtnisreden auf JOH. MÜLLER [*46*] (1858), auf H. v. HELMHOLTZ [*47*] (1895) sind die besten Quellen zum Leben dieser Männer. Von historischem Werte sind auch die Akademieansprachen, die er als ständiger Sekretär der Berliner Akademie der Wissenschaften seit 1868 zu halten hatte. Von besonderem Interesse mit Hinblick auf die geschichtliche Entwicklung der Physiologie ist die Rede, welche DU BOIS anläßlich der Eröffnung des neuerbauten Berliner Physiologischen Instituts im Jahre 1877 gehalten hat. Hier schildert er anschaulich, mit welchen äußeren Schwierigkeiten die experimentelle Forschung in der Physiologie in den Jahren seiner ersten physiologischen Arbeiten zu kämpfen hatte:

> „Wollte zur Zeit, von der wir reden, ein junger Mensch selber physiologische Versuche anstellen, so mußte er dies meist auf der Stube tun, wo er wegen der Frösche und Kaninchen (an Hunde wagten wir uns nicht) mit seinen Hausleuten in Ungelegenheiten geriet und wo viele Untersuchungen geradezu unmöglich waren, oder mit den größten Widerwärtigkeiten zu kämpfen hatten. Keine lehreifrigen Assistenten wiesen ihn zurecht, keine öffentliche Fachbibliothek, keine Apparatensammlung gab ihm ihre Schätze preis. Aus eigenen Mitteln mußte er Bücher, Chemikalien, Versuchsmaterial aller Art und auch Instrumente anschaffen, oft mit eigenen Händen letztere anfertigen. Wir haben selber unsere Rollen gewickelt, unsere Elemente gelötet, ja unsere Kautschukröhren geklebt, denn noch gab es keine käuflichen Gummischläuche. Wir sägten, hobelten und bohrten, wir feilten, drechselten und schliffen. Das Bedürfnis nach Rat und Hilfe in mechanischen Dingen trieb uns in die Werkstätten, wo wir im Verkehr mit talentvollen Künstlern allerlei nützliche Handgriffe lernten und uns gewöhnten, den Bau von Instrumenten bis auf die letzte Schraube uns so klarzumachen, als handele es sich um Anatomie eines Tieres. Wurde durch Freundlichkeit eines Lehrers uns ein wertvoller Apparat anvertraut, wie nutzten wir ihn aus, wie studierten wir seine Launen, vor allem, wie hielten wir ihn rein!" [*49*].

In einer temperamentvollen glänzenden Abhandlung, der Vorrede des ersten Bandes seiner tierischen Elektrizität 1848 „Über die Lebenskraft", hat DU BOIS die wissenschaftsgeschichtlich bedeutendste und vernichtendste Abrechnung mit den Anhängern der „*Lebenskraft*" [*48*] gehalten. Seit dieser Zeit galt es als ausgesprochen antiquiert, dem Lebendigen irgendwelche metaphysischen Besonderheiten vor der übrigen Natur zuzubilligen.

Zahlreiche Ehrungen wurden DU BOIS in seinem Leben zuteil. Die Trauerfeier für den am zweiten Weihnachtstag 1896 Dahingeschiedenen gestaltete sich zu einer großen Kundgebung für den bedeutenden Gelehrten. Über das Verhältnis der *vier Freunde*, DU BOIS, LUDWIG, HELMHOLTZ und BRÜCKE, und ihr persönliches Schicksal ist vieles Interessante in dem Briefwechsel zwischen C. LUDWIG und DU BOIS zu finden, der von ESTELLE DU BOIS-REYMOND, einer seiner Töchter, und P. DIEPGEN 1927 herausgegeben wurde [52]. Einer der Söhne, RENÉ DU BOIS-REYMOND, leitete viele Jahre die operativ-physiologische Abteilung des Berliner Instituts und hat sich durch seine Arbeiten über Bewegungs- und Gelenkmechanik einen guten Namen gemacht.

E. DU BOIS-REYMONDS Schüler. Einer von den vielen Schülern von E. du Bois-Reymond, ALBERT VON BEZOLD (1836—1868), hat eine kometenartige Laufbahn gehabt. Er war der Sohn eines Arztes aus Ansbach, hochbegabt schon als Kind; von seinen Gefährten wurde er scherzhaft der „Bücherwurm" genannt. Im Jahre 1853 ging er mit 17 Jahren zum Studium nach München. Dort erkrankte er an einem Gelenkrheumatismus, der einen schweren Herzfehler hinterließ. Dann studierte er in Würzburg und publizierte schon als Student Untersuchungsergebnisse aus dem dortigen chemischen Institut unter SCHERER und dem anatomischen Institut unter KOELLIKER. 1857 arbeitete er bei DU BOIS in Berlin (Curarewirkung, Elektrotonus). Schon im Oktober 1859 wird der Dreiundzwanzigjährige als Extraordinarius für Physiologie nach Jena berufen. Er macht noch schnell sein medizinisches Doktorexamen und siedelt dann nach Jena über. Von dort veröffentlicht er bedeutsame Untersuchungen über die Innervation des Herzens (1863). Im Jahre 1865 bekommt er das neugegründete Ordinariat für Physiologie in Würzburg. Gute Herz- und Kreislaufarbeiten stammen aus dieser Zeit. Aber das fortschreitende Herzleiden setzte seinem Leben schon 1868 im Alter von 32 Jahren ein Ende. An den

Abb. 64. EDUARD FRIEDRICH WILHELM PFLÜGER (1829—1910) im Alter von 81 Jahren. (Überlassen von seinem Enkel Prof. ANSCHÜTZ, Würzburg.)

Fragen, mit denen BEZOLD sich in Berlin beschäftigt, merkt man den Einfluß des damals am Berliner Institut über die Fragen der Eingeweideinnervation und des Elektrotonus arbeitenden EDUARD FRIEDRICH WILHELM PFLÜGER (Abb. 64) (1829—1910). Dessen Werk über den Elektrotonus und die Zuckungsgesetze erschien im Todesjahre von JOHANNES MÜLLER. PFLÜGER war geboren zu Hanau am 7. 6. 1829, studierte seit 1850 in Marburg und Berlin, wo er auch promovierte und sich im Jahre 1858 habilitierte. Seine Inauguraldissertation aus dem Jahre 1855 unter DU BOIS behandelt die hemmenden Wirkungen der N. splanchnici auf den Darm. Das war seine erste bedeutsame Entdeckung. In den nächsten Jahren beschäftigte er sich unermüdlich experimentierend — und zwar geschah das alles in seiner Mietwohnung — mit den Wirkungen des elektrischen Stroms auf die Erregbarkeit und die Reizbeantwortung des Froschnerven. Ende 1858 erschienen die Ergebnisse dieser Arbeit unter dem Titel „Untersuchungen über die Physiologie des Elektrotonus" als selbständige Schrift im Druck. Sie enthielt Ergebnisse, zu deren Gewinnung ein ungewöhnliches Maß von experimentellem Geschick, von Geduld und scharfem analytischem Vorgehen notwendig waren. Schon ein Jahr später (1859), nach soeben abgeschlossener Habilitation, wurde PFLÜGER im Alter von 29 Jahren auf den neuerrichteten Lehrstuhl für Physiologie nach Bonn gerufen. Seine Arbeitsstätte war freilich zunächst nur ein recht provisorischer Pavillon im Universitätsbau, und erst 1878 konnte er ein räumlich verselbständigtes und gut ausgestattetes neues Institut in Bonn-Poppelsdorf beziehen. Von seiner ersten großen Arbeit über den Elektrotonus bis zu seiner letzten großen Arbeit über das „Glykogen" (Bonn 1903) ist sich PFLÜGER in seiner *Arbeitsweise* immer gleichgeblieben, „sowohl in der Art der Fragestellungen als in der Klarheit der gemachten Voraussetzungen, in dem Wählen und Schaffen neuer Untersuchungsmethoden wie bei der Ausführung der immer sehr zahlreichen Experimente, sowohl bei der kritischen Prüfung und Beurteilung eigener und fremder Ergebnisse als bei dem Ableiten der Schlußfolgerungen beim Aufbau neuer Theorien wie bei der Formulierung weitgehender Hypothesen, die nur die Wege für weitere Forschungen haben sollten" (E. v. CYON [*311a*]). Ein weiterer Grundzug der PFLÜGERschen *Denkweise* ist die teleologische Fragestellung zur Ergänzung und Korrektur der kausalanalytischen Betrachtung der Lebensphänomene. Schon in seiner ersten Jugendarbeit steht der Satz: „denn die organische Form ist nicht zweckmäßig, weil sie ist, sondern sie ist, weil sie zweckmäßig ist." 25 Jahre später hat er diesen Gedanken erneut aufgegriffen und das physiologische Geschehen in der Organismenwelt als „teleologische Mechanik" gekennzeichnet, weil er die große Fruchtbarkeit dieses Prinzips als eines leitenden Gedankens in der physiologischen Forschung erkannt hatte. „Die Ursache jeden Bedürfnisses eines lebendigen Wesens ist zugleich die Veranlassung zur Befriedigung dieses Bedürfnisses" [*310a*]. Das wird im einzelnen an zahlreichen Beispielen erhärtet. Lichtintensität-Pupillenweite, Nahrungsmangel-Hunger-Nahrungsaufnahme, Darmfüllung-Darmentleerung, O_2-Mangel-O_2-Aufnahme durch die Zelle, Muskelbeanspruchung-Muskelhypertrophie, Wassermangel-Durst usw. Ein bedeutendes Ergebnis jahrelanger Beschäftigung mit den Problemen der Atmung und der Blutgase ist die inhaltsreiche Studie: „Über die physiologische Verbrennung in den lebendigen Organismen." Hier vertritt er die Auffassung, daß die lebendigen Zellen selbst die Größe ihres Sauerstoffverbrauchs regeln und bestimmen, nicht aber der O_2-Gehalt des Blutes und andere Momente. In über 200 Arbeiten hat PFLÜGER fast alle Gebiete sowohl der Physiologie als auch der physiologischen Chemie bearbeitet. PFLÜGER war es auch, der sich am schärfsten gegen eine Trennung dieser beiden Fächer ausgesprochen hat. Hier wie stets ist PFLÜGER kritisch, oft schonungslos und nicht selten von ungewöhnlicher Schärfe. Manche Polemik in seinem Archiv zeugt davon.

Das äußere Leben PFLÜGERS verlief ganz im Rahmen seiner unentwegten schöpferischen Forschungsarbeit und Lehrtätigkeit. Schon im Jahre 1859, also mit 30 Jahren, bekam er den Lehrstuhl in Bonn und hat ihn bis zu seinem Tode im Jahre 1910, also 51 Jahre lang, innegehabt. Er starb am 16. März 1910 im Alter von 81 Jahren [*311a, b, c*].

Seit dem Jahre 1868 erschien unter PFLÜGERS Leitung das „Archiv für die gesamte Physiologie des Menschen und der Tiere", in dessen Bänden sich die gewaltigen Fortschritte der deutschen Physiologie in jenen Jahren widerspiegeln. In dem Bande 18 aus dem Jahre 1878 steht sein bekanntes Wort: „So ist ein der physiologischen Bildung entbehrender Arzt einem Uhrmacher vergleichbar, der den regelwidrigen Gang eines Uhrwerks korrigieren soll, aber die Bedingungen des normalen Ganges nicht kennt, den er doch wiederherstellen will", ein treffender Satz, dem man bis heute nichts hinzuzufügen hat.

Das wissenschaftliche Lebenswerk von Pflüger hat sein Schüler M. Nussbaum biographisch und bibliographisch ausführlich dargestellt [298]. Ein anderer Schüler von ihm, Nathan Zuntz (Abb. 65), geb. 1847 in Bonn, betätigte sich schon als Student im Laboratorium von Pflüger. Nach seiner Promotion praktizierte er zunächst als Landarzt, kehrte aber 1870 als Assistent zu Pflüger zurück. Dort habilitierte er sich schon ein Jahr später. 1874 wurde er ao. Professor der Landw. Akademie in Bonn und 1880 Lehrstuhlinhaber an der neuerrichteten Landwirtschaftlichen Hochschule in Berlin. Er starb hier im Jahre 1920. Schon die Dissertation von Zuntz ergab das bemerkenswerte Ergebnis, daß das CO-Hämoglobin eine dissoziable, also nicht feste Verbindung sei. Zuntz untersuchte dann mit v. Mering die Wirkung der Nahrungsaufnahme auf den Stoffwechsel und prägte für die gefundene Steigerung den Begriff der „Verdauungsarbeit". Darüber hinaus zeigte sich, daß auch intravenös verabfolgte Stoffe den Stoffwechsel steigern. Ein gewaltiger methodischer Fortschritt wurde mit dem Zuntz-Geppertschen Respirationsapparat erzielt, der das Kastenprinzip verließ und die Möglichkeit zu kurzfristigen Stoffwechselbestimmungen im Laboratorium, beson-

ders aber auch draußen bei körperlicher Arbeit, beim Sport usw. eröffnete. So kam Zuntz auf das Gebiet der Sportphysiologie, auf die Physiologie des Marsches und die Höhenphysiologie. Darüber hat er grundlegende Monographien mit seinen Mitarbeitern veröffentlicht. Da ihm das Talent gegeben war, auch komplizierte Dinge einfach zu sagen, trug er durch Vorträge viel zur Verbreitung physiologischer Kenntnisse in den Kreisen der Sportliebhaber bei. Weiter hat sich Zuntz viel mit den Blutgasen beschäftigt. Er hat auch die CO-Methode zur Bestimmung der Blutmenge angegeben. Von ihm stammt ferner die Umrechnungsformel von O_2-Verbrauch und Kalorienzahl. Viele In- und Ausländer sind kurz oder lang im Zuntzschen Laboratorium gewesen. Unter seinen Mitarbeitern waren A. Loewy, A. Magnus-Levy, A. J. Geppert, W. Caspari und Arnold Durig (Biogr. s. [431a, b]). Ein zweiter Pflüger-Schüler war Max Bleibtreu (geb. 1861). Er kam nach dem Studium der Naturwissenschaft und Medizin zu Pflüger nach Bonn und habilitierte sich hier 1894. Seine Untersuchungen betrafen vor allem physiologisch-chemische Fragen. Er beobachtete zuerst den Anstieg des respiratorischen Quotienten über 1 bei Mast. 1903 wurde er Nachfolger von Leonard Landois (1837—1902) in

Abb. 65. Nathan Zuntz (1847—1920) mit seinem tragbaren Respirationsapparat. (Aus Zuntz-Loewy, Höhenklima und Bergwanderungen, 1906.)

Greifswald, dessen Lehrbuch seit 1879 in immer neuen Auflagen erschienen ist. Bei Landois habilitierte sich 1896 Rudolf Rosemann (1870—1943), der das Lehrbuch von Landois übernahm und es in steter Verbesserung in 28 Jahren dreizehnmal neu auflegte. Rosemanns Spezialgebiete waren die Physiologie des Chlorhaushaltes und des Magensaftes. Er war 1903 für kurze Zeit bei Pflüger und bekleidete von 1904 bis 1937 das Ordinariat in Münster in Westfalen. Er war eine ungemein liebenswürdige Persönlichkeit, ein glänzender Tisch- und Festredner, ein Mann großer Bildung und weiter Interessen [336].

Wenn sich Ludimar Hermann (1838—1914) (Abb. 66) in seinen im Selbstverlag posthum erschienenen „Erinnerungen" [178] auch einen Autodidakten nennt, so waren es doch zugegebenermaßen E. du Bois-Reymonds Untersuchungen über tierische Elektrizität, welche ihn der physiologischen Forschung zuführten. Hermann wurde am 21. Oktober 1838 in Berlin geboren und stammte aus jüdischer Familie. Er studierte in Berlin und kam schon früh als Famulus von du Bois in Berührung mit den Problemen der tierischen Elektrizität, die damals im Berliner Institut im Mittelpunkt des Interesses standen. Andererseits fesselte ihn ganz besonders die Chemie, und so kommt es, daß 1859 bis 1861 seine Arbeiten mit

Fragen der Muskelphysiologie und des Muskelchemismus anfangen. Charakteristisch für seine Probleme und Arbeitsweise ist die Neigung zur *mathematischen Behandlung* physiologischer Fragen. Nach seiner Promotion 1859 und seiner Habilitation 1865 folgt er 1868 dem Ruf auf das Ordinariat für Physiologie in Zürich. Hier bleibt er 16 Jahre, die vorwiegend den Arbeiten über die *tierische Elektrizität* gewidmet sind. Noch in Berlin erscheint eine gewichtige Publikation (1867), in der er den Beweis dafür erbringt, daß der Muskel auch ohne Sauerstoff Kontraktionsenergie freizusetzen vermag, so daß anoxydative Spaltungsprozesse als Energielieferanten in Betracht zu ziehen sind. Im Jahre 1868 veröffentlicht er eine Arbeit, in der er die Stromlosigkeit unversehrter ruhender Muskeln feststellt.

Abb. 66. LUDIMAR HERMANN (rechts), OTTO WEISS (links) und MARTIN GILDEMEISTER (Mitte) im Königsberger Physiologischen Institut. (Aus H. LULLIES [*419*])

Damit setzte er sich in Gegensatz zu DU BOIS' Theorien und geriet mit ihm in einen viele Jahre hindurch anhaltenden persönlichen und sachlichen Gegensatz. Die Verletzungspotentiale sind nach ihm eine Folge des Absterbens, der Alteration lebender Substanz („Alterationstheorie") und nicht die Folge präexistenter Spannungsquellen.

HERMANN trug seine Auffassungen DU BOIS zuerst in einer privaten Unterhaltung vor. Es wurde ihm erlaubt, die Versuche in DU BOIS' Laboratorium durchzuführen. Da aber die Ergebnisse wenig seinen eigenen Vorstellungen entsprachen, gab er eines Tages HERMANN zu verstehen, daß ihm seine Weiterarbeit im eigenen Laboratorium nicht angenehm sei. HERMANN versuchte daraufhin bei KÜHNE, der damals in VIRCHOWS Institut tätig war, weiterzuarbeiten, doch wurde das durch VIRCHOW verhindert. So richtete sich HERMANN in der elterlichen Druckerei ein Labor ein. „Hier arbeitete ich höchst mühselig mit HITZIGS Multiplikator und Kompensator, mit von KÜHNE entlehnter Wippe, Schlüssel und Klemmen, mit selbstverfertigten Elementen und selbstgefangenen Fröschen. Hier aber fand ich die entscheidende Tatsache der Stromlosigkeit unversehrter Muskeln und ferner die Gesetze der extrapolaren Nachströme der Nerven ..." [*178*].

Zahlreiche weitere gute Arbeiten über Aktionsströme, Polarisation, Kernleiter, Mechanismus der Erregungsleitung („Strömchentheorie") und Elektrotonus aus der Züricher Zeit förderten die Kenntnis von den tierischen elektrischen Erscheinungen, andere wiederum betreffen Atmung, Stoff- und Energiewechsel und Blut. Die *Verdauung* besteht nach HERMANN durchweg aus hydrolytischen Spaltungen, welche die Resorption ermöglichen. Die Spaltungsprodukte ermöglichen die mannigfachen Synthesen, ähnlich „wie der in Buchstaben zerlegte Satz eines gedruckten Buches das Setzen jedes neuen ermöglicht" (1868). Im Jahre 1884 geht HER-

MANN nach Königsberg. Seit dieser Zeit treten Probleme aus der Physiologie der Sinnesorgane, der Akustik und des Gesichtssinnes in den Vordergrund, besonders die Physik und Physiologie der Sprachlaute wird sehr gefördert. In diesen Jahren erscheinen auch die 6 Bände des von HERMANN redigierten ,,Handbuch der Physiologie'' (Leipzig 1879—1883), in dem er selbst an Stelle des ablehnenden DU BOIS die allgemeine Muskel- und Nervenphysiologie behandelte. Unter den vorzüglichen Mitarbeitern an diesem Handbuch finden wir ferner die Namen von A. FICK, R. HEIDENHAIN, N. ZUNTZ, TH. W. ENGELMANN, P. GRÜTZNER, A. ROLLETT, J. ROSENTHAL, C. V. VOIT, E. DRECHSEL, R. MALY, W. V. WITTICH, SIGM. MAYER und V. HENSEN. HERMANN starb am 5. Juni 1914 im Alter von 75 Jahren [*179*].

Von den Schülern HERMANNs im Königsberger Physiologischen Institut (Abb. 66) haben sich besonders drei einen Namen gemacht, OSCAR LANGENDORFF (1853—1909), OTTO WEISS (1871—1943) und MARTIN GILDEMEISTER (1876—1943). OSCAR LANGENDORFF [*238*] aus Breslau war von 1875—1880 Assistent bei v. WITTICH und L. HERMANN in Königsberg. 1879 habilitierte er sich und nahm 1892 einen Ruf nach Rostock als Nachfolger des um die physiologische Optik verdienten HERMANN AUBERT an. Dort ist er bis zu seinem Tode im Jahre 1909 geblieben. Neben Untersuchungen über Lage und Wirkungsweise des Atemzentrums hat LANGENDORFF die von NEWELL-MARTIN erstmalig erprobte Isolierung des Warmblüterherzens methodisch sehr vervollkommnet (1895). Er untersuchte u. a. auch die Frage nach dem Wesen der Herzautomatie und glaubte der nervösen ganglionären Theorie vor der myogenen den Vorzug geben zu müssen. Andere Versuche betrafen die Natur und Bedeutung der Verdauungsfermente in Magen und Pankreas, sowie die Rolle der Ganglien in der nervösen Bahn. Er bewies u. a., daß die Erregung den Ganglienzellkörper des Spinalganglions nicht zur Fortleitung zu passieren braucht (1898). OTTO WEISS [*419*] aus Vilsen bei Hannover hat fast sein ganzes Leben in Königsberg zugebracht. OTTO WEISS war in seinen Forschungen überaus vielseitig. In ihnen dokumentieren sich deutlich seine operative Geschicklichkeit und besondere technische Begabung. Das Methodische interessierte ihn stets ganz besonders. (Phonoskop zur Registrierung schwächster Schalle, Anwendung der Kinematographie u. a. m.) Seine vielseitigen Arbeiten erstrecken sich über das Gebiet von Herz (Herztöne), Blutkreislauf, Nerv, Muskel, Gesichtssinn, Akustik und Stimme und Sprache. WEISS war ein ausgezeichneter Lehrer. In seiner betont ,,experimentalphysiologischen'' Vorlesung zeigte er den Studenten gern auch schwierige Versuche. Er besaß eine ungewöhnliche allgemeine Bildung, eine große Naturliebe und Naturerkenntnis. An seine Untersuchungen über den Zeitbedarf der elektrischen Reizung knüpfte später GILDEMEISTER wieder an, der jahrelang mit ihm zusammen im Königsberger Institut bei HERMANN arbeitete. MARTIN GILDEMEISTER (Abb. 66), 1876 in Thorn geboren, war von 1899 an bis 1907 bei L. HERMANN, dann Assistent bei RICHARD EWALD in Straßburg. 1917 wurde er Abteilungsvorstand am Berliner Institut und 1924 Ordinarius in Leipzig. Er starb, wie sein Freund WEISS, im Jahre 1943. GILDEMEISTERs Arbeitsrichtung ging ganz auf das quantitativ Meßbare, womöglich mathematisch Ausdrückbare. ,,Alles fein Beobachtende und Qualitative widerstrebte ihm'' (A. BETHE [*150b*]). Am meisten beschäftigte ihn die Beziehung von Reiz und Erregung mit dem Ziel einer allgemeinen Theorie der Erregung. Durch sein technisches Geschick hat er die physiologische Methodik um gute neue Hilfsmittel bereichert. Bedeutsam waren seine Versuche zum sog. psychogalvanischen Hautreflex. GILDEMEISTERs menschliche Persönlichkeit enthielt viele liebenswürdige Züge.

In den gleichen Jahren, in denen PFLÜGER und HERMANN im Institut bei DU BOIS arbeiteten, finden wir hier auch **Rudolf Heidenhain** (1834—1897) (Abb. 67). Er wurde am 29. 1. 1834 in Marienwerder als Sohn eines Arztes geboren. Seine Interessenrichtung kam schon früh in seiner Freude am Sammeln von Pflanzen und Tieren zum Vorschein. So beginnt er seine Studien zunächst mit den reinen Naturwissenschaften an der Universität Königsberg, geht dann zum Medizinstudium nach Halle, wo er vor allem durch A. W. VOLKMANN für die Physiologie begeistert wird. Er beschließt dann seine medizinischen Studien in Berlin mit Promotion (1854) und Staatsexamen. Seine auf Anregung von DU BOIS entstandene Dissertation widerlegt die von M. SCHIFF vertretene Anschauung, daß die N. vagi die Ursache der Herztätigkeit sind. Vielmehr regeln sie die Herztätigkeit, während die Automatie des Herzens durch die Herzganglien unterhalten wird. HEIDENHAIN war einige Semester als Assistent bei DU BOIS und kehrte 1856 nach Halle zurück. Dort arbeitete er weiter bei VOLKMANN und verlobte sich auch mit dessen Tochter, die er 2 Jahre später als seine Frau heimführte. 1857 habilitiert er sich mit einer Schrift über die Bestimmung der Blutmenge, und schon 1859 wird er mit 25 Jahren als Ordinarius und Nachfolger von B. REICHERT nach Breslau berufen. Trotz eines anfänglichen Streiks der Studenten gegen den jungen „grünen fremden" Professor gelingt es ihm bald, Achtung und Anerkennung zu gewinnen. Hier in Breslau ist er bis zu seinem Tode im Jahre 1897 geblieben und hat eine ungemein vielseitige Forschungstätigkeit entfaltet. „HEIDENHAIN war klein von Körper, ungemein beweglich und lebhaft"; — „peinlicher Fleiß und nie erlahmende Ausdauer" zeichneten ihn besonders aus; er war nicht so sehr eine Kämpfernatur als eine kritisch sammelnde, konservative Persönlichkeit (P. GRÜTZNER [*171b*]). Begabung und Einstellung wiesen ihn weniger auf die mathematisch-physikalische Seite der Lebensforschung als in die biologische Richtung. Er hat besonders hinsichtlich der Lehre von der Drüsentätigkeit „die vorschnellen, rein physikalischen Deutungen abgelehnt und die vitalen Besonderheiten nachdrücklichst betont, ohne dabei jemals an den Vitalismus Zugeständnisse zu machen . . ." Eine ganze Reihe von Arbeiten aus den 70er Jahren beschäftigen sich mit den gefäßverengernden und gefäßerweiternden Nerven. HEIDENHAIN bestätigt frühere Versuche von M. SCHIFF über aktiv gefäßerweiternde Nervenbahnen in den Hüftnerven des Hundes und rechtfertigt SCHIFFS Ergebnisse, dessen Arbeiten „auf dem Index der tonangebenden, sozusagen den wissenschaftlichen Markt beherrschenden Partei" standen (P. GRÜTZNER [*171b*]). Eine sehr bedeutsame Arbeit veröffentlichte HEIDENHAIN 1864 unter dem Titel „Mechanische Leistung, Wärmeentwicklung und Stoff-

Abb. 67. RUDOLF HEIDENHAIN (1834—1897).
(Aus P. GRÜTZNER [*171*])

umsatz bei der Muskeltätigkeit" (Leipzig 1864), welche DU BOIS gewidmet ist. Hier weist er auf die ökonomische Arbeitsweise der Muskeln hin, welche ihren Energieumsatz jeweils nach der Größe der zu verrichtenden Arbeit einstellen. Je ermüdeter der Muskel ist, desto sparsamer arbeitet er. Die wichtigsten Arbeiten HEIDENHAINS betreffen wohl die Physiologie der Drüsensekretion, mit denen er schon 1867 begann und die er bis an sein Lebensende fortsetzte. Hier entwickelte er seine höchste Meisterschaft im Experiment, in der operativen Technik (kleiner Magenblindsack 1875) und in der histologischen Untersuchung morphologischer Veränderungen während der Ruhe und Sekretion. Die Speicheldrüsen, die Magendrüsen, ihre Beschaffenheit, ihr Sekret, ihre Absonderung auf Nervenreizung, ihre Morphologie, ferner das Pankreas, die Leber und die Niere werden genau untersucht. 1888 erscheinen seine bekannten Untersuchungen über die Aufsaugung hypotonischer Lösungen aus dem Dünndarm, die 1883 begonnen worden waren. Dieses und manches andere (Lymphbereitung) haben HEIDENHAIN einen bleibenden Platz unter den großen Physiologen seiner Generation verschafft. Nachdem er einige Jahre an abdominalen Erscheinungen kränkelte, starb er am 13. Oktober 1897 an den Folgen eines Ulcus duodeni (Biogr. [171a, b]).

Eine ganze Reihe tüchtiger Schüler haben von ihm wesentliche Anregungen empfangen, z. B. P. Grützner, welcher 11 Jahre sein Mitarbeiter war, ferner K. Hürthle, Gscheidlen, Schweigger-Seidel, W. Waldeyer und auch I. P. Pavlov. Paul Grützner [160] (1847 bis 1919) aus Festenberg in Schlesien studierte in Breslau, Berlin und Wien. Er promovierte 1869 in Berlin und wurde dann Assistent bei Heidenhain. Hier ist er bis 1883 als Assistent und Dozent geblieben. Dann ging er als Ordinarius nach Bern, 1884 nach Tübingen, wo er 1917 in den Ruhestand trat. Neben Arbeiten über Nerv-Muskelphysiologie, Kreislauf und Harnsekretion schrieb er einen hervorragenden Handbuchbeitrag über Stimme und Sprache. Ein anderer Heidenhain-Schüler, Karl Hürthle (1860—1945), war von 1887—1898 im Breslauer Institut tätig und wurde später Nachfolger des verstorbenen Heidenhain. 1927 trat er in den Ruhestand. Hürthle hat wertvolle Beiträge zur Histologie der Muskelfaser geliefert, dann vor allem Fragen des Kreislaufs, besonders in den kleinen Gefäßen der Peripherie bearbeitet, denen er eine selbständige Rolle in der Blutbewegung zuerkennen wollte.

Drei Schüler von E. du Bois-Reymond haben sein Arbeitsgebiet der Elektrophysiologie und Muskelphysiologie besonders gefördert. Isidor Rosenthal (geb. 1836 zu Loboschin, gest. 1915) habilitierte sich 1862 in Berlin für die Physiologie und ging 1872 als Ordinarius nach Erlangen. Seine wichtigsten Untersuchungen betreffen die Physiologie der Atmung (Atmungsregulation), worüber er auch in Hermanns Handbuch berichtete, und die allgemeine Physiologie der Muskeln und Nerven. Johannes Gad (1842—1926), geboren zu Posen, studierte in Berlin, wurde Assistent bei du Bois und habilitierte sich 1879 in Berlin. Nach einigen Jahren, die er bei A. Fick in Würzburg verbrachte, kehrte Gad als Vorsteher der experimentell-physiologischen Abteilung des Physiologischen Institutes nach Berlin zurück. In dieser Berliner Stellung hat er mit du Bois auf manche späteren Physiologen und Kliniker des In- und Auslandes anregend gewirkt, z. B. auf A. Goldscheider (Sinnesorgane der Haut). J. F. Heymans, G. Marinesco (später Neurologe in Paris), E. Flatau (später Nervenarzt in Warschau), auch auf W. T. Porter und O. Kohnstamm. Übrigens war er Mitbegründer des „Centralblatt für Physiologie" (1887). Das „Gadsche Ochsenherz" ist heute noch ein beliebtes Demonstrationsobjekt des Physiologen. Atmungsfragen, Elektrophysiologie, Fettverdauung, Leistungen des Rückenmarks, alles das hat ihn besonders beschäftigt. Seit 1885 war Gad Ordinarius in Prag. Zwischen 1887 und 1890 war auch der spätere Begründer der belgischen experimentellen Pharmakologie, Jean François Heymans (geb. 1859 in Brabant), Vorlesungsassistent bei du Bois, wo er besonders mit Gad zusammenarbeitete. Ein Schüler Gads war R. H. Kahn (geb. 1876), ein gebürtiger Prager. Er habilitierte sich 1904 für Physiologie und bekleidete später das Ordinariat in Prag. Schließlich sei auch Hermann Munk [284a—d] (geb. 1839 in Posen, gest. 1912) nicht vergessen, ein Schüler von Müller, du Bois und Virchow. Er wurde 1876 Physiologe an der Berliner Tierarzneischule und hat über Nervenphysiologie, Großhirnrinde, Schilddrüse u. dgl. gearbeitet. Eine wichtige Entdeckung von ihnen war die Lokalisation der Sehsphäre im Hinterhauptslappen beim Hund. Überhaupt haben unsere Kenntnisse von der Lokalisation durch ihn eine gewaltige Erweiterung erfahren. Sein Bruder Immanuel Munk [285] (geb. 1852 in Posen, gest. 1903) war später Abteilungsvorstand des Physiologischen Institutes in Berlin und ein vielseitiger Arbeiter auf dem Gebiet des Stoffwechsels, der Ernährung, der Nierentätigkeit und der Muskelarbeit im Zusammenhang mit dem Eiweißzerfall. Er war längere Zeit Mitarbeiter von N. Zuntz.

Ernst Brücke (1819—1892) (Abb. 68). Der dritte aus dem Kreis der Freunde und Müller-Schüler, Ernst Wilhelm (Ritter von) Brücke, wurde am 6. 6. 1819 in Berlin geboren. Nach Studien in Berlin und Heidelberg habili-

tierte er sich 1844 für Physiologie bei JOHANNES MÜLLER. Schon 1847, als BUR
DACH in Königsberg starb, wurde BRÜCKE mit 29 Jahren als ao. Professor für
Physiologie und Allgemeine Pathologie nach *Königsberg* berufen. Sein Jahresgehalt belief sich auf 800 Taler. 2 Jahre später ging er als o. Professor der Physiologie an die Universität *Wien*, während die Königsberger Stelle von HELMHOLTZ
eingenommen wurde. Die Arbeitsverhältnisse in Wien waren damals überaus
ungünstig. ,,Die Ausrüstung des Institutes bestand in einem Mikroskop, einer
Brutmaschine und einem Kraftmesser‘‘, so berichtet der Enkel E. TH. BRÜCKE in
seiner ERNST-BRÜCKE-Biographie [*66*]. Doch befand sich BRÜCKE in Wien in
einer glänzenden Gesellschaft, denn zur Medizinischen Fakultät gehörten damals

um die Jahrhundertmitte unter anderem Männer wie SKODA, ROKI
TANSKY, SCHUH, HEBRA und HYRTL.
Mit J. HYRTL war nicht gut Kirschen
essen, und die Fehde, die damals um
1853 zwischen BRÜCKE und HYRTL
entstand, lebt noch in manchen Anekdoten fort. Es heißt, daß HYRTL
hungernde Versuchstiere in BRÜCKES
Laboratorium heimlich fütterte, um
die Arbeit des Kollegen zu stören,
oder daß er im Kolleg lehrte: Das Blut
ist eine rote, nach BRÜCKE eine
grüne Flüssigkeit [*66*]. Während sich
BRÜCKE in Königsberg vorwiegend
mit der *Physiologie der Sinne*, besonders mit der Anatomie und der Physiologie des Sehorgans (Ciliarmuskel,
Augenleuchten) beschäftigte, wandte
sich sein Interesse in der Wiener Zeit
vor allem der *Verdauungsphysiologie*
zu (Pepsin, 3-Gläser-Probe, Speichelwirkung, Fettspaltung, Darmbewegung usw.). Als 1855 auch CARL
LUDWIG nach Wien kam, verband

Abb. 68. ERNST BRÜCKE (1819—1892).
(Aus E. TH. BRÜCKE [*66*])

beide Männer neben der persönlichen Freundschaft das gleiche Ideal der physiologischen Forschung. BRÜCKE war seit der Berliner Zeit ebenso wie LUDWIG einer
der Exponenten der physikalisch-chemischen Richtung in der Physiologie. DU
BOIS schreibt an HALLMANN: ,,BRÜCKE und ich, wir haben uns verschworen,
die Wahrheit geltend zu machen, daß im Organismus keine anderen Kräfte
wirksam sind als die gemeinen physikalisch-chemischen.‘‘ Doch schreibt er an
einer Stelle: ,,Die Teleologie ist eine Dame, ohne die kein Biologe leben kann.
Er scheut sich jedoch, sich mit ihr in der Öffentlichkeit zu zeigen‘‘ (zit. nach W. B.
CANNON [*75*]). In Wien griff BRÜCKE auch seine alte Lieblingsidee, die ,,Pasigraphie‘‘, wieder auf und schrieb ein Buch, in dem der Versuch gemacht wird, sämtliche in den verschiedenen Sprachen vorkommenden *Sprachlaute* durch besondere
Zeichen festzulegen, um zu einer Schrift zu gelangen, welche den Lautcharakter
jedes Wortes eindeutig darstellt, so daß man danach jede Fremdsprache sogleich
aussprachegerecht wie nach Noten lesen könne. ERNST BRÜCKE war ein Polyhistor ersten Ranges, außerordentlich aufgeschlossen nicht nur den Problemen
des Faches und der Naturwissenschaft, sondern mehr als üblich vertraut mit der
bildenden Kunst, der Malerei, dem Kunstgewerbe, der Dichtkunst. Davon zeugen

Schriften wie „Die Physiologie der Farben für die Zwecke der Kunstgewerbe bearbeitet" (Leipzig 1866) und „Über die physiologischen Grundlagen der neuhochdeutschen Verskunst" (Wien 1871), „Die Beckenlinie antiker Statuen" (1888), „Schönheit und Fehler der menschlichen Gestalt" (Berlin 1891). Aber alle diese Schriften erwachsen wiederum unmittelbar aus physiologischen Überlegungen. 40 Jahre lang, bis 1890, hat Brücke in Wien die Physiologie vertreten. Seine „Vorlesungen über Physiologie" haben mehrere Auflagen erlebt. Er war lange Zeit einer der bedeutendsten Köpfe im wissenschaftlichen Leben Wiens und genoß bei Hofe großes Ansehen. Für seine Verdienste wurde er vom Kaiser in den erblichen Adelsstand erhoben. Noch im Jahre seines Todes (7. Jan. 1892) erschien ein umfangreiches Buch aus der Hand dieses unermüdlich tätigen 82jährigen Mannes: „Wie behütet man Leben und Gesundheit seiner Kinder" (Wien und Leipzig 1892).

Schüler von Ernst Brücke. Mit Ernst Brücke und Carl Ludwig sieht Wien um die Jahrhunderthälfte wieder Männer von höchster Qualifikation auf den physiologischen Lehrstühlen der Universität bzw. des Josefinums, wie es seit Prochaskas Zeit nicht wieder der Fall gewesen ist. Brücke wird zugleich der Ausgangspunkt der neuen *österreichischen Physiologenschule* mit seinen unmittelbaren Schülern wie Alexander Rollett, M. v. Vintschgau, S. Exner und deren Schülern, von denen Oskar Zoth und Arnold Durig und gewissermaßen in dritter Generation L. Haberlandt, Leop. Löhner und F. Scheminzky genannt seien. Einige davon sollen hier näher behandelt werden, soweit ihr Werk schon Geschichte und nicht mehr Gegenwart ist.

Abb. 69. Alexander Rollett (1834—1903). (Aus O. Zoth [*334*])

Alexander Rollett (Abb. 69) wurde am 14. Juli 1834 in Baden bei Wien geboren. Schon während seiner Studien in Wien unter Hyrtl, Oppolzer, Rettenbacher, Brücke und Ludwig wurde er besonders von der Physiologie angezogen und arbeitete u. a. bei Brücke im Laboratorium. Im Jahre 1857 wurde er nach dem Fortgang Vintschgaus bei Brücke Assistent. Aus dieser Zeit stammt seine erste Muskelarbeit, der später viele weitere gefolgt sind. Hier bleibt Rollett sieben Jahre in enger Gemeinschaft mit dem Kreise von El. v. Cyon, J. M. Setschenow, W. Kühne, W. Preyer und J. N. Czermak, die sich damals um Brücke und Ludwig scharten. 1863 wird Rollett auf Empfehlung Brückes, erst 29 Jahre alt, Ordinarius in Graz. Das neubegründete Institut wird in notdürftig eingerichteten Räumen untergebracht. Die Geldmittel sind knapp. Mit einfachen selbstgefertigten Apparaten und Anordnungen, bei denen Kork, Siegellack und Bindfaden keine kleine Rolle spielten, wird der Grund für Unterricht und Forschung gelegt. Aber schon 1872 wird ein neues anatomisch-physiologisches Institut mit guter Ausstattung und guten Arbeitsmöglichkeiten errichtet. Hier hat Rollett bis zu seinem Tode im Jahre 1903 eine umfangreiche Tätigkeit entfaltet. Der wachsende Ruhm seines Namens führte ihm viele Mitarbeiter zu, z. B. V. v. Ebner, R. Klemensiewicz, J. Glax, O. Zoth, dann vor allem zahlreiche Russen. Das Grazer Institut war geradezu der Ort einer Russenkolonie, die Jahr um Jahr bei Rollett ihre Ausbildung erhielten, unter ihnen waren Setschenow, Kistiakowsky, Boldyreff, Dobroslavin, Golubew und Rynek. Der Geist dieser Rollett-Schule, gekennzeichnet durch Gründlichkeit, Genauigkeit, Verläßlichkeit, Bescheidenheit und Sauberkeit, hatte seine Quelle in der bedeutenden Persönlichkeit ihres Meisters, dessen seltene Arbeitskraft sich mit einem bewundernswerten Gedächtnis, einem scharfen Denken, systematischer Arbeitsweise und persönlicher Bescheidenheit paarte. O. Zoth hat viele Züge seines Lehrers in liebevoller Weise festgehalten [*334*]. Rolletts Hauptarbeitsgebiete waren die Blutphysiologie, die Muskelhistologie und -physiologie und die physiologische Optik. Seine guten Untersuchungen über Hämoglobin, Hämolyse, Blutnachweis, spezifische Resistenz usw. brachten ihm den Namen „*Blut-Rollett*" ein. Daneben hat ihn seit seinen Studentenjahren das Problem der Muskelstruktur immer wieder beschäftigt, vor allem in den Jahren 1874—1898. Mit unglaublichem Fleiß wurden alle Arten von *Muskulatur* histologisch untersucht, dabei allein die Muskeln von 300 Käferarten. Hierbei gelang es ihm u. a., die Kontraktionswelle im lebenden Muskel mikroskopisch zu beobachten. Es folgen sorgfältige Studien über Muskeltätigkeit, Ermüdung und Erholung. Rolletts Abneigung gegen vorzeitige Hypothesen auf nicht abgeschlossenen Gebieten wird gerade am Schluß dieser Arbeit (1896) deutlich, wo er an Stelle des Versuches einer Theorie auf nicht weniger als 19 noch offene Fragen hinweist, die zunächst eine experimentelle Klärung verlangen. Wie Brücke, so interessierte sich auch Rollett sehr für die Fragen der *Sinnesphysiologie*. Er erklärte u. a. das räumliche Sehen, also den Tiefeneindruck, durch die Konvergenzbeanspruchung der Augenmuskeln (1861). Andere Arbeiten beschäftigen sich mit Problemen der Kontrastfarben und dem Abklingen der Farbempfindung. 1899 hat Rollett bei sich selbst die Empfindungen bei schweren, künstlich hervorgerufenen Anosmien analysiert und geschildert. Rolletts Bedeutung als Forscher entsprach sein Ansehen als akademischer, von den Studenten verehrter Lehrer. Als Rektor und in vielen öffentlichen Ämtern hat er seine Kräfte in den Dienst der Allgemeinheit gestellt. Viele Ehrungen wurden ihm von früh an zuteil. Kurz vor seinem 70. Geburtstag erlag er am 1. Oktober 1903 einer Lungenentzündung.

Von Rolletts Schülern und Mitarbeitern aus Rußland wurde J. M. Setschenow (1829 bis 1905) später Professor der Physiologie in Odessa, Petersburg und Moskau, Math. Boldyreff Professor der speziellen Therapie in Kasan, Peter A. Spiro Professor der vergleichenden Physiologie in Odessa. Viktor von Ebner, der 1868—1871 im Grazer Institut war, wurde später Professor der Histologie und Embryologie in Graz und Wien. Richard Maly wurde Professor der physiologischen Chemie in Innsbruck, später für Chemie in Graz und Prag, und Rudolf Klemensiewicz Professor für allgemeine und experimentelle Pathologie in Graz. In den achtziger Jahren arbeitet Karl Laker (geb. 1859) in Rolletts Institut. Er hat neben Hayem und Bizzozero gleichzeitig die Thrombozyten als selbständige Blutelemente („Blutscheiben") erkannt. Auf dem Wege über die klinische Tätigkeit in der Hals-, Nasen- und Ohrenheilkunde beschäftigte er sich später besonders mit den physiologisch-akustischen Grundlagen der Musik und entwickelte eine Methode des „musikalischen Sehens" mit Hilfe eines „Tonbaustein-Schiebers" und einer „Transponieruhr". 1923 wurde Laker in Graz ao. Professor für physiologische Akustik und trat 1930 in den Ruhestand. Der Hauptschüler Rolletts war Oscar Zoth (Abb. 70), der 1864 in dem damals österreichischen Padua geboren wurde. Er studierte und promovierte in Graz. Von 1885—1902 war er Assistent, Dozent und Mitarbeiter Rolletts. Im Jahre 1902 wurde er Ordinarius in Innsbruck und 1904, nach dem Tode Rolletts, sein Nachfolger in Graz. Zoths Arbeitsgebiete waren ähnlich wie bei Rollett die Physiologie des Blutes und des Blutkreislaufs, des Muskels und der physiologischen Optik, über die er inhaltsreiche Originalarbeiten und Handbuchaufsätze veröffentlichte. Seine technische Begabung führte zu einer ganzen Reihe von apparativen Verbesserungen und Neukonstruktionen. O. Zoth war ein Mann von außerordentlicher Bescheidenheit und Zurückhaltung. Im Jahre 1926 trat er in den Ruhestand und starb 1933 im Alter von

70 Jahren [*430*]. Ihm folgte auf dem Grazer Lehrstuhl sein Schüler LEOPOLD LÖHNER (Abb. 100), geboren 1884 zu Judenburg in der Steiermark. Er erhielt seine Fachausbildung vor allem in Graz und daneben in Bonn (M. VERWORN, AUG. PÜTTER). Seine Arbeiten erstrecken sich über fast alle Gebiete der Physiologie. O. ZOTHS früh verstorbener Schüler LUDWIG HABERLANDT (1885—1932) aus Graz habilitierte sich 1913 in Innsbruck für Physiologie. Er wurde bekannt durch seine Forschungen über das Herzhormon und hormonale Sterilisierung. Ein Schüler von ZOTH in Graz und EXNER in Wien ist ROBERT STIGLER (geb. 1878), der seit 1921 als o. Professor an der Hochschule für Bodenkultur in Wien tätig war.

Ein anderer Schüler BRÜCKES war MAXIMILIAN RITTER VON VINTSCHGAU, geboren 1832 zu Wilten bei Innsbruck in Tirol, in den Jahren 1856/57 der Vorgänger ROLLETTS im Wiener Universitätsinstitut. Er ging 1857 an die österreichische Universität Padua, wo er bis 1866 gewirkt hat. Nach einem dreijährigen Aufenthalt an der Prager Universität wurde er als Ordinarius an die Universität Innsbruck berufen, wo er im Alter von 70 Jahren im Jahre 1902 gestorben ist. Besondere Bedeutung erlangten seine Untersuchungen zur Physiologie des Geschmackssinnes (1879), über die Reaktionszeit bei Temperaturempfindung, Farbensinn u. a. m. Von 1893—1900 war ARNOLD DURIG (geb. 1872) im Innsbrucker Institut bei VINTSCHGAU, wo er sich nach der Methodik von CYON in die physiologische Technik einarbeitete. VINTSCHGAU gestattete den Gebrauch der vorhandenen Apparate nur für demonstrative Vorlesungszwecke, so daß DURIG nur nachts und in den Ferien heimlich die typischen Versuche jener Zeit ausführen konnte. „Der Chef war sehr wütend, als er dahinterkam." (Briefl. Mitteilung.) Im Jahre 1900 siedelte DURIG zu EXNER nach Wien über, wo er sich 1902 habili-

Abb. 70. OSKAR ZOTH (1864—1933).
(Überlassen von Prof. L. LÖHNER, Graz.)

tierte. Nach einem Studienaufenthalt bei BURDON-SANDERSON in Oxford und bei ZUNTZ in Berlin wurde er 1905 Professor für Physiologie an der Wiener Hochschule für Bodenkultur und 1918 Professor an der Universität Wien. DURIGS wissenschaftliches Werk ist von großer Vielseitigkeit. Seine Untersuchungen über Höhenklima, Physiologie der Ernährung und Arbeit, Physiologie der Atemübungen und über Ermüdung wurden von weitreichender Bedeutung für die Entwicklung unserer Vorstellungen auf diesen Gebieten. Im Jahre 1938 trat er in den Ruhestand. ARNOLD DURIG hatte eine große Zahl von Mitarbeitern, die später physiologische und klinische Lehrstühle eingenommen haben, unter ihnen RICHARD WAGNER und FERDINAND SCHEMINZKY (s. Stammbaum der MÜLLER-Schule S. 124).

WILLY KÜHNE (Abb. 71), der am 28. März 1837 in Hamburg als Sohn eines wohlhabenden Kaufmanns geboren wurde, hatte das Glück, eine ganze Reihe vorzüglicher Lehrer zu haben, unter denen wohl BRÜCKE und CLAUDE BERNARD

den nachhaltigsten Einfluß auf ihn ausgeübt haben (vgl. Nachruf C. VOIT und
H. KRONECKER [*237a, b*]). Seine naturwissenschaftliche Interessenrichtung, besonders für Chemie, trat schon als Schüler bei ihm hervor. Mit 17 Jahren
kam er in WÖHLERS Laboratorium nach Göttingen, wo er außerdem noch
kurze Zeit bei RUDOLF WAGNER arbeitete. Dann ging er nach Berlin zu DU
BOIS, wo er für die *Muskelphysiologie* besonderes Interesse gewann. Aus diesen
Jahren stammt sein Nachweis der direkten Muskelerregbarkeit am M. sartorius,
ferner der Beweis der doppelsinnigen Nervenleitfähigkeit („Zweizipfelversuch")
und die Entdeckung der motorischen Endplatte. Ein zweijähriger Aufenthalt bei
CLAUDE BERNARD macht ihn mit der Arbeitsweise dieses großen Meisters der

Abb. 71. WILLY KÜHNE (1837—1900).
(Aus GARRISON.)

physiologischen Technik bekannt. Auch
bei C. LUDWIG und E. BRÜCKE erhielt er
bedeutende Anregungen für seine spätere
Arbeit. Im Jahre 1868 wurde er Professor
für Physiologie in Amsterdam, siedelte
aber 1871 nach *Heidelberg* als Nachfolger
von HELMHOLTZ über. Dort ist er bis zu
seinem frühen Tode im Juni 1900 tätig
gewesen (Biogr. s. C.VOIT [*237a*], H. KRO-
NECKER [*237b*]). Seine Freunde und Mitarbeiter schildern ihn als ungemein geist-
vollen, sprudelnd lebhaften Mann, der die
gründlichste Spezialkenntnis auf seinem
Gebiete mit einer selten guten Allgemeinbildung verband. Stets waren Künstler,
Musiker und interessante Menschen aller
Art in seinem gepflegten Kreise. Er war
ungewöhnlich begünstigt, ebenso an Ga-
ben wie an Glück bei wissenschaftlichen
Entdeckungen, verwöhnt vom Schicksal
in jeder Hinsicht. Sein Lebenswerk verteilt sich auf 3 Hauptarbeitsgebiete,
Muskel, Sehstoffe, Verdauung, in denen
überall die physiologisch-chemische Me-
thode eine bedeutende Rolle spielt. Im Muskel entdeckte und benannte er
das *Myosin*, das flüssige, kontraktile Muskelplasma. Er beobachtete eines
Tages eine Nematode schwimmend in einer lebenden Muskelfaser. Das Tier
schwamm durch die Querstreifung hindurch, welche sich hinter dem Schwanz-
ende wieder herstellte. KÜHNE prägte auch den Begriff des „*Enzyms*" für die
ungeformten Fermentvorstufen, er bezeichnete das Pankreasenzym für die Eiweiß-
verdauung als Trypsin, beobachtete lebende Pankreaszellen unter dem Mikroskop,
entdeckte eine Reihe von Zwischenstufen des Eiweißabbaues usw. Die Entdeckung
BOLLS über den Sehpurpur regte ihn zu vielen eigenen Untersuchungen an. Seine
Optogramme sind heute noch bekannt. „Die Netzhaut (mit ihrem Epithel) verhält
sich nicht wie eine photographische Platte, sondern wie eine ganze photographische
Werkstatt, worin der Arbeiter durch Auftragen neuen hochempfindlichen Materials die Platte immer wieder vorbereitet und zugleich das alte Bild verwischt"
(1876). Es glückte ihm sogar, auf der Kaninchennetzhaut Optogramme eines
Fensters durch Alaunlösung zu fixieren. Er versuchte auch HELMHOLTZ auf der
Kaninchennetzhaut zu optographieren. Leider sah man nur den weißen Hemd-
kragen (H. KRONECKER [*237b*]). KÜHNE erkannte aber früh, daß es auch ein
Sehen ohne Sehpurpur gibt. Die Zapfenerregung vermittelt die eigentlichen

Farbenempfindungen, die Stäbchenerregung die Hell- und Dunkelempfindung. Am 10. Juni 1900 starb KÜHNE im Alter von 63 Jahren. Man kann ihn unter die Begründer der *deutschen physiologischen Chemie* rechnen, da er hierüber schon 1868 ein Lehrbuch geschrieben hat. Eine große Zahl späterer Physiologen hat bei KÜHNE in Heidelberg gearbeitet, darunter sowohl Deutsche wie H. KRONECKER, A. BETHE, O. KESTNER, J. v. UEXKÜLL, als auch Ausländer wie HOLMGREN, ZWAARDEMAKER, STARLING und CHITTENDEN.

Wir wollen hier nur auf zwei KÜHNE-Schüler etwas näher eingehen, während die übrigen andernorts besprochen werden. **JAKOB JOHANN VON UEXKÜLL** (Abb. 72) (geb. 1864), ein gebürtiger Estländer, studierte in Dorpat Zoologie, war dann in den neunziger Jahren mit BETHE, COHNHEIM-KESTNER und anderen bei KÜHNE und wurde später Privatgelehrter. Seit 1925 wirkte er als Vorstand des von ihm gegründeten Instituts für Umweltforschung in Hamburg. UEXKÜLL war ein ungewöhnlich origineller Wissenschaftler, dessen Gedanken und geistvolle Versuche die allgemeine Physiologie sehr befruchtet haben. Seine Studien über die Beziehungen zwischen Umwelt, Körperbau, Struktur der Sinnesorgane und Instinkt bei den Tieren bedeuten wesentliche Bausteine einer biologischen Weltanschauung, die er in vielen Schriften (z. B. „Theoretische Biologie" Berlin 1920) eindrucksvoll entwickelte. Er starb im Jahre 1944 auf Capri im Alter von fast 80 Jahren. OTTO COHNHEIM-KESTNER, geboren 1873 in Breslau, Sohn des Pathologen JULIUS COHNHEIM, war von 1897—1912 im Heidelberger Physiologischen Institut, zunächst bei W. KÜHNE, dann bei A. KOSSEL. Einige Wochen bei PAWLOW in Petersburg und einige Monate an der zoologischen Station Neapel brachten ihm außerdem weitere Anregung. O. COHNHEIM-KESTNER wurde 1918 Begründer des Physiologischen Instituts des Krankenhauses Hamburg-Eppendorf und 1919 dort Ordinarius des Faches. Er veröffentlichte bedeutende Monographien auf dem Gebiete der Chemie der Eiweißkörper, der Physiologie der Verdauung und Ernährung und des Stoffwechsels. Der Verfasser erinnert sich mit Dank seiner hervorragenden, anregenden und von zahlreichen eindrucksvollen Experimenten belebten Vorlesungen.

Abb. 72. JAKOB JOHANN VON UEXKÜLL (1864—1944). (Nach einem Bilde aus Familienbesitz.)

Ein weiterer bedeutender BRÜCKE-Schüler war ALOIS KREIDL (1864—1928) aus Gratzen in Böhmen. Er habilitierte sich 1897 in Wien nach mehrjähriger Assistentenzeit im Physiologischen Institut bei BRÜCKE und EXNER. Im Jahre 1918 wurde er Abteilungsvorstand und Leiter des Instituts für allgemeine und vergleichende Physiologie in Wien. KREIDL war ein Meister der operativen Technik. Seine hervorragenden Untersuchungen über Zwischenhirn, Sympathikuszentrum, Vestibularapparat und Gehörssinn sind allgemein bekanntgeworden. Auch SIGMUND MAYER (1842—1910), der spätere Vorstand des Histologischen Instituts in Leipzig, hat sich (1869) bei BRÜCKE für Physiologie habilitiert. Kurz darauf ging er 1870 mit EWALD HERING nach Prag. Auch der Nachfolger BRÜCKES, der langjährige Lehrstuhlinhaber für Physiologie an der Wiener Universität, SIGMUND EXNER (geb. 1846, gest. 1926), ist aus der BRÜCKEschen Schule hervorgegangen. Er war dort schon als Student tätig. Außerdem studierte er in Heidelberg bei HELMHOLTZ (1868). 1871 wurde er Assistent bei BRÜCKE. Die sinnesphysiologischen

Interessen BRÜCKES und vor allem die physiologische Optik von HELMHOLTZ gewannen ihn ganz für die Fragen der Sinnesphysiologie und des Zentralnervensystems. Er wurde der Mitbegründer der Zeitschrift für Psychologie und Physiologie der Sinnesorgane zusammen mit AUBERT, HELMHOLTZ, HERING, KÖNIG, V. KRIES, G. E. MÜLLER, W. PREYER und STUMPF. Das Verhältnis von psychischen Erscheinungen und zentralnervösem Geschehen hat ihn immer wieder beschäftigt. Davon zeugen seine Arbeiten über Großhirnlokalisation (1881), Bahnung und Hemmung (von EXNER geprägte Begriffe), Reaktionszeit usw. Auch die physiologische Optik hat ihn zeitlebens gefesselt (Sinnestäuschungen, Bewegungssehen, Netzhautregeneration, Farbenkontrast, Facettenauge usw.). Auf akustischem Gebiet waren es vor allem Fragen der Schalleitung, die ihn zur Bearbeitung reizten. In seinem Institut haben unter anderen ARNOLD DURIG und O. V. FÜRTH gearbeitet [*122*].

Die übrigen MÜLLER-Schüler. KARL (VON) VIERORDT (1818—1884). Mit einer gewissen Berechtigung kann man auch den 1818 zu Lahr in Baden geborenen KARL VON VIERORDT als einen Schüler JOHANNES MÜLLERS bezeichnen, da er 1839/40 in Berlin bei MÜLLER hörte und stark von ihm beeinflußt wurde. Nach seinen Studien geht er zunächst in die Praxis, findet aber dank seiner militärärztlichen Stellung Zeit zu eigenen wissenschaftlichen Untersuchungen. Sein besonderes Interesse gilt der Atmung, vor allem in bezug auf die CO_2-Ausscheidung. Er berichtete u. a. darüber in WAGNERS Handwörterbuch 1846. Durch seine guten Arbeiten wird er schnell bekannt und erhält 1849 ein Extraordinariat für theoretische Medizin in Tübingen. Als im Jahre 1853, nach dem Abgang ARNOLDS, die Anatomie von der Physiologie getrennt wird, übernimmt VIERORDT die Physiologie. Er hatte auch den äußeren Erfolg, im Jahre 1868 ein neueingerichtetes Institut übernehmen zu können. Zahlreiche hervorragende Arbeiten gingen aus seinen geschickten Händen hervor. Er bereicherte die Blutphysiologie durch die Methode zur Zählung und Volumenmessung der Erythrozyten. Sein Sphygmograph, den er 1853 auf der Tübinger Naturforscherversammlung erstmalig demonstrierte, war trotz mancher Kinderkrankheiten als erstes pulsschreibendes Gerät bald allgemein verbreitet. Sein beliebter ,,Grundriß der Physiologie'' wurde in mehrere Fremdsprachen übersetzt. In den letzten Jahrzehnten waren Kreislaufströmungsgeschwindigkeit und Spektrophotometrie in der Anwendung auf Physiologie und Chemie seine Hauptinteressengebiete. VIERORDT starb 66jährig im Jahre 1884 an einem Herzleiden. Ein aus dem Nachlaß veröffentlichtes Buch über ,,Schallund Tonstärke und das Schalleitungsvermögen der Körper'' (Tübingen 1885) enthält Biographie und Bibliographie [*401*]. Sein Sohn HERMANN VON VIERORDT (geb. 1853) hat neben klinischen Fragen auch physiologische Themata behandelt (Herztöne, Körperbewegung beim Gehen). Großes Interesse brachten sowohl KARL als auch HERMANN V. VIERORDT den Fragen der Medizingeschichte entgegen. Davon zeugt u. a. das ,,Medizingeschichtliches Hilfsbuch mit besonderer Berücksichtigung der Entdeckungsgeschichte und Biographie'' (Tübingen 1916) von HERMANN VON VIERORDT.

GEORG MEISSNER (1829—1905). Unter den von MÜLLER stark beeinflußten Männern, welche zeitlebens sowohl morphologisch wie physiologisch interessiert blieben, sind vor allem der mit ADOLF FICK genau gleichaltrige GEORG MEISSNER und der Dorpater FRIEDRICH BIDDER zu nennen. GEORG MEISSNER (Abb. 73) (1829—1905) schloß sich schon als Student an der Göttinger Universität stark an RUDOLF WAGNER an und machte sogar dessen zoologische Studienreise nach Triest mit. 1853 machte er die Entdeckung der *Tastkörperchen* der Haut, die ihn mit einem Schlage bekanntmachte, aber auf Jahre mit RUDOLF WAGNER entfremdete, da dieser die Entdeckung für sich beanspruchte (G. MÜLLER [*283*]). Übrigens vergaß MEISSNER nicht, in der Widmung an WAGNER zu schreiben:

„Durch Sie erhielt Sinn und Bedeutung, was dem Schüler der Zufall entdeckte“ (H. Boruttau [*259*]). Die Reizung der Tastkörperchen denkt sich Meissner derart, daß durch Änderung des Druckgleichgewichtes (Gefälle) Nervenerregungen ausgelöst werden. Schon im Jahre 1860 wurde er nach dem Ausscheiden von Wagner dessen Nachfolger. Enge Freundschaft und Zusammenarbeit verband ihn mit dem dortigen Anatomen Jakob Henle. Von 1850—1872 erschienen viele hervorragende Arbeiten aus der Feder Meissners. Von da an bis zu seinem Tode 1905, also 30 Jahre lang, hat er von seinen Ergebnissen nichts mehr veröffentlicht, weil er durch Brücke, Kühne und vor allem du Bois-Reymond ungemein scharf angegriffen worden war (H. Boruttau [*259*]). Meissner entdeckte nicht nur die Tastkörperchen, sondern auch den Plexus myentericus internus. Jahrelang beschäftigte ihn auch die Physiologie der Eiweißkörper. Er war ein vielseitiger und bedeutender Biologe. Von seinen Schülern haben sich mehrere einen guten Namen gemacht, z. B. Otto Weiss, L. Thiry und H. Boruttau.

Georg Meissners Schüler Heinrich Boruttau (1869—1923) hat sich 1894 bei Meissner in Göttingen habilitiert und kam 1907 nach Berlin. Sein Hauptarbeitsgebiet war die Elektrodiagnostik und Elektrotherapie und die medizinische Physik im weitesten Sinne. Daneben war er besonders interessiert an der Geschichte der Physiologie, die er durch manche gute Einzelarbeit und durch eine erstmalig zusammenfassende Darstellung ihrer Gesamtentwicklung in

Abb. 73. Georg Meissner (1829—1905). (Aus H. Boruttau [*259*])

Puschmann, Neuburger und Pagels Handbuch der Geschichte der Medizin sehr gefördert hat: „Geschichte der Physiologie in ihrer Anwendung auf die Medizin bis zum Ende des 19. Jahrhunderts“ (Jena 1903). Der in Livland geborene Friedrich Heinrich Bidder (1810—1894) wurde, wie schon erwähnt (S. 116), von seiner Universität Dorpat im Jahre 1834/35 nach Deutschland geschickt, um vor allem bei Müller zu arbeiten. Schon sofort nach seiner Rückkehr wurde er an Stelle des abgelehnten Henle an seiner Heimatuniversität ao. Professor für Anatomie, später Lehrstuhlinhaber für Anatomie und Physiologie bis 1869. Bidders Name ist auf immer verbunden mit demjenigen von Carl Schmidt durch die fruchtbare Gemeinschaftsarbeit: „Die Verdauungssäfte und der Stoffwechsel, eine physiologisch-chemische Untersuchung“ (Leipzig 1852), in der u. a. die Feststellung getroffen wird, daß überschüssiges Eiweiß stets im Stoffwechsel verbrannt werde („Luxuskonsumption“). Auch seine Arbeiten mit A. W. Volkmann über die Selbständigkeit des sympathischen Nervensystems gehören zu den grundlegenden Veröffentlichungen auf dem Nervengebiete (1842). Daneben machte er weitere gute Beobachtungen mikroskopisch-anatomischer Art über die Retina, Epithelgebilde, Knochenstruktur u. dgl. Die Schilderung Bidders von seinem Aufenthalt in Deutschland und Berlin im Jahre 1834 ist reich an interessanten Details über die Arbeit im Müllerschen Institut [*36*].

Entsprechend seinen später vorwiegend morphologischen Interessen hat
JOHANNES MÜLLER eine weitere Reihe von Schülern gehabt, die in erster Linie
durch ihre anatomischen Arbeiten bekanntgeworden sind. Hier müssen wir uns
leider kurz fassen. THEODOR SCHWANN (1810–1882) und JAKOB HENLE (1809–1885)
(Abb. 74) sind lange Jahre MÜLLERs Freunde und Arbeitsgefährten gewesen.
HENLE lernte MÜLLER früh im Hause der Familie ZEILLER (s. S. 115) (FRIED-
RICH MERKEL [261]) kennen. Bald wird der begabte Student Mitarbeiter MÜL-
LERs. Nach einem glänzenden Doktorexamen begleitet er MÜLLER nach Paris.

Abb. 74. JAKOB HENLE (1809—1885).

Später in Berlin wurde HENLE ab 1834
Prosektor bei MÜLLER, mit einem Gehalt von 380 Talern im Jahre. Die
politischen Verfolgungen, denen HENLE
als Burschenschaftler in diesen Jahren
ausgesetzt war, vereitelten seine frühe
erste Berufung nach Dorpat. Seit 1837
beschäftigten ihn mikroskopisch-ana-
tomische Studien über den Bau der
Epithelien, er entdeckte unter anderem
den Achsenzylinder der Nerven. Sein
Freund THEODOR SCHWANN war in
diesen Jahren noch glücklicher. Er entdeckte 1836 das Pepsin und krönt 1839
seine anatomische Arbeit mit der berühmten Schrift: „Mikroskopische Untersuchungen über die Übereinstimmung in der Struktur und dem Wachstum der Thiere und Pflanzen", worin
der Gedanke der Zelle als des allgemeinen Grundelementes der tierischen
und pflanzlichen Anatomie zuerst klar
ausgesprochen und bewiesen wird, wenn
auch vorher schon RENÉ JOACHIM
HENRI DUTROCHET seit 1820 ähnliche
Gedanken angedeutet hatte. Für SCHWANNs große Frömmigkeit[1] spricht das in
der Geschichte der Naturwissenschaften wohl einzigartige Ereignis, daß er seine
Schrift nicht eher veröffentlichte, als bis er sich das „Imprimatur" der bischöf-
lichen Behörde geholt hatte. Im Jahre 1839 geht SCHWANN als Anatom und
Physiologe nach Löwen, im Jahre 1858 als Physiologe nach Liège. Aus diesen
Jahren stammt nur eine einzige Arbeit über die Wirkung der Galle (erste Gallenfistel) bei der Verdauung. Im Jahre 1840 verließ dann auch HENLE Berlin, um
an ARNOLDS Stelle nach Zürich zu gehen [389], wohin bald ALBERT V. KOELLIKER
[228] als Prosektor folgte. In Zürich entsteht auch HENLES bedeutendes Werk,
die „Allgemeine Anatomie", in dem die Histologie mit Erfolg auf die Zellenlehre
zurückgeführt wird. 1844 siedelte er an die Universität Heidelberg über, wo er
mit seinem Freunde PFEUFFER, dem Mitherausgeber der „Zeitschrift für rationelle Medizin", der Anziehungspunkt vieler Studenten wurde. Hier beginnt er
auch die Arbeit an seinem „Handbuch der rationellen Pathologie", welches später
in Göttingen 1855 beendet wurde. Dieses Buch ist der erste systematische Versuch
einer „pathologischen Physiologie" und hat ebensosehr zur Verbindung der Physiologie mit der Klinik wie zum Ruhm seines Verfassers beigetragen. Zur Feier

[1] M. FLORKIN [126b] hat aus einer unveröffentlichten Autobiographie SCHWANNs interessante Einzelheiten über die Wurzeln dieser auffallenden Religiosität SCHWANNs mitgeteilt.

des 50. Doktorjubiläums 1882 wurden ihm Ehrungen aller Art zuteil. Er starb 1885 an einem Sarkom im Alter von 76 Jahren.

Aus der bedeutenden Familie der Schultze stammt Max Johann Sigismund Schultze (1825—1874), der nach Studien in Greifswald und Berlin mehrere Prosektorjahre bei seinem Vater, dem schon vorn (S. 106) rühmlich hervorgehobenen Carl Aug. Sigmund Schultze (Anatom in Freiburg und Greifswald) verbrachte. Er war später Anatom in Halle und Bonn. Er gehört zu den bahnbrechenden Meistern der allgemein-anatomischen und mikroskopischen Forschung. Er ist ein Mitbegründer der Zellenlehre. Von physiologischer Bedeutung ist seine mikroskopische Beobachtung über das Vorherrschen der Zapfen in der Retina der Tagtiere und der Stäbchen in der der Nachttiere, die Einführung der sogenannten physiologischen Flüssigkeiten und auch die erste Beschreibung der Blutplättchen. Einige Jahre weilte auch Robert Remak (1815 bis 1865) an Müllers Institut, von wo er technische Anregungen und Liebe zur mikroskopischen Anatomie mit sich nahm. Von größter Bedeutung waren seine Beobachtungen über den Bau der Nervenfasern (Achsenzylinder, Remaksche Fasern, Darmnerven). Er begründete ferner die Lehre von den drei Keimblättern in der Embryologie. Zu dieser Generation gehört auch Rudolf Virchow (1821 bis 1902), der sich durch seine These ,,Omnis cellula e cellula" und die Übertragung der Zellenlehre auf die Pathologie Weltruf erwarb. Er war mit Helmholtz in Berlin auf der Pépinière, später Assistent Frorieps und dann Prosektor an der Charité. 1849 wurde er wegen seiner Beteiligung an der Revolution des Jahres 48 entlassen, aber sogleich als Ordinarius für pathologische Anatomie nach Würzburg berufen. Hier hat er seine fruchtbarsten Jahre bis 1856 zugebracht, als deren Ergebnis im Jahre 1858 seine ,,Cellularpathologie" erschien. Er war einer der Mitbegründer der berühmten physikalisch-medizinischen Gesellschaft in Würzburg, die jüngst (1950) ihr 100. Jubiläum begehen konnte. Sein ,,Archiv für pathologische Anatomie, Physiologie und für klinische Medizin" wurde der Schauplatz der neuen Entwicklung in der Pathologie der Zelle. Viele Aufsätze aus seiner Feder beschäftigen sich mit pathophysiologischen Fragen und mit der uneingeschränkt anerkannten Bedeutung der Physiologie als Grundlage von Pathologie und Klinik [406, 407]. Wenn in Virchows Hand die Zellularpathologie zur Zellularmorphologie geworden ist, so lag das daran, daß es zu seiner Zeit eine Zellularphysiologie noch nicht gab. Erst mit Max Verworn gewinnt diese Richtung in der Physiologie an Boden (Max Verworn [408]). In vielen Reden und Aufsätzen allgemeinen Inhalts hat Virchow auch zu den damals alle Welt erregenden Problemen von Mechanismus und Materialismus Stellung genommen, insbesondere, als er Objekt vieler Angriffe in dieser Richtung wurde, so z. B. durch Matth. Schleiden in seiner Schrift ,,Über den Materialismus der neuen deutschen Naturwissenschaft, sein Wesen und seine Geschichte" (Leipzig 1863). Virchows Stellungnahme zu dieser Frage ist von P. Diepgen und Edwin Rosner [102] sorgfältig untersucht worden.

An dieser Stelle soll auch Ernst Haeckel (1834—1919) erwähnt werden, der ja bekanntlich durch seinen materialistischen Monismus und die ,,Welträtsel" (1899) Naturforscher und Laien in der zweiten Jahrhunderthälfte aufs stärkste beeinflußt hat. Haeckel war ein Student von Müller und war einer von denen, die im Jahre 1858 seinen Sarg auf ihren Schultern zu Grabe trugen. Er hat Müller aufs höchste verehrt, sich jedoch wohl am weitesten von dessen philosophischer Grundhaltung entfernt. Seine hervorragenden Arbeiten (Radiolarien, Hydromedusen, Siphonophoren) hatten ihm schon in jungen Jahren einen guten wissenschaftlichen Namen verschafft. Die Untersuchungen über die Radiolarien begann er auf Anregung von Joh. Müller. Er war einer der ersten, der auf dem Kontinent

DARWINS Ideen über die Entstehung der Arten aufgriff, „biogenetisch" unterbaute und publizistisch verbreitete. (Generelle Morphologie der Organismen, Berlin 1866, Natürliche Schöpfungsgeschichte, Berlin 1868). Die Aufstellung von Stammbäumen der Lebensentstehung mit Einschluß des Menschen fand ebensoviel begeisterte Zustimmung wie heftigen sachlichen und unsachlichen Widerspruch. Insbesondere war das nach Veröffentlichung seiner allgemeinverständlichen „Welträtsel" der Fall, welche sein System der monistischen Philosophie mit stark antichristlicher Tendenz enthalten. HAECKEL hat das Begrenzte seiner Einsichten durchaus erkannt, und man wird ihm bei aller Einseitigkeit und Schwäche in der philosophischen Argumentation Ehrlichkeit und höchstes synthetisches Bemühen nicht absprechen können. MAX VERWORN, der sich selbst als HAECKEL-Schüler bezeichnet [163], hat viele Anregungen HAECKELS weiterentwickelt und seiner untadeligen Gesinnung deutlich Ausdruck gegeben.

7. Die Schule von Carl Ludwig.

(AD. FICK, JOH. VON KRIES, M. VON FREY, I. P. PAWLOW, L. LUCIANI usw.)

CARL LUDWIGS Institut in Leipzig war in den Jahren 1865—1895 der Treffpunkt und Ausbildungsort der jungen Physiologengeneration aus aller Welt. Von den Russen waren hier SETSCHENOW, PASCHUTIN und PAWLOW, von den Skandinaviern HOLMGREN, TIGERSTEDT, BOHR und HAMMARSTEN, von den Engländern BOWDITCH, GASKELL, WALLER, STIRLING, ferner LUCIANI und MOSSO aus Italien, W. H. WELCH und andere aus den Vereinigten Staaten von Amerika. Ein gleicherweise internationales Publikum hat sich wohl nur noch einmal bei BERNARD zusammengefunden (vgl. S. 165).

Wenden wir uns nun zuerst einigen bedeutenden deutschen LUDWIG-Schülern zu. Unter ihnen nimmt AD. FICK, sein erster Schüler, einen hervorragenden Rang ein. **ADOLF FICK** (Abb. 75), geboren in Kassel am 3. September 1829 als Sproß einer hochbegabten Familie, ging nach beendeter Schulzeit zum Mathematikstudium nach Marburg, wechselte aber bald zur Medizin über. Dank seiner großen mathematischen Begabung war er besonders zur Lösung gewisser Fragen, z. B. der Muskelmechanik, der physiologischen Optik usw., befähigt, die einer solchen Behandlung zugängig und bedürftig sind. Es entwickelte sich

Abb. 75. ADOLF FICK (1829—1901).
(Nach einem Bilde aus Familienbesitz.)

bald eine nähere Bekanntschaft zwischen A. FICK und dem jungen Dozenten CARL LUDWIG, der damals in Marburg bei LUDWIG FICK, bei dem ältesten Bruder ADOLFS, die Prosektorstelle innehatte. LUDWIG erkannte die Fähigkeiten des jungen FICK,

Carl Ludwig und sein Kreis.

C. Ludwig

- **C. Eckhard** — R. Müller
- **Ad. Fick**
  - R. Boehm — C. G. Santesson
  - J. Gad — H. Boruttau
  - M. G. Blix
  - J. Loeb
  - Fr. Schenk
  - A. Gürber
- **W. Kühne** — s. Müller-Schule
- **I. M. Setschenow**
  - O. Hammarsten — Iv. Bang
  - J. E. Johansson
- **Fr. Holmgren** — Hj. Öhrwall — T. L. Thunberg
- **V. Paschutin**
- **Chr. Lovén** — R. A. Tigerstedt
  - E. Lindhagen
  - C. G. Santesson
  - J. E. Johansson
  - C. Tigerstedt
  - Y. Renqvist-Reenpää
  - E. M. Widmark
- **H. Kronecker** — s. Müller-Schule
- **O. Hammarsten** — s. o.
- **G. Hüfner**
  - K. Hürthle — R. Fuchs
  - K. Bürker — L. Haberlandt
- **E. Drechsel**
  - M. Siegfried — R. Wagner
  - Ernst Fischer — E. Holzlöhner — *H. J. Trurnit*
- **L. Luciani** — S. Baglioni — E. Schütz
  - *F. Buchthal*
  - *Chr. Maltesos*
  - *K. E. Rothschuh*
  - *Eb. Lerche*
- **Ang. Mosso**
  - B. Lueken
  - I. Schmidt
- **J. v. Kries**
  - E. Mangold
  - W. Trendelenburg — H. O. Meitner
  - V. v. Weizsäcker — U. Luft
  - R. Metzner — H. Hellauer
  - E. v. Skramlik — W. Eichler
  - W. A. Nagel — H. Piper
    - *P. Hoffmann*
    - *A. Kohlrausch*
  - H. Piper
- **W. H. Welch** — Y. Renqvist-Reenpää — M. Schneider
  - *W. Noell*
  - *W. Rössel*
- **V. Horsley** — R. Metzner — K. Kramer
- **T. Lauder-Brunton** — E. Wöhlisch — W. Schoedel
- **E. A. Schaefer** — J. Bizzozero — Chr. Maltesos
- **M. v. Frey**
  - G. Kahlson
  - E. Opitz
- **Al. Schmidt** — H. Rein
  - Fr. Valdecasas
  - D. Smyth
- **Fr. Miescher**
  - H. Mercker
- **A. D. Waller** — H. Schriever
  - J. Antal
  - G. Domini
- **R. H. Chittenden**
  - H. Loeschke
- **W. Pl. Lombard**
  - J. Aschoff
  - H. Brüner
  - D. Mertens
  - H. Strughold
    - E. Opitz
    - U. Luft
    - Fr. Palme
  - P. Hoffmann — H. Rein — s. o.
- **Chr. Bohr**
  - A. Krogh — F. Buchthal
  - J. Lindhard — E. Hansen
  - K. Hasselbalch — E. H. Christensen
  - V. Henriques
- **Fr. P. Mall**
- **R. A. Tigerstedt** — s. o.
- **J. Gaule** — R. Höber
  - R. Mond — *H. Luckner*
  - H. Netter
  - F. Scheminzky
- **J. Dogiel**
- **P. H. Bowditch**
  - W. B. Cannon
  - H. Cushing
  - W. T. Porter
  - W. H. Howell
  - F. Pratt
- **W. H. Gaskell**
- **El. v. Cyon**
  - A. D. Speransky
  - G. v. Anrep
  - W. N. Boldyreff
- **I. P. Pawlow**
  - L. Popielski
  - B. P. Babkin
  - L. A. Orbeli
  - O. Cohnheim-Kestner
- **W. Stirling**
- **A. Budge**
- **M. Rubner** — s. Voit-Schule
- **O. Frank** — s. Voit-Schule
- **L. Asher** — N. Scheinfinkel
- **E. Voit** — s. Voit-Schule

Bemerkungen: Der „Stammbaum" enthält die wichtigsten Ludwig-Schüler, auch soweit sie nur vorübergehend bei ihm gearbeitet haben. Die weiteren Generationen sind hinsichtlich der deutschen Physiologen so vollständig als möglich. Die ausländischen Mitarbeiter C. Ludwigs sind in Ermangelung der erforderlichen Unterlagen durchweg ohne ihre Schüler aufgeführt. Alle Angaben entstammen Nachrufen und persönlichen Mitteilungen. Aus drucktechnischen Gründen konnte die chronologisch richtige Reihenfolge nicht immer beibehalten werden.

der allerdings zunächst mehr Neigungen zum Bummeln als zur Arbeit verriet [52]. Während seines Studienaufenthaltes in Berlin kam FICK mit JOH. MÜLLER und E. DU BOIS-REYMOND in Berührung. Es scheint, daß ihm MÜLLER zwar großen Eindruck machte, aber seinem mathematisch-physikalischen Kopf wenig Anregungen zu geben vermochte. Nach seiner Rückkehr nach Marburg — LUDWIG war zu dieser Zeit schon in Zürich — promovierte er mit einer physiologischen Arbeit „Tractatus de errore optico" und wurde dann Prosektor bei LUDWIG FICK in der Anatomie. 1852 ging er zu LUDWIG nach Zürich. Nach dem Weggang LUDWIGS erhielt J. MOLESCHOTT den physiologischen Lehrstuhl in Zürich, und FICK wurde dort zuerst Extraordinarius und dann 1862 seit der Übersiedlung MOLESCHOTTS nach Turin Ordinarius für Physiologie. In Zürich hat FICK 16 Jahre mit großem Erfolg gearbeitet. Unter anderem entwickelte er 1855 das Diffusionsgesetz, wohl maßgeblich durch LUDWIGS Untersuchungen über den Sekretionsmechanismus angeregt. Hier machte er auch mit J. WISLICENUS jenen berühmt gewordenen Versuch der Faulhornbesteigung (1865), um LIEBIGS Vorstellung zu prüfen, daß das Eiweiß die Quelle der Muskelkraft sei. FICK war auch der erste, der Gedankengänge des 2. Hauptsatzes der Thermodynamik auf ein physiologisches Problem, die Muskelkontraktion anwendete (1869), wobei ihm sicherlich sein Freund RUD. CLAUSIUS starke Anregungen gegeben hat. Durch experimentelle Bestimmung des Verhältnisses der nutzbaren, freien Energie zu der umgesetzten Gesamtenergie ermittelte er den Nutzeffekt der Muskelarbeit und fand den Wert viel zu groß, als daß eine thermodynamische Erklärung der Arbeitsweise des Muskels denkbar erschien. In Zürich entstand auch jene bedeutende Untersuchung über die Bedingungen der elektrischen Reizung, in der FICK ganz klar die Notwendigkeit

Abb 76. JACQUES LOEB (1859—1924) im Jahre 1907.

erkannte, daß für die Reizwirkung des elektrischen Stromes neben der Intensität auch eine gewisse Zeitdauer des Stromdurchflusses erforderlich sei. Medizinische Physik, Bewegungslehre, Muskelarbeit, Dioptrik und ähnliches mehr haben ihn seitdem vielfach beschäftigt. Im Jahre 1868 siedelte er nach Würzburg über und hat hier noch 31 Jahre eine fruchtbare Tätigkeit als Lehrer und Forscher entwickelt, bis er im Jahre 1899 mit 70 Jahren von seinem Amt zurücktrat. Viele weitere Einzelentdeckungen und methodische Fortschritte, die hier nicht alle genannt seien, sind in den dauernden Besitz der Physiologie übergegangen (E. WÖHLISCH [125c]). Über den Rahmen des Fachlichen hinaus hat FICK manche Schrift über philosophische und politische Fragen, über Schulbildung, Kleidung, Alkoholgenuß usw. veröffentlicht, die ein großes Verantwortungsgefühl für die Fragen des öffentlichen Lebens verraten. Am 21. August 1901 ereilte ihn ein plötzlicher Tod während eines Erholungsurlaubs in Blankenberghe (Biogr. [125a—c]).

Eine Reihe tüchtiger *Schüler* (vgl. den Stammbaum S. 152), wie Gad, Blix, Loeb, Gürber, Overton und besonders Schenk, haben von Fick wesentliche Anregungen erhalten. Neben dem späteren Pharmakologen Rudolf Boehm (1844—1926) und dem schon (S. 139) erwähnten Johannes Gad (1842—1926) hat auch **Jacques Leob** (1859—1924) (Abb. 76) einen Teil seiner Assistentenzeit bei Fick in Würzburg verbracht. Er ging von dort zu Goltz nach Straßburg und 1891 nach den USA [245a]. Dort wurde er 1900 Professor für Physiologie an der Universität Chikago, 1902 an der University of California. Loeb war neben Verworn einer der erfolgreichsten und ersten Arbeiter auf dem Gebiet der allgemeinen Physiologie. Sein besonderes Interesse auf diesem Gebiet bekundet auch die Gründung des Journal of General Physiology. Seine Untersuchungen über Heliotropismus, Entwicklungsmechanik, Tropismen, künstliche Parthogenese, Salzwirkungen und über die kolloidchemische Deutung von Lebensvorgängen, die er in zahlreichen Einzelarbeiten und vielgelesenen Monographien (Einleitung in die vergleichende Hirnphysiologie, Leipzig 1899, Die Eiweißkörper, Berlin 1924) veröffentlichte, sind für die Entwicklung der allgemeinen Physiologie bahnbrechend gewesen (Osterhout [245c]). Im Jahre 1890 siedelte der bisherige Assistent und Dozent Friedrich Schenck von Pflüger in Bonn zu Fick nach Würzburg über. Dort ist er 11 Jahre geblieben und trat in dieser Zeit zu Fick in ein lebenslänglich anhaltendes Verhältnis größter fachlicher und persönlicher Verehrung, wie es sich in vielen Veröffentlichungen Schencks, manchmal mehr als üblich, ausspricht [348]. Schenck, der 1862 in Siegen geboren wurde, verbrachte den größten Teil seiner Studienjahre (seit 1883) in Bonn. Seit 1887 war Schenck Assistent Pflügers und habilitierte sich bei ihm schon 1889 mit einer Schrift über Harnstoffsynthese im tierischen Organismus. Es folgen Untersuchungen über das Verhalten des Traubenzuckers im Blut. Im Jahre 1890 ging Schenck an das Würzburger Institut über, wohl aus dem Wunsch nach freierer Entfaltung seiner wissenschaftlichen Persönlichkeit. Das war bei Pflüger kaum möglich, denn dieser war nun einmal kein bequemer Herr, denn er verlangte eine restlose Hingabe an die geistige Führung des Institutsleiters. „Jede eigene, geistige Regung seiner Schüler betrachtete er als eine Auflehnung gegen seine Autorität und wies sie in oft schroffer Form zurück" (A. Gürber [348]). Bei Fick ging Schenck zu muskelphysiologischen Arbeiten über, wobei er gleicherweise Pflügersche und Ficksche Anregungen und Auffassungen verfolgte. 1901 folgte Schenck einem Ruf als Nachfolger Kossels nach Marburg. Dort hat er bis zu seinem Tode im Jahre 1914 als allgemein beliebter Lehrer und Forscher erfolgreich gewirkt. Schließlich sei aus dem Kreise der Fick-Schüler noch Ernst Overton (geb. 1865) genannt, der sich durch seine Untersuchungen über Salzwirkungen auf den Muskel und später mit seiner Lipoidtheorie der Narkose frühzeitig einen guten Namen gemacht hat.

Noch in Ludwigs Marburger Zeit wurde Conrad Eckhard (1822—1905), von dem vorn schon die Rede war, Ludwigs Mitarbeiter. Der Einfluß Ludwigs ist gerade bei Eckhard deutlich spürbar. Von W. Kühne war auch schon die Rede (S. 143). Er gehörte zu den vielen interessierten jungen Leuten, die sich in Wien um Brücke und Ludwig zusammenfanden. Damals gehörte auch Iwan Michailowitsch Setschenow (1829—1905) zu diesem Kreise, wohl der erste Russe, der sich in Deutschland bzw. Österreich seine physiologische Ausbildung holte. Er war bei Brücke, Ludwig und bei Rollett in Graz. Sein Hauptarbeitsgebiet war die Physiologie der Reflexe und des Zentralnervensystems. (Physiologische Studien über die Hemmungsmechanismen für die Reflextätigkeit des Rückenmarks im Gehirn des Frosches. Berlin 1863.) Zusammen mit Viktor Paschutin (1845—1901), ebenfalls einem Russen, der bei Ludwig arbeitete, veröffentlichte Setschenow ferner „Neue Versuche am Hirn und Rückenmark des Frosches", außerdem schrieb er später in russischer Sprache ein Lehrbuch der Physiologie. Von dem bedeutendsten russischen Ludwig-Schüler, von I. P. Pawlow, wird noch später ausführlich die Rede sein.

Als Ludwig gerade 2 Jahre die Leitung der Leipziger physiologischen Anstalt innehatte, kam zu ihm **Hugo Kronecker** (Abb. 77), ein gebürtiger Liegnitzer (geb. 27. Januar 1839), der besonders günstige Voraussetzungen für die Tätigkeit bei Ludwig mitbrachte. Schon in den Gymnasialjahren zeigte sich seine gute mathematisch-naturwissenschaftliche Begabung. Nach Studien in Berlin, Heidelberg und Pisa promovierte er 1863 in Berlin. Während der Heidelberger Zeit arbeitete er bereits als Student bei Helmholtz und Wilhelm Wundt (1832—1920), der bis 1874 Physiologe in Heidelberg, dann als be-

deutender Psychologe in Zürich gewirkt hat. 1868 geht H. Kronecker nach
Leipzig. Dort habilitiert er sich 1872 mit einer Schrift „Über die Ermüdung und
Erholung quergestreifter Muskeln", wurde 1875 ao. Professor und blieb im Leipziger Institut bis 1878, also im ganzen 10 Jahre. Dann wurde er Abteilungsvor-
steher am Berliner Institut unter du Bois. Aber schon im Jahre 1885 übernahm
er den Lehrstuhl der Physiologie in Bern, den vorher Valentin, Luchsinger und
Grützner innegehabt hatten. Es gelang ihm bald, den Neubau eines physiologischen Institutes durchzusetzen. Dieses Haus erhielt auf seinen Vorschlag den
Namen „Hallerianum" zur Erinnerung an den bedeutenden Physiologen Albrecht von Haller, den großen Sohn der Stadt Bern. Bis zu seinem Tode im
75. Jahre hat H. Kronecker dem Hallerianum vorgestanden und regelmäßig
seine Vorlesungen gehalten, bis er am 6. Juni 1914 einem Schlaganfall erlag. Die
Jahre, die Kronecker in Leipzig verbrachte, waren nicht nur reich an produk-

Abb. 77. Hugo Kronecker (1839—1914).
(Aus Garrison.)

tivem Schaffen, sondern auch eine Periode
fruchtbarster und anregendster Gemeinschaft
mit den vielen ausländischen Mitarbeitern,
die für einige Jahre oder Monate in das berühmte Laboratorium Ludwigs in die Waisen-
hausstraße kamen. Kronecker, der fließend
französisch, englisch und italienisch sprach,
hat durch sein liebenswürdiges Naturell und
seine Hilfsbereitschaft und Anregungen einen
wesentlichen Teil an dem Entstehen jener
internationalen Physiologenbrüderschaft beigetragen, die sich damals in Leipzig zusammen-
fand. So verband ihn lebenslängliche Freundschaft mit Schwalbe, Hüfner, Gaule,
von Kries, Bowditch, Heger, Holmgren,
Gaskell, Tigerstedt usw. Diese internationalen Verbindungen wurden auch später in
Bern bewußt und erfolgreich gepflegt. Hier im
Hause Kroneckers in Bern wurde im kleinen
Kreise im September 1888 die Abhaltung eines
internationalen Physiologenkongresses beschlos-
sen. Der erste derartige Kongreß mit 124 Teilnehmern fand dann in Basel unter dem
Vorsitz von F. Holmgren im Institut von Miescher im September 1889 statt. Kronecker wurde ferner 1906 zum Präsidenten des „Institut Marey" in Paris gewählt,
welches der Kontrolle und Entwicklung physiologischer Methoden gewidmet ist
und mit dessen Begründer, dem geschickten Experimentator und Methodiker
Marey (s. S. 167), Kronecker durch eine langjährige Freundschaft verbunden
war. Auch an der Gründung der internationalen Station auf dem Monte Rosa zur
Erforschung der Lebensbedingungen in großen Höhen hat Kronecker bedeutenden persönlichen Anteil. Dort hat er selbst manche Untersuchungen über die
Ursachen der Bergkrankheit durchgeführt. Überhaupt hat Kronecker mit seinen
Schülern Fragen aus fast allen Gebieten der Physiologie bearbeitet (Gefäßnerven-
zentren, Herzgifte, Reizbarkeit und Leistungsfähigkeit des Herzens, Muskelbewegung, Reflexe usw.). Sein methodisches und experimentelles Erfindungstalent
hat die Physiologie um viele gute Anordnungen und Hilfsmittel bereichert. Von
ihm stammt z. B. die seinerzeit vielverbreitete Eichung der Induktorien nach
Kronecker-Einheiten, ferner das heute noch beliebte Herzmanometer.

Noch in der Berliner Zeit arbeitete in der Kroneckerschen Abteilung Samuel James
Meltzer (1851—1920), ein gebürtiger Kurländer, der nach entbehrungsreichen Jahren des

Studiums in Berlin nach USA auswanderte. Dort arbeitete er bei W. H. Welch in New York und J. G. Curtis am Physiologischen Institut der Columbia-University. Im Jahre 1907 wurde er Abteilungsvorstand für Physiologie und Pharmakologie am Rockefeller-Institut. Die „Kronecker-Meltzersche Theorie des Schluckens" zeugt von der Zusammenarbeit beider Männer in der Berliner Zeit. Später in Bern wurde **LEON ASHER** [5b] Kroneckers Schüler. Er wurde 1865 in Leipzig geboren, studierte auch dort und verbrachte einen Teil seiner Assistentenjahre bei Carl Ludwig, als einer seiner letzten unmittelbaren Schüler. Nach einer weiteren Ausbildungszeit bei Kühne in Heidelberg kam Asher 1894 nach Bern zu Kronecker, wo er sich schon im folgenden Jahre habilitierte. Als Kronecker 1914 starb, wurde der Lehrstuhl gar nicht zur Bewerbung ausgeschrieben, sondern auf einstimmigen Antrag Leon Asher übertragen, der ihn bis 1936 bekleidet hat. Asher gehört noch zu den Männern jener Generation, die das Gesamtgebiet der Physiologie überschauten und fast alle Zweige dieses Fachs mit eigenen Arbeiten bereicherten. Er ist der Mitbegründer der „*Ergebnisse der Physiologie*", deren Herausgabe er 41 Jahre lang bis zu seinem Tode im Jahre 1943 zusammen mit Spiro geleitet hat. Asher war ein vielseitiger, einfallsreicher Methodiker. Schon seine ersten Arbeiten über die Lymphbildung haben seinem Namen internationale Geltung verschafft. Die Physiologie der Drüsenabsonderung hat ihn zeitlebens beschäftigt, ebenso die Sinnesphysiologie, besonders das Gebiet der physiologischen Optik. „Die Wissenschaft verliert in ihm einen der letzten Repräsentanten der großen klassischen Tradition der Physiologie und einen Förderer ihrer Entwicklung auf allen Gebieten", so schrieb sein Nachfolger A. v. Muralt in seinem Nachruf auf Leon Asher [5b].

Ludwigs großes Interesse an *chemischen Fragestellungen* führte dazu, daß er stets irgendeinen chemisch besonders vorgebildeten Mann zur Durchführung physiologisch-chemischer Untersuchungen an sein Institut berief. Unter ihnen seien Gustav Hüfner (1840 bis 1908) und Edmund Drechsel (1843–1897) herausgehoben. Hüfner, ein gebürtiger Thüringer, hatte sich bei Bunsen eine beson-

Abb. 78. Edmund Drechsel (1843—1897). (Überlassen von Prof. J. Abelin, Bern.)

dere Ausbildung in den Methoden der Chemie und der physikalischen Chemie erworben und wurde schon bald nach seiner Promotion (1866) von Ludwig zum Leiter der physiologisch-chemischen Abteilung seines Institutes berufen. Im Jahre 1872 wurde er mit 32 Jahren Nachfolger von Hoppe-Seyler in Tübingen und 1886 Leiter des dortigen selbständigen physiologisch-chemischen Institutes. Hüfners Lebenswerk war vornehmlich der Aufklärung des Hämoglobins und seiner Verbindungen mit O_2 und CO_2 gewidmet [207]. Hier sind ihm sehr wesentliche neue Erkenntnisse gelungen. Von seinen Schülern hat Karl Bürker [70] (geb. 10. 8. 1872 zu Zweibrücken) u. a. in ganz besonderem Umfang die Physiologie des Blutes gefördert. Der Nachfolger Hüfners bei Ludwig war **Edmund Drechsel** (Abb. 78), ein gebürtiger Leipziger, der nach mehrjähriger chemischer Ausbildung bei Erdmann und Kolbe im Jahre 1872 in Ludwigs Institut zur Leitung der physiologisch-chemischen Abteilung berufen wurde. Dort ist er 20 Jahre geblieben und hat einen bestimmenden Einfluß auf die Entwicklung der physiologischen Chemie ausgeübt. Später erhielt er den Lehrstuhl für medizinische und physiologische Chemie in Bern, dann den dortigen pharmakologischen Lehrstuhl. Er war ein hervorragender Analytiker und Methodiker. Bei LUDWIG klärte er die Bildung des Harnstoffes im Organismus, beschäftigte sich mit Elektrolyse und Elektrosynthese, mit dem Abbau der Fette, mit der Gewinnung kristallisierter Eiweißverbindungen (Entdeckung des Lysins u. a. m.). Er starb an einem Schlaganfall im September 1897.

Von den deutschen Schülern LUDWIGS, die später physiologische Ordinariate bekleidet haben, wären jetzt noch vor allem vier zu nennen, nämlich MAX VON FREY, MAX RUBNER, JOHANNES VON KRIES und OTTO FRANK. Von ihnen wurde v. KRIES schon vorn besprochen, während O. FRANK und RUBNER später besonders gewürdigt werden. MAX VON FREY (Abb. 79) wurde am 16. November 1852 in Salzburg geboren. Schon während seiner Studienjahre kam er in Leipzig in nähere Berührung mit der Physiologie und dem LUDWIGschen Laboratorium. Schon als Student gelingt ihm die Lösung einer von LUDWIG vorgeschlagenen wichtigen Fragestellung, nämlich ob Vasokonstriktion und Vasodilatation antagonistische Wirkungen am gleichen Substrat sind oder unabhängig voneinander verlaufen. Die geglückte Entscheidung – im zweiten Sinne – war ein großer Wurf (1874) und bestimmte die Neigung für seinen späteren Lebensweg in der Physiologie. Nach eingeschaltetem Spezialstudium der Physik und Mathematik und abgeschlossener medizinischer Ausbildung kehrt VON FREY 1880 in das LUDWIGsche Laboratorium zurück, wo er sich bald habilitierte. 17 Jahre ist FREY im Leipziger Institut geblieben bis zum Tode LUDWIGs im Jahre 1895 und dann noch 2 Jahre unter dessen Nachfolger EWALD HERING. Nach Temperament und Geistesrichtung harmonierte v. FREY nur wenig mit der Wesensart LUDWIGS, so daß seine Assistentenzeit nicht immer leicht gewesen sein mag (P. HOFFMANN

Abb. 79. MAX VON FREY (1852—1932.)
(Nach einem Bilde aus Familienbesitz.)

[137c]. FREY war bedächtiger, weniger impulsiv und vorsichtiger als sein Leipziger Meister. Ein bedeutendes Werk war seine Arbeit aus dem Jahre 1880 über die chemischen Vorgänge bei der Tätigkeit des isolierten Warmblütermuskels, welche höchste methodische Anforderungen stellte. Sie führte zu dem bemerkenswerten Ergebnis, daß der Muskel die Hauptmenge des O_2 nicht während der Arbeit, sondern während der Erholung verbraucht. Er brachte das in Zusammenhang mit der Bildung von Milchsäure und hat damit Gesichtspunkte in die Lehre vom Muskelchemismus gebracht, die erst viel später voll verstanden werden konnten. 1897 siedelte FREY als o. Professor nach Zürich über, blieb aber hier nur kurze Zeit, denn schon im Jahre 1899 übernahm er als Nachfolger FICKS die Leitung des Würzburger Institutes. Dort hat er bis in sein hohes Alter mit ungebrochener geistiger Kraft und Produktivität als Lehrer und Forscher gewirkt. Er starb am 25. Januar 1932 im Alter von 80 Jahren. Drei große Arbeitsgebiete haben ihn vor-

nehmlich beschäftigt. Von der Muskelphysiologie war schon die Rede. Eine ganz besondere Leistung waren seine Untersuchungen über die Pulsregistrierung. Hier beschäftigt er sich schon vor O. FRANK sehr eingehend mit der Kritik und den Anforderungen an Registriersysteme für Kreislaufuntersuchungen (Untersuchung des Pulses 1891). Sein Hauptarbeitsgebiet in Würzburg wurde die Physiologie der Hautsinne. Hier war es sein besonderes Bestreben, genaue quantitative Reizverfahren auszubilden, die einzelnen Sinnesqualitäten scharf zu trennen, Reiz- und Unterschiedsschwellen zu bestimmen, die spezifischen Rezeptoren zu finden und ihre Verteilung zu prüfen. Darin hat VON FREY eine unbestrittene Meisterschaft erreicht, die ihm den Ruf eines autoritativen Kenners auf diesem Gebiete einbrachte. Eine große Zahl sinnreicher Apparate wurde von ihm erfunden und in den Dienst dieser Untersuchungen gestellt. Die hohe Gestalt VON FREYs, seine persönliche Herzlichkeit und Liebenswürdigkeit, seine exakte Arbeitsweise sind seinen vielen Schülern eine unvergeßliche Erinnerung (vgl. P. HOFFMANN, H. REIN [*137a—c*]).

Zur *Schule* von v. FREY rechnen sich viele, die heute noch physiologische Lehrstühle Deutschlands innehaben oder innehatten, darunter PAUL HOFFMANN, HERMANN REIN, HANS SCHRIEVER, EDGAR WÖHLISCH und HUBERTUS STRUGHOLD; dazu kommen zahlreiche andere, welche kürzere Zeit bei v. FREY gearbeitet haben und z. T. in anderen Fächern einen bedeutenden Namen erworben haben, wie R. METZNER, URANO, FAHR, E. OVERTON und FR. SCHELLONG.

Ausländer als Gäste im LUDWIGschen Laboratorium. Es wurde schon erwähnt, daß sich im Laboratorium von LUDWIG in den Jahren zwischen 1865 und 1895 die ganze Welt ein Stelldichein gibt. Wir finden von den *Skandinaviern* FR. HOLMGREN (1831—1897) und CHR. LOVÉN (1835—1904) aus Schweden, ferner CHR. BOHR (1855—1911) aus Dänemark, der die Anregungen für seine späteren Blutgasanalysen aus dem Leipziger Laboratorium mitnahm, dann ROB. TIGERSTEDT (1853—1923) aus Finnland und O. HAMMARSTEN (1841—1932) aus Schweden, der 1871 ein halbes Jahr bei LUDWIG tätig war. Von den *Italienern* arbeitete L. LUCIANI (1840—1919) in den Jahren 1872/73 bei LUDWIG, etwas später auch ANG. MOSSO (1846—1910). Von den *Russen* wurde LUDWIGs alter Freund I. M. SETSCHENOW schon erwähnt. Später war es neben V. PASCHUTIN vor allem I. PETR. PAWLOW (1849—1936), der 1885/86 bei LUDWIG und außerdem 1877 und 1884/85 bei HEIDENHAIN in Breslau arbeitete. Die *Engländer* und *Amerikaner* waren durch eine ganze Reihe von Männern vertreten, welche später in der angelsächsischen Physiologie zu höchstem Ansehen gelangten, wie W. H. GASKELL (1847 bis 1914), Sir V. HORSLEY (1857—1916), Sir TH. LAUDER-BRUNTON (1844—1916), W. STIRLING (1851—1932), H. P. BOWDITCH (1840—1911), E. A. SCHAEFER (1850 bis 1935) und L. C. WOOLDRIDGE (gest. 1889). An die Namen eines SETSCHENOW und PAWLOW knüpft sich ein guter Teil der Entwicklung, die die Physiologie seitdem in *Rußland* genommen hat. Viele junge russische Gelehrte waren außer bei LUDWIG in Deutschland auch bei BRÜCKE in Wien, bei ROLLETT in Graz und später bei EWALD HERING, so daß die Wirkung der deutsch-österreichischen Physiologie auf die russische bis weit in das 20. Jahrhundert hineinreicht. Das mag rechtfertigen, daß wir hier Leben und Wirken von PAWLOW und die Entwicklung seiner Schule einschalten. IWAN MICHAILOWITSCH SETSCHENOW (1829—1905) war einer der ersten, der an die Traditionen der mitteleuropäischen Physiologie anknüpfte. Seine Schriften, besonders seine „Reflexe des Großhirns" haben die Interessenrichtung seines 20 Jahre jüngeren Landsmannes PAWLOW mitbestimmt. **IWAN PETROWITSCH PAWLOW** (Abb. 80) wurde am 14. Sept. 1849 in Riazan, etwa 200 km von Moskau entfernt, als Sohn eines Priesters geboren. Im Jahre 1870, mit 21 Jahren, geht er zum Studium der Naturwissenschaften nach Petersburg, 5 Jahre später beschließt er diese Ausbildung, ergänzt sie aber noch auf der militärärztlichen Akademie durch medizinische Studien und beendet den Lehrgang 1879 unter Zuerkennung einer goldenen Medaille. 1877 ist er erstmalig für kurze Zeit bei HEIDENHAIN in Breslau und eignet sich dort die operative Technik der Pankreasfistel an. Seit 1878 arbeitet er als physiologisch-experimenteller Assistent in einem winzigen Laboratorium von BOTKIN, das in einem Anbau der Klinik auf der Wyborger Seite untergebracht war. Er unterbricht diese Tätigkeit 1884—1886 auf 2 Jahre, um bei LUDWIG in Leipzig und noch einmal bei HEIDENHAIN in Breslau die Hilfsmittel der experimentellen Technik und Methodik kennenzulernen. Nach seiner Rückkehr wurde PAWLOW

wieder Assistent bei BOTKIN und blieb auch nach seiner Promotion und Habilitation (1884) noch bis 1890 bei ihm. In diese Jahre fallen vor allem seine erfolgreichen Arbeiten mit der Speichel-, Magen- nnd Pankreasfistel. Im Jahre 1890 wird ihm der Lehrstuhl für Pharmakologie in Tomsk (Sibirien) übertragen, doch ruft man ihn sehr bald wieder in die gleiche Stellung an die Petersburger militärärztliche Akademie zurück. 1896 wird er ebendort o. Professor der Physiologie. Diese Stellung hat er bis 1924 innegehabt. Bis zu seinem Tode, am 27. Februar 1936, war sein Leben von unermüdlichem Schaffen erfüllt. Noch 4 Tage vor seinem Tode, im Alter von 86 Jahren, überreichte er der Psychiatrischen Gesellschaft in Leningrad eine Arbeit über bedingte Reflexe.

PAWLOW war von unerhörtem Fleiß und Arbeitseifer. Er schonte weder sich noch seine Assistenten. Auf sein Äußeres legte er wenig Wert: „Sommers eine rohseidene Jacke und baumwollene Hosen, die in den Knien ausgebeult sind, das helle Hemd von einer Seidenschnur zusammengehalten, winters ein warmes Kamisol, auf den Schuhen häufig keine

Abb. 80. IWAN PETROWITSCH PAWLOW (1849—1936). (Aus der Würzburger Bildersammlung von Prof. E. WÖHLISCH.)

Überschuhe, ein Herbstmantel und eine im Nacken zusammengebundene finnische Pelzmütze" (ALEX. POPOWSKI [319]). Zu den Vorlesungen und zu Verabredungen erschien er auf die Minute genau. In der zehnjährigen gemeinsamen Tätigkeit an der militärärztlichen Akademie, so berichtet W. N. BOLDYREFF [309], hat er nur eine einzige Stunde wegen Krankheit versäumt. Gegen Nachlässigkeit war er unerbittlich, er konnte leidenschaftlich und jähzornig aufbrausen. Andererseits war seine Geduld in der Wiederholung der Versuche unbegrenzt, manches Experiment wurde hundertmal wiederholt. Dabei half ihm allerdings ein großer Kreis von Mitarbeitern Er hatte schließlich etwa 50 Assistenten zu seiner Verfügung, dazu eines der besteingerichteten physiologischen Laboratorien der Welt.

Im Jahre 1904 erhielt er als erster Physiologe den Nobelpreis, und zwar für seine Arbeiten auf dem Gebiete der Verdauungsphysiologie. Von den Ergebnissen dieser Arbeitsrichtung seien nur die Entdeckung des Innervationsmechanismus des Pankreas (1878), des Vaguseinflusses auf die Magensekretion (1890) und die Technik des innervierten kleinen Magenblindsackes in Anlehnung an HEIDENHAIN erwähnt. Seit etwa 1890 interessierten PAWLOW die bei dem Studium der Verdauungssekretion häufig auftretenden Begleitumstände, welche die Absonderung des Speichels hemmen oder fördern. So kam er auf das Gebiet, auf dem er wiederum einmalige Leistungen vollbracht hat, auf die Beziehungen zwischen Gehirnrinde und den unwillkürlichen sekretorischen Leistungen der Speicheldrüsen, des Magens und der anderen Verdauungsdrüsen. Er wies nach, daß sich zwischen bestimmten Umweltreizen (Tönen, Farben u. dgl.) und den Drüsenabsonderungen feste, aber temporäre Verbindungen einstellen, wenn der betreffende Reiz nur oft genug mit dem unbedingten Futterreiz zur Einwirkung gelangt. Das nannte er die „*bedingten Reflexe*".

„Der Name ist nicht sehr glücklich", so spottete CHOLODKOWSKI, „‚die bedingten Reflexe' ähneln sehr der Rose von Jericho. Sie sind keine Rosen und nicht aus Jericho." PAWLOW wies auch durch operative Entfernung bestimmter Hirnrindenteile nach, daß die bedingten Reaktionen über die Rinde verlaufen. Es gelang ihm weiterhin, mit dieser Methode die Leistungsfähigkeit der einzelnen Sinnesorgane bei Hunden und anderen Tieren genau festzulegen, z. B. die Hörgrenzen, das Unterscheidungsvermögen für Farben und Tonhöhen; denn es zeigte sich, daß die auf ein bestimmtes Signal eingespielten Tiere auf meßbare kleine Abweichungen der Tonhöhe oder des Rhythmus nicht reagierten. Sein Ziel war es also, die Gehirnfunktionen ohne jede Psychologie allein mit Hilfe physiologischer Methoden zu analysieren. In der Auswahl solcher Methoden war seine Erfindungsgabe unbegrenzt. Er baute im Jahre 1910 seinen berühmten „Turm des Schweigens", ein Haus, in welchem alle störenden unbeabsichtigten Reize der Außenwelt, Geräusche, Erschütterungen, Gerüche u. dgl. von den im Versuch befindlichen Tieren ferngehalten werden konnten. In den letzten Jahrzehnten analysierte er auf gleiche Weise den Mechanismus des Schlafes, die Reaktion beim Wettstreit zwischen verschiedenen Instinkten, wie Wächterinstinkt und Nahrungsinstinkt, ferner die Beziehung solcher zentralen Mechanismen zur Entstehung der Neurosen usw. Es ist nicht verwunderlich, daß dieses Bestreben, in die „Mechanik" des Seelenlebens Einblick zu gewinnen, von vielen Seiten von vornherein als Materialismus abgelehnt wurde. Und wenn auch über die Interpretation Meinungsverschiedenheiten bestehen können, die Versuchsergebnisse bleiben.

Aus der großen Zahl von Mitarbeitern an diesen Problemen seien die folgenden genannt, von denen einige weit über Rußland hinaus internationale Anerkennung errangen oder sogar im Ausland physiologische Lehrstühle bekommen haben, TOLOCHINOFF, BABKIN, BOLDYREFF, N. P. TICHOMIROW, G. P. ZELENY, ORBELI, NIKIFOROVSKY, TZITOVICH, ZAVADSKY, ROJANSKY, KRASNOGORSKY, VOLBORTH, ANREP, VOSSKRESSENSKY, FURSIKOFF, PODKAPAEFF, RASENKOFF, KOUPALOV, FROLOV, A. D. SPERANSKY, KREPS, PETROVA, ROSENTHAL, RICKMANN u. a.

Sowohl im zaristischen wie im sozialistischen Rußland hat PAWLOW hohe Anerkennung und Unterstützung gefunden. Die Ergebnisse seiner Forschungen hat er außer in einzelnen Arbeiten in einer Reihe von Büchern niedergelegt, die meist in mehreren Sprachen erschienen sind. Die Arbeitsrichtung PAWLOWS wird auch in unseren Tagen in der Sowjetunion weiterhin sehr gepflegt.

Im Jahre 1843 wurde in Telsch im Gouvernement Kowno ELIAS VON CYON geboren. Nach Studien in Warschau, Kiew und Berlin wurde er Dozent für Anatomie und Physiologie in Petersburg. 1872 erhielt er eine ordentliche Professur an der medizinischen Akademie der gleichen Stadt. Er verließ Rußland wegen unangenehmer politischer Aufträge und begab sich 1877 nach Paris, wo er sich als ELIE DE CYON naturalisieren ließ. CYON war ein geschickter Methodiker und fruchtbarer Schriftsteller (Elektrotherapie, Methodik, Funktion der Bogengänge). Mit C. LUDWIG zusammen entdeckte er 1866 die Funktion des N. depressor vagi. Bei seinen Labyrinthoperationen entdeckte er den labyrinthären Nystagmus.

Ebenso wie in die russische ist auch in die *italienische Physiologie* aus der LUDWIG-Schule neue Kraft und Anregung hineingeströmt (vgl. S. BAGLIONI [*247*]). Die hervorragende Tradition der italienischen physiologischen und medizinischen Forschung, die sich an die Namen GALVANI, SPALLANZANI, FONTANA, ROLANDO

und Panizza u. a. knüpft, war, wenn man von C. Matteucci absieht, vorübergehend abgerissen. Erst etwa von der Jahrhundertmitte tritt eine Wiederbelebung der italienischen Physiologie ein. Fast alle ihre Vertreter, die jetzt wieder
von sich reden machen, wie J. Moleschott, C. Matteucci, M. Schiff, Ang.
Mosso, Albertoni und vor allem Luigi Luciani, sind in den deutschen physiologischen Instituten in die Lehre gegangen. Unter ihnen nehmen Luigi Luciani
und Angelo Mosso eine hervorragende Stellung ein, beide sind Schüler von
C. Ludwig. Luigi Luciani (Abb. 81) wurde am 23. Nov. 1840 in Ascoli Piceno
geboren, studierte 1862—1868 in Bologna und Neapel, und wurde 1868 Assistent

Abb. 81. Luigi Luciani (1840—1919). (Aus: Ric. di Fisiol.
e Scienze affini dedicate al Prof. L. Luciani... Milano 1900.
Überlassen aus dem Archiv der Ciba-Z.)

am Physiologischen Institut von
Bologna unter Vella. Vom März
1872 bis November 1873 war er in
Ludwigs Laboratorium in Leipzig.
„Dieser Aufenthalt bedeutet die
wichtigste Epoche meines wissenschaftlichen Lebens, weil sie mir
tiefe und unauslöschliche Eindrücke
hinterlassen hat. Aus einem Gefühl
der Dankbarkeit und der Gerechtig-
keit, welches niemals erlöschen wird,
erkenne ich in Ludwig meinen eigentlichen Lehrer“ (aus der unveröffentlichten Autobiographie). Luciani
hatte in einer frühen Arbeit aus
Bologna die damals kühne Behaup-
tung der „aktiven Diastole“ aufgestellt (1871). In Leipzig entdeckte
und analysierte er die nach ihm benannten Lucianischen Perioden am
Froschherzen (1873), die er später
auch mit der periodischen Cheyne-
Stokesschen Atmung in Beziehung
brachte. 1875 war Luciani Professor
für Allgemeine Pathologie in Parma,
vierzigjährig wurde er Professor der
Physiologie in Siena, lehrte dann 1882—1893 in Florenz, und von 1893—1914
wirkte er als Nachfolger Moleschotts an der Sapienza in Rom. Dort starb er
als Emeritus im Juni 1919 im Alter von 79 Jahren. Zwei Hauptgebiete hat Luciani
durch glänzende Untersuchungen gefördert und monographisch bearbeitet, die
Physiologie des Hungers, ausgeführt am Hungerkünstler Succi (1889), und diejenige über die Physiologie des Kleinhirns (1891). Seine operativen Eingriffe am
Kleinhirn von Hunden und Affen waren die ersten gelungenen Exstirpationen
an diesen höheren Tieren. Ein großer Erfolg war ferner seine fünfbändige Physiologie des Menschen, die auch ins Spanische, Deutsche und Englische übersetzt
wurde. „Sowohl in den Experimentaluntersuchungen wie im Unterricht wurde
er von dem Grundgedanken beherrscht, die Mediziner dahin zu lenken, physiologisch zu denken, überzeugt von der Einheit der medizinischen Wissenschaft
im allgemeinen und der Unzertrennlichkeit der Physiologie von der Pathologie
im besonderen“ (S. Baglioni [247]).

Angelo Mosso (Abb. 82) war zu seiner Zeit über den engeren Kreis der Fach-
genossen hinaus durch eine ganze Reihe allgemeinverständlicher physiologischer
Schriften wohlbekannt. Ich nenne von vielen nur die „Ermüdung“ (Leipzig 1892)

und ,,Die Furcht" (Leipzig 1899). Von den italienischen Ausgaben erschienen Übersetzungen in vielen Kultursprachen. Mosso wurde am 31. Mai 1846 in Turin geboren. Nach seinen Studienjahren in der Heimat bei Moleschott und M. Schiff vervollständigte er seine Ausbildung in den Laboratorien von Claude Bernard, Marey und Chauveau sowie bei Ludwig in Leipzig, der den entscheidenden Einfluß auf seine Lebensarbeit gewann. ,,Man konnte kaum in eindringlicherer Form einen Eindruck von der gewaltigen Wirkung dieses Forschers gewinnen, als wenn man Mosso veranlaßte, in den Erinnerungen an seine Leipziger Tage zu verweilen" (N. Zuntz [*279*]). Seit 1879 finden wir Mosso als Nachfolger von Moleschott und Leiter des Physiologischen Instituts in Turin. Von hier ist mancher gute methodische Gedanke ausgegangen (Mossos Ergograph, Plethysmograph, Myotonometer). Auf Grund der Initiative von Mosso wurde auf der Südseite des Monte Rosa auf dem Colle d'Olen ein Laboratorium zur Erforschung der Wirkungen des Hochgebirges auf den Menschen erbaut, ein Gebiet, für das sich Mosso besonders interessierte (,,Der Mensch in den Hochalpen", deutsch Leipzig 1899). Auch ist die Physiologie der Leibesübungen erstmalig von Mosso systematisch in die Forschung einbezogen worden. Seine Versuche über Hirndurchblutung, ferner über die Giftigkeit des Aalblutes für Säugetiere bei parenteraler Zufuhr dieses artfremden Eiweißes u. a. wurden wegweisend auf diesen Gebieten. Mosso ist im Jahre 1910 gestorben. Eine große Zahl von tüchtigen Mitarbeitern ist aus seinem Institut hervorgegangen. — Von den übrigen italienischen Physiologen seien noch zwei erwähnt, die im gleichen Jahre geboren und jüngst verstorben sind: Filippo Bottazzi (1867–1941) und Frédéric Batelli (1867–1941). Die Untersuchungen von Bottazzi [*61*] betreffen vor allem die Milzfunktion, Osmose, K-Freisetzung bei Vagusreizung, Doppelfunktion des Muskels. Er hat auch mit besonderer Liebe die Bedeutung von Leonardo da Vinci für die Physiologie untersucht [*59*]. Frédéric Batelli [*14*], ein Schüler von Moritz Schiff und J. L. Prévost in Genf, wurde 1913 der Nachfolger Prévosts d. J. am gleichen Ort. Sein Interesse galt besonders physiologisch-chemischen Problemen.

Abb. 82. Angelo Mosso (1846—1910). (Aus: Zuntz-Loewy, Höhenklima und Bergwanderungen, 1906.)

8. Claude Bernard und die französische Physiologie des 19. Jahrhunderts.

Die Entwicklung der Naturwissenschaften und der Medizin zeigt in Frankreich am Ende des 18. und im Beginn des 19. Jahrhunderts eine fruchtbare Stetigkeit, ganz im Gegensatz zu Deutschland. Hier entfaltete sich in der gleichen Zeit jene vielgestaltige Blüte der Romantik, welche zwar für Poesie und Kunst von höchster Fruchtbarkeit, für die Naturwissenschaften aber ebenso verderblich war.

Diese Vielschichtigkeit des deutschen Wesens, die sich hier in der Romantik wie in vielen anderen Epochen in ganz besonderen kulturgeschichtlichen, religiösen oder politischen Strömungen äußert, welche die Welt immer wieder vor neue liebsame oder unliebsame Überraschungen stellt, diese stets gärungsfähige, unabgeschlossene innere Jugend des deutschen Wesens steht in einem gewissen Gegensatz zur größeren Ausgeglichenheit und Festigkeit des französischen Volkscharakters. Das drückt sich auch in der Geschichte der Wissenschaft aus. Die Kette der tüchtigen Physiker und Chemiker reißt in Frankreich seit LAVOISIER nicht ab. Wir sprachen schon davon (S. 101) und wollen hier nur noch den Namen von V. REGNAULT (1810—1878) hinzufügen. Dazu kommen bedeutende Biologen, wie CUVIER, LAMARCK, GEOFFROY SAINT-HILAIRE, der Zoologe HENRY MILNE-EDWARDS, die schon erwähnten Physiologen MAGENDIE, LEGALLOIS und FLOURENS.

Hier seien ferner FRANÇOIS ACHILLE LONGET (1811—1871) und RENÉ JOACHIM DUTROCHET (1776—1847) genannt. LONGET studierte und promovierte in Paris, wandte sich dann der Experimentalphysiologie zu und hat die Kenntnis des Nervensystems außerordentlich bereichert. Er bewies 1841 in seinen „Recherches sur les propriétés et les fonctions des faisceaux de la moelle épinière" die motorische Natur der Vorderstränge und die sensible Natur der Hinterstränge. Später faßte er in einem zweibändigen Buch den Stand der Kenntnisse auf dem Gebiet des Nervensystems in hervorragender Weise zusammen. Er klärte ferner die Innervation des Kehlkopfes u. a. m. Sein „Traité de physiologie", ein französisches Handbuch der Physiologie, erreichte viele Auflagen. DUTROCHET war anfangs Militärarzt, später Privatgelehrter. Von ihm stammen bahnbrechende Untersuchungen über Endosmose und Exosmose und mikroskopisch-histologische Arbeiten über den zellulären Bau der Organismen. Er war mit unter den ersten, welche das Prinzip des zellulären Aufbaus als generelles Bauprinzip betont haben (s. S. 148).

Aus MAGENDIES Laboratorium in Paris gingen zwei bedeutende Männer hervor, MORITZ SCHIFF und CLAUDE BERNARD, von denen BERNARD für Frankreich die Stellung eingenommen hat, wie sie etwa MÜLLER oder besser noch C. LUDWIG in Deutschland besessen haben. MORITZ SCHIFF, 1823 in Frankfurt am Main geboren, promovierte 1844 in Göttingen, ging dann zu MAGENDIE und LONGET nach Paris. Nach einigen Jahren der Tätigkeit in Bern und seit 1863 in Florenz, lebte er seit 1876 als o. Professor der Physiologie in Genf, wo er 1896 gestorben ist. Sein Hauptarbeitsgebiet war die Physiologie des Nervensystems (1855). Er erklärte den N. vagus zum motorischen Nerv des Herzens und hielt die Verlangsamung auf Vagusreiz für eine Ermüdungserscheinung. Hier wie in manchen anderen Arbeiten ging er in seinen Schlußfolgerungen oft sehr weit, so daß seine Ergebnisse lange Zeit nicht jene Anerkennung erzielten, die sie verdient hätten (vgl. S. 138). Er war auch der erste, der Schilddrüsenexstirpationen mit Erfolg ausführte (1856). Er ist ferner unter den ersten gewesen, welche die Rolle der Leber bei der Zuckerbildung beschrieben. Doch kommt nicht ihm, sondern BERNARD die Priorität dieser Entdeckung zu, wie PFLÜGER in seiner großen Monographie (Glykogen) sorgsam ermittelt hat. Auch manche gute Beobachtung auf dem Gebiet der Verdauungsphysiologie geht auf SCHIFF zurück. Ein Schüler von SCHIFF war der kürzlich verstorbene FRÉDÉRIC BATELLI (1867—1941).

Noch weit bedeutender für die Entwicklung der Physiologie, und zwar über Frankreich hinaus, war das Wirken von CLAUDE BERNARD. Über sein Leben und Schaffen erschien jüngst die Dissertation meines Mitarbeiters H. NIERMANN [*296*], die einzige nähere Würdigung in deutscher Sprache, doch liegen gute französische bzw. angelsächsische Biographien vor (J. L. FAURE [*124*], M. FOSTER [*129*], J. M. D. OLMSTEDT [*301*]).

CLAUDE BERNARD (Abb. 83) wurde am 12. 6. 1813 in dem Dorfe St. Julien bei Villefranche — sur Saône — als Kind eines Weinbauern geboren. Er erbte die Sorgfalt und Voraussicht seines Vaters und die Tiefe seiner Mutter. In seiner Schulzeit ragte er nicht unter seinen Mitschülern hervor, vielleicht weil Physik, Chemie und Naturkunde aller Art kaum im Unterricht in Erscheinung traten. 1832/33 arbeitete er als Apothekerlehrling in Lyon. Seine erste Amtshandlung bestand darin, eine Büchse Schuhcreme anzufertigen. In dieser Zeit pflegte er seine besondere Neigung und sein Talent zur dichterischen Arbeit. Es entstand das Theaterstück „La Rose du Rhône", welches sogar seine Aufführung erlebt hat. Dann verfaßte

er das Drama „Arthur de Bretagne", das nicht schlecht war (J. M. D. OLMSTEDT [301]). Aber seine Kritiker rieten ihm doch vom Lebensberuf des Dichters ab. Wir finden BERNARD 1835 als Medizinstudent in Paris wieder. Die Anatomie mußte in einem sehr dürftigen Präparierraum erlernt werden. Der stattliche, aber eher scheue, junge Mann mit den etwas linkischen Umgangsformen trat zunächst noch nicht unter seinesgleichen hervor. Das wurde erst anders, als er MAGENDIE kennenlernte, der damals in dem sogenannten „Gewölbe", einem finsteren, feuchten, trostlosen Keller des Collège de France, seine Experimente machte. Hier arbeitet er von 1839—1844 als Präparator und ist daneben als Arzt am Hôtel Dieu tätig. In der langjährigen täglichen Laboratoriumsarbeit mit MAGENDIE lernen sich beide Männer schätzen, doch sind ihre Charaktere zu verschieden, und

Abb. 83. CLAUDE BERNARD (1813—1878).
(Aus: Les médecins celèbres. Paris 1947.)

auch ihre Ansichten über den Sinn und die Reichweite des experimentellen Vorgehens gehen weit auseinander. Gegenüber MAGENDIEs Überbetonung der Laboratoriumsarbeit in der Medizin meint BERNARD: „Ich halte das Krankenhaus für ein Vestibül der wissenschaftlichen Medizin, es ist das erste Beobachtungsfeld, in das der Arzt eintritt, aber das Laboratorium ist die Weihstätte der medizinischen Wissenschaft" (nach R. MILLET [272]). Im Jahre 1844 kommt es zum Bruch mit MAGENDIE, und BERNARD scheidet aus dessen Laboratorium aus. Drückende Geldsorgen quälen ihn. Doch hilft ihm der Chemiker PELOUZE weiter. In diese Zeit fällt auch seine Eheschließung. Sie verschafft ihm zwar eine finanzielle Basis, doch konnte seine Frau für das ungleichmäßige Leben des Experimentators und seine wissenschaftlichen Interessen kein Verständnis aufbringen. Die Ehe ist darüber bald unglücklich geworden. 1848 wird BERNARDs Arbeit nach außen hin dadurch anerkannt, daß er als Stellvertreter MAGENDIES am Collège de France eingestellt wird. Zugleich erfolgt seine Aussöhnung mit MAGENDIE. 1849 erhält er als erste Ehrung das Kreuz der Ehrenlegion. 1854 wurde er auf einen neugeschaffenen Lehrstuhl für Physiologie an der Sorbonne berufen und wurde im folgenden Jahre, nach dem Tode seines Lehrers MAGENDIE, dessen Nachfolger und Inhaber des Lehrstuhls am Collège de France. Hier entfaltete er eine ebenso glückliche experimentelle Forschungsarbeit wie Vorlesungstätigkeit. Mit wachsendem Ruhm kamen neben den Studenten nicht nur Ärzte und Naturwissenschaftler aus allen Ländern, sondern auch interessierte Laien, Schriftsteller, Priester, Philosophen und hochgestellte Persönlichkeiten in sein Institut. Es ist fast so wie später bei LIEBIG in München (vgl. S. 173). Wegen einer hartnäckigen Erkrankung muß BERNARD von 1865—1868 seine Arbeit in Paris aussetzen. Er geht zur Erholung in sein Heimatdorf St. Julien. Nach seiner Rückkehr wird er feierlich empfangen. Die Ehrungen häufen sich, er hat sich mit seinen Arbeiten längst die allgemeine und höchste Anerkennung verschafft. PASTEUR schreibt 1866: „Wenn ich bei BERNARD einen schwachen Punkt suche, so finde ich ihn nicht. Die Bestimmtheit seiner Person, die edle Schönheit seines Gesichtsausdruckes, seine große Milde, seine liebenswürdige Güte bezaubern beim ersten Anblick. Keine Pedanterie, keine einseitige Gelehrsamkeit, eine antike Einfachheit, eine natürliche Konversation weit entfernt von Geziertheit, aber stets durch richtige und tiefe Ideen angeregt, dieses sind einige Vorzüge von BERNARD." Kurz vor der Einschließung von Paris durch das deutsche Heer im Jahre 1870 flüchtet BERNARD wieder nach St. Julien, und erst nach 9 Monaten kehrt er zurück nach Paris. Das politische Schicksal seines Landes hat den national denkenden Mann sehr getroffen. In den nächsten Jahren verschlechtert sich nach und nach seine Gesundheit. Seine Arbeitskraft läßt nach, doch arbeitet er nach Kräften weiter, besonders über die tierische Wärme. In diesen Jahren äußert er sich in seinen Vorlesungen auch gern über seine Vorstellungen vom Wesen der Lebensphänomene. Diese Vorlesungen sind, wie viele andere, nachgeschrieben worden und nach der Überarbeitung durch BERNARD im Druck erschienen. So sind seine Schriften großenteils „Leçons" über die Gebiete, mit denen er sich gerade besonders beschäftigte. — Seinen Hörsaal hat BERNARD einmal folgendermaßen gekennzeichnet: „Mir gegenüber befand sich ARISTOTELES, der seinen Kopf stützte, mit einem Ausdruck schrecklicher Langeweile. Ich habe stets gedacht, daß es sich dabei um eine versteckte Ironie des Architekten dem Professor gegenüber handelte. Oberhalb meines Kopfes rief HIPPOKRATES den Eindruck hervor, als ob er mir seinen Segen geben wollte. Rechts schrieb BUFFON und links destillierte LAVOISIER Wasser." Im Januar 1878 erkrankte BERNARD und starb am Abend des 10. Februar 1878, tiefbetrauert von seinen Freunden und der gesamten wissenschaftlichen Welt. Er wurde auf dem Friedhof Père-Lachaise in Paris beigesetzt.

BERNARDs Entdeckungen[1] erstrecken sich auf das Gesamtgebiet der Physiologie. Seine ersten bedeutenden Arbeiten betreffen die Entdeckung des Glykogens, dann den Nachweis der Zuckerbildung in der Leber (1855); er beobachtet das Auftreten von Harnzucker bei hohem Blutzucker, beschreibt den berühmten „Zuckerstich". Dann beschäftigt er sich mit der Sekretion der Speicheldrüsen, beschreibt die Wirkungen des Pankreassaftes auf die Fette und die Stärke. Er analysiert die Resorptionswege für Eiweiß, Zucker und Fett, die verdauenden Wirkungen des Magens. Mit der Untersuchung der CO-Wirkung und Curare-Wirkung begründet er die experimentelle Toxikologie (1857). Er stellt ferner eine Theorie der Narkose auf. Durch seine Arbeiten über das Nervensystem klärt er die Funktion des Facialis, Trigeminus, Accessorius und Vagus. Die Durchblutungssteigerung des Kaninchenohres nach Sympathikusresektion führt zur Entdeckung der Gefäßnerven. Die Bedeutung des Blutes, die Rolle der Blutgase, die Folgen des Blutverlustes, die Temperaturtopographie des Gefäßsystems werden im Jahre 1859 behandelt. Dann beschäftigt ihn das Problem der tierischen Wärme, ihre Quelle, das Verhalten bei verschiedenen Tieren. Er findet das Blut im rechten Herzen wärmer als im linken, folglich kann die Lunge nicht, wie LAVOISIER meint, der Ort der Wärmebildung sein (1844). Die Wärmebildung erfolgt

---

[1] Vgl. die Einzelangaben in „Entwicklungsgeschichte physiologischer Probleme…"[*342a*].

in allen Geweben, besonders auch in der Leber. Er schreibt dabei den vegetativen Nerven eine regelnde Rolle bei der Wärmebildung zu. Untersucht wird ferner die Folge erhöhter Wärme auf das Herz und den Muskel, die Bedeutung des Fiebers und vieles mehr. Als Methodiker war Bernard von unerhörtem Einfallsreichtum, seine „Leçons de la physiologie opératoire" (Paris 1879) geben davon überzeugende Beispiele mit ausgezeichneten Abbildungen. In seinem letzten Werk (Leçons sur les phénomènes de la vie communs aux animaux et aux végétaux, Paris 1878/79) hat Bernard den überaus fruchtbaren neuen Begriff des „milieu intérieur" geprägt. Damit will er ausdrücken, daß höhere Organismen eine große Unabhängigkeit von den äußeren Lebensbedingungen dadurch gewinnen, daß sich das Leben ihrer Organe in dem inneren Milieu des Körpers abspielt. In diesem herrscht eine hochgradige Gleichförmigkeit der wesentlichen Lebensbedingungen durch die Konstanz der physikalischen und chemischen Eigenschaften des Blutes, in dem die Zellen leben. Erst die Arbeiten von W. B. Cannon, L. J. Henderson u. a. haben die Eigenschaften dieses „milieu intérieur" und seine Regeleinrichtungen genau kennen gelehrt und damit Bernards Idee in vollem Umfang bestätigt. Was ferner Bernard weit über manchen anderen Wissenschaftler erhebt, ist seine tiefe Einsicht in die Bedeutung und die Grenzen des Experiments und in die Prinzipien und Grundlagen der wissenschaftlichen Arbeitsweise überhaupt, wie er es oft, aber besonders in seiner berühmten „Indroduction à l'étude de la médecine expérimentale" (Paris 1865) zum Ausdruck gebracht hat. Dieses Buch hat bis jetzt nichts von seiner Aktualität verloren. Man kann es jedem angehenden Physiologen sehr empfehlen.

Bernards Erfolge, sein methodisches Geschick, sein internationaler Ruhm führten ihm lernbegierige, begabte junge Menschen aus allen Ländern Europas, aber auch aus Amerika und dem Orient zu. Es finden sich unter den *Schülern* Bernards viele, die später bedeutsame Stellungen in aller Welt eingenommen haben. Sie haben längere oder kürzere Zeit in seinem Laboratorium gearbeitet und viele Anregungen mitgenommen. Einige davon wurden schon in früheren Kapiteln erwähnt, wie Elie de Cyon, Willy Kühne, Isidor Rosenthal, Angelo Mosso. Der spätere italienische Physiologe Luigi Vella (1825—1886) war schon 1849 bei Bernard und wurde 1860 Physiologe in Modena und Bologna. Von den Skandinaviern ist der Däne Peter Ludwig Panum (1820—1885) im Jahre 1853 bei Bernard gewesen, bevor er Professor in Kiel wurde. Auch Louis Antoine Ranvier (1835—1922), der bedeutende französische Histologe, rechnet sich zu den Bernard-Schülern, selbst Louis Pasteur (1822—1895) gedenkt dankbar der Anregung und Belehrung durch diesen Mann. Von den Russen war bei Bernard Fürst Iwan Romanowitsch Tarchanoff, der 1848 in Tiflis geboren wurde, seit 1875 in Petersburg den Lehrstuhl für Physiologie innehatte und 1908 dort gestorben ist.

Jene Jahre um die Jahrhundertmitte sind gleichzeitig diejenigen, in denen in Amerika der Aufbau wissenschaftlicher Forschungsstätten beginnt. Von den Mitbegründern der amerikanischen Physiologie und wissenschaftlichen Medizin waren u. a. John Call Dalton, Austin Flint und Silas Weir Mitchell in Bernards Laboratorium.

Dalton (1825—1889), geboren zu Chelmsford in Mass., studierte seit 1844 am Harvard-College, bekleidete später die Stellung eines Physiologen in Buffalo, Vermont und New York. Er schrieb eines der ersten amerikanischen Lehrbücher der menschlichen Physiologie (1859) und veröffentlichte wertvolle Untersuchungen über das Nervensystem und besonders über das Kleinhirn. Sein Schüler Austin Flint wurde 1836 in Northhampton (Mass.) geboren als Sohn des gleichnamigen Vaters und bekannten amerikanischen Arztes. Er wurde zuerst Professor der Physiologie zu Buffalo, dann 1869 am Bellevue-Hospital. Er verfaßte eine fünfbändige „Physiology of man" (1865—1874). S. W. Mitchell (1829—1914) wurde ein bedeutender Kliniker in USA und Mitbegründer der American Physiological Society (s. H. E. Hoff und J. F. Fulton [*193*]).

Eine ganze Reihe von *französischen* Bernard-*Schülern* haben wertvolle Beiträge zur Entwicklung der Physiologie in der zweiten Hälfte des 19. Jahrhunderts geliefert. Von den älteren Mitarbeitern sei zuerst PAUL BERT (1830–1886) genannt. Er stammt aus Auxerre im Departement Yonne, war zuerst Jurist, dann Naturwissenschaftler; er promovierte mit einer Dissertation über das nervöse „doppelsinnige" Leitungsvermögen im Rattenschwanz („De la greffe animale", Paris 1863). Sie gründete sich auf die in Algier gemachte Beobachtung, daß am Rattenschwanz die Sensibilität wiederkehrt, wenn man ihn abschneidet und dann mit dem peripheren Ende in eine Rückenwunde einheilen läßt. BERT war 1868 Assistent BERNARDS, wurde 1872 Professor an der Sorbonne, verließ aber diese Stellung und wurde Politiker, Unterrichtsminister und schließlich Generalresident in Ton-

Abb. 84. CHARLES EDOUARD BROWN-SÉQUARD (1818—1894).
(Aus: Les médecins celèbres. Paris 1947.)

king, wo er 1886 starb. Er war einer der ersten, die sich mit der Wirkung der verdünnten und verdichteten Luft auf Menschen, Tiere und Pflanzen beschäftigten („La pression barométrique", Paris 1878). Manche wertvolle, manche umstrittene Beobachtung dieser Art, besonders aber der von ihm veranlaßte, aber unglücklich verlaufene Ballonaufstieg mit ungenügenden Sauerstoffbehältern, haben ihn bekanntgemacht. Die Namen zweier anderer BERNARD-Schüler, ALBERT J. DASTRE und JEAN PIERRE MORAT, pflegt man im Zusammenhang mit dem von ihnen entdeckten Gesetz der Gefäßweitenregelung (1884) meist in einem Atem zu nennen. DASTRE (1844–1917) war 1872 bis 1876 Assistent von BERNARD und wurde 1887 Professor der Physiologie an der Sorbonne. Neben den Studien über die Vasomotoren arbeitete er erfolgreich über die Natur der Narkose. MORAT (1846–1920) studierte in Lyon, promovierte in Paris und wurde 1878 Professor der Physiologie in Lille, 1882 in Lyon. Neben den Vasomotoren beschäftigte er sich mit der Herzrhythmik. N. GRÉHANT (1837–1909) untersuchte sorgfältig die Blutgefäße, wofür sich auch BERNARD sehr interessiert hatte. Ein Lieblingsschüler BERNARDS war JACQUES ARSÈNE D'ARSONVAL (1851–1914), der den Gelehrten erstmalig 1869 in einer Pariser Gesellschaft traf. Er wurde schon als Student regelmäßiger Mitarbeiter in BERNARDS Laboratorium und verstand schon früh durch seine physikalische Begabung und Kenntnis zur Methodik Wertvolles beizutragen. Er wurde 1874 Präparator am Collège de France und 1882 Leiter des Laboratoriums für medizinische Physik am gleichen Orte. Er veröffentlichte Arbeiten über Kalorimetrie, tierische Wärme, elektrische Meßinstrumente, Wechselstrombehandlung (D'Arsonvalisation) u. a. m. Schließlich sei LOUIS CHARLES MALASSEZ (1842–1909) genannt, ein Schüler von BERNARD und RANVIER, der vor allem gute Arbeiten zur Morphologie und Physiologie des Blutes beigesteuert hat (Entwicklung der Blutkörperchen, Hämoglobingehalt).

Auch außerhalb der BERNARDschen Schule hat Frankreich in der zweiten Hälfte des vergangenen Jahrhunderts eine lange Reihe von bedeutenden Physiologen hervorgebracht. **CHARLES EDOUARD BROWN-SÉQUARD** (Abb. 84) (1818–1894) wurde auf Mauritius als Sohn eines Amerikaners und einer Französin geboren, studierte und promovierte 1840 in Paris und wurde nach längerem Aufenthalt in Amerika [65a—c] 1878 Nachfolger Bernards am Collège de France. Seine Verdienste betreffen einmal die Physiologie des Nervensystems: Er beschrieb die gesteigerte Reflexerregbarkeit in den Rückenmarksteilen unterhalb der Durchschneidungsstelle, beschrieb auch erstmalig genau die Folgen der Halbseitenläsion und die Methodik zur künstlichen Erzeugung der Epilepsie. Er machte in seinem Alter viel von sich reden durch Selbstversuche mit Hodenextrakten, von denen er eine verjüngende Wirkung verspürt zu haben glaubte (1899). Er wurde damit zum Mitbegründer der neuen Organtherapie auf dem Gebiet der inneren Sekretion, wozu außer durch Moritz Schiff gerade von französischen Autoren viel Wertvolles beigesteuert wurde. In diesem Zusammenhang sei auch E. Felix Alfred Vulpian (1826—1887) erwähnt, der zeitweilig Flourens vertrat und 1867 Professor der pathologischen Anatomie in Paris wurde. Man hat ihn seinerzeit von geistlicher Seite wegen seiner Meinungen als Materialisten gebrandmarkt und bei der Pariser Fakultät angeklagt. Er hat besonders die Kenntnis der Nebennieren bereichert. Mit Charcot und Brown-Séquard begründete er die „Archives de physiologie normale et pathologique" (1868). Auch der wesentlich jüngere Eugène Gley (1857—1930), geboren in Epinal, hat dieses Gebiet der inneren Sekretion, besonders hinsichtlich der Schilddrüse und der Nebenschilddrüse, erfolgreich bearbeitet. Er wurde 1883 Präzeptor für Physiologie, 1908 Vorstand der Lehrkanzel für allgemeine Biologie am Collège de France. Gley war ein sehr vielseitiger und fruchtbarer Schriftsteller. Er verfaßte u. a. ein „Traité élémentaire de physiologie", Paris 1906—1908, und „Essais de philosophie et d'histoire de la biologie", Paris 1900.

Schließlich scharte sich eine Gruppe tüchtiger Schüler und Mitarbeiter um den vielseitigen, erfolgreichen Methodiker und Forscher Etienne Jules Marey. Dieser wurde 1830 zu Beaune in der Côte d'Or geboren, studierte in Paris und bearbeitete mit größtem Geschick die Fragen der Herz- und Kreislaufphysiologie. Er war ein Meister der graphischen Methode (Sphygmograph 1860, Kardiograph, Mareyscher Tambour bzw. Kapsel zur Lufttransmission, Drucksonden zur Registrierung des intrakardialen Druckes, Myograph). Marey hat auch ganz Wesentliches zur Einführung der photographischen Registrierung beigetragen. Er errichtete in Paris 1864 ein Laboratorium für Physiologie. Im Jahre 1867 wurde er der Nachfolger von Flourens als Professor für Naturgeschichte am Collège de France, 1878 Mitglied der Academie des Sciences. Zahlreiche Einzelarbeiten beschäftigen sich mit Fragen der tierischen Wärme, der Elektrophysiologie, der tierischen Bewegung und besonders der Herzphysiologie. Er starb 1904 in Paris (s. François-Franck [131]). Sein etwas älterer Freund und Mitarbeiter war J. B. Auguste Chauveau (1827—1917). Dieser war beteiligt an Mareys Versuchen über intrakardiale Druckmessung, erfand den Hämodromographen, maß die Nervenleitungsgeschwindigkeit u. a. m. Chauveau war zuletzt Professor der vergleichenden Anatomie in Paris. Ein anderer erfolgreicher Schüler Mareys war Charles Emile François-Franck (1849—1921). Er wurde in Paris geboren, studierte in Bordeaux und Paris und war bei Marey am Collège de France. Er steuerte gute Untersuchungen zur Physiologie der Blutzirkulation bei.

Ein Schüler von Marey, Vulpian und Bernard war Charles Richet (Abb. 85), ein besonders vielseitiger Mann, ein glücklicher Entdecker und fruchtbarer Autor. Er wurde 1850 in Paris geboren, arbeitete nach Beendigung seiner Studien zunächst über Fragen der Nervenphysiologie und der tierischen Wärme. Er begründete und bereicherte vor allem das ganze Gebiet der Serumtherapie. Richet beobachtete schon 1888, daß das Blut geimpfter Tiere eine Schutzwirkung gegen die betreffende Krankheit entfaltet. Er machte auch die erste Seruminjektion beim Menschen (1890). Zwei Jahre später (1892) entdeckt er die von ihm als „Anaphylaxie" benannte Erscheinung. Für diese wichtigen Entdeckungen erhielt er im Jahre 1913 den Nobelpreis verliehen. Daneben verfaßte er Schriften philosophischen und schöngeistigen Inhalts, veröffentlichte Gedichte, Dramen und Romane. Andere Bücher betreffen historische Gegenstände und das Gebiet der Parapsychologie. Er beschloß sein Leben im Jahre 1935.

Damit sind wir schon bei der heutigen französischen Physiologie angelangt. Hier müssen wir uns, ohne Vollständigkeit zu beabsichtigen, damit begnügen, einige Namen aus der letzten Physiologengeneration anzuführen: LOUIS LAPIQUE, J. LEFÈVRE, L. TISSOT, E. HÉDON, MICHEL PACHON, H. PIÉRON, A. MAYER, JUSTIN JOLLY, A. FESSARD, LEON BINÉT, H. CARDOT. Schließlich sei auch ALEXIS CARREL (1873), ein gebürtiger Franzose aus der Nähe von Lyon, nicht vergessen. Er erhielt den Nobelpreis (1912) für seine Untersuchungen über Gefäßnaht und Organtransplantation.

Abb. 85. CHARLES RICHET (1850—1935).
(Aus: Les médecins celèbres. Paris 1947.)

9. Die chemische Richtung der Physiologie im 19. Jahrhundert, besonders in Deutschland.

> Die schönste und erhabenste Aufgabe des menschlichen Geistes, die Erforschung der Gesetze des Lebens, kann nicht gedacht werden ohne eine genaue Kenntnis der chemischen Kräfte (J. v. LIEBIG).

Die Anwendung physikalischer und *chemischer Prinzipien* zur Erklärung der Lebensvorgänge ist, wie unsere Darstellung zeigt, in allen Epochen der biologischen Wissenschaftsgeschichte versucht worden. Doch ist sie erst im 19. Jahrhundert zum allgemeinen Prinzip erhoben worden und hat im Gefolge davon den Entwicklungsgang in der Physiologie tiefgreifend beeinflußt. Bis dahin hinderten zwei Umstände die Benutzung physikalischer und chemischer Prinzipien zur Analyse physiologischer Vorgänge: Das war erstens die Vorstellung von der Eigengesetzlichkeit des Lebens, besonders extrem vertreten von den vitalistischen Richtungen. Und ferner die Unmöglichkeit, mit Hilfe der bis etwa 1830—1840 gewonnenen physikalischen und chemischen Kenntnisse und Methoden die meisten der von der Physiologie gestellten Fragen in Angriff nehmen zu können. So bleibt die Physiologie bis in die ersten Jahrzehnte des 19. Jahrhunderts einerseits eine

„Anatomia animata" mit einer morphologisch-präparatorisch vorgehenden Arbeitsweise und andererseits eine experimentell-vivisektorische mit einer Arbeitsweise, welche aus den Wirkungen systematischer, experimenteller Eingriffe am lebenden Tier die physiologischen Zusammenhänge aufzuklären versucht. Erst seit etwa 1840 kommt es ganz allgemein und in schnell wachsendem Umfang zur Anwendung von quantitativen, physikalischen und chemischen Methoden auf physiologische Fragestellungen. Für die physikalische Richtung wurde das im einzelnen ausgeführt. Ich erinnere nur an E. H. WEBER, A. W. VOLKMANN, C. LUDWIG, H. v. HELMHOLTZ, E. DU BOIS-REYMOND und E. BRÜCKE. Für die *chemische Richtung* wurde schon gelegentlich auf SCHWANN, BISCHOFF, LIEBIG u. a. hingewiesen. Gerade LIEBIG hat mit zwei bedeutenden Werken, welche 1840 und 1842 erschienen, aufs stärkste zur Anwendung chemischer Gedanken und Methoden auf physiologische Fragen beigetragen. Ich denke an „Die Chemie in ihrer Anwendung auf Agrikulturchemie und Physiologie" (Braunschweig 1840) und „Die Tierchemie oder die organische Chemie in ihrer Anwendung auf Physiologie und Pathologie" (Braunschweig 1842).

Bevor es aber dahin kam, mußte die *Chemie* eine *lange Entwicklung* durchlaufen, die wir hier nur kurz andeuten können. Sie ist gekennzeichnet durch zweierlei, durch den Zuwachs an Wissen über Struktur, Vorkommen und Reaktionsweise chemischer Körper in der toten und lebenden Natur und durch den Zuwachs an Ordnung in diesem Wissen durch Ausbau der chemischen Theorien. LAVOISIER in Frankreich hatte, aufbauend auf den Entdeckungen von SCHEELE, PRIESTLEY, BLACK und auf Grund eigener Beobachtungen mit seiner antiphlogistischen Theorie, also der Klärung des Oxydationsvorganges, eine neue Ordnung in die Chemie gebracht, den Zusammenhang von O_2-Aufnahme, CO_2- und H_2O-Entstehung sowie Wärmebildung bei der Atmung und Verbrennung erkannt und die Eigenschaften der Elemente C, H und O sowie die ihrer wichtigsten Verbindungen CO_2 und H_2O genauer beschrieben. Mit ihm zieht die quantitative stoffliche Betrachtung in die Physiologie ein. Durch die Fortschritte der organisch-chemischen Analyse, vor allem in Frankreich, werden ferner immer neue Substanzen bekannt und wird die Struktur chemisch zusammengesetzter Körper in zunehmendem Umfange aufgeklärt. Ich denke etwa an die Arbeiten von ANTOINE FRANÇOIS DE FOURCROY (1755—1809) und MICHEL EUGÈNE CHEVREUL (1786—1889) zur Fettchemie, an die Untersuchungen von H. M. ROUELLE (1718—1779) über den Harnstoff (1773), von J. L. PROUST (1754—1826) über das Eiweiß, von JEAN L. PRÉVOST (1790—1850) und J. B. A. DUMAS in Genf über Harn, Blut und Milch. Ebenso bedeutend war das wissenschaftliche Werk von JOSEPH LOUIS GAY-LUSSAC (1778—1850), THÉOPH. J. PELOUZE (1807—1867), AUGUSTE LAURENT (1807—1853) und LOUIS PASTEUR (1822—1895) in Frankreich. Dazu kommt der Fortschritt der chemischen Theorie, z. B. hinsichtlich der Verbindungsgewichte (J. B. RICHTER 1762—1807), des Atom- und Molekülbegriffs, der Atomgewichte und der multiplen Proportionen durch J. DALTON (1766—1844), A. AVOGADRO (1776—1856) und den erwähnten GAY-LUSSAC. MICHAEL FARADAY (1791—1867) entdeckte das Benzol, die Grundgesetze der Elektrochemie, er prägte den Begriff des Ions und Elektrolyts. Der bedeutende schwedische Chemiker BERZELIUS verbesserte die Methoden der chemischen Analyse. Er schuf die chemische Zeichensprache mit den heute noch gebräuchlichen Symbolen, den Begriff der Katalyse und begründete die Lehre von der Isomerie und Polymerie.

BERZELIUS, WÖHLER und LIEBIG sind wohl diejenigen, die durch ihre Arbeits- und Interessenrichtung am meisten zur Entstehung der chemischen Richtung in der Physiologie beigetragen haben. Bei ihnen müssen wir etwas länger verweilen. JÖNS JAKOB BERZELIUS wurde 1779 in Wäversunda in Schweden geboren, studierte Medizin und wurde 1807 Professor der Medizin und Pharmazie in Stockholm, wo er 1848 gestorben ist. Sein Ruf führte ihm viele bedeutende Schüler zu, z. B. ROSE, MITSCHERLICH, WÖHLER, GMELIN, die ihrerseits zum Ausbau der organischen und physiologischen Chemie viel beigetragen haben. LEOPOLD GMELIN (1788—1853) war seit 1817 Ordinarius für Medizin und Chemie in Heidelberg. Zusammen mit FR. TIEDEMANN (1781—1861), der neben der Zoologie und Anatomie in Landshut die Physiologie in Heidelberg vertrat, veröffentlichte er 1826/27 die „Verdauung nach Versuchen", ein Werk, welches eine Fülle von Ergebnissen experimenteller, chemischer und mikroskopischer Untersuchungen über Verdauung, Resorption und Assimilation enthielt. Verdauung, Stoffwechsel, Ernährung und Blut, das sind überhaupt die physiologischen Gebiete, die zuerst mit chemischen Methoden angegangen worden sind. Im Jahre 1836 erschien HERMANN NASSES (1807—1892) gründliches Buch über „Das Blut in mehrfacher Hinsicht . . .“ (Bonn), in dem die Ergebnisse physikalischer, chemischer und mikroskopischer Untersuchungen über das Blut des Gesunden und Kranken dargestellt wurden. HERMANN NASSE war ein Sohn des Bonner Klinikers CHRISTIAN FRIEDRICH NASSE. Beide haben sich sehr gründlich mit der Physiologie und physiologischen Chemie des Blutes beschäftigt. Ein Sohn von HERMANN NASSE, der aus Marburg gebürtige OTTO NASSE (1839 bis 1902), war später (seit 1880) o. Professor der Pharmakologie und physiologischen Chemie in Rostock (Chemie der Kohlenhydrate und der Eiweißkörper, Fermentwirkungen).

Mit den neuen chemischen Methoden bemüht man sich in jenen ersten Jahrzehnten des 19. Jahrhunderts mit wachsendem Erfolg um die Aufklärung der chemischen Zusammensetzung der tierischen und pflanzlichen Gewebe, ferner der Organe und der Nahrungsmittel, sowie um die Klärung der chemischen Konstitution organischer Substanzen. Der Stand dieser Untersuchungen bis zum Jahre 1839—1841 ist aus dem umfangreichen Werk von J. FR. SIMON „Handbuch der angewandten medizinischen Chemie“ ersichtlich. Ich zitiere einen Absatz über das Blut aus dem Vorwort des zweiten Bandes, in dem die damaligen Vorstellungen über Oxydation, Stoffwechsel und Wärmebildung besonders gut zum Ausdruck kommen.

Abb. 86. JUSTUS VON LIEBIG (1803—1873). (Aus der Würzburger Bildersammlung von Prof. WÖHLISCH.)

„Das Blut ist einer stetigen Metamorphose unterworfen, die der Ausdruck seines Lebens ist. Bei der Ernährung im peripherischen System sind nicht die Blutkörperchen, sondern ist der Liquor sanguinis beteiligt, und zwar verbreitet er nur den Nahrungsstoff. Die Zellen und Organe ernähren sich daraus, indem eine ihnen innewohnende Kraft sie befähigt, das ihnen Adäquate anzuziehen oder das ihnen Fremde adäquat zu machen, wobei sie die Zersetzungsprodukte abscheiden. Die Ernährungsstoffe im Liqu. sanguinis sind vorzugsweise Albumin, Fibrin und Fett. Die Produkte dieses Stoffwechsels sind zum größten Teil die extraktiven Materien und Milchsäure, welche in den Exkreten, besonders im Harn, sich vorfinden. Harnstoff, Bilin, Kohlensäure sind entweder gar nicht Produkte der Metamorphose des Blutes im Akte der peripheren Ernährung oder die letztere ist es nur zum geringen Teile, sie bildet sich als Produkt der Lebenstätigkeit der Blutkörperchen. Den Blutkörperchen wohnt dieselbe Fähigkeit inne, Nahrungsstoff anzuziehen und die Zersetzungsprodukte abzuscheiden wie den anderen lebenden Zellen. Die Nährstoffe für die Blutzellen sind Sauerstoff und Albumin, vielleicht auch Fett, sie nehmen diese aus dem Liq. sanguinis auf. Die vorzüglichsten Produkte sind Kohlensäure, Harnstoff, Fibrin, extraktartige Materien, vielleicht Teile der Galle. Der nächste und Hauptzweck dieser Lebenstätigkeit der Blutkörperchen ist die Erzeugung der tierischen Wärme, ohne welche alle Funktionen des Organismus und das Leben selbst augenblicklich vergiftet sein würden. Die Bildung der tierischen Wärme geht vor sich, indem sich der Sauerstoff mit dem Kohlenstoff des Globulins verbindet, die hauptsächlichsten Produkte dieser Reaktion sind Kohlensäure und Harnstoff (oder statt dessen, wie bei den meisten Tieren mit elliptischen Blutkörperchen, Harnsäure). Es muß der abgeschiedene Harnstoff ein

Äquivalent für die entwickelte tierische Wärme sein. Die Blutkörperchenerzeugung und die Blutbildung überhaupt hängen innig zusammen mit der Ernährung. Bei mangelnder Nahrung wird weniger, bei kräftiger und überflüssiger mehr Blut erzeugt."

In diesem Bemühen, chemische Prinzipien auf die Fragen des Lebendigen anzuwenden, bedeutet das Jahr 1840 einen gewissen Einschnitt. Er ist gegeben durch das Erscheinen von J. LIEBIGS Buch „Die Chemie in ihrer Anwendung auf Agrikultur und Physiologie". JUSTUS (VON) LIEBIG (Abb. 86) wurde 1803 in Darm-

Abb. 87. Das Laboratorium LIEBIGS in Gießen. (Aus R. BLUNCK, „Justus von Liebig", Berlin 1938.)

stadt geboren. In seines Vaters Laboratorium betrieb er schon während der Schuljahre ein leidenschaftliches chemisches Experimentieren. Das Schulwissen interessierte ihn nicht, so daß er von der Sekunda nicht in die Prima versetzt wurde. Dagegen verschlang er alle Bücher über Chemie und Alchemie, deren er habhaft werden konnte. Mit $17\frac{1}{2}$ Jahren ging er zum Chemiestudium nach Bonn und dann mit KASTNER nach Erlangen (1820/21). Ein großherzogliches Stipendium verschafft ihm dann die Möglichkeit zu einem Studienaufenthalt in Paris, wo er vor allem bei GAY-LUSSAC arbeitet. Er sieht den weiten Vorsprung der französischen Chemie vor der stark spekulativen Arbeitsweise in Deutschland: „Es existieren kaum die nötigen Gesetze, um den ungeheuren Bau dieser Wissenschaft ein wenig zusammenzuleimen, allein dessen ungeachtet wird darauflos experimentiert und Hypothesenkrämerei getrieben, daß einem der Kopf schwindelt", so schreibt er 1823 aus Paris über die deutsche Chemie an seinen Freund AUGUST PLATEN. Empfohlen durch seine Arbeiten über Knallsäure und durch Fürsprache ALEXANDER VON HUMBOLDTS wird LIEBIG nach seiner Rückkehr in Gießen 1824 mit 21 Jahren ao. Professor der Chemie, ohne Abitur, ohne formelle Promotion. 1825 erhielt er das Ordinariat. 28 Jahre ist LIEBIG dort geblieben. Hier hat er die fruchtbarsten Jahre seines Lebens verbracht, das bedeutendste chemische Laboratorium Deutschlands (Abb. 87) aufgebaut, zahllose Schüler in die Methodik der Chemie eingeweiht und bahnbrechende Leistungen auf dem Gebiete der ana-

lytischen und theoretischen Chemie, vor allem der organischen Stoffe, und was
uns hier besonders interessiert, auf dem Felde der Chemie der Lebensvorgänge
vollbracht. In diese Jahre fällt auch die Zusammenarbeit mit dem etwas älteren
FRIEDRICH WÖHLER (Schüler von BERZELIUS und GMELIN). WÖHLER (1800—1882)
stammt aus Eschersheim bei Frankfurt. Nach Vollendung des medizinischen Studiums und chemisch-analytischer Schulung bei BERZELIUS und GMELIN wird er
nach längerer Tätigkeit in Berlin 1836 Ordinarius für Chemie in Göttingen. Aus
dieser Berliner Zeit datiert seine bekannte Arbeit über die Synthese des Harn-
stoffs durch Einwirkung von Cyan auf flüssiges Ammoniak. WÖHLER nannte sie
,,ein Beispiel von der künstlichen Erzeugung eines organischen, und zwar sogenannten animalischen Stoffes, aus unorganischen Stoffen'' (1828). WÖHLER schlug
damit die entscheidende Bresche in den damals vor allem von BERZELIUS vertretenen Standpunkt, daß die Synthese organischer Stoffe nur durch das Wirken
der Lebenskraft möglich sei. WÖHLERS Beobachtung wurde der Auftakt für viele
weitere Synthesen und Anlaß für eine grundsätzliche Revision des Standpunktes
gegenüber den chemischen Leistungen des Organismus. Die Freundschaft zwischen den sehr verschieden gearteten Freunden LIEBIG und WÖHLER hat unge-
trübt bis zum Tode LIEBIGS bestanden, während LIEBIGS Beziehungen zu BERZE-
LIUS und zahlreichen anderen Chemikern durch seine impulsive, manchmal ver-
letzende Art vielfach gestört wurden [*31*]. Seine Zeitgenossen haben ihn den ,,che-
mischen Scharfrichter'' genannt. Während LIEBIGS Buch über die *Agrikulturchemie* vom Jahre 1840 den allgemeinen Kreislauf der Stoffe in der Natur, die
Assimilation der organischen Stoffe durch die Pflanzen, ihren Abbau bei Tier und
Mensch und die Konsequenzen für den Ackerbau behandelt, ist das Buch LIEBIGS
vom Jahre 1842 ,,Die *Tierchemie* oder die organische Chemie in ihrer Anwendung
auf Physiologie und Pathologie'' ganz den Fragen der Chemie des Lebendigen
bezüglich Stoffwechsel, Ernährung, Atmung und tierischer Wärme gewidmet.

Es vermittelt eine Fülle neuer Einsichten über den Zusammenhang der chemischen Vorgänge mit den Lebensvorgängen im Organismus. ,,Die Beobachtungen lagen bis dahin ohne
Zusammenhang als einzelne Bausteine umher, und es bedurfte des Geistes eines solchen Mannes, sie zu einem geordneten Ganzen zu verbinden. Dies ist sein Verdienst, das in unserer Zeit
von den wenigsten Physiologen gebührend anerkannt wird. Um ihn zu würdigen, lese man nur
die physiologischen Schriften vor der Veröffentlichung seiner Werke und nachher, wie sich
durch sein Wort die Vorstellungen über die Bedeutung der Vorgänge im Organismus geändert
haben. Die Erfahrungen in der Chemie, von denen er ausging, waren allerdings Gemeingut
geworden und auch anderen bekannt, aber er war es, der sie benützte, um sie auf das Geschehen
in den Organismen anzuwenden.'' ,,Liebig stellte zuerst die Bedeutung der Umsetzungen für
den Körper im allgemeinen fest. Durch die Wechselwirkung der Bestandteile des Körpers und
der Nahrung und des Sauerstoffs, sagt er, entstehen Umsetzungen, Verbrennungsprodukte
und in Folge dieser gewisse Bewegungs- und Tätigkeitsäußerungen, die wir Leben nennen.
Er erkannte klar den Zusammenhang zwischen Zersetzung und Wirkung, alle Bewegungs-
erscheinungen im Thiere leitete er von den Zersetzungen ab, nicht nur die Wärme. Die
Umsetzungsprodukte der Gebilde müssen nach seinen Aussprüchen in den Exkreten enthalten sein, im Harn die stickstoffhaltigen. Indem er den chemischen Prozeß der Umsetzung der
Gebilde untersuchte, verfolgte er denselben Schritt für Schritt bis zu den Exkretionspro-
dukten. Über den Werth der Nahrungsmittel wußte man zu seiner Zeit nur, daß gewisse
Stoffe das Leben nicht erhalten können, warum dies aber so war, blieb unbekannt, bis LIEBIG
das Dunkel zu erhellen suchte. Er sah, daß alle Theile des Thierkörpers, die eine bestimmte
Form, Bewegung und Leben besitzen, aus stickstoffhaltiger Substanz gebildet sind, deren
Ausgangspunkt das Eiweiß der Nahrung ist, da es das im Körper verbrauchte ersetzt. Der
Kohlenstoff des Eiweißes, dies erkannte er bald, reicht nur beim Fleischfresser hin, allein in der
Kohlensäure im Athem weggehenden Kohlenstoff zu liefern, daher die Pflanzenfresser Kohlenhydrate in der Nahrung zu sich nehmen müssen. So kam LIEBIG zu der folgereichen Trennung
der stickstoffhaltigen und stickstofffreien Stoffe der Nahrung in Beziehung ihrer Funktion
im Organismus, die ersteren sollen allein Theile von verbrauchtem Körpermaterial ersetzen
und zu Bewegungseffekten, die letzteren nur zur Wärmeerzeugung und nie zum Ersatz von
Organisiertem dienen. Dies waren die Ideen, durch die die Forschung auf unserm Gebiet eine
neue Richtung gewann.''

So schrieb C. Voit 1865 in der Zeitschrift für Biologie über Liebigs Bedeutung für die Erkenntnis des tierischen und pflanzlichen Stoffhaushalts. Es sind die Auffassungen, die wir im wesentlichen heute auch noch anerkennen. Der Lebensprozeß ist nach der stofflichen Seite der Verbrennung am meisten verwandt, indem gewisse Stoffklassen unter O_2-Aufnahme zerfallen. Zwischen Stoffeinnahme und Stoffausscheidung, deren Bilanz Liebig und vorher schon Boussingault (1802 bis 1887) durch chemische Untersuchungen zu erschließen suchten, schiebt sich der Umbau der Stoffe im Körper, den wir heute noch den intermediären Stoffwechsel nennen. Durch diese chemischen Prozesse entsteht die tierische Wärme. „Da in dem tierischen Körper keine Bildung und Kombination stickstoffhaltiger Materien vorkommt, so können diese nur durch die Nahrung den Tieren zugeführt werden, es sind die in den Pflanzen gebildeten oder von einem Tier in das andere überwandernden Eiweißkörper. Sie sind die Krafterzeuger, und Liebig nannte sie die plastischen Nahrungsmittel. Die andere Gruppe von Nahrungsmitteln sind die Kohlenhydrate, Fett, Zucker, Amylon usw., welche nicht zur Bildung von Organen verwandt werden, aber ganz geeignet sind, sich im Atemprozeß mit dem Sauerstoff der Atmosphäre zu verbinden und dadurch die Wärme zu erzeugen, er nannte sie deshalb die respiratorischen Nahrungsmittel oder Wärmeerzeuger" (Th. L. W. von Bischoff, 1874 [40]). Später fügte Liebig diesen notwendigen Elementen der Nahrung noch die Mineralsalze hinzu.

Das Buch Liebigs ist also eine großartige Synthese und Deutung der bisher vorliegenden Erfahrungen von einem neuen und einheitlichen Gesichtspunkt. Manches darin war schief oder auch falsch, vieles noch absolut hypothetisch und mehr das Ergebnis einer divinatorischen wissenschaftlichen Phantasie als gesicherte Erkenntnis. Berzelius, mit dem sich Liebig seit 1839 entzweit hatte, kritisierte das Buch scharf und sprach von „Schreibtischphysiologie" und einem „Blendwerk der Hypothesen". Daran ist einiges berechtigt, aber der Kern seiner Gedankengänge war richtig, und, was das historisch Wichtige ist, Liebigs Lehren haben eine Unzahl von Untersuchungen experimenteller Art angeregt, die in sorgsamer Analyse die Grundgedanken bestätigt haben, während manche Einzelheit bei tieferer Einsicht als falsch erwiesen wurde[1].

Wir müssen im folgenden Liebigs Leistungen auf anderen Gebieten (Pflanzenernährung, künstliche Düngung, Fleischextrakt) leider aus Raumgründen übergehen. Im Jahre 1852 siedelte er auf den Lehrstuhl nach München über. Sein Ruhm wuchs weit über Deutschlands Grenzen hinaus. Unzählige Ehrungen wurden ihm zuteil. Man drängte sich zu seinen populären Abendvorlesungen, die er seit 1853 in München hielt. Sie wurden gesellschaftliche Mode. Hörer aller Art und Stände, hochgestellte Mitglieder der wissenschaftlichen Welt und des Königshauses haben diesen Vorträgen beigewohnt. Liebigs „Chemische Briefe" (erste Auflage 1844) für die gebildete Welt, ein Meisterwerk allgemeinverständlicher Darstellung wissenschaftlicher Ergebnisse, nach Inhalt und Form ebenso verständlich wie genau, wurden immer wieder neu aufgelegt und haben seinem Namen breiteste Popularität verschafft. Im Jahre 1873 ist Liebig gestorben. Eine Reihe guter Würdigungen und Biographen machen es leicht, sein Leben und Werk kennenzulernen (A. Kohut [231], R. Blunck [42], Th. L. W. v. Bischoff [40]). Seit Liebig ist über die Bedeutung chemischer Vorgänge für die Aufrechterhaltung des lebendigen Geschehens und für die Durchführung der Leistungen des lebendigen Organismus kein Zweifel mehr. „Die schönste und erhabenste Aufgabe des menschlichen Geistes, die Erforschung der Gesetze des Lebens,

---

[1] E. du Bois schrieb 1848 an Ludwig über Liebig: „Endlich seine physiologischen Phantasien halte ich für wertlos und verderblich, weil ihm durchaus die tatsächlichen Grundlagen und die kritische Bildung dazu fehlen" [52].

kann nicht gedacht werden ohne eine genaue Kenntnis der chemischen Kräfte"
(J. v. LIEBIG).

Seit LIEBIG entwickelt sich in zunehmendem Maße eine *Richtung der Physiologie,* welche sich die Aufklärung der *chemischen Vorgänge* im Körper zum Ziele
setzt. Zunächst sind es Mediziner und besonders die Physiologen, die sich dank
chemischer Interessen und besonderer chemischer Kenntnisse neben histologischen
und experimentalphysiologischen Untersuchungen besonders mit der chemischen
Seite der Lebensvorgänge beschäftigen. Daneben geht die Erforschung der Strukturchemie organischer Stoffe weiter, teils durch die organischen Chemiker und
Biochemiker, teils durch die chemisch arbeitenden Physiologen. Es ist unmöglich,
hier alle jene Forscher zu behandeln, welche sich mit physiologisch wichtigen

Abb. 88. FELIX HOPPE-SEYLER (1825—1895).
(Aus E. BAUMANN und A. KOSSEL [*205*])

Fragen der organischen Chemie nach der
strukturchemischen oder physiologischen
Seite beschäftigt haben. Hier gibt das
Buch von F. LIEBEN [*244*] erschöpfende
Auskunft. Auch ist in unserer Darstellung
an vielen anderen Stellen von den Bemühungen der Physiologen um die Chemie
des Organischen die Rede, z. B. bei
TH. SCHWANN, W. KÜHNE, G. J. MULDER,
FR. DONDERS, O. HAMMARSTEN, E. DRECH-
SEL, CL. BERNARD, M. SCHIFF, ED. PFLÜ-
GER, C. VOIT, M. RUBNER und L. HER-
MANN, so daß ich mich kurz fassen kann.
Doch wollen wir hier wenigstens diejenigen
behandeln, welche für Deutschland als
die eigentlichen *Begründer der physiologischen Chemie* als eines eigenen Faches
im Rahmen der Medizin gelten, also insbesondere FELIX HOPPE-SEYLER und
FRANZ HOFMEISTER mit ihren Schülern.
Diese physiologische Chemie geht an
den deutschen Hochschulen aus jenen
Fächern hervor, die innerhalb der medizinischen Fakultäten unter dem Namen
medizinische Chemie, Zoochemie oder Tierchemie, oft als Beifach zur Pathologie bestanden. So hat RUD. VIRCHOW an der Pathologie in Berlin schon
sehr früh (1856) ein relativ selbständiges pathologisch-chemisches Laboratorium
errichtet, an dem z. B. W. KÜHNE und F. HOPPE-SEYLER gearbeitet haben.
Später kam es dann zur Gründung chemischer Abteilungen an den physiologischen
Instituten und erst in neuerer Zeit zur Errichtung eigener Lehrstühle für das Fach
der physiologischen Chemie mit voller Trennung von der Physiologie. An dieser
Entwicklung hat gerade FELIX HOPPE-SEYLER einen besonderen Anteil genommen. FELIX HOPPE[1] (Abb. 88) wurde 1825 in Freiburg als zehntes Kind des
protestantischen Geistlichen E. F. J. HOPPE geboren. Schon in der Schulzeit
beschäftigte er sich eifrig mit chemischen Experimenten, aber auch mit botanischen Liebhabereien. Wie es damals die Regel war, studierte er trotz seiner speziell chemischen Interessenrichtung zunächst (seit 1846) Medizin, und zwar in
Halle. Er arbeitete aber zugleich bei STEINBERG im dortigen chemischen Laboratorium. Ein zufälliges Zusammentreffen mit den Brüdern WEBER veranlaßt ihn

---

[1] FELIX HOPPE nahm 1864 infolge einer Adoption durch seinen Schwager Dr. SEYLER
den Namen HOPPE-SEYLER an.

zur Übersiedlung nach Leipzig und zur Zusammenarbeit besonders mit E. H.
WEBER. Im Wintersemester 1855/56 finden wir ihn als Privatdozenten in Greifswald, wo er über „Zoochemiam cum demonstrationibus" und „Chemiam physiologiam et pathologiam" liest [373a]. Ein kleines Haus im Hofe der Universität
dient ihm als Laboratorium. 1856 geht er zu VIRCHOW nach Berlin und bleibt hier
bis 1861 zur Übersiedlung nach Tübingen. In der Berliner Zeit haben bei ihm
u. a. gearbeitet: W. KÜHNE, ALEX. SCHMIDT, LEYDEN, BOTKIN und WILSON FOX.
In Tübingen erhielt er den Lehrstuhl für angewandte Chemie und entfaltete eine
fruchtbare vielseitige Arbeit, vor allem über den Blutfarbstoff (Hämin, Hämatin,
Hämatoporphyrin, Methämoglobin, kristallisierter Blutfarbstoff). Er wandte auch
zuerst die BUNSENsche Methode der Spektralanalyse zur Untersuchung der Blut-

spektren an. Er analysierte ferner
Gehalt und Bindungsart des O_2 im
Blut. Er sicherte den Ort der tierischen Oxydation im Gewebe anstatt im
Blute (1866) und vieles andere
mehr. Viele später bekanntgewordene
Männer sind in der Tübinger Zeit
in seinem Laboratorium gewesen, vor
allem FRIEDR. MIESCHER, E. SAL-
KOWSKI, EUGEN BAUMANN und ZA-
LESKY. 1872 wurde HOPPE-SEYLER
Ordinarius für physiologische Chemie
in Straßburg. Das Laboratorium war
bis zur Vollendung des Neubaus eines
eigenen Institutes im Jahre 1884 (Festrede [204]) in der alten Ecole de Médecine. Dort waren besonders viele
Russen bei ihm, z. B. V. PASCHUTIN,
POPOFF, SOKOLOFF, TARCHANOFF, ferner RAJEWSKY, L. FREDERICQ, J. v. ME-
RING, MAUTHNER, ZWEIFEL, LEDDER-
HOSE u. a. m. So knüpft sich an ihn
und seine Tätigkeit ein gut Teil der
nachfolgenden Entwicklung im Fache
der physiologischen Chemie (vgl. Nachruf von E. BAUMANN und A. KOSSEL

Abb. 89. FRIEDRICH MIESCHER JUN. (1844—1895).
(Aus F. MIESCHER [274])

[205a, b]). Mit den Arbeiten über das Blut sind HOPPES Leistungen keineswegs
erschöpft. Er beschäftigte sich mit der Verbreitung des Glykogens, Lecithins und
Cholesterins im Körper, klärte die Konstitution des Lecithins, analysierte und
klassifizierte die Eiweißkörper, untersuchte die Kerneiweißkörper in den Eiter-
zellen (mit FR. MIESCHER), ferner das Verhalten der Gallensäuren und des
Chlorophylls. Er bereicherte so die Kenntnis fast sämtlicher Stoffklassen, die im
Organismus eine Rolle spielen. Im Jahre 1877 gründete er die heute noch bestehende „Zeitschrift für physiologische Chemie". Die darüber mit PFLÜGER
entstehende Meinungsverschiedenheit wurde schon erwähnt. Im Jahre 1895 ist
FELIX HOPPE-SEYLER in fast vollendetem 70. Lebensjahre am Bodensee gestorben.
    Unter den frühen Schülern von HOPPE-SEYLER befindet sich der schon vorn
(S. 143) erwähnte W. KÜHNE. Dieser hat auch ein „Lehrbuch der physiologischen
Chemie" geschrieben. Dann hat er die Eiweißspaltung durch spezifisch eiweiß-
spaltende Fermente, die Bi.dung der Hippursäure und die Gallenbildung besonders bearbeitet und endlich die chemische Seite des Dämmersehens durch den

Sehpurpur mit großem Erfolg untersucht. Im Jahre 1866 kam FRIEDRICH MIE-SCHER jun. (1844—1895) (Abb. 89) in das Laboratorium HOPPEs nach Tübingen. Er kam 1844 als Sohn des Anatomen, Pathologen, Physiologen und MÜLLER-Schülers FRITZ MIESCHER sen. in Basel zur Welt, studierte in Basel 1860/61 bei dem Anatomen und Physiologen WILHELM HIS, dann in Göttingen, besonders bei WÖHLER. Ferner arbeitete er eine Zeitlang bei HOPPE-SEYLER, bei dem er die Untersuchungen über das Nuklein begann. Diese Untersuchung war der Anfang vieler weiterer Arbeiten über die Klasse der Nukleinkörper. Dann verbrachte er noch eine Zeit in LUDWIGs Institut in Leipzig und hat sich stets mit Dankbarkeit LUDWIG und dessen jüngeren Mitarbeitern HÜFNER, BOEHM und SCHMIEDEBERG verbunden gefühlt. Doch war MIESCHER entgegen der Leipziger Arbeitsrichtung

Abb. 90. EUGEN BAUMANN (1846—1896).
(Aus A. KOSSEL [15])

mehr ein synthetisch als ein analytisch veranlagter Kopf. 1871 wurde er Privatdozent in Basel und im folgenden Jahre Nachfolger von HIS am gleichen Ort als Physiologe. An die Untersuchung der Spermaköpfe schloß sich die berühmt gewordene Arbeit über den Umbau der Muskulatur des laichenden Rheinlachses in Eierstocksubstanz an. Er bezeichnete diese Arbeiten als Ergebnisse einer „histochemischen" Arbeitsrichtung.

Daneben war er begeisterter Lehrer: „Ein Professor ohne junge Mitarbeiter ist nur so ein verstümmelter Weidenstrunk." Er litt andererseits unter der Notwendigkeit des ausgedehnten Studiums fremder Arbeiten für die Zwecke der Vorlesungen und schrieb an HIS 1883 [274]: „Gestern hat endlich die Tretmühle ihr Ende erreicht, und es war wirklich Zeit, denn dieses ausschließlich massenhafte Fressen und Vorkauen fremden Materials, das man ja zu schulmeisterlichen Zwecken immer ein bißchen abschleifen und abrunden, d. h. fälschen muß, wirkt merkwürdig verdummend auf das eigene Denken."—

„Man begreift, warum z. B. BUNSEN seinen Schülern und jungen Dozenten dringend empfiehlt, vorerst, solange sie innerlich noch nicht fertig sind, so wenig Vorlesungen wie möglich anzukündigen, damit ja nicht das Schwergewicht ihrer Tätigkeiten und Kräfte von der lottrigen Schulmeisterrezeptivität verdorben werde."

War HOPPE-SEYLER von medizinischen Problemen und physiologischen Erwägungen ausgegangen, so wandte sich sein Schüler EUGEN BAUMANN (Abb. 90) mehr der Strukturchemie organischer Körper zu. Er wurde 1846 zu Cannstatt geboren. Zum Apotheker bestimmt, machte er zunächst einige Lehrjahre in Lübeck, Gothenburg und Tübingen durch. In Tübingen studierte er Pharmazie und kam dabei mit HOPPE-SEYLER in Berührung. Dessen Institut befand sich im Tübinger Schloß, in den Räumen der früheren herzoglichen Küche. „Die großen Essen und Feuerstätten, an denen früher die Ochsen in toto am Spieße brieten, waren jetzt für die feineren Anforderungen der physiologischen Chemie hergerichtet" (A. KOSSEL [15]). Das Jahr 1875/76 bringt dem jungen Assistenten die erste große Entdeckung, die Auffindung der gepaarten Schwefelsäuren im Harn. 1877 geht er als Vorsteher der physiologisch-chemischen Abteilung des Berliner Institutes zu DU BOIS-REYMOND, dann 1883 als Professor der medizinischen Chemie nach Freiburg. Außer seinen Befunden über Cyanverbindungen, Benzolderivate und die Indoxylkonstitution machte er die bemerkenswerte Entdeckung des organisch gebundenen Jods in der Schilddrüse im „Jodothyrin" (1895/96), mit welchem, wie sich später zeigte, die Ausfallserscheinungen der Schilddrüse zu beheben sind. Im Jahre 1896 erlag er kurz nach HOPPE-SEYLERS Tode einem Herzleiden. Als Nachfolger BAUMANNS kam 1877 der junge **ALBRECHT KOSSEL** (Abb. 91) (1853–1927) zu HOPPE-SEYLER nach Straßburg. Er stammte aus

Rostock, studierte in Rostock und Straßburg und habilitierte sich auch dort 1881 für physiologische Chemie und Hygiene. 1883 wurde er BAUMANNS Nachfolger bei DU BOIS-REYMOND in Berlin und 1895 Nachfolger des Physiologen und verdienstvollen physiologischen Chemikers EDUARD KÜLZ (1845–1895) (Glykogenuntersuchungen) in Marburg. 1901 wurde er KÜHNES Nachfolger in Heidelberg. Das Hauptarbeitsgebiet KOSSELS war die Chemie des Zellkerns. Außerdem beschäftigten ihn die Nukleinsäuren, Protamine und Histone (Nobelpreis 1910). Er entdeckte ferner das Histidin, die Arginase (mit H. D. DAKIN) und bearbeitete grundlegend die Chemie der Purinkörper (S. EDLBACHER [*232*]). Von seinen lebenden Schülern seien D. ACKERMANN, H. STEUDEL, F. A. KUTSCHER und S. EDLBACHER erwähnt. ERNST SALKOWSKY (geb. 1844) war nach einer Tätigkeit bei HOPPE-SEYLER sein Nachfolger am Berliner Pathologischen Institut. Sein Hauptgebiet war die Chemie des Eiweißstoffwechsels, speziell der Harnstoff-

Abb. 91. ALBRECHT KOSSEL (1853—1927).
(Nach einem Bilde aus Familienbesitz.)

und Schwefelsäurebildung, und das Schicksal der Phenole im Körper. ALEXANDER SCHMIDT (1831–1914) [*352a, b*] bearbeitete unter HOPPE-SEYLER grundlegend die Gerinnung des Blutes und mit LUDWIG den Gaswechsel des Muskels.

Bevor wir uns den jüngeren deutschen physiologischen Chemikern mit FRANZ HOFMEISTER an der Spitze zuwenden, seien einige tüchtige Männer der älteren Generation erwähnt. Von C. SCHMIDT (1822–1894), der mit BIDDER in Dorpat Wesentliches zur Physiologie der Verdauung und zum Umsatz der Eiweiße im Körper (Luxuskonsumption) beitrug, war schon oben die Rede. Ein Schüler von C. SCHMIDT war GUSTAV VON BUNGE, geboren 1844 in Dorpat. Nach medizinischen und chemischen Studien wurde er 1885 ao. Professor der Physiologie in Basel. Sein besonderes Interessengebiet war die Physiologie der Mineralsalze, ihr Vorkommen, ihre Bedeutung für den Körper und in der Nahrung, ferner die Chemie der Milch und des Bluteisens. Sein Lehrbuch hat große Verbreitung gefunden. Schließlich sei auch hier noch einmal auf die großen Verdienste EDMUND DRECHSELS hingewiesen (vgl. S. 155). Er war ein vielseitiger Analytiker und hat u. a. das Lysin entdeckt.

Um den jüngeren **FRANZ HOFMEISTER** (Abb. 92) bildete sich zuerst in Prag, dann in Straßburg ein großer Schüler- und Mitarbeiterkreis, von dem heute noch mancher lebt und wirkt. HOFMEISTER wurde 1850 als Sohn eines Arztes in

Prag geboren, studierte in Prag und vorübergehend in Leipzig, wo EWALD
HERING und ERNST MACH den tiefsten Eindruck auf ihn machten. Bei H. HUP-
PERT, welcher zuerst bei AUG. WUNDERLICH in Leipzig, dann als Professor der med.
Chemie in Prag war, lernt HOFMEISTER das saubere analytische Arbeiten. 1883
wird in Prag ein neues Extraordinariat (1885 als Ordinariat) für experimentelle
Pharmakologie unter der Leitung von HOFMEISTER begründet. In der damaligen
Fakultät waren u. a. neben ihm JOH. GAD und H. HUPPERT. Bis zum Jahre 1896,
in dem HOFMEISTER nach Straßburg als Nachfolger HOPPE-SEYLERS auf den Lehr-

Abb. 92. FRANZ HOFMEISTER (1850—1922).
(Aus J. POHL und K. SPIRO [198c])

stuhl für physiologische Chemie übersiedelte, beschäftigte ihn mit seinen
Schülern FRIEDR. KRAUS, A. CZERNY,
F. CZAPEK und vielen anderen besonders die Chemie der Eiweißkörper, die
Resorption und Assimilation der Nährstoffe, die Wirkung der Salze auf die
organischen Kolloide (HOFMEISTERsche
Ionenreihen), die Leukozytenfunktion,
die Peptonchemie u. a. m. In *Straßburg*,
wo in der Medizinischen Fakultät damals FR. GOLTZ, F. LAQUEUR und
O. SCHMIEDEBERG saßen, übernahm
HOFMEISTER durch Vereinbarung mit
GOLTZ die ganze vegetative Physiologie,
während die animalische Physiologie
GOLTZ verblieb. Das ist später nur noch
einmal bei BETHE und EMBDEN und
ihren Nachfolgern in Frankfurt nachgemacht worden. Hier in Straßburg hat
HOFMEISTER von 1896—1918 eine überaus vielseitige Arbeit geleistet oder angeregt und in Zusammenarbeit mit einer
Fülle bester Mitarbeiter durchgeführt: Chemie und Biologie der Eiweißkörper (Case-
in, Eieralbumin, Peptone, Cystin, Asparagin), intermediärer Stoffwechsel, Harn-
stoffbildung, Blutplasma, Blutgerinnung, Hormone, Fermente, Vitamine und vieles
mehr. Unter der großen Zahl seiner Mitarbeiter waren OTTO VON FÜRTH, ALEXANDER
ELLINGER, JULIUS POHL, A. MAGNUS-LEWY, O. PORGES, F. ALEXANDER, E. P. PICK,
H. S. RAPER, S. LOEWE, G. EMBDEN, C. NEUBERG, J. PARNAS, W. STEPP, K. SPIRO,
M. PFAUNDLER, FR. KNOOP, P. MORAWITZ, O. LOEWI, J. L. HENDERSON und viele
andere, eine wahrhaft glänzende Schar wissenschaftlich begabter Männer. Oft
waren zehn und mehr Mitarbeiter gleichzeitig am Institut. HOFMEISTER war kein
Freund von Äußerlichkeiten, er lebte gern ganz zurückgezogen nur seiner Arbeit,
mied Kongresse und war ein ideenreicher Fanatiker der exakten Forschung, ein
anregender Lehrer, ein „Romantiker" im Sinne OSTWALDS.

„Wie er in der Wissenschaft eine geniale Kombinationsgabe erwies, eine Empfänglichkeit
für mannigfachste Probleme, dabei aber auch eine formende, lebensspendende Kraft, mit der
er Nur-Wissen und Nur-Kenntnisse zu Erkenntnissen gestaltete, so hatte er auch für andere
Lebensgebiete (speziell für die heißgeliebte Musik) nicht nur Verständnis, sondern er bemühte
sich, tief und ernst in sie einzudringen und alles, was er sah und hörte, seinem Kulturbedürfnis
einzuordnen, die Dinge untereinander zu verbinden. Er sah in jedem speziellen das allgemeine
Problem, war bei aller Objektivität ein Geist voll künstlerischer Phantasie, die ja die Voraussetzung aller großen und produktiven wissenschaftlichen Arbeit ist. Er hatte die Bedürfnis-
losigkeit der alten Römer, war von einer vorbildlichen Bescheidenheit der Lebensführung,
keine Arbeit war ihm zu niedrig, und es fiel ihm nicht schwer, in den letzten Jahren seines

Lebens, als ihm nur noch unzulängliche Arbeitsbedingungen geboten waren, sein eigener Diener zu sein" (K. SPIRO [*198c*]).

Nach dem verlorenen ersten Weltkriege, der ihn aus Straßburg vertrieb, lebte HOFMEISTER, unablässig tätig, noch einige Jahre in Würzburg, wo er im 72. Lebensjahre 1922 gestorben ist (Biogr. [*198a, b, c*]).

Seit dem Ende des vergangenen Jahrhunderts werden fast überall Planstellen für physiologische Chemie errichtet. Eine große Zahl tüchtiger Forscher vertieft die Kenntnisse der organischen Strukturchemie und bemüht sich um die Aufklärung der Physiologie des Stoffwechsels, der Ernährung, der intermediären Prozesse, der Hormon-, Ferment- und Vitaminwirkungen. Hier kann im Rahmen dieses Überblicks nur noch von ganz wenigen gesprochen werden, die gewissermaßen als Repräsentanten genannt werden. Von den HOFMEISTER-*Schülern* hat sich ALEXANDER ELLINGER (1870—1923) durch seine vielseitige Tätigkeit einen bedeutenden Namen gemacht. Er studierte zuerst Chemie, dann Medizin und arbeitete einige Zeit bei C. VOIT im Münchener stoffwechselphysiologischen Laboratorium. In erster Linie betrachtete er sich aber als Schüler von HOFMEISTER, bei dem er zusammen mit dem Freunde KARL SPIRO bis nach Beendigung seines Medizinstudiums 1897 in Straßburg arbeitete. Er ging dann nach Königsberg zu MAX JAFFÉ (1841—1911), dessen Lehrstuhl er nach dem Tode seines Lehrers übernehmen konnte. 1914 wurde er als Pharmakologe an die neugegründete Universität Frankfurt berufen. ELLINGERs Arbeitsgebiete waren teils strukturchemischer Art (Ornithinkonstitution), teils behandelten sie das Gebiet des intermediären Stoffwechsels (Tryptophan, Indol, Indikan, Acetylierungsvorgänge) oder mehr physiologische Fragen wie die Peptonwirkung auf die Blutgerinnung. Er war Mitherausgeber von BETHEs Handbuch der normalen und pathologischen Physiologie (ELLINGER [*114*]). Einer seiner Schüler ist OTTO RIESSER (1882—1949), der hervorragende Kenner der Physiologie des Muskels. Das Gebiet der Muskelphysiologie, insbesondere des Muskelstoffwechsels, war auch ein Arbeitsgebiet von GUSTAV EMBDEN (1874—1933) aus Hamburg [*116*]. Nach seinen Studienjahren arbeitete er von 1899—1903 im Institut von HOFMEISTER in Straßburg, daneben bei G. J. GAULE (1849—1939) [*149*] in Zürich und bei R. EWALD (s. S. 187) im Straßburger Physiologischen Institut. 1904 kommt er in das NOORDENsche Laboratorium in Frankfurt, dessen Leitung ihm nach dem Ausbau zum ,,Chemisch-Physiologischen Institut der Städtischen Krankenanstalten" im Jahre 1907 anvertraut wurde. Die Erforschung des Kohlenhydratstoffwechsels hat ihn bis zu seinem Ende am meisten gefesselt und ihm die größte Anerkennung eingetragen. Er benutzte mehr als die meisten Chemiker den Tierversuch und pharmakologische Methoden, verknüpfte physikalische und chemische Gesichtspunkte zu fruchtbaren Fragestellungen. Aus seinem Schülerkreis — seiner ,,Forschungsgemeinschaft" — seien einige genannt, welche seine Arbeit weitergeführt haben: OPPENHEIMER, F. LAQUEUR, E. GRAFE, E. ADLER, E. LEHNARTZ, H. J. DEUTICKE, H. JOST. Ihr Wirken ist Gegenwart und keine Geschichte.

Im Zusammenhang mit der Muskelchemie seien noch zwei bedeutende Forscher genannt, **OTTO MEYERHOF** und OTTO WARBURG. Der 1884 in Hannover geborene MEYERHOF habilitierte sich 1913 in Kiel, war seit 1924 am Kaiser-Wilhelm-Institut in Berlin und wurde 1929 Direktor des Physiologischen Institutes im Kaiser-Wilhelm-Institut für medizinische Forschung in Heidelberg. Er zeigte als einer der ersten, daß der stationäre Zustand lebender Systeme auf chemischen Kreisprozessen, also auf der chemischen und energetischen Kopplung von Auf- und Abbauzyklen besteht (Milchsäurezyklus im Muskel). Das zahlenmäßige Verhältnis von anaerobem Abbau zu aerobem Wiederaufbau ist als MEYERHOF-Quotient in die Geschichte eingegangen. Er erhielt 1922 für seine Entdeckung des gesetzmäßigen Verhaltens von O_2-Verbrauch und Milchsäureumsatz im Skelettmuskel mit A. V. HILL zusammen den Nobelpreis. Sein zusammenfassendes Buch „Die chemischen Vorgänge im Muskel" erschien in Berlin 1930. Zwischen 1928 und 1938 entdeckte er den Zyklus der Guanidinphosphate und der Adenosintriphosphorsäure. 1938 mußte MEYERHOF Deutschland verlassen. Er starb am 6. Oktober 1951 in Philadelphia. Sein Schüler H. H. WEBER (Tübingen) hat ihm einen ehrenvollen Nachruf gewidmet [271 a]. Sein Schüler KARL LOHMANN (geb. 1898) ist der Entdecker der Adenosintriphosphorsäure. OTTO WARBURG (geb. 1883 in Freiburg) studierte Chemie und Medizin, habilitierte sich bei KREHL in Heidelberg und wurde später Direktor des Kaiser-Wilhelm-Instituts für Zellphysiologie in Berlin. Für seine Verdienste um die Zellphysiologie, insbesondere um die Art und Wirksamkeit der Atmungsfermente, erhielt er 1931 den Nobelpreis. Daneben hat er bedeutsame Untersuchungen über die Energieumwandlung und die Photosynthese veröffentlicht.

Von der großen Zahl weiterer Biochemiker und physiologischer Chemiker können aus Platzgründen nur noch wenige Erwähnung finden. Für die Aufklärung der Struktur wichtiger biologischer Stoffgruppen hat HANS THIERFELDER (1858—1930) vieles geleistet, besonders auf dem Gebiet der Cerebroside und Phosphatide [390]. Von klassischem Rang sind die Arbeiten EMIL FISCHERS (1852—1919), der ganz der reinen Chemie[1] angehört und die Chemie der Zucker, dieser physiologisch höchst bedeutsamen Stoffgruppe und ihr optisches Verhalten (asymmetrisches C-Atom) gewaltig gefördert hat. Für seine Leistungen auf dem Gebiet der Zucker- und Purinchemie erhielt er 1902 den Nobelpreis. Auf dem Gebiet der Eiweißchemie entdeckte er die Art der Polypep-

Abb. 93. EMIL ABDERHALDEN (1877—1950). (Nach einem Bilde aus Familienbesitz.)

tidbindung. Es gelang ihm sogar, Polypeptide künstlich zu synthetisieren. Einer seiner Schüler, der im Jahre 1950 verstorbene EMIL ABDERHALDEN (Abb. 93) (geb. 1877 in Oberuzwil in der Schweiz), hat über das Gebiet der Eiweißchemie, des Stoffwechsels, der Fermente, Hormone und Vitamine über 1000 Einzelarbeiten veröffentlicht [63]. Dazu kamen umfangreiche Lehrbücher der Physiologie und der physiologischen Chemie. ABDERHALDEN war ferner Herausgeber des „Handbuchs der biologischen Arbeitsmethoden" und des „Handbuchs der biochemischen Arbeitsmethoden". Von 1911—1945 war er Inhaber des Lehrstuhls für Physiologie und physiologische Chemie in Halle. Während des ersten und zweiten Weltkrieges hat sich ABDERHALDEN große Verdienste um die Linderung der Not und um die Völkerverständigung erworben. Er war Ehrenmitglied bzw. korrespondierendes Mitglied von mehr als 60 wissenschaftlichen Gesellschaften in der ganzen Welt. Er starb 1950 in der Schweiz. — Hier verdient endlich die Leistung eines weiteren Nobel-

---

[1] Zur reinen Biochemie gehören auch ADOLPH WINDAUS (geb. 1876), früher Göttingen, und ADOLF BUTENANDT (geb. 1903), heute in Tübingen. Sowohl WINDAUS als auch sein Schüler BUTENANDT haben für ihre hervorragenden biochemischen Untersuchungen (Sterinkörper, Vitamine, Hormone) im Jahre 1928 bzw. 1939 den Nobelpreis erhalten.

preisträgers (1907) erwähnt zu werden, nämlich die Entdeckung des Zymase-
fermentes durch Eduard Buchner (1860–1917) im Jahre 1897. Über die Natur
und die Ursachen der fermentativen Gärung war seit L. Pasteurs grundlegenden
Versuchen viel gearbeitet worden. Während Pasteur glaubte, daß solche Vorgänge an einen Lebensakt der Hefepilze gebunden seien, meinte Liebig, es handele sich um die Wirkung rein chemischer Stoffe vorerst unbekannter Art mit
katalytischer Wirkung, die nur von den Mikroorganismen gebildet werden.
Eduard Buchner gelang es, das Gärungsferment, die Zymase, von den Hefe-
pilzen abzutrennen und zu zeigen, daß die einmal gebildete Zymase ohne An-
wesenheit lebender Organismen rein chemisch die Zuckerspaltung bewirkt.

Etwa um die Jahrhundertwende erreicht die strukturchemische Erforschung
der biologisch wichtigen Stoffklassen ihren Höhepunkt. Es sei an die Namen von
Emil und Hans Fischer erinnert. In den letzten Jahrzehnten unseres Jahrhunderts zeigt sich ein bedeutsamer Wandel der Forschungsziele. Die Strukturchemie
tritt mehr und mehr zurück zugunsten einer Richtung, welche sich um die Aufklärung der Dynamik des Stoffabbaus, -umbaus und -aufbaus im intermediären
Stoffwechsel bemüht. Die Chemie der Enzyme, Vitamine und Hormone dringt
tiefer und tiefer in zentrale Probleme des stofflichen Geschehens. Nachdem es vor
25 Jahren James B. Sumner erstmalig gelang, ein Ferment, die Urease, kristalli-
siert zu gewinnen und seine Eiweißnatur zu beweisen, sind viele Enzyme in ihrer
Struktur und Wirkung aufgeklärt worden. Ebenso bedeutsam ist die Aufklärung
des Oxydationsmechanismus mit Hilfe der Cytochrome durch Otto Warburg.
Albert v. Szent Györgyi (geb. 1893) entdeckte die zentrale Stellung der Adenosintriphosphorsäure im Mechanismus der Muskelkontraktion. Von größter Tragweite erweist sich außerdem die neue Methode, das Schicksal der Stoffe im Körper
mit Hilfe markierter, d. h. radioaktiver Isotope zu verfolgen. In dieser fruchtbaren Entwicklung befinden wir uns heute.

10. Carl Voit, Otto Frank, Friedrich Leopold Goltz, Ewald Hering.

Die zweite Hälfte des 19. Jahrhunderts war eine Glanzzeit der deutschen
Physiologie. Zwar hatte Johannes Müller 1858 die Augen geschlossen, aber seine
Schüler, besonders E. du Bois-Reymond,
E. Brücke und H. Helmholtz, standen
auf der Höhe ihrer Leistung. Carl Ludwigs Laboratorien in Leipzig waren der
Anziehungspunkt für die jungen Physiologen aus aller Welt. Neben diesen beiden
großen Schulen gab es noch einige kleinere, die sich an die Namen von Carl
Voit, Otto Frank, Friedrich Leopold
Goltz und Ewald Hering knüpfen.
Carl (von) Voit (Abb. 94), der älteste von
ihnen, wurde am 31. Oktober 1831 in
Amberg in Bayern geboren.

Er begann sein medizinisches Studium zunächst in München, und zwar in dem politisch
unruhigen Jahre 1848. Dann ging er auf ein
Jahr nach Würzburg, wo er Vorlesungen bei
Koelliker, Virchow, Scherer und anderen

Abb. 94. Carl Voit (1831—1909).
(Nach einem Bilde, überlassen von Prof. K. Wezler.)

hörte. Nach München zurückgekehrt, treibt er weitere Studien unter JOLLY, dem Anatomen
BISCHOFF und vor allem LIEBIG, der 1852 nach München übergesiedelt war. Dann tritt er in
das Laboratorium von PETTENKOFER ein, mit dem ihn seitdem eine ungetrübte Freundschaft
verbindet. Nach einem weiteren Jahr chemisch-analytischer Schulung bei WÖHLER in Göttingen
kommt er als Assistent in das Laboratorium von BISCHOFF. Die chemischen Interessen
BISCHOFFS hingen mit seiner alten Freundschaft zu LIEBIG zusammen (vgl. S. 108). Diese
Hochschätzung übertrug sich auch auf den jungen VOIT, der in LIEBIGS Schriften seinen
ersten Führer in das dunkle Gebiet des Stoffwechsels fand. Schon 1859 wurde VOIT
ao. Professor in München und erhielt 1863 nach dem Tode des Physiologen EMIL HARLESS
(1820—1861) den dortigen Lehrstuhl für Physiologie. Diesem Tätigkeitsort ist C. VOIT bis zu
seinem Tode im Jahre 1908 treu geblieben [*411*].

Hier entstand auch die „VOITsche Schule", deren Ziel es war, das Gebiet des
tierischen *Stoffwechsels* durch Entwicklung genauer Methoden einer exakten Analyse zu erschließen. Von VOIT wurden in langjähriger Arbeit zuverlässige Methoden
zur Ermittlung der stofflichen Einnahmen und Ausgaben des Organismus aus-

Abb. 95. MAX VON PETTENKOFER (1818—1901). (Aus
der Würzburger Bildersammlung von Prof. WÖHLISCH).

gebildet. Damit ergab sich erstmalig die
Möglichkeit zur Aufstellung genauer
Bilanzen, die weit über die vielverspre-
chenden Anfänge der Dorpater Forscher
FR. BIDDER und C. SCHMIDT (Die Verdauungsstoffe und der Stoffwechsel,
1852) hinausführten. Dazu mußte vor
allem die Zusammensetzung der Nahrung und der Exkrete genau bestimmt
werden. Derartige Untersuchungen wurden schon in den ersten Münchener
Jahren in Zusammenarbeit mit BI-
SCHOFF begonnen und nachher mit vielen
begabten Mitarbeitern fortgeführt. Sie
ergaben im Laufe der Zeit sehr bedeutsame Resultate. Es zeigte sich z. B., daß
der gesamte Stickstoff der Nahrung im
Harn und in den Exkrementen ohne
Defizit wieder zum Vorschein kommt.
Ferner wurde die von LIEBIG aufgestellte Lehre vom Eiweiß als Quelle der
Muskelkraft experimentell widerlegt.
Dann entstand aus der Zusammenarbeit
mit dem konstruktiv begabten MAX VON
PETTENKOFER (1818—1901) (Abb. 95)
die berühmte Münchener *Stoffwechsel-
apparatur* zur Analyse des menschlichen
Gaswechsels, ferner ein Kalorimeter zur Messung der vom Menschen abgegebenen
Wärmemengen [*294*]. Diese Apparate ermöglichten es, die Stoffumsätze im Organismus zu verfolgen und den Wegen der einzelnen Stoffklassen nachzuspüren, soweit als man etwa auch die Arbeit eines Industriebetriebes aus den angelieferten
Rohprodukten, den Abgasen, Abwässern und Endprodukten indirekt ermitteln
kann. Natürlich führt dieser Weg nur über eine gewisse Wegstrecke, aber diese ist mit
gutem Erfolg und größter Hartnäckigkeit von der Münchener Stoffwechselschule
beschritten worden. Sie führte in ihrer praktischen Konsequenz zur Aufstellung
eines Ernährungsregimes, welches als VOITsches *Kostmaß* in aller Welt bekannt
wurde. Eine Reihe bedeutender *Schüler* hat C. VOITS Werk fortgeführt, von ihnen
seien nur M. RUBNER, H. v. HOESSLIN, ERWIN VOIT, GRAHAM LUSK, W. O. ATWA-
TER und F. BENEDICT besonders erwähnt. Mit MAX RUBNERS Namen verknüpft

sich auf immer der Ausbau der quantitativen kalorimetrischen Methode und der energetischen Seite des Stoffwechsels.

Max Rubner (Abb. 96), geboren am 2. Juni 1854, kam nach seinen Studienjahren und seiner Unterarztzeit in der Ziemssenschen Klinik in München in das Laboratorium von Voit. Er beteiligte sich zunächst an den Respirations- und Bilanzversuchen bei einseitiger Ernährung, ging aber bald zur Untersuchung der Fragen nach dem tierischen Energieverbrauch und dem Brennwert der Nahrung und ihrer einzelnen Bestandteile, also der Nährstoffe über. Voit war mit den Schlußfolgerungen aus Rubners Untersuchungen nicht ganz einverstanden und hielt die Arbeit lange zurück (K. Thomas [344b]). Daraufhin ging Rubner 1880/81 auf ein Jahr zu C. Ludwig nach Leipzig, kehrte aber dann zur Vollendung seiner kalorimetrischen Arbeiten zu Voit zurück. Voit ließ sich jetzt von der Richtigkeit seiner Beweisführung überzeugen. Das Jahr 1883 brachte dann die Habilitation und das Jahr 1885 die Berufung als Hygieniker nach Marburg, 1891 siedelte er in gleicher Stellung nach Berlin über und wurde 1908 Nachfolger Engelmanns auf dem physiologischen Lehrstuhl der Reichshauptstadt [343, 344]. Das Gesetz der Isodynamie, das Oberflächengesetz, die Prüfung des Energieprinzips mit Bezug auf den Stoffwechsel durch kombinierte direkte und indirekte Kalorimetrie und Stoffbilanz, Anwendung auf die Frage der Wärmebildung und Wärmeregulation, das waren die ersten großen Entdeckungen und zugleich der Ausgangspunkt für eine breite Bearbeitung aller Fragen der Ernährungslehre. Auf diesem Gebiet war Rubner jahrzehntelang eine erste Autorität. Daneben hat er die Klimatologie, die Kleidungshygiene, die Lehre von der Desinfektion erfolgreich bearbeitet. Er gründete und leitete schließlich noch in Berlin das Arbeitsphysiologische Institut der Kaiser-Wilhelm-Gesellschaft, das sich die Physiologie und

Abb. 96. Max Rubner (1854—1932). (Aus der Würzburger Bildersammlung von Prof. Wöhlisch.)

Hygiene der Arbeit zum Ziele setzte. Hier arbeitete bei ihm Edgar Atzler (1889—1939), der als der eigentliche Begründer dieses neuen Zweiges der Physiologie gelten darf [7]. Später wurde das Kaiser-Wilhelm-Institut für Arbeitsphysiologie unter Atzler nach Dortmund verlegt und steht seit 1940 unter der Leitung von Gunther Lehmann. Weitere Schüler Rubners sind K. Thomas, Arnt Kohlrausch und Otto Krummacher. Rubner hat nicht nur die höchsten wissenschaftlichen, sondern auch hohe staatliche und öffentliche Anerkennungen und Ehren empfangen. Er starb am 27. April 1932.

Carl Voits Stiefbruder, der etwa 20 Jahre jüngere Erwin Voit (1852—1932), wurde ebenfalls Stoffwechselphysiologe. Er habilitierte sich 1885 bei Carl Ludwig, kam dann nach München und wurde schließlich dort Professor an der Tierärztlichen Hochschule. Seine Arbeiten behandeln Fragen des Eiweißzerfalls, der Ca-armen Nahrung, der Fettbildung aus Kohlenhydraten und vor allem das Problem der biologischen Wertigkeit der Eiweißstoffe [176c]. An seine Lehrjahre und seine Schulung im Voitschen Laboratorium in München hat Graham Lusk aus

USA oft und dankbar gedacht. Eine von seinen Erinnerungen an die Zeit, als er bei Voit an die Bearbeitung des Themas Diabetes gesetzt wurde, möge im folgenden wiedergegeben werden: ,,At Columbia my instructors had been of two typs, gentlemen, who were good teachers who did not know very much, and rather rough people who knew a great deal. In Munich, for the first time in my life, I had found a teacher, who represented a highly developed form of culture which was both intellectual and personal." 1891 kehrte Lusk nach USA zurück, 1898 wurde er Professor der Physiologie in New York. Die Probleme des Stoffwechsels, besonders des Diabetes, haben ihn in seinem Leben nicht mehr verlassen (E. Light [249b]). Er starb 1932 im Alter von 66 Jahren. Voits weitere amerikanische Mit-

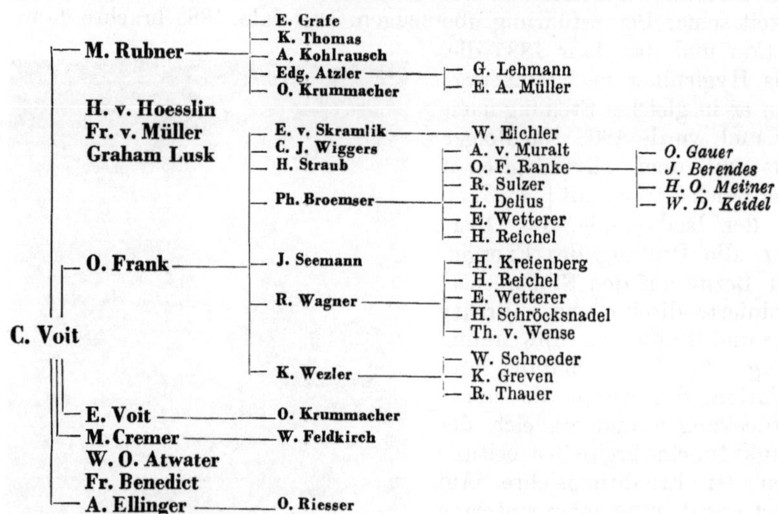

Carl Voit und sein Kreis.

arbeiter, W. O. Atwater († 1907) und Fr. Benedict (geb. 1870), haben mit großzügigen Mitteln und hervorragenden Stoffwechselapparaturen eine große Fülle an Experimenten mit gleichzeitiger Stoff- und Energiebilanz durchgeführt und damit die Gültigkeit des Energieprinzips für den menschlichen Stoffwechsel in glänzender Weise gesichert. Neben H. v. Hoesslin und Friedrich von Müller, welche die Erfahrungen der Voitschen Schule für die Klinik nutzbar machten, sei besonders Max Cremers (1865—1935) gedacht, der von 1890—1908 bei Voit gearbeitet hat [83]. Cremer hat auf den verschiedensten Gebieten erfolgreich und stets gedankenreich, oft stark mathematisch-physikalisch gearbeitet, zunächst bei Voit über Glykogen, Fettbildung aus Eiweiß, Phlorizindiabetes, später über Elektrokardiogramm (Ösophagusableitung, intrakardiale Ableitung) und Grundlagen bioelektrischer Erscheinungen (Flüssigkeitsketten), Erregung und Erregungsleitung. Er war ein kristallklarer Geist, ein humorvoller Streiter, ein liebenswürdiger Erzähler (W. Trendelenburg [83]). Sein Nachfolger in Köln war der früh verstorbene John Seemann (1874—1912).

Wie Carl Voit der Begründer einer ganz speziellen Forschungsrichtung war, so wurde auch Otto Frank (Abb. 97), sein begabtester Schüler, der Begründer einer solchen Richtung mit dem Hauptforschungsgegenstand der exakten mathematisch-physikalischen Kreislaufanalyse. Otto Frank wurde am 21. Juni 1865 in Groß-Umstadt im Odenwald geboren. Nach seinem 1889 abgeschlossenen Medizinstudium beschäftigte er sich noch 2 Jahre mit Chemie, Physik,

Mathematik, Anatomie und Zoologie, bevor er 1891 bei Carl Ludwig in das Leipziger Laboratorium eintrat. Hier zeigte sich seine besondere Begabung schon in seiner ersten Untersuchung über Fettresorption, welche zu dem Ergebnis führte, daß alles Fett im Darm gespalten werden muß, bevor es resorbiert werden kann. Seit 1894 finden wir ihn als Assistenten bei Voit, zu dessen sorgfältiger methodischer Genauigkeit die angeborene außerordentliche Gründlichkeit und minuziöse Genauigkeit Franks besser passen mochte als zu Ludwigs einfallsreicher temperamentvoller Genialität. Wenn man Ostwalds Typen hier anwenden will, dann gehörten Ludwig wie auch Liebig zu den romantischen Typen, Voit und Frank zum klassischen Typ. Bis 1905 blieb Frank im Voitschen Institut. In dieser Zeit hat er seine Arbeitsrichtung begründet und die ersten außerordentlichen Erfolge errungen. In seiner Habilitationsschrift „Zur Dynamik des Herzmuskels" überträgt er die Erfahrungen vom Skelettmuskel über isometrische und isotonische Kontraktion auf die *Dynamik des Herzmuskels*. Daran schließen sich die bekannten Untersuchungen über die Ruhedehnungskurve des Herzens, die Kurve der isotonischen, isometrischen und Unterstützungsmaxima. In einer späten Arbeit werden die Grundlagen einer exakten Berechnung der Herzarbeit mit insgesamt sieben Summanden entwickelt. Von größter Bedeutung wurde seine Kritik der Manometer, die ihn instand setzte, die ersten einwandfreien Pulskurven zu registrieren (1904). Er entwickelte den Begriff der „Güte" von Registrierinstrumenten und konstruiert einwandfreie Manometer, die Frankschen Kapseln, und optische Registrierinstrumente. 1905 folgt O. Frank einem Ruf auf den physiologischen Lehrstuhl nach Gießen, wo er bis 1908, bis zur Übersiedlung auf den Münchener Lehrstuhl des verstorbenen C. Voit, geblieben ist. Diese und die folgenden Jahre sind vor allem erfüllt von dem Bemühen, die physikalischen Koeffizienten für den

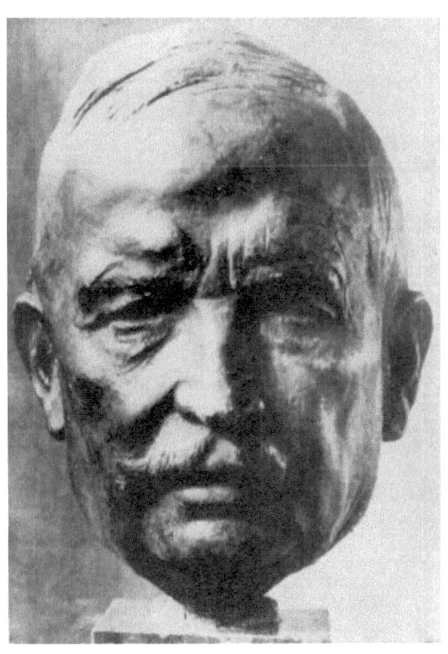

Abb. 97. Otto Frank (1865—1944).
(Büste von Bleeker, Photographie überlassen von Prof. K. Wezler.)

Puls in den Gefäßen zu ermitteln. Dabei entstand die Lehre von den elastischen Eigenschaften der Gefäße, die Theorie der Pulswelle und schließlich das Prinzip einer Methode zur Bestimmung des Schlagvolumens an Mensch und Tier auf Grund der Wellenlehre und der Windkesseltheorie. Damit im Zusammenhang steht die Theorie des arteriellen Blutdrucks und die Darstellung der Abhängigkeit von Blutdruckamplitude, Schlagvolumen und elastischem Gesamtwiderstand des Gefäßsystems. Daneben hat er die Schwingungseigenschaften des schalleitenden Apparates am Ohr mathematisch-physikalisch analysiert und vor allem in seiner Darstellung der „Thermodynamik des Muskels" (1904) seiner Zeit weit vorauseilende Feststellungen gemacht.

Otto Franks *Lebenswerk* ist von imposanter Geschlossenheit, so daß bis heute an seinem Werk höchstens Ergänzungen und Fortführungen zu machen waren. Sein klarer, folgerichtig vorgehender Verstand, seine Gründlichkeit und bis an die Grenze des Pedantischen reichende Genauigkeit, Pünktlichkeit und Ordnungsliebe paarten sich mit einer unbestechlichen Kritik sich selbst wie den Ergebnissen anderer gegenüber, eine Kritik, die oft gefürchtet wurde. Sein Gemüt war reich an inneren Spannungen, die seinen Schülern und Mitarbeitern manchmal den Zugang zu ihm erschwerten. Trotz der großen Erfolge und der hohen Anerkennung und Achtung der wissenschaftlichen Welt des In- und Auslandes war O. FRANK wohl nie ein ganz glücklicher Mensch im gewöhnlichen Sinne (K.WEZLER [*132*]). Er starb im Herbst des letzten Kriegsjahres 1944 in München, kurz nachdem dort sein Heim einem Bombenangriff zum Opfer gefallen war. Das vorstehende Bild stellt seinen von BLEEKER 1935 modellierten Kopf dar (Abb. 97). Eine ganze Reihe von Forschern und *Mitarbeitern* hat O. FRANKs Werk ausgebaut und weitergeführt. HERMANN STRAUB und ARTHUR WEBER haben seine Methoden und Ergebnisse der Klinik nutzbar gemacht. C. J.WIGGERS aus USA hat die FRANCKschen Prinzipien und Methoden auf dem anderen Kontinent bekanntgemacht. Von den weiteren Schülern nenne ich den früh verstorbenen PHILIPP BROEMSER (1886—1940) [*63*], EMIL VON SKRAMLIK (Berlin), RICHARD WAGNER (München), KARL WEZLER (Frankfurt) und OTTO F. RANKE (Erlangen).

War das beherrschende Arbeitsgebiet der VOITschen Schule der Stoffwechsel, der FRANCKschen Schule die physikalisch-mathematische Behandlung der Kreislauffunktionen, so war es bei FRIEDRICH LEOPOLD GOLTZ die Physiologie des Zentralnervensystems. In Posen am 14. August 1834 geboren, besuchte FRIEDRICH LEOPOLD GOLTZ (Abb. 98) nach Abschluß der Schule die Universität Königsberg. Nach der Promotion wurde er zuerst Assistent der dortigen chirurgischen Klinik, dann Prosektor an der Anatomie.

Abb. 98. FRIEDRICH LEOPOLD GOLTZ (1834—1902). (Aus R. EWALD [*155b*])

Seine freie Zeit galt aber ausschließlich physiologischen Versuchen an Fröschen, und zwar unter primitivsten Bedingungen. ,,Einige selbstgefangene Frösche, eine Schere, eine Pinzette und etwas Bindfaden, das war so ziemlich das ganze Rüst

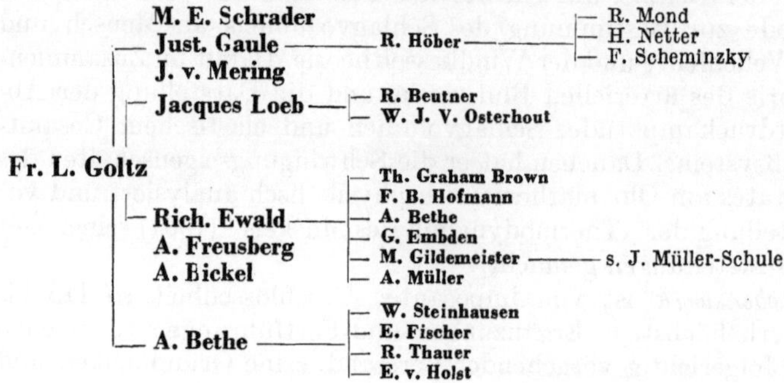

Friedrich Leopold Goltz und sein Kreis.

```
                 M. E. Schrader
              ─ Just. Gaule ──────── R. Höber ──────────┌─ R. Mond
                 J. v. Mering                           ├─ H. Netter
                                                        └─ F. Scheminzky
              ─ Jacques Loeb ───┌─ R. Beutner
                                └─ W. J. V. Osterhout
Fr. L. Goltz
                                 ─ Th. Graham Brown
                                 ─ F. B. Hofmann
              ─ Rich. Ewald ──── ─ A. Bethe
                A. Freusberg     ─ G. Embden
                A. Bickel        ─ M. Gildemeister ──────── s. J. Müller-Schule
                                 ─ A. Müller

                                 ─ W. Steinhausen
                                 ─ E. Fischer
              ── A. Bethe ─────── ─ R. Thauer
                                 ─ E. v. Holst
```

zeug, mit dem er damals seine grundlegenden Untersuchungen anstellte" (R. Ewald [*155 b*]). Während dieser Königsberger Jahre 1858–1870 hat Goltz als Autodidakt eine große Zahl glänzender Beobachtungen über die Funktionen des Nervensystems gemacht, die die Aufmerksamkeit auf ihn lenkten. Wir nennen den berühmten „Klopfversuch", dann den Quakversuch am gehirnlosen Frosch. Diesen demonstrierte er erstmalig auf der Naturforscherversammlung in Hannover 1865. „Er hatte aus Königsberg einige operierte Frösche mitgebracht, und um den Versuch in recht drastischer Weise zu zeigen, bat er den Vorsitzenden, anzugeben, wie oft jeder der Frösche quaken solle. Der Vorsitzende — es war v. Wittich (damals Physiologe in Königsberg) — antwortet ,fünfmal'. Goltz ließ jeden Frosch fünfmal quaken und erntete dadurch die ebenso heitere wie anerkennende Bewunderung der Anwesenden" [*155 c*]. Einige Zeit später folgte die Beschreibung des Umklammerungsreflexes und seine Aufklärung. Ebenso bedeutsam war die Arbeit über die Rolle der Bogengänge, welche erstmalig zu der Vorstellung führte, daß diese vor allem zur Erhaltung des Gleichgewichtes dienen. 1870 wurde Goltz auf den Lehrstuhl nach Halle berufen. 1872 siedelte er nach Straßburg an die neugegründete Hochschule über. In dem Gebäude der ehemaligen Faculté de Médecine waren 3 Institute unter Goltz, Hoppe-Seyler und Schmiedeberg untergebracht. Erst 1884 konnte ein neues physiologisches Institut bezogen werden. Bis 1876 waren Goltz' Arbeiten Einfälle, glückliche Beobachtungen, die voller Scharfsinn in die Verrichtungen des Zentralnervensystems einzudringen gestatteten. Dann wird das Arbeitsgebiet enger, es wird systematisch bearbeitet, besonders seitdem die Untersuchungen am Hund mit Schädigungen des Großhirns Goltz von der Unrichtigkeit des strengen Lokalisationsgedankens überzeugt hatten. Bis zu seiner Emeritierung im Jahre 1900 ist diese Frage das Kardinalthema des Straßburger Institutes geblieben. Der Höhepunkt dieser Epoche waren die 3 Hunde, die die Gehirnentfernung 3 Jahre überlebten. Das erforderte großes Operationsgeschick, beste Pflege der Versuchstiere, große Ausdauer und Liebe zur Sache und zu den Tieren [*155 a* und *b*]. Die *menschliche Persönlichkeit* von Goltz war ungemein liebenswert, bescheiden, von oft erfrischendem Humor. Ein klarer freier Vortrag brachte ihn in persönlichen Konnex mit seinen Zuhörern. Neidlos sah er die Erfolge seiner jungen Mitarbeiter und half ihnen weiter. Öffentliche Funktionen als Rektor und Gemeinderatsvertreter verrichtete er mit imponierender Gradheit und Offenherzigkeit, gelegentlich mit Schroffheit, wo es nötig war (H. Kraft [*155 c*]). „Goltz war ein geistreicher Physiologe, einer der großen Meister in der zweiten Hälfte des verflossenen Jahrhunderts. Er war und blieb Biologe zur Zeit, als man die Physiologie zur angewandten Physik und Chemie herabziehen wollte" (R. Ewald [*155 b*]). Diesen Geist hat er auch seinen Schülern mitgegeben. Goltz starb am 5. Mai 1902 im Alter von 67 Jahren nach einem langen Leiden, betrauert von einer großen Gemeinde aus dem Kreise der Wissenschaft und des öffentlichen Lebens. Sein tüchtiger Mitarbeiter M. E. Schrader ist früh gestorben. Ein anderer Schüler, Justus Gaule (geb. 1849), wurde nach Hermanns Fortgang Physiologe in Zürich. Von 1886–1916 war er mit kurzer Unterbrechung Ordinarius der Physiologie in Zürich. Am Gauleschen Institut haben Rud. Wlassak, Rud. Höber (Kiel, dann USA), W. Brünings und auch O. Meyerhof gearbeitet. Mit Stolz rechnen sich die beiden deutschen Physiologen Richard Ewald und Albrecht Bethe zur Schule von Goltz.

Ernst Julius **Richard Ewald**, geboren 1855 in Berlin, war seit 1880 Assistent bei Goltz. Er habilitierte sich 1883 für Physiologie und verlobte sich im gleichen Jahre mit der Tochter von Moritz Schiff, dem damaligen Ordinarius der Physiologie in Genf. Mit Goltz verband ihn ein harmonisch-freundschaftliches Vertrauensverhältnis. Ewald war überaus geschickt im Entwurf und Bau geeigneter physiologischer und anderer Apparate. „Er experimentierte mit Leidenschaft, das Schreiben war ihm eine Qual, aber das Unangenehmste, die Manuskripte in die Welt hinauszulassen", so erzählt sein Schüler und Freund A. Bethe in einem humorvollen Nachruf [*121*]. Wie Goltz war übrigens auch Ewald ein großer Hundefreund. — Beide ließen auch ihren Assistenten bei der Wahl und Durchführung ihrer Arbeiten größte Selbständigkeit. „Sie nahmen einen nicht als Schüler, sondern man mußte sie als Lehrer zu sich heranholen." Ewald war überaus geschickt im Operieren, dafür war Goltz der Meister der Beobachtung. Die wissenschaftliche Arbeit Ewalds betraf zunächst Fragen der Hämodynamik, der Schilddrüsenfunktion, hier war er einer der ersten, der solche Versuche systematisch ausführte (1890). Dann bearbeitete er auf Anregung von Goltz die Frage nach den Funktionen des Labyrinths, wo er die tonischen Funktionen auf-

Abb. 99. Ewald Hering (1834—1918).
(Aus Friedrich Hillebrand, Ew. Hering, Berlin 1918.)

geklärt hat (Nervus octavus, Wiesbaden 1892). Besonders interessant waren dabei die Beobachtungen über die Restitution der Ausfallserscheinungen bei den verschiedenen Tierarten. Weiterhin beschäftigte ihn das Gebiet der physiologischen Akustik. Seine Schallbildertheorie, die im Gegensatz zur Helmholtzschen Resonanztheorie steht, wurde allgemein bekannt. Trotz seiner guten wissenschaftlichen Qualifikation wurde Ewald erst 1900 Ordinarius für Physiologie und Nachfolger seines Lehrers Goltz in Straßburg. Der Ausbruch des ersten Weltkrieges ließ das Institut vereinsamen. Dazu kam ein zunehmendes Leiden, das Ewald die Arbeit und den Unterricht unmöglich machte. Er starb 1921 nach langer Krankheit.

Albrecht Bethe, geboren 1872, Schüler von Goltz und besonders von Ewald, lebt heute als ein Nestor der deutschen Physiologie in Frankfurt, trotz seiner Jahre immer noch reich an Ideen und unermüdlich tätig. Sein Wirken ist noch Gegenwart, und dennoch gehört vieles von seinen Ergebnissen schon zu dem geschichtlich gewordenen Bestand und Besitz der Biologie und Physiologie, besonders der allgemeinen Physiologie (s. H. Schaefer [*32*]). Bethe ist ein entschiedener Vertreter einer biologischen Richtung der Physiologie und sieht in der physikalisch-mathematischen Analyse ein nicht überall brauchbares Hilfsmittel unserer Wissenschaft. „Biologische Dinge bleiben immer nur bis zu einem gewissen Grade formelmäßig ausdrückbar" (Nachruf auf R. Ewald [*121*]). Von den Bethe-Schülern sind vor allem W. Steinhausen (Greifswald), E. Fischer, R. Thauer (Bad Nauheim) und E. v. Holst (Wilhelmshaven) zu nennen.

Von dem wissenschaftlichen Lebenswerk **Ewald Herings** ist etwa drei Viertel der Physiologie des Gesichtssinnes gewidmet, also auch hier steht eine bestimmte Arbeitsrichtung ganz im Vordergrund. Diese sinnesphysiologische Richtung entsprach Herings besonderer Begabung, die es ihm erlaubte, auf diesem Gebiet schon mit seinen ersten Schriften als ein Fertiger und Gleichwertiger neben Helmholtz auftreten zu können. Ewald Hering (Abb. 99) wurde 1834 in Altgersdorf in der Lausitz geboren (Biogr. [*176a, b, c*]). In den Jahren 1853 bis 1858 studierte er in Leipzig Medizin, u. a. bei E. H. Weber, G. Fechner, Funke und C. G. Carus. Seine ganz besondere Verehrung galt Joh. Müller, der in Herings letztem Studienjahre in Berlin die Augen schloß. Seine wissenschaftliche Arbeit beginnt mit einem zoologischen Gegenstand. In den Jahren 1860 bis 1865 war Hering dann poliklinischer Assistent bei Ernst Wagner in Leipzig und habilitierte sich nebenher 1862 bei Weber für Physiologie. Schon seine erste große Veröffentlichung „Beiträge zur Physiologie" (Leipzig 1861–1864), welche in 5 Heften den Ortssinn der Netzhaut, die Lehre vom Horopter und vom Einfachsehen, sowie die Lehre von der binokularen Tiefenwahrnehmung in einer vollendeten Form mit einer Fülle von Beobachtungen und neuen Schlüssen behandelt, ließ ihn als eine Begabung ersten Ranges erscheinen. So erhielt er schon 1865 den Ruf an die militärärztliche Akademie in *Wien* als Nachfolger C. Ludwigs. In Wien wurde die Lehre vom Doppelauge, die Lehre von den identischen Netzhautstellen, von der angeborenen sensorischen Korrespondenz der Netzhäute und von der Augenmuskelbewegung (Die Lehre vom binokularen Sehen, Leipzig 1868)

Ewald Hering und sein Kreis.

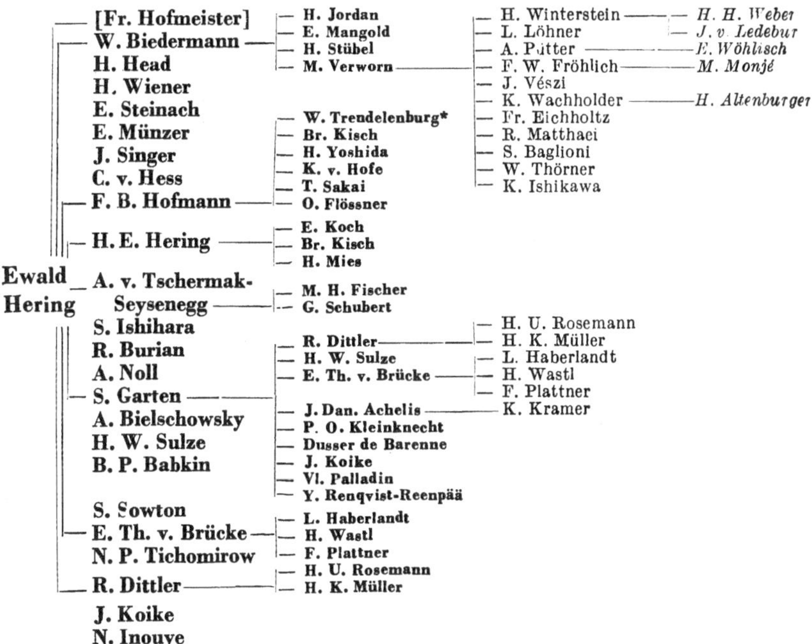

weiter ausgebaut. Dazu traten die Leistungen auf anderen Gebieten, wie Untersuchungen über die Histologie der Leber (tubuläre Drüse mit netzförmig anastomosierenden Gängen), über die reflektorische Selbststeuerung der Atmung (mit Josef Breuer), über zentral bedingte Gefäßweiten- und Blutdruckschwankungen (Heringsche Wellen). 1870 wird Hering als Nachfolger Purkinjes nach *Prag* berufen. Im Gegensatz zu seinem nationaltschechisch eingestellten Vorgänger vertrat Hering sehr die Sache des Deutschtums und der deutschen Wissenschaft in Prag. Er hat wesentlichen Anteil an der Gründung der deutschen Universität in Prag

* Siehe Ludwig-Schule.

genommen (1882), ja sogar deshalb den ehrenvollen Ruf nach Straßburg ausgeschlagen [*176a*]. In dieser Prager Zeit erscheint als Zusammenfassung zahlreicher Einzeluntersuchungen ,,Die Lehre vom Gesichtssinn", eine Schrift, die sich u. a. auch gegen die wachsenden psychologisierenden Tendenzen in der Sinnesphysiologie richtet. ,,Ich habe mich bemüht, die Phänomene des Bewußtseins als bedingt und getragen von organischen Prozessen anzusehen und Verlauf und Verknüpfung der ersteren aus dem Ablauf der letzteren zu erläutern, soweit das eben bis jetzt möglich ist."

Hier wie in mehreren inhaltlich ebenso wie stilistisch hervorragenden Reden hat HERING seine Meinungen über wichtige allgemeine Grundprobleme unserer Wissenschaft geäußert, die seine hervorragende Begabung zur theoretischen Synthese und philosophischen Betrachtung unter Beweis stellen. Er sprach 1870 ,,Über das Gedächtnis als eine allgemeine Funktion der organischen Materie"; hier behandelte er die Lehre von der funktionellen Abhängigkeit der materiellen und psychischen Vorgänge. Eine andere Rede handelt ,,Über die spezifischen Energien des Nervensystems" (1884). Eine besonders interessante Ansprache aus dem Jahre 1888 enthält HERINGS Auffassung von der allgemeinen Rolle der Assimilation und Dissimilation in der organischen Materie (,,Zur Theorie der Vorgänge in der lebendigen Substanz"). Diese Prozesse hat er nicht nur der Deutung des Farbensehens (Theorie der Gegenfarben), sondern auch der Arbeitsweise der Temperatursinnesorgane und der Erklärung der elektromotorischen Erscheinungen zugrunde gelegt. Die Phänomene, die HERING zu dieser Theorie veranlaßten, waren die Ergebnisse seiner sinnesphysiologischen, besonders elektrophysiologischen Untersuchungen am Nerven und Muskel, die in diesen Jahren in Prag einen guten Teil von HERINGS Arbeiten ausmachen. Auch W. BIEDERMANNS Name taucht in dieser Serie erstmalig 1879 auf.

Im Jahre 1895 starb C. LUDWIG, und E. HERING übernahm im Alter von 60 Jahren, aber voll ungebrochener Arbeitskraft, das berühmte *Leipziger* Laboratorium. Gerade hier scharten sich wieder viele Schüler um den inzwischen zum Weltruhm gelangten Meister der physiologischen Optik. EWALD HERING hat für seine Verdienste u. a. die GRAEFE-Medaille und den Orden Pour le mérite erhalten. Diese Auszeichnungen haben seiner Schlichtheit keinen Abbruch getan. Er starb in Leipzig im Jahre 1918 (S. GARTEN, Nachruf [*176a*]).

HERINGS klarer anschaulicher Vortrag war von vielen guten Experimenten begleitet, natürlich besonders auf optischem Gebiet. Seinen Schülern und Mitarbeitern widmete er einen großen Teil seiner Zeit. Unter seiner Anregung und Kritik wurde der Lernende in der Materia physiologica geschult. HERINGS *Kritik* und Polemik waren ebenso gefürchtet wie die von OTTO FRANK, doch geschah alles nur im Dienste der Sache. Es war allerdings vernichtend, wenn er, etwa 29 Jahre alt, eben habilitiert, schreibt: ,,Was aber das Hauptergebnis betrifft, um deswillen die ganze Arbeit von MEISSNER (damals Ordinarius in Göttingen) unternommen wurde, d. h. was den gefundenen Horopter betrifft, so ist die Arbeit im wesentlichen als eine verfehlte zu betrachten, ihren experimentellen Grundlagen fehlt die nötige Exaktheit, der mathematische Teil der Arbeit stößt gegen die Elemente der Geometrie und Trigonometrie, die Hauptvoraussetzungen, auf denen die Arbeit ruht, sind nicht richtig und ebenso ein Teil der Schlüsse, welche aus den Experimenten gezogen werden" (Beiträge 1863). Zu einer anderen Arbeit sagt er: ,,Die Versuche bieten, abgesehen von den irrigen Schlußfolgerungen, nichts wesentlich Neues." HERING hat selbst eine lebhafte Kritik seiner Auffassungen durch HELMHOLTZ erlebt. Es ging dabei allerdings nicht um die Experimente, sondern um die Fragestellungen und Interpretationen. HERING ging bei der Analyse des Farben- und Raumsinnes stets von den Empfindungen aus, um eine Zuordnung zwischen den Empfindungen und den Netzhautvorgängen zu erzielen. Nach ihm wirkt der Reiz stets nur auslösend für das ,,Eigenleben" der Netzhaut. Er prägt hier einen Begriff, welcher die starke Abhängigkeit HERINGS von JOHANNES MÜLLER beleuchtet. HELMHOLTZ dagegen ging seinerseits von den meßbaren physikalischen Reizgrößen aus und suchte nach der Zuordnung zwischen Reiz- und Empfindungsvariablen.

Schon in der Prager Zeit strömen zahlreiche *Schüler* aus dem In- und Ausland in das HERINGsche Institut. Unter ihnen war neben dem späteren englischen Neurologen HENRY HEAD (geb. 1861) und dem Ophthalmologen CARL VON HESS († 1923) vor allem WILHELM BIEDERMANN (Abb. 100). Dieser, 1852 in Böhmen geboren, studierte in Prag, habilitierte sich dort 1880 bei Hering und blieb bis zum Jahre 1888 bei ihm, bis ihn ein Ruf auf den durch Wilhelm Preyers (1841—1897) Ausscheiden frei gewordenen Lehrstuhl für Physiologie in Jena erreichte. In Jena hat er fast 40 Jahre lang gelehrt und gewirkt. Biedermann hatte ein ungeheures Wissen und ein nie versagendes Gedächtnis. Seine experimentellen Arbeiten auf dem Gebiet der Elektrophysiologie, welches er später monographisch hervorragend bearbeitete, machten ihm früh einen guten Namen. Daneben bearbeitete er die diastatischen Fermente. Aus seiner Feder stammen 3 umfangreiche Bände in Wintersteins Handbuch der vergleichenden Physiologie. Biedermann war unverheiratet und ein Sonderling. Sein Tageslauf, besonders später, war genau, aber recht eigenartig eingeteilt (siehe F. N. Schulz [37]). Morgens frühes Aufstehen, dann folgte ein Ritt um Jena, der mit einem umfänglichen Frühstück beschlossen wurde, 10 Uhr Vorlesung, etwas später Frühschoppen, dann Mittagessen im „Schwarzen Bären", von etwa $\frac{1}{2}3$ bis 6 Uhr wurde im Institut gearbeitet, abends 2 Stunden Klavierspiel, das er glänzend beherrschte, und gegen 9 Uhr ging er zu Bett. Er starb 1929 im Alter von fast 78 Jahren. Von Biedermanns Schülern seien Hermann Jacques Jordan, Ernst Mangold, vor allem aber Max Verworn erwähnt.

Max Verworn (Abb. 101) bezeichnete sich selbst [163] als Schüler von Ernst Haeckel, der damals in Jena war. Auf ihn werden wohl zum guten Teil seine Interessen für die Einzeller zurückgehen. Jedenfalls war er ein fertiger Forscher, als er zu Biedermann kam. Er war gebürtig aus Berlin (4. Nov. 1863), stu-

Abb. 100. Wilhelm Biedermann (1852—1929).
(Aus Fr. N. Schulz [37].)

dierte dort und in Jena, habilitierte sich 1891 bei Biedermann für Physiologie und wurde 1901 Ordinarius in Göttingen als Nachfolger Meissners. Hier verbrachte er seine glücklichsten und erfolgreichsten Jahre. 1910 ging er als Pflügers Nachfolger nach Bonn. Kurz nach dem Weltkriege, 1923, starb er im 59. Lebensjahr. Verworn ist der wesentliche Begründer der allgemeinen Zellphysiologie (Protistenstudien, Flimmerbewegung). Dann interessierte ihn ganz besonders die allgemeine Physiologie des Nervensystems (Erregbarkeit, Ermüdung, Erschöpfung, Narkose, Hypnose). Eine ganze Reihe von Monographien sind Dokumente seines scharfen und sehr auf das Allgemeine und Theoretische eingestellten Geistes. Seine „Allgemeine Physiologie", „Vitalismus und Neovitalismus", „Kausale und konditionale Weltanschauung", „Biogenhypothese", „Mechanik des Geisteslebens" umreißen seinen weiten naturphilosophischen Gesichtskreis. Neben der Physiologie interessierten ihn besonders die Dokumente der Entwicklungsgeschichte des menschlichen Geistes. Er besaß, zum Teil durch eigene Reisen selbst erworben, eine große Sammlung von Steinwerkzeugen, prähistorischen Zeichnungen, Kinderzeichnungen, Amuletten und auch Gemälden. Ein großer Kreis von Freunden, Schülern und ausländischen Gästen, u. a. Japanern, scharte sich in Göttingen und Bonn um ihn (Fr. W. Fröhlich [400b]). Ein großer Teil von ihnen lebt und wirkt heute noch. Ihre Namen sind in dem Heringschen „Stammbaum" (S. 189) zu finden. Ich nenne besonders HANS WINTERSTEIN (Breslau, zuletzt Istanbul), AUGUST PÜTTER (Heidelberg), FRIEDRICH WILHELM FRÖHLICH, LEOPOLD LÖHNER (Graz), KURT WACHHOLDER (Rostock) und RUPPRECHT MATTHAEI (Erlangen).

Kehren wir nun nach dieser Abschweifung zu HERINGS *Mitarbeitern* und Schülern zurück. Unter ihnen sei zunächst FRANZ BRUNO HOFMANN (1869 bis 1926) genannt [*197a, b*]. Er siedelte 1896 mit HERING nach Leipzig über und war bis zu seiner Berufung nach Innsbruck im Jahre 1905 dort als Assistent und Dozent tätig. Nach mehrmaligem Wechsel der Universität wurde er 1923 Nachfolger M. RUBNERS auf dem Berliner Lehrstuhl. In seinen sinnesphysiologischen Interessen (Lehre vom Raumsinn des Auges) und seinen Muskelstudien über den Tetanus ist die Nachwirkung der HERINGschen Richtung spürbar.

Abb. 101. MAX VERWORN (1863—192.) und sein Kreis im Bonner Institut. Sitzend von links nach rechts: J. VÉSZI, H. FREDERICQ, L. LÖHNER, M. VERWORN, A. PÜTTER. Stehend von links nach rechts: A. LIPSCHÜTZ. E. KÜPPERS, K. GRUBE, P. JUNKERSDORF, G. ELRINGTON, B. SCHÖNDORFF. (Überlassen von Prof. Dr. LÖHNER, Graz.)

HOFMANN hat auch mit gewichtigen Befunden zur Lehre von dem myogenen Ursprung und der myogenen Leitung im Herzen beigetragen. An seinen elektrophysiologischen Arbeiten hat H. YOSHIDA bedeutenden Anteil genommen. HOFMANN war eine fröhliche Natur, seinen Schülern und Mitarbeitern gegenüber hilfsbereit und anregend, sich selbst gegenüber von unerbittlicher Wahrhaftigkeit und Strenge. Seine Arbeiten über die Wirkungen von Ionen auf die Herztätigkeit sind vor allem von BRUNO KISCH (heute USA) weitergeführt worden. Im Jahre 1896 trat SIEGFRIED GARTEN (1871–1923) in das HERINGsche Institut ein, wohin er später nach vorübergehender Tätigkeit in Gießen als Ordinarius zurückkehrte [*147a, b*]. Der Schwerpunkt von GARTENS Können lag in der experimentellen Methodik, hier hat er Außerordentliches geleistet (Photokymographion, elektrischer Druckschreiber, Schallschreiber). Seine schönen Untersuchungen über die Bleichung des Sehpurpurs, die Arbeiten zur Entscheidung der Präexistenz bioelektrischer Spannungen und viele andere haben heute noch ihre Bedeutung. Viele Schüler und Gäste aus dem In- und Ausland sind bei GARTEN in Leipzig gewesen, z. B. J. DANIEL ACHELIS (Heidelberg), ferner RUDOLF DITTLER (Marburg), H. W. SULZE (Leipzig), Y. RENQVIST-REENPÄÄ und DUSSER DE BARENNE.

ARMIN VON TSCHERMAK-SEYSENEGG (geb. 1870 in Wien) war von 1896–1899 bei HERING in Leipzig und von 1900–1906 bei BERNSTEIN in Halle. Nach seiner Tätigkeit an der Wiener Tierärztlichen Hochschule ging er 1913 nach Prag. Nach dem zweiten Weltkrieg hat er trotz seines hohen Alters wieder eine neue Tätigkeit in Regensburg aufgenommen. Seine Hauptgebiete sind die allgemeine Physiologie und Sinnesphysiologie, vor allem die physiologische Optik. Das letzte Gebiet hat auch seine Schüler MAX HEINRICH FISCHER (Berlin-W.) und GUSTAV SCHUBERT (Wien) besonders beschäftigt. Zu den unmittelbaren HERING-Schülern zählt noch ERNST THEODOR VON BRÜCKE (1880–1941), der Enkel des bedeutenden Wiener Physiologen ERNST BRÜCKE (s. S. 139). Er habilitierte sich 1907 in Leipzig und kam 1916 als Nachfolger von W. TRENDELENBURG nach Innsbruck, wo er bis zu seiner Emeritierung 1938 verblieben ist [67]. Seine Hauptarbeitsgebiete waren neben der physiologischen Optik und der Funktion vegetativ innervierter Organe die Nerven- und Muskelphysiologie. Besonders wichtig sind seine Arbeiten zur Theorie der nervösen Hemmung. Daran knüpften sich Arbeiten mit FRIEDRICH PLATTNER über die humorale Übertragung der nervösen Hemmung am Herzen. Hinsichtlich der Funktion des Zentralnervensystems näherte er sich sehr der BETHESchen Auffassung: „Alle unsere Versuche, die Anpassungsfähigkeit der nervösen Funktion, diese Teilerscheinung der alles Organische beherrschenden Adaptationstendenz zu deuten, müssen von einer ganz anderen Ebene des Verstehenwollens ausgehen, als jene ist, auf der die Kenntnis vom Bau einer Maschine bei der Beobachtung ihrer Arbeitsleistung befriedigt." Hierher gehört auch der Versuch, die vegetative „Umstimmung" im Nervensystem experimentell zu erfassen. Ein BRÜCKE-*Schüler* war LUDWIG HABERLANDT (1885–1932), der durch seine Herzarbeiten („Herzhormon") sehr bekannt geworden ist.

Schließlich ist noch der „junge" HEINRICH EWALD HERING (geb. 1886 in Wien), der Sohn des „alten" HERING, zu erwähnen. Er wurde ebenfalls Physiologe, habilitierte sich in Prag für allgemeine und experimentelle Pathologie und wurde 1913 an das damalige Institut für Pathologische Physiologie nach Köln berufen. Er ist der Entdecker des Carotis-Sinusreflexes, ferner hat er zur Klärung der Erregungsbildung und -leitung im Herzen vieles beigetragen. Im Jahre 1934 wurde er emeritiert. Im hohen Alter von 82 Jahren starb er 1948 in Papenhusen. Zu seinen Schülern gehören BRUNO KISCH, EBERHARD KOCH (zuletzt Gießen) und HEINZ MIES (Köln).

Außer diesen unmittelbaren „Nachkommen" des alten HERING seien noch einige weitere erwähnt, die länger oder kürzer bei ihm gearbeitet haben: BORIS PETROWITSCH BABKIN (geb. 1877), viele Jahre Assistent von PAWLOW, seit 1915 in Odessa, seit 1924 in Nordamerika; EUGEN STEINACH (geb. 1861), langjähriger Assistent von HERING, der besonders durch seine Verjüngungsexperimente bekanntgeworden ist. JACOB SINGER (1853–1926) und EGMONT MÜNZER (1865–1924) waren neurologisch interessierte Mitarbeiter. RICHARD BURIAN (geb. 1871) erhielt 1920 den neugegründeten Lehrstuhl für Physiologie in Belgrad. Auch eine Reihe von Japanern hat bei HERING gearbeitet (s. Tab. S. 189).

11. Die englische und amerikanische Physiologie des 19. Jahrhunderts.

Die englische Physiologie. „In the middle part of the nineteenth century Great Britain was far behind France and Germany in the development of Physiology. We had no pure physiologists and it was considered that any surgeon or physician was competent to teach the science. — Hence, during a period of time, when other experimental sciences were rapidly progressing, Physiology in this country could show no names worthy to be mentioned with those of MAGENDIE, BERNARD, MÜLLER, HELMHOLTZ or LUDWIG, to mention but a few of the brilliant physiologists of France and Germany."

So beginnt E. SHARPEY-SCHAFER seine Geschichte der „Physiological Society in England" [364]. Diese Situation war ein Bruch mit der sonst so glänzenden Vergangenheit, nicht nur mit den glanzvollen Zeiten eines WILLIS, LOWER, BOYLE,

HARVEY, HOOKE und MAYOW im 17. Jahrhundert, sondern auch mit der Zeit eines WHYTT, HEWSON, HUNTER und WALKER. Immerhin beginnt das 19. Jahrhundert in der physiologischen Forschungsgeschichte mit zwei wichtigen englischen Entdeckungen. CHARLES BELL (1774—1842) (Abb. 102) aus Edinburgh [*314*] vertrat, wie schon vor ihm ALEXANDER WALKER (1779—1852), in einer umfangreichen Schrift „Idea of a New Anatomy of the Brain . . ., London 1811" die Auffassung von einer unterschiedlichen Funktion der vorderen und hinteren Rückenmarkswurzeln [*22, 22a*]. Er schrieb den vorderen Wurzeln, mehr auf Grund allgemeiner Überlegungen als auf Grund zureichender Experimente, motorische Aufgaben zu.

Abb. 102. CHARLES BELL (1774—1842). (Gemälde von J. BALLANTYNE. Aus dem Bildarchiv der Ciba-Z.)

Erst MAGENDIES großem experimentellem Geschick gelang es — unabhängig von BELL —, den endgültigen Beweis von der Existenz getrennter Bahnen für Motorik und Sensibilität zu führen (1822). JOH. MÜLLER konnte dann 1831 am Frosch diese Feststellungen bestätigen. Eine zweite wichtige Entdeckung bedeutete die von dem genialen Arzt, Physiker und Ägyptologen THOMAS YOUNG (1773—1829) [*3*] im Jahre 1802 aufgestellte Farbensinntheorie, die bekanntlich später der Ausgangspunkt der HELMHOLTZschen Theorie wurde. YOUNG [*429*] entdeckte auch den Astigmatismus und bewies ferner, daß die Akkommodation nicht auf einer Veränderung der Hornhautkrümmung beruht.

Es war dann neben WILL. BENJ. CARPENTER (1813—1885) und WILLIAM BOWMAN (1816—1892) vor allem WILLIAM SHARPEY (1802—1880), von dem die Erneuerung der englischen Physiologie in der zweiten Hälfte des vergangenen Jahrhunderts ausging [*364*]. SHARPEY, selbst im wesentlichen Anatom und seit 1836 Inhaber des Lehrstuhls für Anatomie und Physiologie am University College in London, hatte eine ganz besondere Liebe zur Physiologie. Er erkannte die Notwendigkeit, die Physiologie stärker im Unterricht wirksam werden zu lassen. Dazu erwählte er sich den damals 30jährigen MICHAEL FOSTER (1836—1907) (Abb. 103). Dieser richtete einen praktischen Kurs ein, in dem neben histologischen Präparaten die wichtigsten Untersuchungsmethoden für Blut, Harn, Verdauungsstoffe usw. demonstriert wurden. Dazu kamen einige experimentelle Versuche über Herz-, Kreislauf-, Muskel- und Nervenphysiologie [*130*]. Angeregt durch SHARPEY, beschäftigte sich auch JOHN BURDON-SANDERSON (1828—1905) (Abb. 107) um 1866 mit physiologischen Versuchen über Kreislauf und Atmung. Er wurde daher 1870, als MICHAEL FOSTER als Prälektor auf den neuerrichteten Lehrstuhl für Physiologie an das Trinity College nach Cambridge übersiedelte, dessen Nachfolger und endlich nach SHARPEYs Ausscheiden 1874 der erste reine Physiologe am University College in London. Von diesen beiden Zentren aus entwickelte sich allmählich die neue englische Physiologie, denn FOSTER und BURDON-SAN-

DERSON sammelten viele interessierte und begabte Männer um sich. Die meisten von dieser Generation gingen dann auf einige Zeit nach Deutschland oder Frankreich, um dort ihre Ausbildung zu vervollständigen. Ich nenne nur W. H. GASKELL, V. HORSLEY, T. LAUDER-BRUNTON, E. A. SCHAEFER, A. D. WALLER, W. STIRLING, E. H. STARLING, die bei LUDWIG, KÜHNE, BERNARD und BRÜCKE waren. Das wachsende Interesse an der Physiologie dokumentiert sich auch in der Gründung der *Physiological Society*, welche im Jahre 1876 unter der Initiative von BURDON-SANDERSON, FOSTER, SHARPEY, SCHAEFER, FERRIER, LAUDER-BRUNTON u. a. vollzogen wurde. Dank der Initiative FOSTERs entstand

ferner 1878 das *Journal of Physiology*, die erste rein physiologische Zeitschrift in England. In den beiden letzten Jahrzehnten holte die englische Physiologie in ganz kurzer Zeit den Vorsprung des Festlandes ein, ja sie erreicht in diesen Jahren eine hohe Blüte ihrer wissenschaftlichen Produktivität. Eine Reihe glänzender Namen geben davon Zeugnis. Diese Generation wirkte auch stark nach Amerika hinüber, und auch hier entstanden in den letzten Jahrzehnten des 19. Jahrhunderts immer neue Lehrstühle und Institute für physiologische Forschung und Lehre. MICHAEL FOSTERs Einfluß erstreckte sich nicht nur auf seine unmittelbaren *Schüler*, wie GASKELL, LANGLEY, NEWELL-MARTIN und SHERIDAN LEA, sondern auch auf die medizinischen Schulen weit über Cambridge hinaus. Sein großes Wissen, sein angeborenes Organisationstalent und sein verbindliches Wesen verschafften ihm Freunde und Unterstützung überall. Seine Anregung trug nicht nur wesentlich bei zum Ausbau der eng-

Abb. 103. MICHAEL FOSTER (1836—1907).
(Aus J. N. LANGLEY [*130*])

lischen Physiologie, der Physiological Society und der Begründung des Journal of Physiology, sondern auch zum Zustandekommen des ersten *internationalen Physiologenkongresses* in Basel 1889. Lange Jahre war er Sekretär der Sektion der Royal Society. FOSTER starb 1907 im Alter von 71 Jahren [*130*]. Sein Textbook of Physiology (1877) war das erste englische autoritative Lehrbuch der Physiologie.

Schon während FOSTERs Londoner Tätigkeit kam HENRY NEWELL-MARTIN (1848—1896) (Abb. 104) aus Neury, Irland, in sein Laboratorium. Er ging dann als Assistent mit FOSTER nach Cambridge, wo allerdings das Institut nur aus einem Raume bestand. Als im Jahre 1876 die JOHN-HOPKINS-Universität in Baltimore gegründet wurde, erhielt auf FOSTERs Empfehlung NEWELL-MARTIN den dortigen Lehrstuhl für Physiologie [*253a*]. Seine besondere wissenschaftliche Leistung war eine Methode zum Studium des überlebenden Warmblüterherzens. Viele amerikanische Physiologen sind von NEWELL-MARTIN in das Fach eingeführt worden (s. S. 207). Im Jahre 1893 trat er krankheitshalber in den Ruhestand und kehrte in sein Heimatland zurück. WALTER HOLBROOK GASKELL (Abb. 105), geboren 1847, also fast gleichaltrig wie NEWELL-MARTIN, studierte

Abb. 104. HENRY NEWELL-MARTIN (1848—1896).
(Nach einem Bilde, überlassen von J. F. FULTON.)

Abb. 105. WALTER HOLBROOK GASKELL
(1847—1914). (Aus GARRISON.)

in Cambridge und trat hier zu FOSTER in Beziehung. Auf dessen Rat ging er dann ein Jahr zu CARL LUDWIG und arbeitete hier über das Verhalten der Blutgefäße bei der Muskelarbeit. Seitdem blieb die Erforschung von Herz und Kreislauf sein Hauptanliegen. Er untersuchte u. a. die Wirkung der Herznerven, schuf den Begriff des „Herzblocks" und war der Hauptbegründer der myogenen Theorie der Automatie und Erregungsleitung im Herzen. Ihm gelang auch der Nachweis, daß die sympathischen Nerven ihren Ursprung aus dem Rückenmark nehmen. 1883 wurde er Lecturer in Physiology an der Universität Cambridge, dann 1889 in Trinity Hall. Er starb 1915. Ein dritter FOSTER-Schüler, JOHN NEWPORT LANGLEY, geboren 1852 in Newbury (Abb. 106), begann seine erfolgreiche Arbeit, zunächst angeregt durch FOSTER, dann aus eigener Planung, mit der Untersuchung der Pilokarpinwirkung auf das Herz.

Dann prüfte er die Wirkung der verschiedensten Drogen auf das vegetative System. Er fand u. a. die folgenreiche Tatsache einer lähmenden Wirkung des Nikotins auf die peripheren Ganglien (1889). Seine Hauptleistung ist die Aufklärung der anatomischen und funktionellen Zusammenhänge im „autonomen" Nervensystem, dem er auch diesen Namen gegeben hat. Er beschrieb ferner die „Axonreflexe". 1903 wurde er Nachfolger FOSTERS in Cambridge und starb, 73 Jahre alt, im Jahre 1925 [*240a*].

Unter WILLIAM SHARPEYS *Schülern* waren nicht nur J. BURDON-SANDERSON, sondern auch JOHN A. McWILLIAM und WILLIAM D. HALLIBURTON (1860—1931). Der erstere wurde 1886 Professor der Physiologie in Aberdeen. HALLIBURTON kam nach ihm in das University College zu SHARPEY und war von 1890—1925 als Physiologe am Kings-College in London tätig. Er hat besonders über Nerv-Muskel-Probleme und über physiologisch-chemische Probleme gearbeitet.

JOHN SCOTT BURDON-SANDERSON (Abb. 107) wurde 1828 zu Jesmond in Northumberland geboren, studierte in Edinburgh und ging dann auf den Kontinent, um Chemie bei GERHARDT und WURTZ und um Physiologie bei CLAUDE BERNARD in Paris zu studieren. Nach seiner Rückkehr wirkte er zunächst in London als Kliniker und Hygieniker und machte wertvolle Untersuchungen über bakteriologische und epidemiologische Fragen (Rinderpest). Daneben beschäftigten ihn, wie oben erwähnt, besonders physiologische Fragen. So wurde er 1870

Abb. 106. JOHN NEWPORT LANGLEY (1852—1925). (Aus R. DU BOIS-REYMOND [*240*])

FOSTERS Nachfolger bei SHARPEY und war 1874–1882 Inhaber des Lehrstuhls für Physiologie am University College in London. BURDON-SANDERSON hat ausgezeichnete Arbeiten über elektrophysiologische Erscheinungen, sowohl am Herzen (mit seinem Schüler F. J. M. PAGE) als auch an der Pflanze veröffentlicht. Er bekam 1887 den WAYNFLETE-Lehrstuhl in Oxford. Ebendort war er dann als Regius Professor of Medicine von 1895–1904, wo ihm WILLIAM OSLER im Amte nachfolgte. Er starb 1905 im Alter von 77 Jahren [*72a, b, c*].

Wie BURDON-SANDERSON, so hat sich auch sein Schüler AUGUSTUS DESIRÉ WALLER besonders mit Fragen der Elektrophysiologie beschäftigt. Er hat u. a. das erste menschliche Elektrokardiogramm mit dem Kapillarelektrometer aufgeschrieben (1887) und die elektrischen Ströme an der Haut, an Nerven, Muskeln und Pflanzen untersucht. A. D. WALLER wurde 1856 in Paris als Sohn des AUGUSTUS VOLNAY WALLER (1816–1870) geboren, dessen Name mit den Gesetzen der Nervendegeneration verknüpft ist. Sein Sohn studierte in Aberdeen, bei CARL LUDWIG in Leipzig und vor allem bei BURDON-SANDERSON, war tätig an der Londoner School of Medicine for Women, am St.-Mary-Hospital und dann als Direktor des physiologischen Laboratoriums in London. Er starb 1922. Zu den frühen Schülern von SANDERSON gehört auch Sir EDWARD SHARPEY-SCHAFER (vormals E. A. SCHAEFER) (1850—1935), dem wir die inhaltsreiche „History of the Physiological Society during its First Fifty Years (1876—1926)" [*364*] verdanken, und der mit zu den Gründern dieser Gesellschaft gehört. Er war nach seiner Tätigkeit als Assistant-Professor am University College in London Jodrell-Professor in London und seit 1899 Professor der Physiologie in Edinburgh. Er wurde bekannt durch seine Arbeiten über innersekretorische Organe. Mit OLIVER fand er die blutdrucksteigernde Wirkung der Nebennierenextrakte. FRANCIS GOTCH (1853—1913) war nach seiner Studentenzeit Demonstrator bei BURDON-SANDERSON in Oxford. Er verbrachte dann einige Zeit bei H. KRONECKER in Berlin und ging 1891 an das University College nach Liverpool. 1895 wurde er Nachfolger BURDON-SANDERSONs in Oxford. GOTCH hat sich auch besonders mit der Elektrophysiologie, ferner mit der Physiologie des Zentralnervensystems (Lokalisation) beschäftigt. GOTCH war verheiratet mit einer Schwester von VICTOR HORSLEY (1857—1913), dem bedeutenden Neurologen und Chirurgen des ZNS., der bei E. A. SCHAEFER und bei LUDWIG in Leipzig in der Physiologie gearbeitet hat.

Abb. 107. JOHN BURDON-SANDERSON (1828—1905). (Zeichnung von R. LEHMANN. Aus dem Archiv der Ciba-Z.)

Zu den erfolgreichsten englischen Physiologen gehören weiterhin die BURDON-SANDERSON-Schüler WILLIAM MADDOCK BAYLISS (Abb. 108) und sein Freund ERNEST HENRY STARLING. BAYLISS wurde 1866 in Wolverhampton geboren und studierte im University College in London Medizin. „Da er stets mehr von der wissenschaftlichen Seite seines Studiums angezogen wurde, erweckte die trockene Anatomie nur in geringem Maße sein Interesse, und als er in diesem Gegenstand die 2. MP.-Prüfung nicht bestand, gab er das Vorhaben auf, die ärztliche Prüfung zu bestehen und beschloß, sich der Physiologie zu widmen. Er folgte daher seinem verehrten Lehrer BURDON-SANDERSON nach Oxford" (E. H. STARLING [*17a*]). Seit dem Jahre 1890 datiert die wissenschaftliche Zusammenarbeit und Freundschaft zwischen BAYLISS und STARLING, welche durch die Heirat zwischen BAYLISS und STARLINGs Schwester noch enger wurde. Diese Zusammenarbeit führte zu vielen bedeutenden Entdeckungen. Die Untersuchung der Aktion des Warmblüterherzens mit dem Kapillarelektrometer ergab ein Überdauern der Erregung an der Basis und führte zur Deutung der positiven T-Zacke des EKG (1892). Dann folgten Untersuchungen über die fördernden Wirkungen des N. accelerans auf die Herzarbeit, über vasomotorische Reflexe, über die Gesetze der peristaltischen Bewegungen, welche den Transport des Speisebreis im Darm ergeben. Das Jahr 1902 bringt die Entdeckung des Sekretins, welches die Sekretion des Pankreassaftes hervorruft. Die äußere Voraussetzung für diese Zusammenarbeit zwischen BAYLISS und STARLING war dadurch gegeben, daß BAYLISS zunächst als Assistent, dann als Professor für allgemeine Physiologie seinem Freunde STARLING auf dem Jodrell-Lehrstuhl für Physiologie am University College in London zur Seite stand. Vom Jahre 1904 an beschäftigte sich BAYLISS vorwiegend mit physiko-chemischen Problemen der allgemeinen Physiologie, der Enzymwirkung usw. Viele Ehrungen sind BAYLISS zuteil geworden, bevor er im Jahre 1924 im Alter von nur 58 Jahren die Augen schloß[1].

Die „Allgemeine Physiologie" (1. Aufl. 1914) von BAYLISS, ein Muster an Klarheit und Weite des Gesichtskreises, offenbart den gewaltigen Umfang der gedank-lichen Verarbeitung biologisch-physiologischer Probleme, aus der ein bemerkenswerter Satz der Einleitung zitiert sei: „Die Wahrheit entspringt eher einem Irrtum, wenn dieser nur klar und bestimmt ist, als der Verwirrung, und meine Erfahrung lehrt mich, daß es besser ist, eine verständige, sachlich mögliche Ansicht — selbst wenn sie sich als falsch herausstellen sollte — zu haben, als sich mit einem trüben Durcheinander widersprechender Meinungen zu begnügen ... Aber man darf auch nicht zögern, eine Stellung in dem Augenblick aufzugeben, da sie sich als unhaltbar erweist. Man geht nicht zu weit, wenn man sagt, daß die Größe eines wissenschaftlichen Forschers nicht auf der Tatsache beruht, daß er niemals einen Fehler gemacht hat, als vielmehr auf seiner Bereitwilligkeit, einen

Abb. 108. WILLIAM MADDOCK BAYLISS (1866—1927).
(Nach einem Bilde aus Familienbesitz.)

solchen zuzugeben, wenn der Gegenbeweis zwingend genug ist."

ERNEST HENRY STARLING (Abb. 109) wurde 1866 in Bombay geboren und starb 1927 auf einer Reise nach Jamaika. Nach seinen Studienjahren in England ging er 1885 nach Heidelberg, wo er u. a. bei KÜHNE war, 1892 zu HEIDENHAIN nach Breslau, der damals gerade seine bemerkenswerten Untersuchungen zur Lymphbildung veröffentlicht hatte. Diese Anregung führte STARLING zu sorgfältigen physikalisch-chemischen Studien über die wirksamen Kräfte bei der Lymphentstehung und die Rolle des kolloidosmotischen Druckes. Eine andere wichtige Leistung STARLINGs besteht in der Prüfung der FRANK-STRAUB-Gesetze am Warmblüterherzen und ihre eingehende Analyse am STARLINGschen „Herz-Lungen-Präparat" (Gesetze der Herzarbeit). Über die großen Erfolge der Gemeinschaftsarbeit mit BAYLISS wurde schon oben berichtet. Der Begriff des „Hormons" ist von STARLING 1905 geprägt worden. 1899—1923 war er Inhaber des Jodrell-Lehrstuhles für Physiologie am University College in London. In seiner Festrede auf dem internationalen Physiologenkongreß in Stockholm 1926 behandelte er humorvoll die Frage nach den Motiven, aus denen bei den einzelnen Nationen Physiologie getrieben wird, und sagte bezüglich Englands: „Because it is the hardest and the finest game" (M. v. FREY [373a]).

---

[1] Vgl. die Angaben in meiner „Entwicklungsgeschichte physiologischer Probleme..."[342b].

M. Foster hatte nicht nur sehr früh die außerordentliche Bedeutung der Physiologie, sondern auch die Wichtigkeit einer chemischen Betrachtung der Lebensvorgänge als Grundlage der Medizin erkannt. So zog er den jungen Frederick Gowland
Hopkins (1861—1947) im Jahre 1898 zur Mitarbeit im Physiologischen Laboratorium
von Cambridge heran. Hopkins war durch ungünstige äußere Bedingungen erst auf
Umwegen zum Studium der Chemie und dann der Medizin gelangt, brachte aber
durch seine Kenntnisse auf beiden Gebieten besonders günstige Voraussetzungen
für seine Aufgabe mit. Hier in Cambridge begann eine Zeit fruchtbarer Zusammenarbeit mit Walter Morley Fletcher (geboren 1873 in Liverpool), der nach Studien im Trinity-College in Cambridge und St. Batholomews Hospital in London

Abb. 109. Ernest Henry Starling (1866—1927).
(Überlassen von Prof. Dr. F. Eichholtz.)

1899 Lecturer für Naturwissenschaften am Trinity-College geworden war. Fletcher
und Hopkins bearbeiteten zusammen die Frage nach den chemischen Vorgängen bei
der Muskeltätigkeit und entdeckten den anaeroben Zerfall der Kohlenhydrate in
Milchsäure als einen entscheidenden Vorgang während der Kontraktion. 1910 wurde
Hopkins Praelector für physiologische Chemie am Trinity-College und erhielt 1914
einen Lehrstuhl für Biochemie. Von großer Bedeutung waren einmal seine Untersuchungen über die Proteine und über das Tryptophan, dann aber vor allem seine Entdeckung, daß eine kalorisch ausreichende Ernährung noch der „accessory food fac-
tors" bedarf (1912). Schließlich beschrieb er 1921 das Glutathion. So erhielt er ver-
dientermaßen zusammen mit Chr. Eijkman 1929 den Nobelpreis für Medizin. Bei dem
obenerwähnten Fletcher, der ein Schüler Langleys war, arbeitete auch Archibald
Vivian Hill, der ebenfalls, und zwar zusammen mit Otto Meyerhof, 1922 den Nobelpreis erhalten hat. Hill wurde 1886 in
Bristol geboren und hat außer bei Fletcher auch bei K. Bürker in Gießen Anregungen erhalten. Er wurde 1914 Lecturer für physiologische Chemie in Cambridge
und erhielt 1915 den Lehrstuhl für Physiologie in Manchester. 1923 wurde er Nachfolger Starlings am University College in London. Hills Arbeiten haben ganz
wesentlich zur Aufklärung der Thermodynamik des Muskels beigetragen. Durch eine
außerordentliche Vervollkommnung der thermoelektrischen Meßmethode gelang
es, den Verlauf der Wärmebildung am Muskel und Nerven in Beziehung zur Erregung bzw. zu ihren mechanischen und chemischen Begleiterscheinungen zu setzen.

Für ihre bedeutenden Leistungen auf dem Gebiete der Physiologie des Zentralnervensystems erhielten im Jahre 1932 Charles Scott Sherrington (Abb. 110) und
Edgar D. Adrian den Nobelpreis [365b]. Sherrington wurde 1859 in London
geboren und studierte am Caiuscollege in Cambridge. Hier trat er zu Langley
in Beziehung. Beide führten 1884 eine gemeinsame Arbeit über degenerative
Veränderungen an einem gehirnlosen Hund von Goltz aus. Damit beginnt
Sherringtons Arbeit am Nervensystem. Nach kurzem Aufenthalt in Deutschland wurde er 1890 Dozent am St.-Thomas-Hospital und Nachfolger Horsleys
am Brown-Institut in London. 1895—1913 war er auf dem Lehrstuhl in Liver-

pool und seit 1914 an der Universität Oxford. Sherringtons Lebensarbeit diente dem Ausbau der Reflexlehre, vor allem im Hinblick auf das Ordnungsgefüge, auf die „integrative action of the nervous system", welches dem nervösen Geschehen zugrunde liegt (1906). Frühe Arbeiten klären die plurisegmentale Innervation der Haut. Dann führt er den wichtigen Beweis der reziproken Innervation antagonistischer Muskeln. Seine Entdeckung der „Enthirnungsstarre" erwies sich für das weitere Studium der peripheren Reflexerscheinungen als überaus fruchtbar. Seine Einteilung der Reflexe in extero- und propriozeptive Reflexe ist allgemein angenommen worden. Die reflektorischen Vorgänge bei der Lokomotion, die Bedeutung der sensiblen Muskelinnervation, plastischer Reflextonus, motorische Rinde der Primaten, damit sind einige besonders wichtige Kapitel aus Sherringtons Lebenswerk umrissen. Es wurde das Fundament für die weitere Entwicklung dieses ganzen Gebietes. Hohe Ehren wurden Sherrington zuteil, er war 1920—1925 Präsident der Royal Society, 1922 wurde er geadelt, 1932 erhielt er zusammen mit E. D. Adrian den Nobelpreis. Sherrington starb 1952 im 93. Lebensjahre als Nestor der internationalen Physiologie. Seine Mitarbeiter R. S. Creed, D. Denny-Brown, I. C. Eccles und E. G. T. Liddle haben das wissenschaftliche Werk Sherringtons weitergeführt [*365 a,b*].

Abb. 110. Charles Scott Sherrington (1859—1952)

Edgar Douglas Adrian wurde 1889 in London geboren. Nach Studien in Cambridge und am St.-Bartholomews-Hospital in London kam er zu Keith Lucas nach Cambridge, der als Flieger im ersten Weltkrieg das Leben verlor. Dieser junge hochbegabte Physiologe hatte mit elektrophysiologischen Methoden u. a. das Verhalten der Nervenerregung vor allem in einer narkotisierten Strecke untersucht. Hier knüpfen Adrians Untersuchungen an, der den Nachweis führen konnte, daß die Erregung stets dem „Alles-oder-Nichts-Gesetz" folge und keiner Abstufbarkeit fähig sei. Dasselbe wurde später für afferente Fasern nachgewiesen. Sie sind also nicht fähig, Erregungen verschiedener Größe zu leiten. Adrians Geschick gelang es, die Methodik für die Untersuchung der schwachen Aktionsspannungen einzelner Nervenfasern, Rezeptoren oder Muskelfasern zu entwickeln. Damit wurde die Erregungsaussendung sensibler Nervenendorgane auf der Haut und an reflexogenen Zonen der Eingeweide untersucht. An diesem Werk haben seine begabten Schüler und Mitarbeiter A. Forbes, Y. Zotterman, Bronk, Br. H. C. Matthews und S. Cooper wesentlichen Anteil. Adrians Buch „The mechanism of the nervous action" bietet einen Überblick über Ergebnisse und Probleme dieses ebenso schwierigen wie reizvollen Gebietes der Neurophysiologie [*2*].

Zum Abschluß unserer kurzen Darstellung der neueren englischen Physiologie sei noch einiger bedeutender Männer Erwähnung getan, die auf speziellen Gebieten ganz Hervorragendes geleistet haben. Ich denke an Leonard Erskine Hill (geb. 1866), Professor der Physiologie und Direktor der Abteilung für angewandte Physiologie am National Institute of Medical Research Mount Vernon, der sich sehr früh mit der Wirkung der Erdschwere auf den Blutkreislauf und die Gehirndurchblutung mit den Wirkungen des Über- und Unterdrucks (Caissonkrankheit) und der Wirkung des Lichtes auf die Lebensfunktionen beschäftigt hat. Burdon-Sandersons Neffe, John Scott Haldane (1860—1936), hat die chemische Seite der Atmungsphysiologie bedeutend gefördert [*166*]. Er schuf den heute noch überall gebräuchlichen Apparat zur Gasanalyse. Ferner bewies er experimentell die Bedeutung des CO_2 für die Tätigkeit des Atemzentrums, und zwar am Menschen. Hier beginnt die experimentelle Physiologie am *Menschen*, die gerade in unserer Zeit ständig im Wachsen ist. HALDANE war 1887—1913 Assistent am Lehrstuhl für Physiologie in Oxford, seit 1921 Inhaber des physiologischen Lehrstuhls in Birmingham. Neben der Physiologie der Atmung beschäftigte ihn die Physiologie der Blutgase. Außerdem hat er eine Reihe hochinteressanter Bücher zu den allgemeinen Grundfragen der Biologie und Physiologie geschrieben, „Mechanism, life and personality" (London 1913) und „Organism and environment..." (New Haven 1917), die heute noch aktuell und anregend sind. HALDANES Glaubensbekenntnis aus seinem Buche „Respiration" (1922) ist wert, hier abgedruckt zu werden: „The bondage of biology to the physical sciences has lasted more than half an century. It is now time for biology to take her right full place as an exact independent science: to speak her own language and not that of other sciences." Die größten Fortschritte auf dem Gebiet der Blutgase und besonders der Atmungsfunktion des Blutes und der O_2-Dissoziationskurve des Hämoglobins verdanken wir JOSEPH BARCROFT. Er wurde 1872 in Newry in Irland geboren, studierte im Kings-College in Cambridge und am St.-Georges-Hospital in London. Seit 1926 war er Professor der Physiologie in Cambridge und starb im Jahre 1947. Schließlich sei noch an die Verdienste von FRANCIS ARTHUR BAINBRIDGE (1874—1921) um die Physiologie des Blutkreislaufs (Bainbridge-Reflex) erinnert und der wichtigen Untersuchungen von SIDNEY RINGER (1835—1910) über die optimale Salzzusammensetzung einer Nährlösung für überlebende Organe gedacht. Damit muß diese kurze Darstellung der englischen Physiologie am Ende des 19. Jahrhunderts und Beginn des 20. Jahrhunderts abgeschlossen werden. Es waren Jahrzehnte glänzender physiologischer Leistungen.

Die amerikanische Physiologie. Die *Geschichte der amerikanischen Physiologie* zeigt gewisse Parallelen zu der Entwicklung in England. Wie in England wurde auch in Amerika erst gegen Ende des 19. Jahrhunderts der Anschluß an den Stand der Physiologie auf dem europäischen Kontinent gewonnen. Doch hatte England nach einer wissenschaftlich überaus fruchtbaren Vergangenheit nur vorübergehend im 19. Jahrhundert dank einer den Naturwissenschaften ungünstigen Einstellung an den klassischen Universitäten, besonders Oxford und Cambridge, in der Physiologie an Rang und Bedeutung verloren. Es hatte also nur das Versäumte nachzuholen und tat es in wenigen Jahrzehnten im Anschluß an die inzwischen weit vorgeschrittene Entwicklung in Deutschland und Frankreich. Amerika tritt aber erstmalig in seiner Geschichte am Ende des 19. Jahrhunderts mit bedeutenden Männern in die Geschichte der Physiologie ein. Gewiß waren auch vor den 70er Jahren des vergangenen Jahrhunderts Ansätze vorhanden, doch nur sporadisch und ohne — von Ausnahmen abgesehen — die europäischen Vorbilder zu erreichen. Erst um das achte Jahrzehnt vollzieht Amerika den Anschluß an die europäische Physiologie, beginnt mit dem Aufbau von Laboratorien und der Errichtung von eigenen physiologischen Lehrstühlen unter Männern, die bei LUDWIG in Leipzig, KÜHNE in Heidelberg, VOIT in München, BERNARD in Paris und M. FOSTER in England ihre Ausbildung vervollständigt hatten. Ich denke an H. P. BOWDITCH, W. P. LOMBARD, GR. LUSK, R. H. CHITTENDEN, H. NEWELL-MARTIN und viele andere. Dieser zweiten Periode der Aneignung der europäischen Methoden und Ergebnisse folgt eine dritte, die Entwicklung einer eigenen amerikanischen Physiologie, die etwa um 1900 einsetzt und entsprechend den Möglichkeiten dieses Landes den Beginn der heutigen glanzvollen Gegenwart einleitet. In diesem Sinne wollen wir in der Entwicklung der amerikanischen Physiologie

3 Zeitabschnitte auseinanderhalten: 1. eine vorexperimentelle Periode mit den Anfängen einer amerikanischen Physiologie vom Beginn des 19. Jahrhunderts bis in die 70er Jahre, 2. die Zeit der Übernahme und Angleichung an die europäische Entwicklung bis etwa 1900 und 3. die große Zeit eines außerordentlichen Aufschwunges zur Weltgeltung in den ersten Jahrzehnten des 20. Jahrhunderts.

1. In einem Aufsatz „The beginnings of American Physiology" hat W. J. MEEK [257] einen Überblick über die erste Zeitspanne gegeben. Im ersten Jahrzehnt des 19. Jahrhunderts erscheinen einige experimentelle, aber noch unvollkommene Untersuchungen über die Wirksamkeit der Verdauungssäfte. Die erste aus dem Jahr 1803 stammte von JOHN RICHARDSON YOUNG (1782—1804) in Pennsylvania, einem Schüler von BENJAMIN RUSH, dem großen amerikanischen Arzt, der aus Edinburgh von W. CULLEN die BOERHAAVEsche (s. S. 3 und 73) Tradition mit nach Amerika nahm. YOUNG machte Verdauungsexperimente am amerikanischen Bullfrosch, aber daneben auch Selbstversuche, indem er den Magensaft in künstlich erbrochenen Speisen chemisch untersuchte (H. A. KELLY [221]). Etwa gleichzeitig und ebenfalls an der Pennsylvania-Universität machte OLIVER H. SPENCER ähnliche Versuche über die Natur des Verdauungsvorganges an Hunden und Katzen, ebenso THOMAS EWELL. Von bleibendem Wert waren aber erst die hervorragenden und zugleich ersten derartigen Versuche, die **WILLIAM BEAUMONT** (Abb. 111) (1785—1853) an einem kanadischen Jäger mit Namen MARTIN durchführte (W. OSLER [303]). Dieser hatte im Gefolge einer Schußverletzung eine Magenfistel behalten, und BEAUMONT hat seit 1824 an ihm chemische und physiolo-

Abb. 111. WILLIAM BEAUMONT (1785—1853).
(Aus W. J. MEEK [257])

gische Versuche über Natur und Wirkung des menschlichen Magensaftes gemacht, die er 1833 unter dem Titel „Experiments and Observations on the Gastric Juice and the Physiology of Digestion" (Plattsburg) veröffentlichte. Diese ausgezeichnete Studie erregte in der ganzen Welt berechtigtes Aufsehen, doch blieb die Wirkung auf die Entwicklung der amerikanischen Physiologie noch aus. „The American scientific world was not yet ready for science." Um die Jahrhundertmitte erscheinen einige gute Untersuchungen über die Funktionen des Gehirns, des Rückenmarks und des sympathischen Nervensystems von BENNET DOWLER (1797 bis 1879) aus New Orleans und H. F. CAMPBELL (1824—1891), vor allem aber von CHARLES ED. BROWN-SÉQUARD (Abb. 84), den wir vorn schon (S. 166) als Nachfolger BERNARDS in Paris kennengelernt haben. BROWN-SÉQUARD kam 1852 nach USA und hat hier an den verschiedensten Orten als Praktiker und Professor bis zum Jahre 1877 gearbeitet. Seine Beiträge zur Lehre von den Reflexen und zu den Leitungsbahnen im Rückenmark, über künstliche Epilepsie und über andere Fragen der Physiologie und Pathologie des Nervensystems stammen aus seiner amerikanischen Schaffensperiode. Als der erste reine Physiologe in Amerika kann **JOHN CALL DALTON** (1825—1889) gelten, der bei CL. BERNARD in Paris gewesen war, nach seiner Rückkehr 1852—1854 als Professor der Physiologie an der Universität von Buffalo und dann noch an verschiedenen Universitäten bzw. Colleges gewirkt hat. Er hat gute experimentelle Arbeiten mit der Duodenalfistel und über die Glykogenbildung in der Leber geschrieben. Sein Lehrbuch „Human Physiology" fand weite Verbreitung. DALTON hielt die erste experimentalphysiologische Vorlesung in USA und wurde deswegen von den Antivivisektionisten heftig angegriffen. Er hat auch das erste beständige physiologische Laboratorium eingerichtet. Es war allerdings rein privat und nicht für den Unterricht gedacht. Dazu kam es erst später, und zwar an der Harvard- und an der John-Hopkins-Universität. Wie DALTON, so war auch AUSTIN FLINT (1836—1915) (Abb. 112) Schüler von BERNARD, außerdem auch von DALTON. Er war ebenfalls Physiologe an der Universität von Buffalo und später am Bellevue Hospital Medical College. Seine

Abb. 112. AUSTIN FLINT (1863—1915).
(Überlassen von J. F. FULTON.)

Arbeiten galten Kreislauffragen, besonders der Rolle der Kapillaren für die Blutbewegung und Blutverteilung. Er entdeckte auch die später als Koprosterin bezeichnete Substanz. Von ihm erschien ein fünfbändiges Werk über menschliche Physiologie in den Jahren 1865—1874. Vielleicht noch bedeutender für die Verbreitung physiologischen Denkens war ROBLEY DUNGLISON (1798—1869) aus London, der von JEFFERSON an die Virginia-Universität als Lehrer verpflichtet wurde. Er hat dort über 30 Jahre als „Professor of the institutes of medicine" (S. 73) gewirkt und 1832 in Boston ein vielgebrauchtes Lehrbuch der Physiologie veröffentlicht. Daneben hat er zahlreiche andere medizinische Werke verfaßt. Eigene Experimentaluntersuchungen hat er nicht ausgeführt. Auch SILAS WEIR MITCHELL (1830—1914) war international bekannt. Er hatte die Bedeutung der experimentellen Methode für die Medizin bei CL. BERNARD kennengelernt und gehört mit zu den Begründern der experimentellen Richtung in der amerikanischen Medizin (Harnkristalle, Schlangengift, Hautsensibilität, Reflexe, Kleinhirn). Er hat mehrere hundert Tierexperimente, besonders mit Eingriffen am Kleinhirn, ausgeführt. Mit ihm beginnt sich allmählich und erfolgreich die experimentelle Methode durchzusetzen.

2. Die entscheidende Wende in der Entwicklung der amerikanischen Physiologie, die zur Angleichung an den in Europa erreichten Stand führte, erfolgt in den 70er Jahren an der Harvard-Universität in Boston durch BOWDITCH und an der John-Hopkins-Universität in Baltimore durch NEWELL-MARTIN. Die Mehrzahl derer, die in den letzten Jahrzehnten des 19. Jahrhunderts Namen und Rang in der amerikanischen Physiologie erreichten, war zuvor einige Zeit in Europa, vor allem in Deutschland. Das mag durch folgendes beleuchtet werden: Im Jahre 1898 wurde die erste amerikanische Zeitschrift für Physiologie, das heute weltbekannte „American Journal of Physiology" gegründet. Von den sechs Herausgebern waren H. P. BOWDITCH, FR. S. LEE und W. PL. LOMBARD bei LUDWIG in Leipzig gewesen, R. H. CHITTENDEN in Leipzig und bei KÜHNE in Heidelberg, W. T. PORTER

bei HEIDENHAIN und HÜRTHLE in Breslau, JACQUES LOEB bei GOLTZ in Straßburg und bei A. FICK in Würzburg. Von den sonstigen Physiologen, die in den ersten drei Jahrgängen des American Journal veröffentlichten, waren außerdem LUSK und ATWATER bei VOIT in München, MELTZER bei KRONECKER in Berlin, CH. S. MINOT und FR. P. MALL bei LUDWIG. Ein anderer Teil hatte eine Zeitlang in englischen Laboratorien gearbeitet. Der Einfluß Frankreichs war seit dem Tode BERNARDS (1878) nur noch wenig zu spüren, während er um die Jahrhundertmitte ganz überwog. Heute, nach Jahrzehnten furchtbarer Kriege und politisch unruhiger Zeiten für Europa, hat sich das Verhältnis völlig umgekehrt. Man geht aus Europa in die gut ausgestatteten und fortschrittlichen Laboratorien der Neuen Welt, um sich in Methodik und Technik der Physiologie zu vervollkommnen.

HENRY PICKERING BOWDITSCH (Abb. 113) wurde in Boston 1840 geboren, studierte an der *Harvard-Universität* und ging dann um 1870 zu LUDWIG und KRONECKER nach Leipzig. Aus dieser Zeit stammen seine hervorragenden Arbeiten über das Alles-oder-Nichts-Gesetz am Herzen und das Phänomen der „Treppe". Er überzeugt sich von der großen Bedeutung der Physiologie für die Medizin und schreibt in dieser Zeit: „Der geduldige, methodische und sorgfältige Weg, in welchem die Lebensphänomene durch die deutschen Physiologen studiert werden, gibt nicht allein ein großes Vertrauen in ihre Resultate, sondern ermutigt einen in der Hoffnung, daß der Tag nicht mehr fern ist, an dem die Physiologie ihren Platz als die einzig wahrhafte Grundlage der Medizin einnehmen wird" (W. B. CANNON [62]). Nach seiner Rückkehr 1871 beginnt BOWDITCH an der Harvard-Universität

Abb. 113. HENRY PICKERING BOWDITCH (1840—1911). (Überlassen von J. F. FULTON.)

mit der Errichtung eines physiologischen Laboratoriums für Forschung und Unterricht. Es war das erste in USA. Er zog dadurch zahlreiche interessierte Studenten an sich, von denen einige hervorragende Physiologen geworden sind, wie W. P. LOMBARD, W. B. CANNON, H. CUSHING, W. T. PORTER, W. H. HOWELL, F. PRATT und andere. BOWDITCHS physiologische Arbeiten betreffen die Vasomotoren, Reflexe, Nervenleitung und Verbesserung der Methodik (Plethysmographie, BOWDITCH-Uhr) und vieles andere. Im Jahre 1901 wurde mit Hilfe von PORTER die „Harvard Apparatus Company" gegründet, die sich die Herstellung der Apparaturen im eigenen Land zum Ziel setzte, um die Beschaffung der Apparate aus Europa zu erübrigen. Aus den Überschüssen dieser Organisation wurde ein Research Fellowship zur Fortbildung junger Forscher und Studenten im Fach der Physiologie gegründet. BOWDITCH hat ferner mit großem Geschick und Erfolg den Kampf gegen die Antivivisektionisten in Boston geführt, die in USA den Anfängen der experimentellen Forschung große Schwierigkeiten bereiteten. Als 1911 BOWDITCH die Augen schloß, war überall in USU das Fach der Physiologie zu einer bedeutenden Disziplin herangereift. So war wiederum Harvard der neue Ausgangspunkt der Physiologie geworden; denn hier war schon im Jahre 1837 eine erste Gesellschaft für Physiologie „The American Physiological Society" von WILLIAM ANDRUS ALCOTT und SYLVESTER GRAHAM gegründet worden. Sie hat aber nur für ein paar Jahre bestanden (H. E. HOFF und J. F. FULTON [*193*]). Auf Rat von BOWDITCH ging sein Schüler WARREN PLIMPTON LOMBARD (1855—1939) ebenfalls zu LUDWIG nach Leipzig und arbeitete hier über spinale Muskelreflexe am Frosch (1885). Das führte ihn zum Problem der antagonistischen Reflexe und zum Studium der viszeralen und Hautreflexe. Sein besonderes Interesse galt dem Ausbau der physiologischen Methodik. LOMBARD war zunächst in New York, dann in Worcester (Mass.) und schließlich von 1892—1923 an der Universität in Michigan [*246*].

Ein anderer BOWDITCH-Schüler war **WALTER BRADFORD CANNON** (1871 bis 1945) (Abb. 114). Geboren in Praerie du Chien (Wisconsin), studierte CANNON am Harvard College und an der Medical School 1892—1900, war dann ebendort Instructor und Assistant-Professor und schließlich Lehrstuhlinhaber und George-Higgins-Professor vom Jahre 1906 bis zu seinem Ausscheiden im Jahre 1942. Er war der erste, der die 1895 neu entdeckten Röntgenstrahlen mit Hilfe von Kontrastbrei zum Studium der Magen- und Darmmotorik anwandte (1898). Bedeutsam wurden ferner seine Ergebnisse über die Adrenalinausschüttung bei Affektsituationen (Notfallsfunktion), über chemische Überträgersubstanzen im sympathischen Nervensystem und über den traumatischen

Abb. 114. WALTER BRADFORD CANNON (1871—1945). (Überlassen von J. F. FULTON.)

Schock. Seine Selbstbiographie ist außerordentlich lesenswert [*75*]. WILLIAM TOWNSEND PORTER (1862—1949), geboren in Plymouth, Ohio, war von 1893—1898 unter BOWDITCH Assistant-Professor an der Harvard Medical School, vorher Student in Washington und einige Zeit im Ausland bei FLEMMING, HEIDENHAIN und HÜRTHLE. Mit 26 Jahren wurde er 1888 appointed Professor der Physiologie am St. Louis Med. College in Washington. Er war dann von 1906—1928 Professor der vergleichenden Physiologie an der Harvard-Universität [*320*]. Sein Interesse galt vor allem den Fragen von Kreislauf und Atmung. Auf seine Initiative und unter seiner Edition erschien seit 1898 das American Journal of Physiology, von dem schon oben die Rede war. Auch HARVEY CUSHING (1869—1934), einer der international bekanntesten amerikanischen Ärzte, der Neurophysiologe und Neurochirurg, hat von Harvard seinen Weg in die Wissenschaft angetreten. Besonders wichtig wurden seine Untersuchungen über die Hypophyse und über Fragen der Gehirn- und Nervenphysiologie. Daneben hat CUSHING zahlreiche bedeutende medizinhistorische Schriften verfaßt, z. B. über VESALIUS [*86*], WILLIAM OSLER u. a. m. Schließlich war auch FREDERICK PRATT, geboren 1873 in Worcester (Mass.), ein BOWDITCH-Schüler, der nach seiner Tätigkeit als Assistant-Professor an der Harvard Medical School den Lehrstuhl für Physiologie in Buffalo und Boston bekleidete. Er wurde besonders bekannt durch die Anwendung der Porenelektrode und den Nachweis des Alles-oder-Nichts-Gesetzes an einzelnen Muskelfasern.

Das zweite Zentrum für den Aufbau der neuen amerikanischen Physiologie war die JOHN-HOPKINS-*Universität in Baltimore*. Auf Empfehlung von MICHAEL FOSTER war im Jahre 1876 HENRY NEWELL-MARTIN (Abb. 104) von Cambridge herübergekommen (s. S. 195). Er begründete ein physiologisches Laboratorium, das sowohl der Forschung wie der Lehre zu dienen hatte. Hier fanden sich bald interessierte und begeisterte Studenten und Mitarbeiter ein. Als die American Physiological Society im Jahre 1887 gegründet wurde, waren 7 von den 24 Mitgliedern Schüler von MARTIN, unter ihnen BROOK, SEWALL und HOWELL [*206*]. Die bedeutendste Leistung MARTINS war die Methode, ein Warmblüterherz durch Durchströmung von den Coronargefäßen her überlebend zu erhalten, eine Methode, die von ihm zuerst bei vielen Untersuchungen Verwendung fand und später durch LANGENDORFF erneut Verbreitung gewann. Im Jahre 1880 kam MARTIN morgens in das Laboratorium und sagte zu SEWALL: ,,Ich habe in der vergangenen Nacht nicht schlafen können, und mir kam die Idee, daß die Isolierung des Warmblüterherzens durch eine künstliche Durchströmung der Coronarien durchgeführt werden könnte" (C. METTLER [*262*]). MARTIN hatte persönlich eine angenehme, freie und schlichte Art, die ihm viele Freunde zuführte. Um 1893 begann er zu kränkeln, so daß er seine Stellung aufgeben mußte. Er kehrte nach England zurück und starb hier im Jahre 1896, erst 48 Jahre alt. Der schon erwähnte HENRY SEWALL (1855—1936) aus Winchester war Assistent bei MARTIN in jenen Jahren, wurde später Professor der Physiologie in Michigan und Denver. WILLIAM HENRY HOWELL (1860—1945) aus Baltimore, MARTINS Schüler und Nachfolger, war Student an der JOHN-HOPKINS-Universität, dann von 1884—1889 bei MARTIN und 3 Jahre auf dem Lehrstuhl für Physiologie in Ann Arbor (Michigan). 1892 war er ein Jahr bei BOWDITCH und wurde 1893 Nachfolger des ausscheidenden MARTIN an der JOHN-HOPKINS-Universität. HOWELL vereinigte durch seine beiden Lehrer die englische Tradition der FOSTER-Schule und die deutsche Tradition der LUDWIG-Schule. HOWELL hat neben Herzphysiologie (Automatie, überlebendes Warmblüterherz) besonders über Blutgerinnung und den Ursprung der roten Blutkörperchen gearbeitet. Der in Canton geborene FREDERIC SCHILLER LEE (1859—1939) war zunächst bei MARTIN an der JOHN-HOPKINS-Universität, dann 1885—1886 bei CARL LUDWIG und in Paris, später vor allem an der Columbia-Universität tätig und seit 1928 Lehrstuhlinhaber, bis 1914 Herausgeber des American Journal of Physiology. Seine Hauptgebiete waren Phototaxis, Muskelermüdung, allgemeine Physiologie des Muskels und ,,industrielle Physiologie". Diese und viele andere Männer, die hier nicht mehr genannt sein können, haben von der JOHN-HOPKINS-Universität den Weg in die Physiologie genommen.

Es wäre nun nicht richtig, anzunehmen, daß sich die Physiologie in den letzten Jahrzehnten des ausgehenden 19. Jahrhunderts auf HARVARD und JOHN HOPKINS beschränkt hätte. Vielmehr entstand schon früh an der Yale-Universität ein physiologisch-chemisches Labor unter RUSSEL HENRY CHITTENDEN (1856—1943); er war geboren 1856 in New Haven (Connecticut), studierte an der Sheffield Scientific School (Yale) und vor allem bei W. KÜHNE (1878/79) in Heidelberg, mit dem er wichtige Untersuchungen über die Spaltprodukte der Eiweißkörper ausführte. Bis 1922 wirkte er an der Yale-Universität. Seine Arbeiten betreffen vornehmlich die Physiologie der Ernährung und Verdauung. Er wurde vor allem bekannt durch seinen Kampf um einen niedrigen Eiweißgehalt in der menschlichen Nahrung. Am gleichen Orte gründete 1893 der schon S. 183 erwähnte VOIT-Schüler GRAHAM LUSK (1866—1932) ein physiologisches Laboratorium mit

dem Hauptgebiet der Kaloriemetrie und Ernährungslehre. Diese Tradition wurde
an der Yale-Universität durch Lafayette Benedict Mendel (1872–1935) fortgesetzt, der auch mehrere Jahre in Deutschland studierte und in Zusammenarbeit
mit dem älteren Biochemiker Thomas Burr Osborne (1859–1929) eine Reihe
klassischer Untersuchungen über die Bedeutung der Aminosäuren, die Wirkung
der Vitamine und über Fragen des Eiweißstoffwechsels und der Ernährung veröffentlicht hat. Und schließlich sei noch einmal an den vorn (s. S. 154) erwähnten
Samuel James Meltzer (1851–1920) erinnert. Er hatte bei Kronecker in Berlin
gearbeitet und war 1883 nach USA ausgewandert. Hierher gehört schließlich auch
noch Jacques Loeb (1859–1924), der Fick- und Goltz-Schüler, der zu den Pio-
nieren der amerikanischen Physiologie zu rechnen ist. Seine Bedeutung und sein
Weg wurden vorn schon gewürdigt (s. S. 153). Damit können wir die Darstellung
jener Jahrzehnte beenden, in denen die amerikanische Physiologie in schneller Entwicklung den Anschluß an den Stand dieser Wissenschaft in Europa erreicht.

3. Damit beginnt die dritte Phase der Entwicklung, deren Träger heute noch
zum Teil leben. Diese Zeit kann daher nicht mehr Gegenstand der historischen
Darstellung im einzelnen sein, so daß ich mich mit einer kurzen Würdigung dieser
jüngsten Periode begnügen muß. Seit Beginn des 20. Jahrhunderts werden immer
neue Laboratorien, Institute und Forschungsstellen aller Art geschaffen. Die Zahl
der wissenschaftlichen Mitarbeiter wächst gewaltig heran. Der Glaube an Wissenschaft und Fortschritt ist von ungebrochener Kraft. Große Geldmittel, zumal aus
privater Hand, stehen in Form von Stiftungen zur Verfügung. In dieser Atmosphäre des Wohlstandes und allgemeinen technischen Fortschrittes wächst die
amerikanische Physiologie in den ersten Jahrzehnten dieses Jahrhunderts dank
der großen Zahl von Forschern und Forschungsstätten, dank des Umfanges und
der Güte der apparativen technischen Hilfsmittel, der Großzügigkeit der Biblio-
theken und der Fülle der Stipendien für junge Forscher weit über alles in Europa
Mögliche hinaus. Diese Entwicklung hat reiche Frucht getragen. Die amerikanische
Physiologie nimmt zur Zeit eine unbestrittene internationale Vorrangstellung ein.

12. Die Entwicklung der skandinavischen, holländischen und belgischen Physiologie im 19. Jahrhundret.

Die skandinavischen Länder haben in allen Jahrhunderten einen bedeutenden
Anteil an der wissenschaftlichen Entwicklung genommen und viele tüchtige Wissenschaftler hervorgebracht, mehr als man bei der relativ geringen Bevölkerungs-
zahl erwarten könnte. Ich brauche nur an den berühmten Botaniker Linné zu
erinnern, der 1727 in Lund und 1729 in Upsala Medizin studierte und später der
Begründer der botanischen Systematik und Nomenklatur wurde. Daneben seien
Carl Wilhelm Scheele (1742–1786), ferner Anders Retzius (1796–1860), der
tüchtige Anatom und Lehrer Lovéns, und vor allem J. J. Berzelius (1779 bis
1848), der große Chemiker und Lehrer Wöhlers erwähnt.

Für **Dänemark** wurde Peter Ludwig Panum (1820–1885) der Begründer der
neueren Physiologie (Abb. 115). Er wurde auf Bornholm geboren, studierte in Kiel,
Kopenhagen und Berlin, promovierte 1851 mit einer physiologischen Arbeit über
Fibrin, war kurze Zeit (1853) Assistent bei Claude Bernard und war nach seiner
Heimkehr von 1853–1864 Professor der Physiologie, medizinischen Chemie und
Pathologie in Kiel. Im Jahre 1864 ging er nach Kopenhagen, wo er das erste dä-
nische physiologische Laboratorium aufgebaut hat. Neben bedeutenden Arbeiten
über Bluttransfusion, Embolie und Blutmenge (1857) schrieb er ein dänisches
Handbuch der Physiologie des Menschen (Kopenhagen 1865–1872). Daneben hat

er sich sehr um die Ausgestaltung des Medizinalwesens und um die Auswertung der Ernährungswissenschaft für die Volksernährung verdient gemacht [*145*]. Aus der Schule PANUMS ist **CHRISTIAN BOHR** (1855–1911) (Abb. 116) hervorgegangen, der, gebürtig aus Kopenhagen, seit 1872 dort Medizin studierte und bei PANUM seine erste wissenschaftliche Arbeit anfertigte. Er ging dann 1881 und

erneut 1883 zu CARL LUDWIG nach Leipzig, wo er über Muskelkontraktion und vor allem über Blutgase arbeitete. Seit jener Zeit ist dieser Gegenstand sein Hauptforschungsobjekt geblieben. Mit 31 Jahren wurde BOHR 1886 Professor der Physiologie in Kopenhagen. Seine Arbeiten betreffen z. B. die Gasabsorption in Flüssigkeiten verschiedener Temperatur und verschiedenen Salzgehaltes, sowie die O_2-Bindung und CO_2-Bindung ans Blut. Er entdeckte ferner die Wirkung der CO_2-Spannung auf die O_2-Dissoziationskurve des Hb („BOHReffekt"). Dann wandte er sich der Frage nach den wirksamen Kräften für die O_2-Aufnahme in der Lunge zu und stellte die Theorie der O_2-Sekretion auf, welche im Gegensatz zu der rein physikalischen Teildruckdifferenzentheorie steht. BOHR war ein bedeutender Lehrer, sehr selbständig in seinem wissenschaftlichen Urteil, streng empirisch eingestellt, ein Bahnbrecher vor allem auf dem Gebiet des physiologischen Gasaustausches (ROB. TIGERSTEDT [*45*]). Von BOHRS Mitarbeitern und Schülern seien vor allem K. HASSELBALCH, AUGUST KROGH und VALDEMAR HENRIQUES genannt. Von ihnen sei zunächst der jüngst verstorbene **AUGUST KROGH** erwähnt, welcher 1874 in Jütland geboren wurde. Er begann 1897 seine Tätigkeit bei BOHR. 1908 wurde für ihn eine Stelle als Zoophysiologe in Kopenhagen geschaffen. Dort hat er das Ordinariat von 1916 bis 1945 innegehabt. Im September 1949 ist er nach einem Leben voll Arbeit und Erfolg gestorben. KROGHS Arbeiten zeichnen sich durch klare Fragestellung, große Erfindungsgabe in der Methode und saubere Durchführung aus. Der Gaswechsel war auch sein Hauptthema für viele Jahre. Er erfand das Mikrotonometer zur Messung der Gasspannungen im strömenden Blut und trug wesentlich zur heutigen Lehre von den

Abb. 115. PETER LUDWIG PANUM (1820—1885). (Nach einem Bilde, überlassen v. Prof. F. BUCHTHAL.)

Abb. 116. CHRISTIAN BOHR (1855—1911). (Aus: R. TIGERSTEDT [*45*])

wirksamen Kräften beim Gasaustausch in der Lunge bei. Mit LINDHARD entwickelte
er (1912) die Stickoxydulmethode zur Minutenvolumenbestimmung im Kreislauf.
Für seine Arbeiten über das Verhalten der Kapillaren, besonders bei der Muskelarbeit, erhielt er 1920 den Nobelpreis. Bemerkenswert sind auch seine Untersuchungen zum Flüssigkeits- und Stoffaustausch durch die Kapillaren und Membranen und
über Osmoregulation. Von methodischen Anregungen seien nur KROGHs Spirometer
und das Fahrrad-Ergometer genannt. KROGH war als Lehrer sehr anregend, als
Mensch sehr sachlich objektiv, ein stets hilfsbereiter Freund (G. LILJESTRAND [236]).

Abb. 117. ALARIK FRITHIOF HOLMGREN (1831—1897).
(Nach einem Bilde aus Familienbesitz.)

Der schon erwähnte JOHANNES LIND-
HARD (1870—1947), zunächst am zoophy-
siologischen Laboratorium in Kopenhagen, hat neben der Physiologie des
Kreislaufs und der Atmung besonders
das Gebiet der Muskelphysiologie (Ak-
tionspotentiale, histologische Struktur)
und der Turntheorie gefördert. VALDE-
MAR HENRIQUES (geb. 1864) war an-
fänglich Lektor für Physiologie an der
Kgl. Veterinär- und Landwirtschaftlichen Hochschule, dann seit 1911 Ordinarius für Physiologie an der Universität Kopenhagen.

Die schwedische Physiologie knüpft
sich in ihrer neueren Entwicklung an
die Namen HOLMGREN in Upsala und
LOVÉN in Stockholm. **ALARIK FRITHIOF
HOLMGREN** (Abb. 117), geboren 1831 zu
Asen, promovierte 1861 in Upsala und
erhielt 1862 den Auftrag, die neuere experimentelle Physiologie im Ausland
zu studieren, um in Schweden ein
erstes physiologisches Laboratorium
zu errichten. So finden wir ihn in den
Jahren 1861—1864 bei ERNST BRÜCKE und bei CARL LUDWIG in Wien, bei
DU BOIS-REYMOND in Berlin und später 1869 außerdem bei HELMHOLTZ in
Heidelberg. Hier hat er Geist und Methode der neueren Physiologie aufgenommen und für Schweden nutzbar gemacht. Von 1864—1897 war er in
Upsala Professor der Physiologie. Am bekanntesten wurden seine Untersuchungen
über den Netzhautstrom, ferner über Farbensehen und Farbenblindheit (Woll-
probe), besonders im Hinblick auf die Verkehrssicherheit. HOLMGREN begründete
im Jahre 1891 das „*Skandinavisches Archiv für Physiologie*", in welchem bis zum
ersten Weltkriege fast nur in deutscher Sprache publiziert wurde (J. BERNSTEIN
[203]). **CHRISTIAN LOVÉN**, 1835 in Stockholm geboren, Student in Upsala und
unter RETZIUS in Stockholm, wurde 1863 nach seiner Promotion Adjunkt der
Anatomie und Physiologie am Carolinska-Institut und ging dann zur weiteren
Ausbildung nach Deutschland (1865) zu CARL LUDWIG. Hier arbeitete er über den
Einfluß der Gefäßnerven auf die Erweiterung der Arterien im Ohr, im Penis usw.
Nach seiner Heimkehr arbeitete er zunächst auf anatomischem Gebiet weiter
(Entdeckung der Geschmacksknospen), da das Carolinische Institut noch kein
physiologisches Laboratorium besaß. Im Wintersemester 1871 hat LOVÉN mit den
ersten physiologischen Vorlesungen in Stockholm begonnen. 1874 wurde unter
seiner Leitung ein Lehrstuhl für Physiologie errichtet. Trotz sehr beschränkter

Arbeitsverhältnisse — wenig Raum, wenig Apparate, noch weniger Geld — ist hier viel gute Forschungs- und Lehrarbeit geleistet worden (Kapillarelektrometer, diskontinuierliche Natur der willkürlichen Muskelkontraktion usw.). Lovén hatte einen klaren fesselnden Vortrag und eine lebhafte, gute Darstellung. „Das Ideal der akademischen Lehrtätigkeit war ihm wie Ludwig, von einer Schar von Schülern umgeben zu sein und von dem einen zum anderen gehend, das Ganze zu dirigieren, überall mit Rat und Tat zu helfen" (Rob. Tigerstedt [392 b]). Lovén ist 1904 nach langer Krankheit gestorben. Von Holmgrens Schülern sei vor allem
Olof Hammarsten (1841—1932) genannt, der später einer der bedeutendsten physiologischen Chemiker geworden ist. Er stammte aus Norrköping bei Stockholm, studierte in Upsala, wo dank des Einflusses von Berzelius 1861 eine ordentliche Professur für medizinische Chemie unter August Theodor Almén bestand. Unter ihm und bei Holmgren arbeitete sich Hammarsten in die Physiologie und physiologische Chemie ein. Nach einem Studienaufenthalt (1871) bei Carl Ludwig wurde er nach vierjähriger Dozententätigkeit 1873 Adjunkt, später Professor für medizinische und physiologische Chemie. 1883 wurde Hammarsten 42jährig Nachfolger des ausscheidenden Almén und hat bis 1906 in dieser Stellung in Upsala gewirkt. Seine erste wissenschaftliche Arbeit beschäftigt sich mit der Wirkung des Magensaftes auf

Abb. 118. Robert Armand Tigerstedt im 69. Lebensjahr (1853—1923). (Nach einem Bilde, überlassen von Prof. Rengvist-Reenpää.)

die Eiweißkörper. Seine bedeutendsten Leistungen liegen auf dem Gebiet der Milchgerinnung, der Blutgerinnung (fermentative Umwandlung des Fibrinogens, Rolle der Kalksalze) und der Eiweißchemie u. a. m. Sein Lehrbuch der physiologischen Chemie wurde aus dem Schwedischen in viele Sprachen übertragen. Bei Hammarsten in Upsala haben Svante Arrhenius, Ivar Bang und Folin aus Boston gearbeitet (T. Thunberg [167 a]). Hammarsten starb 92jährig im Jahre 1932.

Ein Schüler Lovéns ist **Robert Adolf Armand Tigerstedt** (1853—1923) (Abb. 118), dessen Werk und Name weit über Finnland und Schweden hinaus internationales Ansehen errangen. Er wurde geboren in Helsingfors und verbrachte hier auch Jugend und Studienzeit. Nach einigen Jahren als Privatdozent für Physiologie in Helsingfors ging er zu Lovén an das Carolinische medico-chirurgische Institut nach Stockholm. 1886—1900 arbeitete er dort als Professor und Ordinarius der Physiologie als Nachfolger Lovéns, der das Amt 1886 abgegeben hatte. Von 1900—1919 war Tigerstedt in gleicher Stellung in Helsingfors tätig, seitdem emeritiert, aber unablässig weiter wissenschaftlich und literarisch beschäftigt. Im Jahre 1884 war er bei Ludwig in Leipzig. Dort begann er auch, sich mit Fragen der Kreislaufphysiologie zu beschäftigen. Das Gebiet ist später neben der Physiologie des Stoffwechsels sein Hauptarbeitsgebiet geblieben. Davon zeugen viele Einzelarbeiten (Messung der Organdurchblutung mit der Stromuhr, Lungenkreislauf, Puls, Vaguswirkung aufs Herz) und sein bedeutendstes umfassendes, später vierbändiges Werk „Die Physiologie des Kreislaufs". Auch das große Sammelwerk „Handbuch der physiologischen Methodik" in 5 Bänden (1908—1914) war für viele Jahre ein Standardwerk der physiologischen Literatur. Sein Lehrbuch der Physiologie war auch im Ausland weit verbreitet. Die sehr umfangreichen Untersuchungen zum Stoffwechsel wurden zum Teil mit einer großen „Respirationskammer" zusammen mit Klas Sondén (1895) durchgeführt. Sein einziger Sohn Carl Tigerstedt wurde 1919 sein Nachfolger. Robert Tigerstedt war ein Mann von umfassender allgemeiner Bildung, weiten Interessen, großem Verantwortungsgefühl für öffentliche Fragen und von einer Liebenswürdigkeit, die ihm überall größte Sympathie einbrachte (C. G. Santesson [392a]). Von seinen Schülern seien J. E. Johansson, C. G. Santesson, Em. Lindhagen und E. M. P. Widmark erwähnt. Durch seine Studien über die Hautsinnesorgane hat sich Magnus Gustav Blix (1849—1904) einen bedeutenden Namen gemacht. Er war seit 1885 Professor der Physiologie in Lund. Von ihm stammt auch eine Ophthalmometerkonstruktion. Schließlich sei Hjalmar Öhrvall (1851—1929) aus Nora in Schweden genannt, der nach seiner Studien- und Assistentenzeit in Upsala einige Zeit im Ausland verbrachte. Er wurde 1899 Professor der Physiologie in Upsala als Nachfolger Holmgrens. Seine Arbeiten galten besonders der Physiologie des Geschmackssinnes, daneben derjenigen des Kreislaufs. Einer seiner Schüler ist Torsten Ludwig Thunberg (geb. 1873 in Torsäker in Schweden), seit 1905 Ordinarius der Physiologie in Lund. Seine Untersuchungen (zahlreiche Monographien) haben u. a. viel zum Mechanismus der Atmung und der O_2-Aufnahme beigetragen. Dieser kurze Überblick mag uns die Fruchtbarkeit der nordischen Länder für die Entwicklung der Physiologie im 19. Jahrhundert vor Augen führen. Von den heutigen Physiologen können nur einige namentlich aufgeführt werden, z. B. H. v. Euler und U. S. v. Euler, R. Granit, Y. Zotterman und E. Hohwü Christensen in Stockholm, F. Buchthal, E. Hansen und E. Lundsgaard in Kopenhagen, F. Leegaard und R. Nicolaysen in Oslo und Y. Renqvist-Reenpää in Helsinki.

In den Niederlanden hat man nie vergessen, daß zur Zeit Boerhaaves die Stadt Leyden den medizinischen Mittelpunkt Europas gebildet hat. Wenn dann auch vorübergehend die wissenschaftliche Aktivität wie in vielen anderen Ländern nachgelassen hatte, so werden in der zweiten Hälfte des 19. Jahrhunderts die Universitäten der Niederlande, besonders Utrecht, wieder hervorragende Lehr- und Forschungsstätten. Schon an den Namen von Jac. Ludov. Schroeder van der Kolk (1797 bis 1862) knüpfen sich bedeutsame Entdeckungen. Schroeder hat als einer der ersten Blutgasanalysen durchgeführt. Auch hat er zur Histologie und Physiologie des Nervensystems gute Untersuchungen veröffentlicht. Er war seit 1827 in Utrecht als Lehrer der Anatomie und Physiologie und zugleich als Psychiater tätig. Aus Utrecht gebürtig war Gerardus Johannes Mulder (1802—1880) ein hervorragender Bearbeiter des schwierigen Gebietes der Eiweißchemie. Er war 1842 Professor der Chemie in Utrecht und arbeitete im Jahre 1845 an seiner physiologischen Chemie, als Fr. C. Donders zu ihm kam. Dieser hat dann mit Mulder wesentlich zur Chemie der Gewebe beigetragen. In jenen Jahren lehrte in Groningen Isaac van Deen (1804—1869), eigentlich Isaac Abraham, aus Burgsteinfurt auf deutschem Boden, nahe der heutigen holländischen Grenze. Van Deen war seit 1851 Professor der Physiologie in Groningen und hat das dortige physiologische Laboratorium begründet. Seine Arbeiten betreffen vor allem das Nervensystem.

Die Glanzzeit Utrechts in der Physiologie beginnt mit **Franciscus Cornelis Donders** (Abb. 119), der am 27. Mai 1818 zu Tilburg in Nordbrabant geboren wurde und 1835–1840 in Utrecht Medizin studierte. Er wurde schon früh „Lector anatomiae et physiologiae" an der dortigen militärärztlichen Reichsschule (bis 1848), dann Professor an der Utrechter Medizinischen Fakultät, vornehmlich für das Fach der Ophthalmologie, dann nach dem Tode **Schroeder van der Kolks** (1862) Ordinarius für Physiologie in Utrecht. **Donders'** wissenschaftliche Tätigkeit beginnt mit physiologisch-chemischen Arbeiten bei **Mulder**. Mit **Jakob Moleschott** (s. vorn S. 109) und **van Deen** wurden in den Jahren 1846–1848 die „Holländischen Beiträge zu den anatomischen und physiologischen Wissenschaften" herausgegeben (s. M. A. van **Herwerden** [*180*]). Seit 1845 war er auch der Herausgeber von „Het Nederlandsch Lancet". Dann kommen seine ersten Arbeiten zur physiologischen Optik, über Augenbewegung und Raddrehung, über die „mouches volantes", über die Verwendung prismatischer Gläser zur Schielkorrektur. Er

Abb. 119. Franciscus Cornelis Donders (1818—1889). (Aus Garrison.)

trennte erstmalig Alterssichtige und Weitsichtige, also Fehler durch unvollständige Akkommodation und durch unnormale Brechung, er begründete die Anwendung von Zylindergläsern zur Korrektur des Astigmatismus u. a. m. Er schuf auch ein Hospital für Augenkranke in Utrecht und übte bis 1862 augenärztliche Tätigkeit aus. Weitere Arbeiten betreffen den Unterdruck im intrapleuralen Spaltraum, die Schnelligkeit psychischer Prozesse u. a. m. Aus seiner Schule sind viele tüchtige Männer hervorgegangen, z. B. H. **Snellen**, **Th. W. Engelmann**, H. J. **Hamburger** und **Wilhelm Einthoven**. Sein Freund war **Albrecht von Graefe**, der Begründer der neueren wissenschaftlichen Ophthalmologie in Deutschland. **Donders** gab 1888 seinen Lehrstuhl an **Engelmann** ab und starb 1889 in Utrecht (J. **Moleschott** [*278*]). Seit 1867 war **Theodor Wilhelm Engelmann** (Abb. 120), gebürtig aus Leipzig (14. Nov. 1843), sein Assistent. Schon als Junge beschäftigte er sich mit naturwissenschaftlichen Studien und ver-

Abb. 120. Theodor Wilhelm Engelmann (1843—1910). (Nach einem Bilde, überlassen v. Prof. W. Steinhausen.)

öffentlichte als 16jähriger seine erste wissenschaftliche Arbeit über Infusorien.
Schon als Student besaß er eine ungewöhnliche Kenntnis der Einzelligen,
und von hier aus sind die Probleme seines Lebens organisch erwachsen. Er
studierte in Jena, Leipzig, Heidelberg und Göttingen und fand in Jena in ERNST
HAECKEL einen ähnlich interessierten Freund. Er ging dann 1867 als Assistent
zu DONDERS, dessen Tochter er auch heiratete. Im Jahre 1888 wurde er der Nachfolger von DONDERS in Utrecht. Ausgehend von den Problemen der Einzelligen
beschäftigte er sich besonders mit den allgemeinphysiologischen Fragen der Erregung, Erregbarkeit und Erregungsleitung, dann mit der Flimmerbewegung und
Kontraktilität des Protoplasmas und
der Muskulatur. In diesem Zusammenhang kam er auf die Fragen der Herzautomatie und Erregungsleitung im
Herzen. Hier wurde er neben GASKELL
der Hauptbegründer der myogenen
Theorie. Im Zusammenhang damit
stehen wieder die Arbeiten über Muskelstruktur und die Grundlagen der
Muskelverkürzung (Quellungstheorie).
Im Jahre 1897 siedelte ENGELMANN
als Nachfolger von E. DU BOIS-REY-
MOND auf den Lehrstuhl nach Berlin
über. ENGELMANN war von gewinnen-
der Liebenswürdigkeit, frei von übertriebener Würde, begabt mit Witz und
Humor, zugleich ein begabter Musiker.
Seine Freundschaft mit JOHANNES
BRAHMS kommt in der Widmung des
dritten Streichquartetts op. 67 zum
Ausdruck (s. JUL. RÖNTGEN [*332*]). Er
starb 1910 an den Folgen eines
Diabetes (M. VERWORN [*117c*]).

Abb. 121. WILHELM EINTHOVEN (1860—1927).
(Nach einem Bilde aus dem Archiv der Ciba-Z.)

Fast gleichaltrig sind die beiden
anderen schon erwähnten Schüler von
DONDERS, nämlich HAMBURGER und
EINTHOVEN. HARTAG JAKOB HAM-
BURGER wurde 1859 in Alkmaar in Holland geboren und war nach seinen Studienjahren Assistent bei DONDERS. 1888 wurde er Dozent für Physiologie und Pathologie, 1901 Professor der Physiologie in Groningen. HAMBURGER darf als der bedeutendste physiologische Chemiker Hollands gelten. Seine physikalisch-chemischen
Untersuchungen über Permeabilität, Hämolyse, Phagozytose haben diese Fragen
ganz wesentlich weitergebracht. Andere Arbeiten betreffen Vagus- und Sym-
pathikusstoffe. Er starb im Jahre 1924. WILHELM EINTHOVEN (Abb. 121), geboren
1860 in Samarang (Niederländisch-Indien), hat einen ungewöhnlichen Werdegang gehabt. Während seiner Studienzeit in Utrecht, wo er 1885 promovierte,
ragte er schon so erheblich über seine Mitstudenten hervor, daß er, kaum 26 Jahre
alt, noch vor Ablegung des Staatsexamens zum Professor der Physiologie und
Histologie in Leyden ernannt wurde [*118a, b, c*]. Hier ist er bis zu seinem Tode im
Jahre 1927 geblieben. EINTHOVEN darf als der Begründer der Elektrokardiographie bezeichnet werden. Schon die Verbesserungen am Kapillarelektrometer
führten zu fast richtigen Rekonstruktionen des Elektrokardiogramms. Aber erst
mit der Konstruktion des Saitengalvanometers durch EINTHOVEN wurde ein

Instrument geschaffen, das dank seiner Güte für die Untersuchung des EKG in der Physiologie und Klinik die Voraussetzungen schaffte. EINTHOVEN hat auch die theoretischen Grundlagen für die Interpretation des EKG geschaffen, die Extremitätenableitung eingeführt, das „EINTHOVEN-Dreieck" und Gleichungen zur Berechnung vorgeschlagen u. a. m. Er hat auch die Herztöne mit dem Saitengalvanometer registriert. 1924 erhielt er den Nobelpreis für Physiologie. EINTHOVEN war ein überaus sorgfältiger und bedächtiger Forscher. Er veröffentlichte seine fertiggestellten Arbeiten nicht sofort, sondern schloß sie in seinen Schreibtisch und holte sie nach einem Jahr wieder hervor, sah sie jetzt nochmals kritisch durch und veröffentlichte sie erst, wenn er nun immer noch mit der Arbeit in allen Stücken einverstanden war (Briefl. Mitt. v. A. WEBER). Im Jahre 1918 hat EINTHOVEN mit HAMBURGER und anderen die „Archives néerlandaises de Physiologie de l'homme et des animaux" gegründet. Der Nachfolger auf dem Lehrstuhl von ENGELMANN in Utrecht wurde im Jahre 1897 HENDRIK ZWAARDEMAKER [*432a, b*]. Er wurde im Jahre 1857 in Haarlem geboren. Er studierte Physiologie besonders bei W. KÜHNE in Heidelberg und Otologie bei ADAM POLITZER (geb. 1835) in Wien. Nach seiner Rückkehr (1887) war er an der Veterinärschule in Utrecht Lehrer der Anatomie und Physiologie. In dieser Zeit gewinnt er die Bekanntschaft und Freundschaft von DONDERS und veröffentlicht damals in einer Festschrift für DONDERS „Beiträge zur Physiologie des Geruches", die schon wesentliche Teile seines späteren Arbeitsgebietes umfassen. Seine sinnesphysiologischen Untersuchungen über Olfaktie, Olfaktometrie, Kompensation von Geruchsempfindungen auf dem Gebiete des Geruchssinnes, über die Phonetik, Sprachlaute und Presbyakusis brachten ihm internationalen Ruf ein. Die Camera inodorata und die Camera silenta von ZWAARDEMAKER waren geschickte Hilfsmittel zur Analyse der Geruchs- und Gehörssinne. Sein Atmungsspiegel zur Prüfung der Nasendurchgängigkeit findet noch heute Anwendung. Später wandte er sich der Frage der Herzautomatie zu und glaubte beweisen zu können, daß die Ursache des Herzschlages in den radioaktiven Eigenschaften des Kaliums zu suchen sei. Die Frage ist bis heute noch unentschieden. ZWAARDEMAKER starb im Jahre 1930. Sein Schüler A. K. M. NOYONS hat ihm einen Nachruf gewidmet [*432a*].

Abb. 122. RUDOLF MAGNUS (1873—1927). (Nach einem Bilde, überlassen von Prof. K. VAN DONGEN.)

Wesentlich jünger als die bisher Genannten ist RUDOLF MAGNUS (Abb. 122), ein gebürtiger Braunschweiger (1873). Auch er studierte bei KÜHNE in Heidelberg, dann bei dem Pharmakologen R. GOTTLIEB, ferner arbeitete er bei SCHAEFER in Edinburgh (1900), bei J. N. LANGLEY in Cambridge (1905) und bei CH. SC. SHERRINGTON (1908) in Liverpool, wo er überall Gelegenheit hatte, die neuesten Fortschritte der internationalen Physiologie kennenzulernen (Biogr. [*251a, b*]). Im Jahre

1908 wurde er als Pharmakologe nach Utrecht berufen. Seine Arbeitsrichtungen führten ihn vielfach auf das Gebiet der reinen Physiologie. So schuf er seine bekannte Methode des überlebenden Darmes und beschäftigte sich mit der Nierenabsonderung. Vor allem aber ist er durch seine epochalen Arbeiten über die Funktion des Zentralnervensystems bekanntgeworden. Seine Monographie „Körperstellung" (Berlin 1924) faßt die Ergebnisse jahrelanger Untersuchungen seiner Schule über Stellreflexe, Stehreflexe labyrinthären und nicht labyrinthären Ursprungs in klassischer Weise zusammen. Bedeutsam waren auch seine Untersuchungen am Thalamustier und über das Kleinhirn. MAGNUS war ein überaus geschickter Opera-

Abb. 123. LÉON FRÉDÉRICQ (1851—1935).
(Nach einem Bilde, überlassen von Prof. C. HEYMANS.)

teur und von größter Gewissenhaftigkeit und Zuverlässigkeit in der Auswertung seiner Ergebnisse, ebenso ein hervorragender Lehrer. Er starb im Jahre 1927 in Pontresina (G. LILJESTRAND [251a]). Von seinen Schülern seien A. DE KLEIJN, G. G. J. RADEMAKER und der deutsche Neurologe G. SCHALTENBRAND besonders genannt. Hier sind wir schon in der Gegenwart angelangt und wollen schließlich die Darstellung der holländischen Physiologen durch einige Namen aus der letzten Generation ergänzen: S. DE BOER, F. J. J. BUYTENDIJK, J. TEN KATE, H. J. JORDAN, C. A. PEKELHARING, A. K. M. NOYONS, G. A. VAN RIJNBERK, A. DE WAART und C. A. G. WIERSMA.

Die Situation der Physiologie in **Belgien** (M. FLORKIN [126a]) war bis um etwa 1875 denkbar schlecht. Die Lehrstühle waren meist in Händen von Klinikern, die in der schlechtbezahlten und mit unzureichenden Etatsmitteln ausgestatteten Stellung eines Physiologen in Gand, Liége oder Bruxelles nur so lange aushielten, bis ein ertragreiches klinisches Ordinariat frei wurde. Auch THEODOR SCHWANN (1810–1882), ein deutscher[1] MÜLLER-Schüler (s. S. 148), der im Jahre 1839 im Alter von 28 Jahren auf den anatomischen Lehrstuhl von Louvain berufen wurde und dank seiner hervorragenden Leistungen zu einer Reform die erforderlichen Kenntnisse mitbrachte, war außerstande, hier Wandlung zu schaffen (L. FRÉDÉRICQ [136a]). Seine Entdeckungen des Pepsins, die Untersuchungen mit der Muskelwaage [126c], die Beobachtungen über die Bedeutung von Keimen für Fäulnis und Gärung, vor allem aber sein Beweis, daß alle lebenden Gewebe sich aus zellulären Elementen aufbauen, alle diese Entdeckungen hatten ihm schon früh einen glänzenden Namen gemacht. Seit seiner Übersiedlung nach Belgien hört seine Produktivität fast völlig auf, wohl zum Teil durch seine von Jugend an zwischen Rationalität und religiöser Mystik schwankende Seelenverfassung (M. FLORKIN [126b]). Jedenfalls hat er seit 1844 (Gallenfistel) nichts mehr von Belang veröffentlicht. 1849 wurde SCHWANN Physiologe in Louvain. Im Jahre 1858 wurde er als Physiologe nach Liége berufen. Dort errichtet er das erste „cabinet de physiologie" von nur einigen Quadratmetern Größe. SCHWANNs Nachfolger in Liége wurde LÉON FRÉDÉRICQ, der wohl als der eigentliche Begründer

---

[1] SCHWANN hat sich in Belgien nie naturalisieren lassen.

der modernen belgischen Physiologie gelten kann. Léon Frédéricq (Abb. 123) wurde am 24. August 1851 in Gand geboren. Er war von Kind an für Pflanzen, Tiere, Steine, chemische und physikalische Dinge lebhaft interessiert, daher studierte er zunächst Naturwissenschaften und dann Medizin. Es folgen Reise- und Wanderjahre, in denen er im Ausland bei F. Hoppe-Seyler, E. Baumann, Paul Bert, E. J. Marey und E. du Bois-Reymond reiche Anregungen für die eigenen Arbeiten erhält. Im Jahre 1880 übernimmt er den Lehrstuhl von Schwann in Liége. Man gibt ihm auch die Mittel zum Neubau eines großzügigen physiologischen Instituts (1888). Frédéricqs Lebenswerk ist ebenso umfangreich als bedeutsam. Er entdeckte das Hämocyanin, beschrieb als erster die eigenartige Erscheinung der Autotomie der Krabben. Von ihm stammt die Methode der gekreuzten Kreisläufe, eine Methode zur Gasanalyse, zur oesophagealen Registrierung der Herzaktion, zur Unterbrechung des Hisschen Bündels usw. Vor allem hat er als erster die Existenz der drei Eiweißarten des Blutes (Serumalbumin, Serumglobulin und Fibrinogen) nachgewiesen. Mit Paul Heger in Bruxelles gründete er 1904 die „Archives internationales de physiologie". Viele Ehrungen des In- und Auslandes wurden dem großen Manne zuteil. Er starb am 2. September 1935. Die Physiologie verlor mit ihm einen der letzten Vertreter ihrer klassischen Periode (M. Florkin [*126a*]). Neben Frédéricq hat Paul Heger zur Erstarkung der neueren Physiologie in Belgien Wesentliches beigetragen. Er wurde 1846 geboren, promovierte 1871 und ging dann auf einige Zeit, anfangs der 70er Jahre, zu dem Histologen Stricker nach Wien und vor allem zu C. Ludwig nach Leipzig. Hier hat er, wie er dankbar bekennt, inhaltlich und methodisch viel gelernt, und als er 1873 den Lehrstuhl in Brüssel als Nachfolger Gottlieb Gluges (1812–1898) übernahm, baute er hier mit Hilfe von Ernest Solvay das „Institut Solvay de Physiologie" auf. Heger beschäftigte sich neben der Physiologie der Netzhautelemente vor allem mit Kreislauffragen. 1907 trat er in den Ruhestand und starb 1925. Von Jean François Heymans (geb. 1859) war schon oben im Zusammenhang mit J. Gad die Rede. Er wurde 1890 Pharmakologe in Gand, wo er das Institut J. F. Heymans geschaffen hat. Zusammen mit seinem Sohn und Nachfolger Corneille Heymans (geb. 1892, seit 1922 Professor der Pharmakologie in Gand) wurde die Methode des isolierten Kopfes mit gekreuztem Kreislauf vervollkommnet, welche für die Fragen der Atmungs- und Wärmeregulation wertvolle Ergebnisse brachte. Corneille Heymans hat mit dieser Methode den Wirkungsmechanismus des Depressorreflexes und Carotis-Sinusreflexes erfolgreich analysiert, so daß er 1938 mit dem Nobelpreis ausgezeichnet wurde.

Jean Demoor, seit 1907 o. Professor der Physiologie in Bruxelles, wurde in Etterbeck bei Bruxelles 1867 geboren. Er glaubte, ähnlich wie L. Haberlandt, den Nachweis eines Herzhormons erbracht zu haben und hat manche Befunde erhoben, welche für eine humorale Theorie der Herzerregung sprechen. Ferner hat ihn das Problem der synaptischen Übertragung sehr beschäftigt. Von der jetzigen Physiologengeneration in Belgien seien nur einige Namen genannt: P. Rijlant (Bruxelles), Fr. Bremer (Bruxelles), Z. M. Bacq (Liége), J. J. Bouckaert (Gent).

VI. Rückblick, Ausblick, Schluß.

Geschichte ist das Gewissen der Gegenwart.
(Th. Litt)

Wenn wir auf die Jahrhunderte menschlichen Bemühens um die Rätsel der lebendigen Organisation und Funktionsweise zurückblicken, so tun wir es im Jahre 1952 nicht ohne berechtigten Stolz. Aus kleinen Anfängen hat sich das

Wissen um die Lebensvorgänge zu einem imposanten Bau entwickelt. Mit Hilfe der anatomischen Strukturanalyse, der physikalischen und chemischen Untersuchung der einzelnen Lebenserscheinungen hat sich die Einsicht in die Betriebsmittel des Körpers ins kaum Übersehbare ausgeweitet. Die Kurve dieser Erfolge verläuft gleichsam mit einer geometrischen Progression und hat seit Beginn dieses Jahrhunderts einen ungeahnten steilen Aufstieg genommen. Auf allen Gebieten ist der Zuwachs an Kenntnissen gewaltig, sei es bezüglich der verwickelten physikochemischen Struktur des Blutes, der Immunreaktionen und Blutgruppen, der Oxydationen, der Atmungs- und Kreislaufregulationen, der chemischen und thermodynamischen Vorgänge im Muskel, der efferenten und afferenten Leitungsprozesse im Nerven oder der physikalischen und chemischen Vorgänge in den Sinnesorganen. Neue Seiten des Lebendigen wurden mit der Lehre von den Hormonen, Vitaminen und den Fermenten des intermediären Stoffwechsels erschlossen. Eine Vielfalt von Regeleinrichtungen im nervösen Zentralapparat und in der Peripherie wurde neu entdeckt. Die Erfolge der reinen physiologischen und biochemischen Forschung sind auf allen Gebieten von imponierender Größe. Auch der praktische Nutzen dieser Erkenntnisse ist so überzeugend, daß die Medizin in den meisten Teilgebieten mehr und mehr vom morphologischen zum funktionellen Denken übergegangen ist. Die Methodik der medizinischen Forschung ist auf vielen Gebieten zur angewandten physiologischen Forschung geworden. Daraus entstand eine Fülle praktisch wertvoller Einsichten in die Entstehungsbedingungen und Verkettung der Vorgänge im kranken Organismus, und daraus wieder erwuchsen viele wertvolle diagnostische und erfolgreiche therapeutische Methoden. Es ist auch nicht zu erwarten, daß die Kurve des Wissenszuwachses in der Physiologie in der nächsten Zeit langsamer steigen wird, im Gegenteil, immer mehr Forscher und Forschungsstätten mühen sich um die Enträtselung der Lebensvorgänge. Die Physiologie, so könnte man schließen, darf dessen gewiß sein, daß sie noch mehr Erfolge vor sich als hinter sich hat. Damit könnte die Schilderung der geschichtlichen Entwicklung der Physiologie schließen. Doch wirft der gegenwärtige Stand als Moment in dem geschichtlichen Werdegang der physiologischen Wissenschaft vom Leben eine Reihe von Problemen auf, die vielleicht in der historischen Perspektive schärfer sichtbar werden als im Blickfeld des lediglich auf einem Spezialgebiet tätigen Forschers. So soll der folgende Ausblick als eine *kritische Betrachtung* zum gegenwärtigen Stande der physiologischen Forschung und Erkenntnis aufgefaßt werden. Die Aufgabe der Physiologie ist es, das Lebensgeschehen zu verstehen. Darum haben sich alle Epochen seit der Antike bemüht, jede auf ihre Weise. Rückblickend kann man die Stufen auf dem Wege zu physiologischen Einsichten etwa folgendermaßen charakterisieren.

1. Bei der voranalytischen *naturphilosophischen* Art der Naturdeutung, wie sie besonders in der griechischen Naturphilosophie und Medizin betrieben wurde, bemühte man sich um die Deutung des Lebensgeschehens mit Hilfe gedanklicher Systeme, welche das unsystematisch gewonnene und wenig umfangreiche Material der Naturerfahrung in einem theoretischen Überbau zu ordnen gestatteten. Ein experimentelles Vorgehen, eine systematische Analyse der gesetzmäßigen Verkettung einzelner Phänomene nach Ursache und Wirkung ist noch kaum sichtbar. Man deutet dabei den Organismus als zweckmäßig konstruiertes Gesamtsystem, und die Theorie des Organismus bezieht sich daher fast ausschließlich auf die *Bedeutung* der Teile im ganzen. Morphologie, Physik und Chemie spielen noch fast keine Rolle.

2. Auf der nächsten Stufe wird erkannt, daß das Lebensgeschehen an bestimmte Strukturen gebunden ist. Bau und Lage der Organe werden Gegenstand der Naturerforschung. Es entsteht eine *deskriptive Anatomie*, wie sie in syste-

matischer Weise besonders von GALEN aus der Einsicht in die große ärztliche
Bedeutung anatomischen Wissens betrieben wurde und wie sie am Beginn der
Neuzeit wieder von VESAL aufgenommen und weitergeführt wurde.

3. Der anatomische Befund wirft ganz von selbst die Frage nach dem Grunde
für das Vorhandensein eines Organes oder einer aufgefundenen morphologischen
Differenzierung auf. Daraus erwächst zwangsläufig die dritte Stufe, die wir als
die Stufe der *funktionellen Morphologie* bezeichnen können. Was bewirkt die
Tätigkeit der Organe im Körper? Wie arbeiten Herz und Lungen, Muskeln und
Nerven? Man versucht, aus dem morphologischen Zusammenhang der Teile
Schlüsse auf ihre Funktion zu ziehen. So geschieht es zuerst bewußt bei W. HAR-
VEY. Es setzt sich fort über BORELLI und HALLER bis zu den Empirikern der
ersten Jahrzehnte des 19. Jahrhunderts als eine „*anatomia animata*". So wird eine
funktionelle und vergleichende Morphologie, kombiniert mit dem vivisektorischen
Experiment, betrieben, um aus den funktionellen Folgen eines künstlich gesetzten
Eingriffs in die Morphologie (z. B. durch Nervendurchtrennung usw.) einen Schluß
auf die Leistung bestimmter anatomischer Teile zu ziehen. Hierher gehören etwa
G. PROCHASKA, A. WALKER, CH. BELL, FR. MAGENDIE, LEGALLOIS, FLOURENS,
JOHANNES MÜLLER und viele andere.

4. Aber schon die Generation nach JOHANNES MÜLLER treibt eine gänzlich
andere Forschung. Mit E. DU BOIS-REYMOND, HERM. V. HELMHOLTZ, E. BRÜCKE
und vor allem mit CARL LUDWIG sowie CLAUDE BERNARD beginnt eine neue Stufe
der Lebensforschung, die Stufe der *kausal-analytischen* Teilforschung, die Analyse der *physikalisch-chemischen* Kausalverbindung der einzelnen Vorgänge im
Organismus nach Maß und Zahl. Diese *quantitativ vorgehende Richtung* bedient
sich erstmalig bewußt und betont aller physikalisch-chemischen Hilfsmittel, Erfahrungen und Vorstellungen zur Deutung des Zusammenhanges der physiologischen Erscheinungen und ihrer Notwendigkeit und Bestimmtheit. Diese Generation empfindet bewußt den Abstand ihres Organismusbegriffs von dem eines
JOHANNES MÜLLER, in welchem die Lebenskraft und damit die Freiheit und der
Sinn des Lebendigen eine ganz wesentliche Rolle spielten.

5. Diese Stufe der physiologischen Forschung erschöpft sich nicht, solange
Physik und Chemie immer neue Hilfsmittel zur kausalen Analyse des physiologischen Geschehens bereitstellen. Wir stehen auch heute noch in dieser Entwicklung mit eben dieser Methodik des Denkens und Experimentierens darin und werden ihr weiterhin größte Erfolge verdanken. Doch wird an vielen Stellen sichtbar,
daß die Beschreibung der Lebensvorgänge nach ihrer „biotechnischen" [*342b*] Verkettung nur einseitige Einblicke eröffnet. Es sind Abstraktionen, gewonnen durch
den Kunstgriff der künstlichen Isolierung aus dem gesamten Zusammenspiel der
Kräfte im Organismus. Sie sind für diesen Fall „für sich" richtig und wichtig,
aber notwendigerweise unvollständig und unzureichend. Immer mehr wird sichtbar, daß die im isolierenden Experiment stets reproduzierbaren kausalgesetzlichen
bestimmten Vorgänge im Organismus fast stets durch die Einwirkung von anderen
Organen und Kräften modifiziert und geregelt werden. Der Begriff der Regulation
taucht auf und damit der Sinnbezug der Teile auf das Ganze. Die Erforschung der
Kreislaufregulation, der nervösen und hormonalen Regulation, der Stoffwechsel-
regulation lehrte die höchst wichtige Erkenntnis von der Existenz vielfältiger
Korrelationen unter den Funktionen und Leistungssystemen des Organismus, sie
führte zur Anerkenntnis von durchgängig erweislichen Regulationsgleichgewich-
ten. Viele Forscher haben zu dieser Erkenntnis beigetragen, in der sich das Denken
in der Kategorie der Kausalität und das Denken in der Kategorie des Sinnbezuges
auf das Ganze vereinigen. So kehrte das teleologische — oder wie ich [*342a*] es
richtiger genannt habe[*342b*], das „bionome" — Denken, erwachsen aus der Erfah-

rung des kausalanalytisch arbeitenden Laboratoriums aufs neue in die Physiologie zurück. Man spürt gelegentlich, daß mancher sich dabei nicht wohl fühlt. „Die Teleologie ist eine Dame, ohne die kein Biologe leben kann. Er scheut sich jedoch, sich mit ihr in der Öffentlichkeit zu zeigen“ — so hat sich einmal ERNST BRÜCKE zu diesem so alten und immer neuen Thema geäußert. Mit der Erkenntnis der vielfältigen Korrelation der physiologischen Vorgänge ist ein neues Bild des Organismus erwachsen, welches die Erfahrungen der vorangehenden *elementar-analytischen* Erkenntnisstufe auf höherer Ebene ordnet. Ob diese heutige Stufe die letzte ist? Das ist kaum wahrscheinlich. Man wird für diese Auffassung schon einige Erfahrungen anführen können. Knüpfen wir dabei noch einmal an der Tatsache der Korrelationen an. Der Organismus ist hinsichtlich der Tätigkeit seiner Organe und des Milieus, in dem sie arbeiten, ein fein eingeregeltes System von Kräften. Er arbeitet bei konstanter Körpertemperatur, gewissermaßen als Thermostat, er regelt fortgesetzt seinen Wasserhaushalt und seinen Ionenbestand in Organen und Flüssigkeiten als Hydrostat und Ionostat. Er behält aus der Nahrung, was er braucht, er wächst so lange, bis das harmonische Verhältnis der Organe erreicht ist. Dann hört er nur auf, protoplasmatische Substanz anzusetzen. Jede Veränderung in der Stoffzufuhr setzt den Regelapparat für den Wasser-, Salz-, Eiweiß- und Energiehaushalt in Tätigkeit. Und jede Veränderung eines Teilstückes wird zugleich von allen anderen berücksichtigt. Wasseraufnahme oder -bildung im Körper verändert die Situation hinsichtlich des Wärmehaushaltes, des osmotischen Druckes, des Ionengleichgewichtes gleichzeitig. Daher darf nicht nur jeder Regelapparat für die hydrostatischen, osmotischen, thermostatischen und ionostatischen Erfordernisse für sich arbeiten, sondern er muß darüber hinaus in Harmonie mit allen anderen Regelapparaten einreguliert werden. Schließlich fragt man, wer regelt eigentlich wen? Es muß ein System von Afferenzen, Steuerungen und Efferenzen geben, das von unvorstellbarer Kompliziertheit ist. Es ist denkbar, daß sich solche vielseitigen Abhängigkeiten — Geflechte der Kausalität — eines Tages gar nicht mehr mit Worten, sondern nur mehr mit symbolischen Zeichen wissenschaftlich behandeln lassen. Natürlich wird nach wie vor die Kausalanalyse unter definierten bekannten Bedingungen reproduzierbare und sichere Zusammenhänge ermitteln. Im Organismus wächst aber für *viele* — bei weitem nicht für alle — Vorgänge die Zahl der mitwirkenden Koeffizienten ins Unübersehbare. Es kommt dann zu so komplexen Zusammenhängen, daß nur die Anfangs- und Endglieder ermittelt werden können. So sagte jüngst ein Kenner des Hormongebietes, daß wir trotz einer fast unübersehbaren Fülle von Einzeltatsachen das Ordnungsgefüge dieses Systems stofflicher Wirkungen mit gegenseitiger Forderung und Hemmung immer weniger verstehen, weil alles mit allem zusammenhängt. Auf dem Gebiet der zentralnervösen Korrelation und Integration ist es sicherlich nicht anders. Das ist die Stufe, in welche die heutige physiologische Forschung einmündet, eine Stufe, auf der die vielfache Korrelation der Vorgänge die Analyse und Zusammenschau mehr und mehr zu erschweren beginnt.

Es sei erlaubt, über die Gegenwart einen Ausblick auf die Weiterentwicklung in der *Zukunft* zu werfen und jene Stufe zu skizzieren, der die Forschung entgegenzugehen scheint. Der größte Teil der physiologischen Forschung bewegt sich bis jetzt noch auf der Ebene der Makrophysiologie, auf der Ebene der sehbaren, fühlbaren Größenordnung, in der Sphäre der mittleren Dimensionen, in die unsere biologische Organisation uns gestellt hat. Ein Reflex, eine Erythrozytenagglutination, eine Veränderung bestimmter Kreislauf-, Atmungs- und Stoffwechselgrößen, das alles sind Phänomene dieser Dimension. Aber niemand wird verkennen, daß dahinter die Welt des Kleinen, der Mikrodimension, beginnt. An ihrer Schwelle stehen wir an vielen Stellen, etwa in der physiologischen Analyse der

Synapsenfunktionen, der Biorhythmik, in der Permeabilitätsforschung usw. Die Analyse erfaßt immer kleinere Geschehensausschnitte aus dem Gesamtgeschehen, und notwendigerweise muß sie immer stärker von dem übrigen Geschehen abstrahieren, um an einer engen Stelle praktisch und theoretisch Erfolge zu erzielen. Aber in diesem Gebiet der Mikrodimension des Biologischen, besonders dort, wo zwischen Struktur und Geschehen keine scharfe Grenze mehr besteht, wo sich Struktur- und Geschehnisgefüge unlösbar verketten, und wo auch die mikroskopische Morphologie nicht wesentlich weiterhilft, wo es in die kolloidale makromolekulare Dimension geht, wo hohe elektrostatische Feldstärken auf kleinstem Raum wirken, wo vielfältige fermentative Auf-, Ab- und Umbauprozesse innerhalb einer Zelle vor sich gehen, da ist eine Stufe des Biologischen erreicht, in der die Vorgänge eine solche Verkettung und Verzahnung aufweisen, daß sie nur mehr in engsten Ausschnitten und ohne rechte Hoffnung auf vollständige Einsicht in das Zusammenspiel sämtlicher Teilfaktoren zu behandeln sind. Es scheint, daß es im Organismus Funktionskreise gibt, in denen die analytische kausale Detailforschung gewissermaßen auf einen moorigen, einen überall nachgebenden Boden stößt, wo *Fließgleichgewichte* das Geschehen beherrschen, wo eine generelle Korrelation herrscht, wo alles mit allem zusammenhängt. Hierher gehört z. B. das Gebiet der makromolekularen Dimensionen. Hier stellt uns die Forschung vor sehr eigenartige und weittragende Phänomene. Die wesentlichen an Bau und Funktionen des Körpers beteiligten Stoffgruppen, besonders die Proteine, haben makromolekulare Struktur. Sie sind thermodynamisch instabil, d. h., sie können sich nur bilden und Bestand haben in einem System, in dem energieliefernde Reaktionen mit synthetischen Reaktionen verknüpft sind. Die Proteine unterliegen z. B. einem beständigen Abbau und Umbau, sie existieren nur als Zwischenstufe charakteristisch aufgebauter zyklischer Prozesse, die H. V. SCHULZ als Elementarzyklen bezeichnet. Diese Elementarzyklen greifen vielfältig ineinander, und so ergibt sich schon auf dieser untersten Stufe des Lebens eine rein dynamische Struktur, die auf einer spezifisch biologischen Kooperation beruht. Es läßt sich ferner errechnen, daß allein für die Aufrechterhaltung der makromolekularen Ordnungsstruktur des menschlichen Organismus in bezug auf sein Eiweißgleichgewicht ein täglicher Energieaufwand von rund 200 kcal erforderlich ist. Interessanterweise begegnet uns das Problem der spezifisch biologischen Ordnung schon auf dieser untersten Stufe des Organismusgeschehens. Die Struktur der „richtigen" Proteinmolekel des Organismus ist in hohem Maße statistisch unwahrscheinlich, und „es sieht nicht danach aus, als ob irgendwelche, heute bekannte physikalisch-chemische Gesetzmäßigkeiten diese statistische Klippe überwinden könnten" (H. V. SCHULZ [*358a*]). Es ist daher begreiflich, daß trotz unendlicher Erfolge der Gedanke aussprechbar wurde, daß das kausalanalytische Denken und die physikalisch-chemische Methode in der Physiologie zwar den Fahrplan des Körpers innerhalb subtilster Teilstrecken qualitativ und quantitativ ermittelt, ohne jedoch bis heute die Steuerung dieses Fahrplanes irgendwie verständlich zu machen. Man kann natürlich sagen, daß sich die Aufgabe der Physiologie mit der Enträtselung der physikalisch-chemischen Teilzusammenhänge erschöpfe, doch liegt darin wohl eine Unterschätzung des menschlichen Erkenntnisbedürfnisses. *Denn die Aufgabe der Physiologie ist es, das Lebendige zu verstehen. Dieses Verstehen kann, wie die Geschichte zeigt, von zweierlei Art sein, ein Verstehen der Notwendigkeit des Geschehens und ein Verstehen des Sinnes des Geschehens. Das Ziel kann nur sein, den Sinn des Notwendigen zu verstehen.* Das geschichtliche Werden der Forschung liegt zwischen Ursprung und Ziel, es ist die unendliche Variation der Wege zu diesem Ziel. Wir wissen nicht, ob der heutige Weg und die gegenwärtige Methode nicht auf eine prinzipielle Grenze stoßen werden. Wir kennen einzelne Summanden in diesem Spiel, aber der Körper addiert und ordnet sie in einer schwerverständlichen Regie. Man möchte manchmal meinen, daß der menschliche Verstand nicht der Aufgabe angepaßt sei, die Bedingungen seines eigenen biologischen Funktionierens zu durchschauen. Jedenfalls wissen wir durchaus nicht, ob unser bisher bewährtes Vorgehen auch in den nächsten hundert Jahren von gleicher Fruchtbarkeit bleibt wie bisher oder ob nicht ganz neue Wege begangen werden müssen.

Zu den Problemen, welche sich für den Stand der Physiologie aus der historischen und wissenschaftstheoretischen Perspektive ergeben, treten weitere Fragen, welche sich auf die *gegenwärtige* äußere und innere *Situation der physiologischen Forschung* und des einzelnen Forschers beziehen. Die Ausdehnung des physiologischen Forschungsbetriebes hat unheimliche Dimensionen angenommen. Vom ersten internationalen Physiologenkongreß in Basel im Jahre 1889 hat sich die Zahl der Teilnehmer von 124, Edinburgh (1923) 516, Stockholm (1926) über 600, auf etwa 1700 im Jahre 1950 in Kopenhagen erhöht. Die Zahl der für die Physiologie wichtigen *Publikationen*, welche aus den referierten Arbeiten zu entnehmen ist, betrug im Jahre 1889 nach dem Band III des deutschen Zentralblattes für Physiologie etwa 703. Sie betrug nach den „Berichten für die gesamte Physiologie" 50 Jahre später, d. h. im Jahre 1939, etwa 20000, also etwa das 30fache. Die heutige Zahl im Jahre 1950 ist noch viel größer, sie ist aber durch das kriegsbedingte Auseinanderfallen der wissenschaftlichen Kommunikation nicht genau festzustellen. *Die Zahl der Zeitschriften* ist wohl im gleichen Umfange angestiegen, da für jedes Teilgebiet der Physiologie fast in jedem Sprachgebiet ein eigenes Veröffentlichungsorgan gegründet wurde, nicht nur für physiologische Chemie, Biochemie und allgemeine Physiologie, sondern für Endokrinologie, Fermentforschung, Kreislaufforschung, Ernährungslehre, Neurophysiologie, Altersforschung, Sinnesphysiologie, Cardiologie, Vitaminforschung usw. Ebenso gibt es für jedes dieser Teilgebiete jeweils Spezialforschungsinstitute. Beziffert man den Umfang einer wissenschaftlichen Publikation mit im Mittel nur 5 Seiten, so würden die obengenannten 20000 Jahrespublikationen 100000 Seiten pro Jahr ausmachen. Bei einer mittleren Lesegeschwindigkeit von nur je 2 Minuten je Seite wären 417(!) Tage mit je 8 Stunden pausenlosen Lesens zur Bewältigung der jährlichen Produktion der Fachzeitschriftenliteratur nötig, d. h. schon die lediglich rezeptive Verarbeitung des laufend neu erarbeiteten Materials in der Physiologie ist völlig unmöglich geworden. Dazu kommt, daß der Forscher fast auf allen Gebieten der Physiologie in wachsendem Umfang die Fortschritte der Physik, Chemie und physikalischen Chemie verfolgen muß, wenn er in die Probleme der feineren Dynamik vordringen will. Das erhöht die rein rezeptive Belastung des Forschers noch über das oben Genannte hinaus. Aber auch die produktive Forschung selbst wird in der Methodik immer differenzierter, so daß der einzelne nur noch wenige von den neuesten Methoden völlig beherrscht. Das bedingt einen *Zerfall der physiologischen Forschung in unzählige Ausschnitte*, hinter denen für den einzelnen das Ganze oder auch nur ein anderes Spezialgebiet kaum mehr sichtbar ist, jedenfalls nicht mehr in dem detaillierten Bild, wie es der Spezialforscher auf dem anderen Gebiet zum gleichen Zeitpunkt besitzt. Diese Einengung der Spezialgebiete nach Methoden ist aber nur auf begrenzten Teilstrecken fruchtbar, denn die dynamische Struktur des Organismus und die generelle Korrelation des Gesamtgeschehens führt am Ende jeder dieser Teilstrecken in die Probleme der allgemeinen Feinstruktur, wo sich chemisch-physikalische und physikalisch-chemische Gesetzmäßigkeiten unlösbar verknüpfen. Hier ist eine erfolgreiche Forschung nur durch eine genaue Kenntnis der Ergebnisse und Methoden aller dieser Gebiete möglich. Das ist einem einzelnen Forscher angesichts des Umfanges dieser Wissenschaften aber gar nicht mehr möglich. In dem Zentralbereich des Biologischen ist die Fülle der in Frage kommenden Möglichkeiten physikalisch-chemischer Verknüpfung so groß, daß das Forschungsobjekt einem engen Spezialisten entgleitet. Ob der Arbeitsteam diese Situation der physiologischen Forschung überwinden kann, muß die Zukunft lehren. Jedenfalls ergibt sich, daß die Lebensforschung ungemein schwierige Probleme zu überwinden hat, welche teils im biologischen Objekt selbst gelegen sind und teils in der zwangsläufigen Begrenztheit des Wissens, der Arbeitskraft und der geistigen Kapazität des Forschers ihren Grund haben.

Die besprochene und überall sichtbare Einengung des Arbeitsgebietes und der Methodik in der Wissenschaft hat noch eine weitere Folge, auf die besonders ORTEGA Y GASSET hingewiesen hat. Sie ermöglicht einerseits auch mittelmäßig Begabten erfolgreich wissenschaftlich zu arbeiten und vervielfältigt damit die Zahl der möglichen Teilnehmer am Forschungsprogramm. Andererseits verengt sie das Gesichtsfeld auf Kosten hoher Spezialleistung in oft gefährlicher Weise. Der berufsmäßige Wissenschaftler gehörte früher der höchsten geistigen Elite an, das ist heute keineswegs mehr notwendig. Eine durchschnittliche Allgemeinbildung mit bester Spezialausbildung genügt im allgemeinen zu großen Leistungen, allerdings nur auf dem eingeengten Arbeitsgebiet. Diese Einengung der Forschung auf ein enges Teilgebiet hat für den Forscher noch eine weitere sehr wesentliche Folge. Es droht infolge des kleingewordenen Ausschnittes, auf dem er persönlich neue Erkenntnisse zu gewinnen vermag, das *Wertbewußtsein* für seine wissenschaftliche Arbeit zu schwinden, jenes stolze Gefühl, welches noch im vergangenen Jahrhundert bei jedem Wissenschaftler spürbar ist. Letzten Endes erwuchs der Geist der wissenschaftlichen Kultur aus dem Bedürfnis des abendländischen Menschen, die Erscheinungen der Welt in ihrer ganzen Mannigfaltigkeit mit Hilfe des Logos zu ordnen, zu verstehen und zu beherrschen. Dort liegen ihre Wurzeln, aus denen sie allein immer wieder ihre Nahrung bezieht. Auch die Forschung, die sich auf weitvorgeschobenen Stellen betätigt, darf nie die Verbindung mit dieser Wurzel verlieren, d. h., sie muß das Bild des Ganzen vor Augen behalten, wenn sie nicht von unten her verdorren soll. Der Wert der wissenschaftlichen Forschung beruht für den abendländischen Wissenschaftler letzten Endes auf der Befriedigung seines Wissensbedürfnisses. Die technische Perfektion ist dabei nur das Mittel, um Erkenntnisse zu gewinnen, die dieses Aufwandes wert sind. Ferner droht die starke Beanspruchung des Forschers durch das gewaltige Anwachsen der Literatur ihn anderen Aufgaben außerhalb seines Faches zu entfremden, ja, er erkauft seine Höchstleistung nur durch Entsagung auf anderen Gebieten menschlich schöpferischer Wirksamkeit. Hier bedroht der moderne Wissenschaftsbetrieb den Forscher mit einer Einengung, welche nicht so sehr der Spezialforschung als der allgemeinen Grundlagenforschung gefährlich werden kann. Und noch ein Weiteres: Die Entwicklung der Wissenschaft im 20. Jahrhundert wird von Jahrzehnt zu Jahrzehnt immer anonymer. Wie gerade die historische Darstellung dieses Buches zeigt, läßt sich die Geschichte der Physiologie bis zur Wende des 20. Jahrhunderts an Hand bedeutender Persönlichkeiten gut verfolgen. Seit einigen Jahrzehnten häufen sich wichtige Entdeckungen dergestalt, daß die Persönlichkeiten der Entdecker und die Gegenstände ihrer Entdeckungen schon wenige Jahre später von neuen Namen und Entdeckungen überholt werden. Immer neue Namen treten in den Vordergrund, die das gleiche Gewicht beanspruchen und mit gleichem Recht in ein geschichtliches Bild der Gesamtentwicklung eingeordnet werden müssen, d. h., aus einer Landschaft mit wenigen hervorragenden Gipfeln wird ein vielgestaltiges, schwer überschaubares Gebirgspanorama. Man wird wahrscheinlich in 50 Jahren zwar eine Geschichte der Problementwicklung, aber keine biographische Geschichte der Physiologie an Hand großer Persönlichkeiten mehr schreiben können. Die Forschung wächst, aber der Forscher verschwindet vor dem Hintergrund

der Geschichte als individuelle schöpferische Erscheinung: *Die Forschung wird —
wie ich sagen möchte—anonym.* Die politischen Wirrnisse dieses Jahrhunderts haben
noch ein Weiteres mit sich gebracht. Der persönliche Kontakt der Wissenschaftler
wurde nicht nur vorübergehend unterbrochen. Auch in Zukunft wird das gegenseitige persönliche Kennenlernen durch die zahlenmäßige Vermehrung allmählich
unmöglich. Damit ist auch der Austausch und die Verwertung der wissenschaftlichen Ergebnisse zwischen den Nationen bedenklich gestört, also nicht nur durch
äußere, sondern auch durch innere Momente. Die heutige amerikanische Wissenschaft arbeitet weitgehend ohne Berücksichtigung der in den nicht englisch
publizierenden Ländern veröffentlichten Ergebnisse. Es gibt amerikanische
Monographien, die von nicht amerikanischer Literatur höchstens noch englische Arbeiten berücksichtigen. Es werden dadurch viele Untersuchungen erneut gemacht,
die schon anderswo durchgeführt wurden. Vielleicht ist aber gerade in USA die
Überflutung durch das Schrifttum des eigenen Landes so groß, daß es selbst bei
bestem Willen nicht mehr möglich ist, die Ergebnisse anderer Länder zu verarbei-
ten. Nicht nur das Gesamtgebiet der Physiologie ist in lauter kleinste Sektoren
aufgesplittert, nein, auch der Kreis der Forscher ist in geographische Sektoren
zerfallen. Diese Entwicklung ist bedenklich.

Es ist nicht mehr die Sache der historischen Darstellung, den Problemen
der Gegenwart im einzelnen nachzugehen. Doch eröffnet der historische Überblick die Möglichkeit, genauer zu erkennen, wie es war und wie es ist. Es sind
viele Momente in der geschichtlichen Entwicklung wirksam. Wir erkennen sie
im rückwärts gekehrten Blick und ahnen sie in der Gegenwart am Werke.
So mündet schließlich unsere historische Darstellung der Entwicklung der
Physiologie in eine wissenschaftskritische Stellungnahme, sowohl hinsichtlich
ihrer inneren Problematik als auch ihrer äußeren Entwicklung und ihrer Bedeutung für die von ihr abhängigen Disziplinen der Heilkunde. Aus diesen Überlegungen ergibt sich die Frage, inwieweit die besonders mit Carl Ludwig macht-
voll einsetzende physikalisch-chemische Richtung der Lebensforschung dem Ziel
gerecht wird, auch in der ferneren Zukunft den Gegenstand der Physiologie wirk-
lichkeitsgetreu und *ganz* zu erfassen. Angesichts der Geschichte und den vielmals
wechselnden Aspekten gegenüber dem Lebendigen wird man den Gedanken nicht
abweisen können, daß auch die heutige Lebensforschung wie jede andere Ge-
schichtsepoche einen nicht endgültigen Aspekt des Lebens zur Grundlage haben
könnte, daß spätere Zeiten einmal diese Theorie als einseitig verurteilen und
andere Wege bevorzugen, die hinsichtlich des Verständnisses des Lebendigen
weiterführen als unser Denken und unsere auf diesen Vorstellungen aufgebauten
Methoden der Forschung. Und wenn dann erneut eine Geschichte der Physiologie geschrieben wird, dann wird sie vielleicht nicht mehr Carl Ludwig, den
Analytiker der „elementaren Bedingungen", sondern einen anderen als ihren
Wegbereiter feiern.

Schrifttum.

Das folgende Schrifttumsverzeichnis enthält aus räumlichen Gründen nur eine Auswahl von Veröffentlichungen zur Geschichte der Physiologie, und zwar besonders solche allgemeinen und biographischen Inhaltes. Nachrufe sind unter dem Namen des Verstorbenen aufgeführt. Weitere Veröffentlichungen zur Entwicklungsgeschichte physiologischer Einzelprobleme sind in meiner „Entwicklungsgeschichte physiologischer Probleme in Tabellenform" (München-Berlin 1952) zu finden.

1 ABDERHALDEN, E.: (Biogr.). a) Z. Vitamin-, Hormon-, Fermentforschg. **4**, 1 (1951) (R. ABDERHALDEN); b) Pflügers Arch. **253**, 229 (1951) (HEYNS); c) Münch. med. Wschr. **1950**, N. 33 (D. ACKERMANN).

2 ADRIAN, E. D.: (Biogr.). Münch. med. Wschr. **1933**, 348 (E. TH. V. BRÜCKE).

3 ARAGO, FR.: Thomas Young. Naturwiss. **17**, 347, 1929.

4 ASCHOFF, L.: Über die Entdeckung des Blutkreislaufes. Freiburger Forsch. z. Med.-Gesch. H. 1, Freiburg 1938.

5 ASHER, L.: (Biogr.) a) Erg. Physiol. **46**, 1 (1950); b) Verh. d. Schweizer Naturforsch. Ges. Schaffhausen **1943**, 288 (A. V. MURALT).

5a ASTER, E. V.: Geschichte der Philosophie. Stuttgart 1947.

6 ATZROTT, E. H. G.: Giorgio Baglivi, ein Arzt von Gottes Gnaden. Dtsch. med. Wschr. **1939**, 929.

7 ATZLER, E.: (Biogr.). Erg. Physiol. **41**, V (1939) (G. LEHMANN).

8 BACON, R.: Opus Majus, a Translation by Robert Belle Burke. Vol. **1**, 2, Philad. Univ. of Pennsylvania Press. 1928.

8a BABKIN, B. P.: PAVLOV, A Biography. Chikago 1949.

9 BAEUMKER, CL.: Vitello, ein Philosoph und Naturforscher d. 13. Jh.s = Beitr. z. Gesch. d. Philosophie d. Mittelalters. **3** H, 2, Münster 1908.

10 BAINTON, R. H.: The smaller circulation: Servetus and Colombo. Arch. Gesch. Med. **24**, 371 (1931).

11 BAILEY, G. H.: William Hewson (1739—1774). An account of his life and work. Ann. Med. Hist. **5**, 208 (1923).

12 BALSS, H.: Albertus Magnus als Zoologe. Münch. Beitr. z. Gesch. u. Lit. d. Naturwiss. u. Med. München 1928. H. 11/12.

13 — Albertus Magnus als Biologe, Werk und Ursprung (= Große Naturforsch., hrsg. v. Dr. H. W. FRICKHINGER). Stuttgart 1947.

14a BASTHOLM, E.: The history of muscle physiology. Copenhagen 1950.

14 BATELLI, FR.: (Biogr.) Erg. Physiol. **45**, 12 (1944) (M. MONNIER).

15 BAUMANN, E.: (Biogr.) Z. physiol. Chem. **23**, 1 (1897) (A. KOSSEL).

16 BAYER, F. W.: Die Anfänge mikroskopischer Forschung in der Medizin. Klin. Wschr. **1944**, 31.

17 BAYLISS, W. M.: (Biogr.) a) Erg. Physiol. **25**, XX (1926) (E. H. STARLING); b) Biologia generalis, Wien I, 163 (1926) (F. A. E. CREW).

18 BEINTKER, E.: Über die natürlichen Kräfte. Galenübersetzung. (Liegt bisher nur als Manuskript vor.)

19 — Über den Nutzen der Teile. Übersetzung der ersten 10 Bücher von Galens physiologischem Hauptwerk. (Liegt bisher nur als Manuskript vor.)

20 — Galenos Tierversuch über die Funktion der Harnleiter und der Blase. Hippokrates **10**, 6 (1939).

21 BELL, CH.: An exposition of the natural system of the nerves of the human body. London 1824.

22 — Idea of a new anatomy of the brain. London 1811.

22a — Idee einer neuen Hirnanatomie. (Text u. Übers. mit e. Einleitung, hrsg. v. E. EBSTEIN, Sudhoffs Klass. **13**, 1911.)

23 BERG, A.: Die Lehre von der Faser als Form- und Funktionselement des Organismus. Virchows Arch. **309**, 33 (1942).

24 — Zur Entdeckungsgeschichte des kleinen Kreislaufs. Münch. med. Wschr. **1941**, 1218.

25 BERNARD, CL.: François Magendie. Paris 1856.

26 BERNOULLI, D.: De vita (betr. Herzarbeit). Hrsg. v. O. SPIESS u. F. VERZÁR. Verh. Naturforsch. Ges. Basel **52**, 189 (1941).

27 BERNS, J.: Über das physiologische Denken in den Schriften des Corpus Hippocraticum. Diss. Münster 1948.

28 BERNS, H. J.: Das physiologische Denken und Wissen im Zeitalter der Hochscholastik. Diss. Münster 1951.

29 BERNSTEIN, J.: H. v. Helmholtz. Naturwiss. Rundschau **10**, 73 (1895).

30 — (Biogr.). a) Md. Klinik **1917**, Nr. 9 (E. ABDERHALDEN), b) Pflügers Arch. **174**, 1 (1919) (A. v. TSCHERMAK).

31 BERZELIUS, J. J., u. J. v. LIEBIG: Ihre Briefe von 1831—1845. Hrsg. v. J. CARRIERE. München 1898.

32 BETHE, A.: (Biogr.) Klin. Wschr. **1942**, 511 (H. SCHAEFER).

33 BICHAT, M. F. X.: Physiologische Untersuchungen über den Tod (1800). Ins Deutsche übers. und eingel. v. RUDOLF BOEHM. Sudhoffs Klass. Bd. **16**, 1912.

34 — Recherches physiol. sur la vie et la mort. Paris 1800.

35 — Anatomie générale. Paris 1802.

36 BIDDER, F.: Vor hundert Jahren im Laboratorium Johannes Müllers. Münch. med. Wschr. **1934**, 50.

37 BIEDERMANN, W.: (Biogr.) Erg. Physiol. **30**, XI (1930) (FR. N. SCHULZ).

38 BIER, A.: Wesen und Grundlage der Heilkunde. Münch. med. Wschr. **1930/31**.

39 BISCHOFF, TH. L. W.: Über Johannes Müller und sein Verhältnis zum jetzigen Standpunkt der Physiologie. Festrede. München 1858.

40 — Über den Einfluß Liebigs auf die Entwicklung der Physiologie. München 1874.

41 BLUMENBACH, J. F.: Physiologie des menschlichen Körpers, aus d. Lat. v. EYEREL. Wien 1795.

42 BLUNCK, R.: Justus von Liebig. Berlin 1938.

43 BOHN, JOHANNES: Circulus anatomico physiologus. Leipzig 1686.

44 — Dissertationes chymico-physic e. Leipzig 168ɔ.

45 BOHR, CHR.: (Biogr.) Skand. Arch. Physiol. **25**, V (1911) (R. TIGERSTEDT).

46 DU BOIS-REYMOND, E.: Gedächtnisrede auf Johannes Müller. Abh. d. Bln. Akad. d. Wiss., Berlin 1860.

47 — Hermann von Helmholtz. Gedächtnisrede. Abh. d. Bln. Akad. d. Wiss., Berlin 1896.

48 — Über die Lebenskraft. Ein Glaubensbekenntnis. Hrsg. v. ERICH METZE, Brackwede 1909.

49 — Reden in 2 Bänden. Leipzig 1912.

50 — (Biogr.) Naturwiss. Rundschau **12**, 87 (1897) (J. BERNSTEIN).

51 DU BOIS-REYMOND, ESTELLE: Jugendbriefe von Emil du Bois-Reymond an Eduard Hallmann. Berlin 1918.

52 — — u. P. DIEPGEN: Zwei große Naturforscher des 19. Jh.s. Ein Briefwechsel zwischen Emil du Bois-Reymond und Carl Ludwig. Leipzig 1927.

53 BORELLI, J. A.: De motu animalium . . . Roma 1680/81.

54 — Die Bewegung der Tiere. Übers. u. mit Anm. vers. durch MAX MENGERINGHAUSEN. (Ostwalds Klass. 221) Leipzig 1927.

55 BORUTTAU, H.: Geschichte der Physiologie u. ihrer Anwendung auf die Medizin bis zum Ende d. 19. Jh.s. Hdb. d. Geschichte d. Med. **2**, 237, Jena 1903.

56 — L. da Vincis Verhältnis zur Anatomie und Physiologie der Kreislauforgane. Arch. Gesch. Med. **6**, 217 (1913).

57 — Kritische Gesch. der Atmungstheorien. Arch. Gesch. Med. **2**, 301 (1909).

58 — Emil du Bois-Reymond (= Meister der Heilkunde, hrsg. v. MAX NEUBURGER, **3**), München 1922.

59 BOTTAZZI, F.: Über L. da Vinci als Physiologe. Zahlreiche Arbeiten veröffentl. in Arch. pér l'Antropologia **1902**. Arch. ital. Anat. **1905**, **1907**. Riv. d'Italia **1907**, Sapere **1938**, Rass. Clin. Sci. **1939**, Progressi di terapia 1939.

60 — Lazzaro Spallanzani nel secondo centenario della sua nascita. Riv. Fisiol. neoscolastica **1930**.

61 — (Biogr.). Erg. Physiol. **45**, 16 (1944) (H. QUAGLIARIELLO).

62 BOWDITCH, H. P.: (Biogr.) Amer. Acad. of Arts and Sci. **46**, 739 (1911) (W. B. CANNON).

63 BROEMSER, PH.: (Biogr.) Erg. Physiol. **44**, 1 (1941) (O. F. RANKE).

64 BROWNE, E. G.: Arabian Medicine: being the Fitzpatrick lectures. Cambridge 1921.

65 BROWN-SÉQUARD, CH. E.: (Biogr.) a) Münch. med. Wschr. **1894**, 517 (M. CREMER); b) Rev. scient. Paris **1894**, 737 (E. DUREY); c) Arch. de physiol. norm. et path. Paris **1894**, 501 (E. GLEY).

66 BRÜCKE, E. TH. v.: Ernst Brücke. Wien 1928.

67 BRÜCKE, E. TH. v.: (Biogr.) Erg. Physiol. **45**, 1 (1944) (A. JARISCH).

68 BRUNN, W. v.: Zur Geschichte der Entdeckung des Kreislaufes vor Harvey. Münch. med. Wschr. **1923**, 245.

69 Bürker, K.: Über den Werdegang der Physiologie u. das neue physiologische Institut an der Landesuniversität Gießen. Nachr. der Gießener Hochschulgesellsch. **11**, 19 (1937).

70 — (Biogr.) Münch. med. Wschr. **1942**, 703 (Eb. Koch).

70a Buess, H.: Die Injektion. Ciba-Z. **9**, 3594 (1946).

71 Burdach, K. Fr.: Asklepiades und John Brown. Eine Parallele. Leipzig 1800.

72 Burdon-Sanderson, J.: (Biogr.) a) Science **33**, 598 (1911) (C. S. Minot); b) Science **87**, 472 (1938) (W. B. Cannon); c) Dtsch. med. Wschr. **1906**, 229.

73 Burget, G. E.: Stephen Hales (1677—1761). Ann. Med. Hist. **7**, 109 (1925).

74 Campbell, D.: Arabian Medicine and its influence on the Middle-Ages. **2**, London 1926.

75 Cannon, W. B.: (Selbstbiographie.) Der Weg eines Forschers. München 1945.

76 Capparoni, P.: Lazzaro Spallanzani. Medaglione bibliografico. Riv. Chir. **17**, 1 (1935).

77 — Lazzaro Spallanzani. Torino 1941.

78 Cardini, M.: Malpighi. Rom 1927.

79 Catchpole, H. R.: Regnier de Graaf (1641—1673). Bull. Hist. Med. **8**, 1261 (1940).

80 Chevalier, A. G.: Salerno. Ciba-Z. **5**, 1918 (1938).

81 Clark-Kennedy, A. E.: Stephen Hales. Cambridge 1929.

82 Cole, F. J.: Jan Swammerdam. Nature **139**, 218 (1937).

83 Cremer, M.: (Biogr.). Erg. Physiol. **37**, 1 (1935) (W. Trendelenburg).

84 Creutz, R.: Die Hochblüte der Schule von Salerno im 12. Jh. u. ihre Koryphäen. Dtsch. med. Welt **1935**, 1566.

85 — u. J. Steudel: Einführung in die Geschichte der Medizin in Einzeldarstellungen. Iserlohn 1948.

86 Cushing, H.: A Bio-Bibliography of Andreas Vesalius. New York 1943.

87 Czermak, J. N.: (Biogr.) Wien. med. Wschr. **1928**, 791 (A. Durig).

88 Daremberg, Ch.: Anatomie et physiologie d'Hérophile. Revue scient. **27**, 1881.

89 Deichgräber, K.: Hippokrates. Entstehung und Aufbau des menschlichen Körpers. Leipzig u. Berlin 1935.

90 Dide, A.: Michel Servet et Calvin. Paris 1907.

91 Diepgen, P.: Geschichte der Medizin. I, Berlin 1949.

92 — Die Hippokratiker u. die Lehre vom Blutkreislauf. Münch. med. Wschr. **1939**, 299.

93 — Haben die Hippokratiker den Blutkreislauf gekannt? Klin. Wschr. **1937**, 1820.

94 — Hippokrates im neuen Licht. Hippokrates **1938**, 1237.

95 — Arnald von Villanova u. die Medizin des Mittelalters. Lynchos. Stockholm 1939.

96 — Studien zu Arnald von Villanova. Arch. Gesch. Med. **3**, **5**, **6** (1910, 1912, 1913).

97 — Theophrast von Hohenheim, genannt Paracelsus. Forsch. u. Fortschr. **17**, 293 (1941).

98 — Nochmals zur Frage der Kenntnis des Blutkreislaufs in den hippokratischen Schriften. Hippokrates. **1938**, 385.

99 — Hermann Boerhaave u. die Medizin seiner Zeit. Hippokrates **1939**, 289, 345.

100 — Deutsche Medizin vor 100 Jahren. Freiburg 1923.

101 — Alte und neue Romantik in der Medizin. Klin. Wschr. **1932**, 28.

102 — u. Edw. Rosner: Zur Ehrenrettung Rudolf Virchows u. der deutschen Zellforscher. Virchows Arch. **307**, 457 (1941).

103 Diller, H.: Die Lehre vom Blutkreislauf, eine verschollene Entdeckung der Hippokratiker? Arch. Gesch. Med. **31**, 201 (1938).

104 Dobell, C.: Anthony van Leeuwenhoek and his „Little Animals". New York 1932.

105 Döllinger, I.: Grundriß der Naturlehre des menschlichen Organismus. Bamberg 1805.

106 — Von den Fortschritten, welche die Physiologie seit Haller gemacht hat. Eine Rede. München 1824.

107 — Grundzüge der Physiologie. 2 Bde. Regensburg 1835.

108 Dow, R. S.: Thomas Willis. Ann. Med. Hist. (3) **2**, 182 (1940).

109 Ebbecke, U.: Johannes Müller, der große rheinische Physiologe. Bonn 1951.

110 Eberhard, J. P.: Phisiologia. Halle u. Magdeburg 1754.

111 Ebstein, E.: Purkinje, der Begründer der physiologischen Institute in Breslau und Prag. Hippokrates **3**, 508 (1931).

112 Eckhardt, C.: Experimentalphysiologie des Nervensystems. Gießen 1866/67.

113 — (Biogr.). Münch. med. Wschr. **1905**, 1296 (F. A. Kehrer).

114 Ellinger, A.: (Biogr.) Erg. Physiol. **23**, 139 (1924) (Ph. Ellinger,).

115 Elze, C.: Zur 400jährigen Wiederkehr der Begründung der anatomischen Forschung durch Andreas Vesalius. Klin. Wschr. **1943**, 495.

116 Embden, G.: (Biogr.) Erg. Physiol. **35**, 32 (1933) (H. J. Deuticke).

117 Engelmann, Th. W.: (Biogr.) a) Med. Klinik **1909**, 829 (Brandenburg); b) Naturwiss. Rundschau **1909**, 437 c) Z. allg. Physiol. **10**, I (1910) (M. Verworn).

118 Einthoven, W.: (Biogr.) a) Wien. klin. Wschr. **1926**, 1460 (H. Winterberg); b) Amer. Heart J. **5**, 545 (1929/30); c) Dtsch. med. Wschr. **1927**, 2176 (Fr. Wenckebach).

119 Erhard, H.: Alkmaion, der erste Experimentalbiologe. Arch. Gesch. Med. **34**, 77 (1941).

120 ESSER, A.: Die Medizin im Gang der abendländisch-morgenländischen Geistesgeschichte. Ärztl. Forschung **1**, 317 (1947).

121 EWALD, R.: (Biogr.) Pflügers Arch. **193**, 109 (1922) (A. BETHE).

122 EXNER, S.: (Biogr.) Z. Sinnesphysiol. **57**, 281 (1926) (A. KREIDL).

123 FALK, F.: Boerhaave. Z. klin. Med. **17**, 178, 367 (1890).

124 FAURE, J. L.: Claude Bernard. Paris 1925.

125 FICK, A.: (Biogr.) a) Pflügers Arch. **90**, 313 (1902) (F. SCHENK); b) S. Ber. phys. med. Ges. Würzburg **1901**, 65; c) Naturwiss. **26**, 585 (1938) (E. WÖHLISCH).

126 FLOURENS, M. J. P.: Recherches expérimentales sur les propriétés et les fonctions du système nerveux dans les animaux vertébrés. Paris 1824.

126a FLORKIN, M.: Léon Frédéricq et les debuts de la physiologie en Belgique (Coll. Nat. Ser. 3, Nr. 36). Bruxelles 1943.

126b — Une autobiographie inédite de Théod. Schwann. Bull. Acad. Roy. Méd. Belg. **16**, 445 (1951).

126c — Le „Fundamental Versuch" de Schwann. Ebenda **15**, 529 (1950).

127 FLOURENS, M. J. P.: Expériences sur le système nerveux. Paris 1825.

128 FOSTER, M.: Lectures on the History of Physiology during sixteenth, seventeenth and eighteenth centuries. Cambridge University Press. 1901.

129 — Masters of medicine: Claude Bernard. London 1899.

130 — (Biogr.) J. Physiol. **35**, 233 (1906/07) (J. N. LANGLEY).

131 FRANÇOIS-FRANCK, CH. E.: L'œuvre de E. J. Marey. Paris 1905.

132 FRANK, O.: (Biogr.) Z. Biol. **103**, 91 (1950) (K. WEZLER).

133 FRANKLIN, K. J.: A short History of Physiology. London 1933.

134 — Valves in venis. Proc. roy. Soc. of Hist. of Med. London 1927.

135 — The Work of Richard Lower (1631—1691). Proc. roy. Soc. Med., Sect. Hist. Med. **25**, 7 (1931).

136 — Some Notices on Richard Lower and his „De Corde". London 1669. Ann. med. Hist. **3**, 599 (1931).

136a FRÉDÉRICQ, LÉON: Théodore Schwann, sa vie et ses travaux. Liége 1884.

137 FREY, M. v.: (Biogr.) a) Sitzgsber. physik.-med. Ges. Würzburg N. F. **57**, 56 (1932) (P. HOFFMANN); b) Erg. Physiol. **35**, 1 (1933) (H. REIN); c) Z. Biol. **92**, I (1932) (P. HOFFMANN).

138 FUCHS, R.: Geschichte der Heilkunde bei den Griechen. Hdb. d. Gesch. d. Med. **1**, Jena 1902.

139 FULTON, J. F.: A History of Physiology. Clio medica **5**, New York 1931.

140 — Selected readings in the history of physiology. Balt. 1930.

141 — A note on the origin of the term „physiology". Yale J. **3**, 1930.

142 — The early history of the lymphatics. Bull. Hennapin Country. Med. Soc. **9**, 5 (1938).

143 — A bibliography of two Oxford physiologists: Richard Lower (1631—1691), John Mayow (1643—1679). Oxford 1935.

144 — The influence of Boerhaaves Institutiones medicae on modern physiology. Nederl. Tijdschr. Geneesk. **82**, 4860 (1938).

145 GAFATER, W. M.: Bibliographical biography of Peter Ludwig Panum (1820—1885), epidemiologist and physiologist. Bull. Inst. History Med. **2**, 259 (1934).

146 GALVANI, A.: De viribus electricitatis in motu musculari commentarius … Bologna 1791. (Dtsch. v. A. J. v. OETTINGEN in Ostwalds Klass. **52**, Leipzig 1894).

147 GARTEN, S.: (Biogr.) a) Z. Biol. **81**, 1 (1924) (O. FRANK); b) Münch. med. Wschr. **1923**, 1511 (R. DITTLER).

148 GASK, G. E.: The school of Alexandria. Ann. med. Hist. (3) **2**, 383 (1940).

149 GAULE, J. G.: (Biogr.) Vjschr. naturforsch. Ges. Zürich **1939**, 375.

150 GILDEMEISTER, M.: (Biogr.) a) Erg. Physiol. **46**, 22 (1950) (M. MONJÉ); b) Pflügers Arch. **247**, 618 (1944) (A. BETHE).

151 GOETHE, J. W. v.: Schriften über die Natur. Hrsg. v. G. IPSEN. Kröners Taschenausgaben **62**, Leipzig.

152 GÖPPERT, E.: Geschichte der Erforschung des Blutkreislaufs u. des Lymphgefäßsystems. Hdb. d. norm. u. path. Physiol. 7/1, 63, Berlin 1926.

153 GOLDSCHMIDT, G.: Der Ursprung der Alchemie. Ciba-Z. **5**, 1950 (1938).

154 — Die mittelalterliche Alchemie. Ciba-Z. **6**, 2234 (1939).

155 GOLTZ, FR. L.: (Biogr.) a) Dtsch. med. Wschr. **1902**, 403 (A. BICKEL); b) Pflügers Arch. **94**, 1 (1903) (J. R. EWALD); c) Münch. med. Wschr. **1902**, 965 (H. KRAFT).

156 GOTFREDSEN, E.: Nicolaus Cusanus. Münch. med. Wschr. **1937**, 1821.

157 GOTTLIEB, B. J.: Der Beitrag des Leideners Jan de Wale zur Entdeckung des Blutkreislaufs u. zur Begründung d. experimentellen Kreislaufphysiologie. Z. Kreislaufforschg. **33**, 632 (1941).

158 — Jan de Wale. Zwei Briefe über die Bewegung des Chylus und des Blutes an Thomas Bartholin, Sohn d. Caspar. (Klass. d. Med. **35**.) Leipzig 1942.

159 GREEFF, R.: Kurze Geschichte des Brillen- und Optikerhandwerks. Hrsg. v. Reichs-innungsverband d. Optiker- u. Feinmechanikerhandwerks. Weimar 1938.

160 GRÜTZNER, P.: (Biogr.) Erg. Physiol. **18**, 28 (1920) (L. ASHER).

161 GUNDOLF, F.: Paracelsus. Berlin 1928.

162 HABERLING, W.: Johannes Müller, das Leben des rheinischen Naturforschers. Leipzig 1924.

163 HAECKEL, E.: (Biogr.) Z. allg. Physiol. **19**, I (1921) (M. VERWORN).

164 HALLER, A. v.: Von den empfindlichen und reizbaren Teilen des Körpers (= Klass. d. Med. **27**.) Dtsch. hrsg. u. eingel. v. K. SUDHOFF. Leipzig 1922.

165 — Elementa physiologiae corporis humani. 1—5, Lausanne 1757—1763, 6—8, Bern 1764 bis 1766.

       T. 1. Fibra, vasa, circuitus sanguinis, cor.

       T. 2. Sanguis, eius motus, humorum separatio.

       T. 3. Respiratio.

       T. 4. Cerebrum, nervi, musculi.

       T. 5. Sensus externi et interni.

       T. 6. Deglutitio, ventriculus, omenta, lien, pancreas, hepar.

       T. 7. Intestina, Chylus, urnia, semen, muliebra.

       T. 8. Fetus hominisque vita.

165a HALLER, JOH. SAMUEL: Albrecht von Hallers Anfangsgründe der Physiologie. Aus dem Lateinischen übersetzt. Berlin 1759—1776.

166 HALDANE, J. Sc.: (Biog .). New E gl. J. of Med. **214**, 651 (1936) (J. F. FULTON).

167 HAMMARSTEN, O.: (Biogr.) a) Erg. Physiol. **35**, 13 (1933) (T. THUNBERG); b) Hygiea, Stockholm **94**, 737 (1932).

168 HARVEY, W.: Exercitatio anatomica de motu cordis et sanguinis in animalibus. Franco-furti 1628, sowie in Sudhoffs Klass. **1**, übers. v. TÖPLY, 1910.

169 HAUKE, E.: Galen: Daß die Vermögen der Seele eine Folge der Mischung des Körpers sind. (Übers.) Diss. Berlin 1937.

170 HEIDENHAIN, R.: J. E. Purkinje. (Allg. dtsch. Biogr.)

171 — (Biogr.) a) Naturwiss. Rundschau **12**, 606 (1897) (J. BERNSTEIN); b) Pflügers Arch. **72**, 221 (1898) (P. GRÜTZNER).

172 HEINEMANN, K.: Zur Geschichte der Entdeckung der roten Blutkörperchen. Janus **43**, 1 (1939).

173 HEMMETER, J. C.: Michael Servetus: Discoverer of the pulmonary circulation. His life and work. Bull. Hopkins Hosp. **26**, 318 (1915).

174 HEMMETER, J. C.: Lavoisier and the history of the physiology of respiration. Bull. Hopkins Hosp. **29**, 254 (1918).

175 HERRLINGER, R.: Die anat. Abbildung bei L. da Vinci. Grenzgebiete d. Med. **2**, 147 (1949).

176 HERING, E.: (Biogr.) a) Pflügers Arch. **170**, 501 (1918) (S. GARTEN); b) Münch. med. Wscr. **1934**, 1230 (A. v. TSCHERMAK); c) Naturwiss. **1918**, 305 (C. HESS).

177 HERMANN, L.: Physiologie in „D. dtsch. Universitäten". Hrsg. v. W. LEXI, **2**, Berlin 1893.

178 — Erinnerungen (im Selbstverlag). Berlin 1915.

179 — (Biogr.). Dtsch. med. Wschr. **1914**, 1529 (H. BORUTTAU).

180 HERWERDEN, M. A. v.: Eine Freundschaft von 3 Physiologen (Donders, Moleschott, van Deen). Janus **20**, 405 (1915).

181 HERZFELD, M.: L. da Vinci, der Denker, Forscher und Poet. 2. Aufl. Jena 1906.

182 HESS, H.: Die Naturanschauung der Renaissance in Italien. Verh. d. kunstgesch. Seminars. Marburg 1924.

182a HILDEGARD VON BINGEN: Ursachen und Behandlung der Krankheiten. Übers. v. HUGO SCHULZ. München 1933.

182b — Schriften der heiligen Hildegard von Bingen. Ausgew. u. übertr. v. JOHANNES BÜHLER. Leipzig 1922.

183 HINTZSCHE, E.: Über das anat. Wissen Galens und seiner Vorläufer. Ciba-Z. **8**, 3411 (1944).

184 — Wege der Überlieferung der Galenschen Anatomie. Ciba-Z. **8**, 3421 (1944).

185 — Anatomia animata. Ciba-Z. **10**, 4042 (1948).

186 — Die Galensche Anatomie. Ciba-Z. **8**, 3410 (1944).

187 HIRSCHBERG, J.: Galen und seine zweite Anatomie des Auges. Berl. klin. Wschr. **1919**, 635.

188 — u. J. LIPPERT: Geschi hte der Augenheilkunde bei den Arabern. In Graefe-Saemischs Hdb. d. gesamten Augenheilkunde **13**, Leipzig 1908.

189 HIRSCHFELD, E.: Romantische Medizin. Kyklos **3**, 1 (1930).

190 HOFF, E. C., u. PH. M. HOFF: The Life and Times of Richard Lower, Physiologist and Physician. Bull. Inst. History Med. Baltim. **4**, 517 (1936).

191 HOFF, H. E.: Galvani and The Pre-Galvanian Electrophysiologists. Ann. of Science **1**, Nr. 2 (1936).

192 HOFF, H. E : The History of the Refractory Period. A neglected Contribution of Felice
      Fontana. Yale J. **14**, 635 (1942).
193 — u. J. F. FULTON: The centenary of the first American Physiological Society.
      Bull. Inst. History Med. Baltim. **5**, 687 (1937).
194 HOFFMANN, F.: Fundamenta physiologiae sive positiones statum corporis humani vivi et
      sani delineantes, ex solidis physicomechanicis anatomicis principiis deductae ex Frederici
      Hoffmanni Medicina rationalis systematica. Halle 1746.
195 HOFFMANN, P.: Ernst Heinrich Webers „Annotationes anatomicae et physiologicae".
      Med. Klin. **1934**, 1250.
196 HOFMANN, A.: Geschichte der Physiologie und Pathologie des menschlichen Blutes. Diss.
      Würzburg 1914.
197 HOFMANN, F. B.: (Biogr.) a) Erg. Physiol. **26**, 774 (1928) (A. v. TSCHERMAK); b) Klin.
      Wschr. **1926**, 1398 (E. TH. v. BRÜCKE).
198 HOFMEISTER, F.: (Biogr.) a) Med. Klin. **1922**, 1167 (E. ABDERHALDEN); b) Biochem. Z.
      134, 1 (1923) (C. NEUBERG); c) Erg. Physiol. **22**, 1 (1923) (J. POHLu, K. SPIRO).
199 HOLL, M.: L. da Vinci. Quaderni d'Anatomia. I—VI. Arch. Anat. [u. Physiol.] 1911—1917.
200 — L. da Vinci und Vesal. Ibidem **1905**, 111.
201 — zu Roth: Die Anatomie des da Vinci. Ibidem **1910**, 115.
202 HOLLÄNDER, E.: Anekdoten aus der med. Weltgeschichte. Stuttgart 1925.
203 HOLMGREN, F.: (Biogr.) Naturwiss. Rundschau **12**, 579 (1897) (J. BERNSTEIN).
204 HOPPE-SEYLER, E. F. J.: Über die Entwicklung der physiologischen Chemie und ihre
      Bedeutung für die Medizin. Rede. Straubing 1884.
205 — (Biogr.). a) Z. physiol. Chem. **21**, I (1895/96) (E. BAUMANN u. A. KOSSEL).
                   b) Berl. klin. Wschr. **1895**, 928 (H. THIERFELDER).
206 HOWELL, W. H.: History of American Physiological Society 1887—1937. Baltimore 1938.
207 HÜFNER, G.: (Biogr.) Münch. med. Wschr. **1908**, 916 (K. BÜRKER).
208 HUIZINGA, J.: Wege der Kulturgeschichte, Studien. München 1930.
209 HUMMEL, W.: Die Physiologie des Auges in der arabischen Medizin. Diss. Münster 1948.
210 HUMBOLDT, A. v.: Über die gereizten Muskel- und Nervenfasern . . . Berlin 1797—1799.
211 ILBERG, J.: Wann ist Galenos geboren? Arch. Gesch. Med. **23**, 289 (1930).
212 IMHOF, G.: Albrecht von Haller als Physiologe. Arch. Gesch. Med. **6**, 52 (1912).
213 D'IRSAY, ST.: Der philos. Hintergrund der Nervenphysiologie im 17. und 18. Jahrhundert.
      Arch. Gesch. Med. **20**, 182 (1928).
213a — A. v. Haller. Eine Studie z. Geschichte der Aufklärung. Leipzig 1930.
214 JAEGER, W.: Das Pneuma im Lykeion. Hermes. Z. klass. Philol. **48**, 29 (1913).
215 — Diokles von Karystos. Die griech. Med. u. die Schule des Aristoteles. Berlin 1938.
216 — Aristoteles. Grundlagen einer Gesch. s. Entw. Berlin 1923.
216a JÖRGENSEN, S. M.: Die Entdeckung des Sauerstoffs. Stuttgart 1909.
217 KAPFERER, R.: Der Blutkreislauf, seine Darstellung in den hippokratischen Schriften.
      Hippokrates **1937**, 697; **1938**, 251; **1939**, 1331; **1940**, 84 u. 646.
218 KARLHEIM, H.: Joh. B. Wilbrand, sein Leben und sein Werk. Diss. Münster 1943.
219 KAUFMANN, A.: Thomas von Cantimpré. Köln 1899. Vereinsschriften d. Görresgesellschaft
      1898/99.
220 KAYSER, W.: Das physiologische Denken in der mittelalt. arab. Medizin. Diss. Münster
      1949.
221 KELLY, H. A.: John R. Young, Pioneer American Physiologist. Bull. Hopkins Hosp. **29**,
      186 (1918).
222 KEPLER, J.: Dioptrik . . . Übers. u. hrsg. v. FERD. PLEHN. (Ostwalds Klass. Nr. **144**.)
      Leipzig 1904.
223 KREIDL, A.: Zur Geschichte der Hörtheorien. Arch. néerl. Physiol. **7**, 502 (1922).
224 KILIAN, H. F.: Die Universitäten Deutschlands in med.-naturwiss. Hinsicht betrachtet.
      Heidelberg u. Leipzig 1828.
225 KISCH, B.: Valentin, G. G. The life of a Jewish Pioneer of Modern Medicine. Vict. Robin-
      son Memorial. Vol. New York 1948.
226 KOCH, R.: Phlogistontheorie und Aninismus. Zum 200. Todestag von Georg Ernst Stahl.
      Forsch. u. Fortschr. **10**, 181 (1934).
227 — War Georg Ernst Stahl ein selbständiger Denker? Arch. Gesch. Med. **18**, 20 (1926).
228 KOELLIKER, R. A.: Erinnerungen aus meinem Leben. Leipzig 1899.
229 KÖNIG, A.: (Biogr.) Z. Psychol. u. Physiol. d. Sinnesorg. **27**, 145 (1902) (H. EBBINGHAUS).
230 KÖNIGSBERGER, L.: Hermann von Helmholtz. 3 Bde. Braunschweig 1902/03.
231 KOHUT, A.: Justus von Liebig. Gießen 1903.
232 KOSSEL, A.: (Biogr.) Z. physiol. Chem. **177**, 1 (1928) (S. EDLBACHER).
233 KIELMEYER, K. F. v.: Über die Verhältnisse der org. Kräfte untereinander. 1793.
234 KRIES, J. v.: Die Medizin der Gegenwart in Selbstdarstellungen. **IV**, 125, Leipzig 1925
      (Selbstbiogr.).

235 KRIES, J. v.: Helmholtz als Physiologe. Naturwiss. **1921**, 673.

236 KROGH, A.: (Biogr.) Acta physiol. scand. **20**, 109 (1950) (G. LILJESTRAND).

237 KÜHNE, W.: (Biogr.) a) Z. Biol. **40**, I (1900) (C. VOIT); b) Dtsch. Revue **32**, 99 (1907) (H. KRONECKER).

238 LANGENDORFF, O.: (Biogr.). Erg. Physiol. **8**, 797 (1909) (R. TIGERSTEDT).

239 LANGLEY, L. L.: An historical Introduction to the Physiol. of Anoxia. Bull. Hist. Med. **14**, 1943.

240 LANGLEY, J. N.: (Biogr.) a) Erg. Physiol. **25**, XV (1926) (R. DU BOIS-REYMOND). b) J. Physiol. **61**, 16 (1926).

241 LANGMANN, R.: Das Werk des französischen Physiologen François Magendie. Diss. Düsseldorf 1937.

242 LEGALLOIS, J. J. C.: Expériences sur le principe de la vie. Paris 1812.

243 LEIBBRAND, W.: Romantische Medizin. Hamburg u. Leipzig 1937.

244 LIEBEN, F.: Geschichte der physiol. Chemie. Wien 1935.

244a LOCKEMANN, G.: Geschichte der Chemie. Göschen. Berlin 1950.

245 LOEB, J.: (Biogr.) a) Naturwiss. **1924**, 397 (C. HERBST); b) Proc. Amer. Acad. of Arts and Science **60**, 1925; c) J. Gen. Physiol. **8**, 1928 (I. V. OSTERHOUT).

246 LOMBARD, W. P.: (Biogr.) Nature **144**, 1081 (1939) (J. F. FULTON).

247 LUCIANI, L.: (Biogr.) Erg. Physiol. **18**, XIV (1920) (S. Baglioni).

248 LUDWIG, C.: Rede zum Gedächtnis an Ernst Heinrich Weber. Leipzig 1878.

249 LUSK, G.: (Biogr.) a) Erg. Physiol. **35**, 10 (1933) (E. F. DU BOIS); b) Yale J. Biol. and Med. **6**, 487 (1934) (A. E. LIGHT); c) Münch. med. Wschr. **1932**, 1572 (FR. MÜLLER).

250 LUTZ, M.: Die Physiologie bei L. da Vinci. Diss. Münster 1950.

251 MAGNUS, R.: (Biogr.) a) Erg. Physiol. **29**, 646 (1929) (G. LILJESTRAND); b) Klin. Wschr. **1927**, 2022 (W. HEUBNER); c) Münch. med. Wschr. **1927**, 1677 (W. STRAUB).

252 MALLOCH, A.: William Harvey. New York 1929.

253 MARTIN, N.: (Biogr.) a) Proc. roy. Soc. **60**, 20 (1896) (M. FOSTER); b) Bull. Hopkins Hosp. **32**, 327 (1911) (H. SEWALL).

254 MATTHAEI, R.: Versuche zu Goethes Farbenlehre mit einfachen Mitteln. Ein Aufriß der Farbenlehre. Jena 1939.

255 — Goethes Spektren und sein Farbenkreis. Erg. Physiol. **34**, 191 (1932).

255a — Goethes biol. Farbenlehre. Goethe-Vjschr. Forts. d. Jb. d. Goethe-Ges. **1936**, 42.

256 MAY, W.: Karl Vogt zu seinem 100. Geburtstag. Naturwiss. **21**, 449 (1917).

257 MEEK, W. J.: The beginnings of American physiology. Ann. Med. Hist. **10**, 111 (1928).

258 MEGENBERG, K. v.: Das Buch der Natur. Die erste Naturgeschichts in dtsch. Sprache. Hrsg. v. FRANZ PFEIFFER. Stuttgart 1861.

259 MEISSNER, G.: (Biogr.) Pflügers Arch. **110**, 351 (1905) (H. BORUTTAU).

260 MENNICKEN, P.: Nikolaus von KUES. Leipzig 1932.

261 MERKEL, F.: Jakob Henle. Ein dtsch. Gelehrtenleben. Braunschweig 1891.

262 METTLER, C.: History of Medicine. Philadelphia u. Toronto 1947.

263 METTRIE, DE LA: Der Mensch eine Maschine. Übers. und mit Anm. u. einer Vorrede vers. v. MAX BRAHN. (Philos. Bibl. **68**.) Leipzig 1909.

264 METZE, E.: Emil du Bois-Reymond. Lebensbild eines Naturforschers. Brackwede 1912.

265 — Emil du Bois-Reymond. Sein Wirken und seine Weltanschauung. Bielefeld 1918.

266 MEYER-STEINEGG, TH.: Die Vivisektion in der antiken Medizin. Internat. Mschr. Wiss., Kunst u. Techn. **6**, 1491 (1911).

267 — Studien zur Physiologie des Galenos. Arch. Gesch. Med. **5**, 173 (1912); **6**, 417 (1913).

268 — Ein Tag im Leben des Galen. Jena 1913.

269 MEYERHOF, M. u. C. PRÜFER: Die Lehre vom Sehen bei Hunain ibn Ishaq. Arch. Gesch. Med. **6**, 21 (1912).

270 — Hunain ibn Ishaq, Augenanatom. Arch. Gesch. Med. **4**, 163 (1910).

271 — Ibn an-Nafîs und seine Theorie des Lungenkreislaufs. Quellen und Studien zur Geschichte der Med. u. Naturwiss. **4**, 37 (1933).

271a MEYERHOF, OTTO: (Biogr.) Die Naturwiss. **39**, 217 (1952) (H H. WEBER).

272 MILLET, R.: Claude Bernard ou l'aventure scientifique. Paris 1944.

273 MIESCHER, F.: (Biogr.) Helv. physiol. et pharm. Acta. Suppl. **II**, 19 (1944) (F. VERZÁR).

274 — Histochemische und physiologische Arbeiten. 2 Bde. Leipzig 1897.

275 MIESSEN, H.: Die Verdienste Santorii um die Einf. physikal. Methoden in die Heilkunde. Med. Diss. Düsseldorf 1940.

276 MOLESCHOTT, J.: Für meine Freunde. Gießen 1894.

277 — Der Kreislauf des Lebens. Physiologische Antworten auf Liebigs chem. Briefe. Mainz, 1. Aufl. 1852.

278 — Fr. C. Donders. Gießen 1888.

279 MOSSO, A.: (Biogr.) Dtsch. med. Wschr. **1911**, 31 (N. ZUNTZ).

280 MÜHSAM, E.: Zur Lehre vom Bau und der Bedeutung des menschlichen Herzens im klass-
Altertum. Janus 15, 797 (1910).

281 MÜLLER, J.: Gedächtnisrede auf Carl Asmund Rudolphi 1835. Abh. Akad. Wiss. Berlin
1837, 23.

282 MÜLLER, MARTIN: Über die philosophischen Anschauungen des Naturforschers Johannes
Müller, über Erkenntnistheorie und Methodologie. Arch. Gesch. Med. 18, 130, 209, 328
(1926).

283 MÜLLER, GOTTFRIED: Georg Meißner, sein Leben und Werk. Diss. Düsseldorf 1936
(Briefe).

284 MUNK, HERMANN: (Biogr.) a) Berlin klin. Wschr. 1912, 2063 (R. DU BOIS-REYMOND);
b) Dtsch. med. Wschr. 1912, 2085 (GUSTAV FRITSCH); c) Münch. med. Wschr. 1912, 2320;
d) Berl. tierärztl. Wschr. 1912, 778 (SCHÜTZ).

285 MUNK, IMMANUEL: (Biogr.) Erg. Physiol. 2, V (1903) (L. ASHER u. K. SPIRO).

286 NAUCK, E. TH.: Bem. zur Geschichte des physiol. Instituts Freiburg i. Br. Ber. naturforsch. Ges. Freiburg 40, 147 (1950).

287 NESTLE, W.: Griechische Geistesgeschichte. Stuttgart 1944.

288 — Die Vorsokratiker in Auswahl übersetzt u. herausgegeben. Jena 1908.

289 — Vom Mythos zum Logos. Die Selbstentfaltung des griechischen Denkens von Homer
bis auf die Sophistik und Sokrates. Stuttgart 1940.

290 NEUBURGER, M.: Die Lehre von der Heilkraft der Natur im Wandel der Zeiten. Stuttgart
1926.

291 — Die hist. Entwicklung der experimentellen Gehirn- und Rückenmarksphysiologie vor
Flourens. Stuttgart 1897.

292 — Neurol. Forschung in Wien während des 18. Jahrhunderts. Wien. med. Wschr. 1909,
2132.

293 — Der Physiologe Georg Prochaska, ein Vorläufer Purkynes. Wien. med. Wschr. 1937,
1155.

294 NEUSTÄTTER, O.: Max Pettenkofer (= Meister der Heilkunde 7). Berlin 1925.

295 NIELSEN, A. E.: A translation of Olaf Rudbecks „Nova exercitatio anatomica . . ." 1653.
Bull. Hist. Med. 2, 304 (1942).

296 NIERMANN, H.: Leben und Werk des französischen Physiologen Cl. Bernard. Diss.
Münster 1950.

297 NORDENSKIÖLD, E.: Die Geschichte der Biologie. Dtsch. v. G. SCHNEIDER. Jena 1926.

298 NUSSBAUM, M.: E. F. W. Pflüger als Naturforscher. Bonn 1909.

299 OESTERREICHER, J. H.: Versuch einer Darstellung der Lehre vom Kreislauf des Blutes.
Nürnberg 1826.

300 OLMSTEDT, J. M. D.: François Magendie. New York 1944.

301 — Claude Bernard a Dramatist. Ann. Med. Hist. N. S. 7, 253 (1935).

302 — Claude Bernard Physiologist. New York 1938.

303 OSLER, W.: William Beaumont, a Backwoods Physiologist. Oxford 1929.

304 PAGEL, W.: Johann Baptist van Helmont. Einführung in d. philos. Med. d. Barock.
Berlin 1930.

305 PAGEL, J.: Zum Andenken an Marcello Malpighi. Dtsch. med. Wschr. 1894, 910.

306 PARACELSUS (THEOPHRASTUS V. HOHENHEIM): Sämtliche Werke. Hrsg. v. KARL SUD-
HOFF u. WILHELM MATHIESSEN. 16 Bde. München 1922—1933.

307 PATTERSON, T. S.: John Mayow in contemporary sitting. Isis 15, 47, 504.

308 PAULOS VON ÄGINA: Abriß der gesamten Medizin in 7 Büchern. Übers. und mit Erklärungen versehen v. J. BERENDES. Janus 15, 9, 462, 534, 622 (1910).

309 PAWLOW, I. P.: (Biogr.) Erg. Physiol. 39, 1 (1937) (W. N. BOLDYREFF).

310 PFLÜGER, E.: Unters. über die Physiologie des Elektrotonus. Berlin 1859.

310a — Pflügers Arch. 15, 57 (1877).

311 — (Biogr.) a) Pflügers Arch. 132, 1 (1910) (E. V. CYON); b) Berl. klin. Wschr. 1910, 658
(E. DU BOIS-REYMOND); c) Hessische Lebensbilder 4, 253 (1950) (HEISCHKEL-ARTELT).

312 PHYSIOLOGOS, DER: Aus dem griechischen Original übertragen von EMIL PETERS und
mit einem Nachwort vers. v. FRIEDR. WÜRZBACH. München 1921.

313 PICARD, H. B.: Philosophie und Forschung bei K. F. Burdach. Med. Mschr. 5, 125 (1951).

314 PICHOT, A.: The life and labours of Sir Charles Bell. London 1860.

315 PLATONS DIALOGE: Timaios u. Kritias (Philosoph. Bibl. 179). Leipzig 1922.

316 PLENKERS, W.: Der Däne Niels Stensen. Freiburg i. Br. 1884.

317 PLEHN, F.: Johannes Kepler. Paralipomena ad vitellionem seu Astronomiae pars optica.
Arch. f. Optik 1, 75, 114, 156 (1908).

318 POHLENZ, M.: Hippokrates und die Begründung der wissenschaftlichen Medizin. Berlin
1938.

319 POPOWSKI, A.: I. P. Pawlow. Aus dem Leben u. Wirken des großen russischen Gelehrten.
Berlin 1948.

320 PORTER, W. T.: (Biogr.) Amer. J. Physiol. **158**, V (1949) (E. M. LANDIS).
321 POWERS, D.: William Harvey. London 1897.
322 PUSCHMANN, TH.: Alexander von Tralles. 2 Bde. Originaltext u. Übersetzung, nebst einer einleitenden Abh. Ein Beitrag z. Gesch. d. Med. Wien 1878/79.
323 RATH, G.: Eigenes und Übernommenes in Avicennas Anatomie. Ärztl. Forschung **3**, 1 (1949).
324 RAUTER, M.: Karl Friedrich Kielmeyer. Arch. Gesch. Med. **31**, 345 (1938).
325 REDGROVE, H., u. I. M. L. REDGROVE: Johannes Baptista van Helmont, alchemyst, physician and philosopher. London 1921.
326 REIN, H.: Dem dtsch. Physiologen Carl Ludwig z. Gedächtnis (Rede 1936). Klin. Wschr. **1936**, 1887.
327 REINER, J.: H. v. Helmholtz (= Klass. d. Naturwiss. Band **6**). Leipzig 1905.
328 REUTER, W.: Die physiol. Auffassungen John Mayows und ihre Bedeutung für die Entwicklung der Physiologie. Diss. Münster 1949.
329 RICARDUS ANGLICUS: Anatomia. Hrsg. von ROBERT RITTER V. TÖPLY. Wien 1902.
330 RICHTER, J. P.: Literary works of L. da Vinci. London 1813.
331 RIJNBERK, G. VAN: Vésale comme physiologiste expérimentateur. Arch. néerl. Physiol. **1**, 129 (1918).
332 RÖNTGEN, J.: Johannes Brahms im Briefwechsel mit Th. Engelmann. Leipzig 1918.
333 ROHR, M. VON: Kepler und seine Erklärung d. Sehvorgangs. Naturwiss. **18**, 941 (1930).
334 ROLLETT, A.: (Biogr.) Pflügers Arch. **101**, 103 (1904) (O. ZOTH).
335 ROSCHINSKY, J.: Galen und die Geschichte der Physiologie. Diss. Münster 1948.
336 ROSEMANN, R.: (Biogr.) Med. Klinik **1943**, 389 (E. SCHÜTZ).
337 ROSEMANN, H. U.: Carl Ludwig. Aus: Lebensbilder aus Kurhessen u. Waldeck. **3**, 279 (1941).
338 ROSENTHAL, J.: Antoine Laurent Lavoisier und seine Bedeutung für die Entwicklung unserer Vorstellungen v. d. Lebensvorgängen. Biol. Zbl. **1890**, 513.
339 ROTH, M.: Andreas Vesalius Bruxellensis. Berlin 1892.
340 — Vesal, Estienne, Tizian, Leonardo da Vinci. Arch. f. Anat. **1905**, 79; **1906**, 77.
341 ROTHSCHUH, K. E.: Zur Geschichte der Physiologie des Blutes in der ersten Hälfte des 19. Jh.s Klin. Wschr. **1941**, 621.
341a — J. Müller und C. Ludwig. Dtsch. med. Wschr. 1953. H. 2.
342 — J. Görres und die romantische Physiologie. Med. Mschr. **5**, 128 (1951).
342a — Entwicklungsgeschichte physiol. Probleme in Tabellenform. München-Berlin 1952.
342b — Theoretische Biologie und Medizin. Berlin 1936.
343 RUBNER, M.: Die Stellung der Physiologie im Universitätsunterricht. Berl. klin. Wschr. **1909**, 909.
344 — (Biogr.). a) Dtsch. Ärzteblatt **1935**, 1066 (L. ENGLERT); b) Klin. Wschr. **1932**, 926 (K. THOMAS).
345 SALOMON, M.: Giorgio Baglivi und seine Zeit. Berlin 1889.
346 SCHELLING, F. W. J.: Vorlesungen über die Methode des akad. Studiums. 1803.
347 — Aphorismen über die Naturphilos. und vorläufige Bezeichnung d. Standpunktes d. Med. nach Grundsätzen d. Naturphilos. In Fr. Marcus und Fr. W. Schellings Jb. d. Med. als Wissenschaft. Tübingen 1805—08.
348 SCHENCK, F.: (Biogr.) Erg. Physiol. **19**, VI (1921) (A. GÜRBER).
349 SCHIMANK, H.: Epochen der Naturforschung. Leonardo, Kepler, Faraday. Volksverband der Bücherfreunde. Berlin 1930.
350 — Johann Wilhelm Ritter, der Begründer der wissenschaftl. Elektrochem. Mitt. z. Gesch. d. Med. u. Naturwiss. **32**, 303 (1933).
351 SCHLOSSER, F. CHR.: Vincenz von Beauvais. Frankfurt a. M. 1819.
352 SCHMIDT, A.: (Biogr.) a) Berl. klin. Wschr. **1894**, 461 (A. DURIG); b) Münch. med. Wschr. **1894**, 826 (A. DURIG).
353 SCHNEIDER, L.: Roger Bacon (Monographie). Augsburg 1873.
354 SCHREIBER, H.: Chronik der Albert-Ludwig-Universität zu Freiburg im Breisgau vom Sommerhalbjahr 1824 bis dahin 1829. Freiburg i. Br. 1829.
355 SCHROER, H.: Leben und Werk des dtsch. Physiologen Carl Ludwig. Diss. Münster 1949.
356 SCHRÖDER, E.: Carl Ludwig als unser hessischer Landsmann. Hessenland **48**, 162 (1937).
357 SCHRÖTTER V. KRISTELLI, A.: J. E. Purkyne. Almanach d. kais. Akad. d. Wiss. Wien **20**, 182 (1870).
358 SCHÖNE, H.: Das Experiment in der Biologie und Physik der Griechen. Verh. d. 55. Vers. dtsch. Schulmänner in Erlangen. Leipzig u. Berlin **1926**, 8.
358a SCHULZ, H. V.: Die Naturwiss. **37**, 196 (1950).
359 SCHUMACHER, J.: Antike Medizin. Die naturphilos. Grundlagen der Medizin in der griechischen Antike. Bd. **1**, Berlin 1940.
360 SCHWANN, TH.: (Biogr.) Z. physiol. Chem. **6**, 280 (1882) (ALBR. KOSSEL). [S. a. *136a*.]

361 SEIDE, J.: Der Anatom und Physiologe Carl Asmund Rudolphi. Med. Welt **1933**, 1738.
362 SEIDEL, E., u. K. SUDHOFF: Drei weitere anat. Fünfbilderserien aus Abendland und Morgenland. Arch. Gesch. Med. **3**, 165 (1909).
363 SENN, G.: Über Herkunft u. Stil der Beschreibungen von Experimenten im Corpus Hippocraticum. Arch. Gesch. Med. **22**, 217 (1929).
364 SHARPEY-SCHAFER, SIR EDW.: History of the Physiological Society during its first fifty years 1876—1926. Cambridge 1927.
365 SHERRINGTON, CH. SC: (Biogr.) a) Arch. Neur. and Psych. **34**, 1299 (1935) (A. R. ELRIDGE u. W. PENFIELD); b) Münch. med. Wschr. **1933**, 348 (E. TH. V. BRÜCKE).
366 SIEVERT, C. W.: Die Physiologie bei Aristoteles. Diss. Münster 1948.
367 SIGERIST, H.: Große Ärzte. Geschichte der Heilkunde in Lebensbildern. München 1932.
367a SIMON, J. FR.: Handbuch der angewandt. med. Chemie. 2 Bde. Berlin 1842.
368 SINGER, C.: The Discovery of the Circulation of the Blood. London 1922.
369 SKRAMLIK, E. VON: Eine vergessene Handschrift Purkinjes. Jen. Z. Med. Naturwiss. **78**, 122 (1945).
370 SPETER, M.: John Mayow und das Schicksal seiner Lehren. Chemiker-Ztg. **34**, 946, 953, 962 (1910).
371 — Lavoisier und seine Vorläufer. Samml. chem. techn. Vorträge **15**, 109. Stuttgart 1910.
372 SPIESS, A. G.: J. B. van Helmont. System d. Med. Frankfurt 1840.
373 STARLING, E. H.: (Biogr.) a) Münch. med. Wschr. **1927**, 898 (M. V. FREY); b) Schweiz. med. Wschr. **1927**, 553 (J. MARKWALDER).
373a STEINHAUSEN, W.: 100 Jahre med. Forsch. in Greifswald. Festschr. Greifswald 1938.
373b STEUDEL, J.: Wissenschaftslehre und Forschungsmethodik Joh. Müllers. Dtsch. med. Wsch. **1952**, 115.
374 STICKER, G.: Zur Geschichte des Blutkreislaufs. Münch. med. Wschr. **1938**, 258 u. 282.
374a STIRLING, W.: Some apostles of physiology Manchester 1902.
375 STRUNZ, F.: Theophrastus Paracelsus, sein Leben und seine Persönlichkeit. Leipzig 1903.
376 — Theophrastus Paracelsus, Idee und Probleme seiner Weltanschauung. Dtsch. Geistesgesch. in Einzeldarst. 2. Bd. Salzburg u. Leipzig 1937.
377 — Johann Baptist van Helmont. Ein Beitrag z. Gesch. d. Naturwiss. Leipzig u. Wien 1907.
378 STUDNIČKA, P. K.: Jan Evangelista Purkinje (1787—1869). Osiris. Brüssel **2**, 464 (1936).
379 — Einiges über das Wort Protoplasma. Protoplasma **27**, 619 (1937).
380 STUDTMANN, J.: Nicolaus Steno, der größte Naturforscher seiner Zeit, ein Apostel der norddeutschen Diaspora. Hildesheim 1934.
381 SUDHOFF, WALTER: Die Lehre von den Hirnventrikeln in textlicher und graphischer Tradition des Altertums und des Mittelalters. Arch. Gesch. Med. **7**, 149 (1913).
382 SUDHOFF, KARL: Constantin der Afrikaner und die Med.-Schule von Salerno. Arch. Gesch. Med. **23**, 293 (1930).
383 — Die erste Tieranatomie von Salerno und ein neuer salernitanischer Anatomietext. Arch. Gesch. Math. Naturwiss. u. Technik **10**, 136 (1927).
384 — Die vierte Salernitaner Anatomie. Arch. Gesch. Med. **20**, 33 (1928).
385 — Ein Beitrag zur Geschichte der Anatomie im Mittelalter, speziell der anat. Graphik nach Handschriften des 9. bis 15. Jh.s. Leipzig 1908.
386 — Tradition und Naturbeobachtung in den illustrierten med. Handschriften und Frühdrucken vornehmlich des 15. Jh.s. Leipzig 1907.
387 — Andreas Vesalius zu Ehren. Arch. Gesch. Med. **21**, 131 (1929).
388 — Th. L. W. von Bischoff, Anatom und Physiologe. In „Hessische Biogr." **3**, 1 (1934).
389 — Jakob Henle. Münch. med. Wschr. **1909**, 1696.
389a TEMKIN, O.: On Galens Pneumatology. Gesnerus 8, 180 (1951).
389b — The Philosophical Background of Magendies Physiology. Bull. Hist. Med. **20**, 10 (1946).
389c — Materialism in French and German Physiology of the Early Nineteenth Century. Bull. Hist. Med. **20**, 322 (1946).
390 THIERFELDER, H.: (Biogr.) Z. physiol. Chem. **203**, 1 (1931).
391 THOMSEN, E.: Über Johannes Evangelista Purkinje und seine Werke. Skand. Arch. Physiol. **37**, 1 (1919).
392 TIGERSTEDT, R.: (Biogr.) a) Skand. Arch. Physiol. **45**, 1 (1924) (C. G. SANTESSON); b) Anatomische und Physiol. Arbeiten von Chr. Lovén. Mit Biogr. Leipzig 1906.
393 TÖPLY, R. RITTER V.: Geschichte der Anatomie. In Puschmanns Hdb. d. Geschichte d. Med., Bd. 2, 155, Jena 1903.
394 — Studien zur Geschichte der Anatomie im Mittelalter. Leipzig u. Wien 1898 u. 1922.
395 TRENDELENBURG, W.: (Biogr.) Erg. Physiol. **46**, 6 (1950); Klin. Wschr. **1940**, 520 (E. SCHÜTZ).
395a — 60 Jahre Berliner Physiologische Gesellschaft. Klin. Wschr. **1936**, 311.

396 Tschermak-Seysenegg, A. von: Goethes Farbenlehre in ihrer Bedeutung für die physiol. Optik der Gegenwart. Forsch. u. Fortschr. 8, 68 (1932).

397 — J. E. Purkyne. Prag 1937.

398 — Erprobung der Methode des Augenspiegelns nach Joh. Ev. Purkinje (1823). Klin. Mbl. Augenheilk. 107, 85 (1941).

399 Vaccaro, L.: Galileo Galilei. Ann. med. Hist. 7, 372 (1935).

400 Verworn, M.: (Biogr.) a) Med. Klin. 1922, 130 (Walter Thörner); b) Z. allg. Physiol. 20, 185 (1923) (F. W. Fröhlich).

401 Vierordt, C.: Die Schall- u. Tonstärke und das Schalleitungsvermögen der Körper. Tübingen 1885. (Zugleich Biographie.)

402 Vinci, L. da: Quaderni d'Anatomia. I—VI. publ. da O. C. L. Vangensten, A. Fonahn, H. Hopstock. 6 Bde. Christiania 1911—1916.

403 — Tagebuchblätter und Aufzeichnungen. Hrsg. von Th. Lücke. Leipzig 1940.

404 — De l'anatomia Fogli. Hrsg. v. Theodor Sabachnikoff, transcritti e annotati da Giov. Piumati. Paris 1898. Teil B, Turin u. Rom 1901.

405 Virchow, R.: Johannes Müller, eine Gedächtnisrede. Berlin 1858.

406 — Über die Standpunkte in der wissenschaftlichen Medizin. Virchows Arch. 1, 3 (1847).

407 — Die naturwiss. Methode und die Standpunkte in der Therapie. Virchows Arch. 2, 3 (1849).

498 — (Biogr.) Z. allg. Physiol. 2, I (1903) (M. Verworn).

409 Vogt, K.: Köhlerglaube und Wissenschaft. Gießen 1855.

410 — (Biogr.) Naturwiss. Rundschau 10, 412 (1895) (R. V. Haustein).

411 Voit, C. v.: (Biogr.) a) Dtsch. med. Wschr. 1908, 340 (H. Boruttau); b) Z. Biol. 93, 1 (1933) (O. Frank).

412 Volprecht, A.: Die physiologischen Anschauungen des Aristoteles. Diss. Greifswald 1895.

413 Wagner, J. J.: Von der Natur der Dinge. In 3 Büchern. Leipzig 1803.

414 Wagner, R.: Über Wissen und Glauben. Göttingen 1854.

415 Wallach, E.: Descartes und Harvey. Arch. Gesch. Med. 20, 301 (1928).

416 Walden, P.: Zur Problematik der Alchemie und ihrer Ausstrahlungen auf die modernen Naturwiss. Naturwiss. 35, 225 (1948).

417 — Drei Jahrtausende Chemie. Berlin 1944.

418 Weber, E. H., u. Wilh. E. Weber: Wellenlehre, auf Experimente begründet. Leipzig 1825.

419 Weiss, O.: (Biogr.) a) Erg. Physiol. 45, 464 (1944) (H. Lullies); b) Pflügers Arch. 247, 611 (1944) (H. Lullies).

420 Wellmann, M.: Asklepiades von Bithynien, von einem herrschenden Vorurteil befreit. N. Jahrb. Klass. Altert. 21, 684 (1908).

421 Werner, H.: Antike Ohranatomie und Gehörphysiologie. Arch. Gesch. Med. 18, 151 (1926).

422 Wiedemann, E.: Zu Ibn al Haitams Optik. Arch. Gesch. d. Naturwiss. und Technik 3, 1 (1910).

423 Wilbrand, J. B.: Lehre vom Kreislauf in den mit Blut versehenen Tieren nebst weiterer Nachweisung, daß eine Blutzirkulation weder in d. Beob. noch wissenschaftlich begründet ist u. sich mit d. sonstigen Verhalten d. Natur nicht vereinbaren läßt. Frankfurt 1826.

424 — Was ist Physiologie und wie ist diese Wissenschaft zu behandeln? Frankfurt 1827.

425 — Allg. Physiologie, insb. vergleichende Physiologie der Pflanzen und Tiere. Heidelberg 1833.

425a Willius, Fr. A., u. Th. J. Dry: A history of heart and circulation. Philadelphia-London 1948.

426 Winkelmann, A.: Einführung in die dynamische Physiologie. Göttingen 1802.

427 Winterstein, H. J.: E. Purkinje (Biogr.). C. r. Soc. Turque Sci. 1937, 183.

428 Wüstenfeld, F.: Geschichte der arabischen Ärzte und Naturforscher. Göttingen 1840.

429 Young, Th.: Lectures on natural philosophy. London 1807.

430 Zoth, O.: (Biogr.) Erg. Physiol. 36, 1 (1934) (L. Löhner).

431 Zuntz, N.: (Biogr.) a) Wien. klin. Wschr. 1920, 344 (A. Durig); b) Pflügers Arch. 194, 1 (1922) (A. Loewy).

432 Zwaademakerr, H.: (Biogr.) a) Erg. Physiol. 33, V (1931) (A. K. M. Noyons); b) Arch. néerl. Physiol. 7, 1922.

Namenverzeichnis.

Die kursiv gedruckten Seitenzahlen weisen auf jene Stellen des Buches, an denen nähere
Angaben zu finden sind.

Abderhalden, Emil *180*.
Achelis, Johann Daniel 124, 189, 192.
Achillini, Allessandro 31, 33.
Ackermann, Daniel 177.
Adler, E. 179.
Adrian, Edgar Douglas 200, *201*.
Aetios von Amida 18.
Agricola, Georg 46.
Albertus Magnus 23, *24*, 43.
Albinus, Bernhard Siegfried 69, 76.
Alcott, William Andrus 206.
Alderotti, Th. 25.
d'Alembert, J. 68.
Alexander, F. 178.
Alexander von Tralles 18.
Alfanus 22.
Alhazen 21, 24, *25*, 28, 41.
Alkmaion von Kroton *5*, 6, 7, 8.
Allers, R. 124.
Almén, Aug. Theodor 211.
Al-Râzî 20.
Altenburger, H. 189.
Anaxagoras von Klazomenae 6, 9.
Anaximandros 5.
Anaximenes 5, 6, 7.
Anglicus, Barth. 23.
Anrep, G. V. 151, 159.
Antal, J. 151.
Aranzio, G. C. 33.
Archimedes 11, 34.
Aristarch von Samos 11.
Aristoteles 1, 2, *9—12*, 14, 17, 21, 23, 24, 30, 3b, 41, 52, 67, 112, 164.
Arnald von Villanova 22, 43.
Arrhenius, Sv. 211.
Aschoff, J. 151.
Aschoff, Ludwig 8, 49.
Aselli, Gasparo 33, 55.
Asher, Leon 124, 151, *155*.
Asklepiades 13, 15.
Aster, Ernst von 9.
Atwater, Wilburg Olin 182, 184, 205.
Atzler, Edgar 124, 183, 184.
Atzrott, E. H. G. 40.
Aubert, Hermann 137, 146.

Augustin, Friedrich Ludwig 95.
Autenrieth, Johann Heinr. Ferd. von 94, 95, 103.
Avenzoar 20.
Averroes 20.
Avizenna 20, 23, 24, 30, 50.
Avogadro, Amedeo 169.

Babkin, Boris, P. 151, 159, 189, 193.
Bacon, Francis von Verulam 1, 34, 52.
Bacon, Roger 23, *25*, 35, 41, 43.
Bacq, Z. M. 217.
Baer, Carl Ernst von 104, 105.
Baeumker, Clemens 25.
Baglioni, S. 151, 159, 160, 189.
Baglivi, Giorgio 36, *40—41*, 70, 78.
Bainbridge, Francis A. 202.
Bainton, Roland H. 51.
Balß, Heinrich 25.
Bang, Christian Ivar 151, 211.
Barcroft, Joseph *202*.
Bartels, Ernst Daniel August 95, 105.
Barthez, Paul Joseph 74.
Bartholinus, Thomas 54, *55*, 61.
Bartholomäus Anglicus 23.
Bartholomeo da Varignana 25.
Basch, Samuel Siegfried von 124.
Basilius Valentinus 43.
Basler, Ad. 124.
Batelli, Frédéric 161, 162.
Bauhin, Caspar 32, 33.
Baumann, Eugen 175, *176 bis 177*, 217.
Bayer, Friedrich Wilhelm 65.
Bayley, G. H. 82.
Bayliss, William Maddock 94, *198—199*, 200.
Beaumont, William *203*.
Becher, Johann Joachim 46, 74.
Beintker, Erich 14, 15, 17.
Bell, Charles 86, 115, 194, 219.

Bellini, Lorenzo 36, 41, 66.
Benedict von Nursia 21.
Benedict, Francis 182, 184.
Berendes, J. 18, 184.
Berengar da Carpi 31, 33.
Berg, Alexander 39, 50, 56, 62, 77.
Bernard, Claude 93, 103, 118, 143, 144, 150, 161, *162 bis 165*, 166, 167, 174, 193, 195, 197, 202, 203, 205, 208, 219.
Bernhard von Gordon 22.
Bernoulli, Daniel 40, 64, 78.
Bernoulli, Johann 76.
Berns, H. J. 24.
Berns, Joh. 7.
Bernstein, Julius 111, 124, 125, *127—128*, 210.
Bert, Paul *166*, 217.
Berzelius, Jöns Jakob 109, *169*, 172, 173, 208, 210.
Bethe, Albrecht 124, 137, 145, 178, 179, 186, 187, *188*.
Beutner, R. 124, 186.
Bezold, Albert von 93, 110, 124, *133*.
Bichat, Marie François Xavier 74, 101, 102.
Bickel, Ad. 186.
Bidder, Friedrich Heinrich 109, 116, 124, 146, *147*, 182.
Biedermann, Wilhelm 189, *190—191*.
Bielschowsky, A. 189.
Bier, August 8.
Binet, L. 168.
Bischoff, Theodor Ludwig Wilhelm von *108*, 124, 169, 173, 181, 182.
Bizzozzero, J. 142, 151.
Black, Joseph 46, 83, 169.
Blasius, Gerhard 61.
Bleibtreu, Max 124, 135.
Blix, Magnus 151, 152, 212.
Blumenbach, Johann Friedrich 74, 80, 108.
Blunck, Richard 173.
Boehm, Rudolf 151, 152, 176.
Boerhaave, Hermann, 2, 3, 67, 69, *70—73*, 75, 78, 79, 203, 212.

Sachverzeichnis.

Physiologische Chemie

Ein Lehr- und Handbuch für Ärzte, Biologen und Chemiker

Hervorgegangen aus dem Lehrbuch der Physiologischen Chemie von

Olaf Hammarsten

In zwei Bänden

Erster Band

Die Stoffe

Herausgegeben von Professor Dr. **B. Flaschenträger**, Alexandria

unter Mitwirkung von Professor Dr. **E. Lehnartz**, Münster i. Westf.

Mit 93 Textabbildungen. VIII, 1600 Seiten. 1951. Ganzleinen DM 198,—

Inhaltsübersicht: **Einleitung.** Von F. Knoop †. — **Physikalisch-chemische Grundlagen biologischer Vorgänge.** Von W. Kuhn. I. Allgemeines über Atom- und Molekülbau sowie Radioaktivität und Röntgenstrahlen. II. Äußere Elektronenhülle in Atomen und Molekülen. III. Chemische Thermodynamik, chemisches Gleichgewicht. IV. Elektrische Potentiale, Elektrolyte. V. Grenzflächen der Zelle und ihre Eigenschaften. Va. Durchlässigkeit von Membranen und Membrangleichgewichte. Vb. Oberflächenspannung. VI. Kolloidaler Zustand. VII. Die Zelle als physikalisch-chemisches System. — **Die anorganischen und organischen Bau-, Betriebs- und Schlackenstoffe.** Einteilung der Stoffe. Zusammensetzung des Menschen. Von B. Flaschenträger. — I. Wasser. Von F. Holtz. — II. Mineralstoffe. Von F. Holtz und B. Flaschenträger. — III. Kohlenhydrate: Zucker und Verwandte. Von P. Brigl † und Th. Ploetz. Polysaccharide. Von Th. Ploetz und K. Freudenberg. — IV. Fette und Lipoide (Lipide): Die eigentlichen Fette. Phosphatide. Zuckerhaltige Lipoide. Wachse und andere Fettgemengteile. Von E. Klenk. Steroide. Von A. Butenandt und G. Schramm. Carotinoide. Von Chr. Grundmann. — V. Eiweißstoffe und ihre Abbaustufen: Einleitung. Von W. Grassmann. Aminosäuren und Peptide. Von W. Grassmann, F. Schneider und J. Trupke. Eiweißstoffe. Von G. Blix, K. Felix, W. Grassmann und J. Trupke. Tierische Basen. Von D. Ackermann. — VI. Purin- und Pyrimidinverbindungen. Von H. Bredereck: Purine. Pyrimidine. Vitamin B_1, Aneurin. Pterine. Nucleinsäuren. Nucleinsäurespaltende Fermente (= Nucleasen). — VII. Pyrrolfarbstoffe: Blutfarbstoffe, Häminfermente und Zellhämine, natürliche Porphyrine. Von K. Zeile. Gallenfarbstoffe. Von W. Siedel. Blattfarbstoffe. Prodigiosin. Von K. Zeile. — VIII. Enzyme: Allgemeiner Teil. Von W. Grassmann und J. Trupke. Spezieller Teil. Von W. Grassmann, H. Kraut, H. Müller, Th. Ploetz, T. Thunberg, R. Weidenhagen und Ä. Weischer. — IX. Anhang: Tierische Gifte. Von F. Flury † und K. Gemeinhardt. — Namen- und Sachverzeichnis. Von J. Trupke.

Aus den Besprechungen: Der erste Band der schon lange mit Spannung und Ungeduld erwarteten neuen Auflage des „Hammarsten" liegt nun endlich vor. Es war allgemein als unangenehme Lücke empfunden worden, daß kein modernes zusammenfassendes Werk größeren Umfangs der Physiologischen Chemie vorlag, um so mehr als dieses Fach eine ständig zunehmende Bedeutung für alle medizinischen Disziplinen gewonnen hat ... An dem Werk haben sich die für die einzelnen Fragen kompetentesten Fachvertreter des Inlandes und Auslandes beteiligt, so daß das Niveau der Beiträge hervorragend ist. Eine gute redaktionelle Überarbeitung hat für eine gute gegenseitige Abstimmung der Kapitel gesorgt ... Hervorzuheben ist noch der klare, zu keinen Mißverständnissen Anlaß gebende Formelsatz. Auch die sonstige Ausstattung des Werkes entspricht der Tradition des Verlages. Wer sich mit Fragen der Biochemie oder der chemischen Physiologie beschäftigt, wird das Buch für unentbehrlich halten. *Professor Lang, Mainz, in „Klinische Wochenschrift"*

In Vorbereitung

Zweiter Band

Der Stoffwechsel

Herausgegeben von Professor Dr. **B. Flaschenträger**, Alexandria

und Professor Dr. **E. Lehnartz**, Münster i. Westf.